高等职业教育建筑工程技术专业系列教材

总主编 /李　辉
执行总主编 /吴明军

# 建 筑 力 学 （第2版）

**主编** 赵朝前 吴明军
**参编** 史筱红 张林春 邓 蓉
　　　 王 倩 王 妍

重庆大学出版社

## 内容提要

本书根据《高等职业教育建筑工程技术专业教学基本要求》的课程定位进行编写,对理论力学中的静力学部分、材料力学和结构力学的主要内容进行了整合,形成了这本综合教材。

本书内容包括绪论、静力学基本概念、结构的计算简图及受力分析、平面力系的合成与平衡、轴向拉伸与压缩、扭转、平面杆件体系的几何组成分析、静定梁的内力、静定结构的内力、梁的应力及强度计算、组合变形杆件的强度、压杆稳定、静定结构的位移计算、力法、位移法、力矩分配法、影响线等。书末附有型钢表,部分习题参考答案见书后二维码。

本书可以作为高职高专土建类专业的力学教材,也可以作为其他相关专业和岗位培训以及工程技术人员的参考用书。

**图书在版编目(CIP)数据**

建筑力学 / 赵朝前,吴明军主编. -- 2 版. -- 重庆:
重庆大学出版社,2020.7(2024.8 重印)
高等职业教育建筑工程技术专业系列教材
ISBN 978-7-5689-2228-9

Ⅰ.①建… Ⅱ.①赵… ②吴… Ⅲ.①建筑科学—力
学—高等职业教育—教材 Ⅳ.①TU311

中国版本图书馆 CIP 数据核字(2020)第 102441 号

高等职业教育建筑工程技术专业系列教材

**建筑力学**

(第 2 版)

主 编 赵朝前 吴明军
策划编辑:范春青 刘颖果
责任编辑:范春青 版式设计:范春青
责任校对:谢 芳 责任印制:赵 晟

\*

重庆大学出版社出版发行
出版人:陈晓阳
社址:重庆市沙坪坝区大学城西路 21 号
邮编:401331
电话:(023)88617190 88617185(中小学)
传真:(023)88617186 88617166
网址:http://www.cqup.com.cn
邮箱:fxk@cqup.com.cn(营销中心)
全国新华书店经销
重庆长虹印务有限公司印刷

\*

开本:787 mm×1092 mm 1/16 印张:24.25 字数:607 千
2015 年 7 月第 1 版 2020 年 7 月第 2 版 2024 年 8 月第 8 次印刷
印数:15 501—17 900
ISBN 978-7-5689-2228-9 定价:59.00 元

# 编委会名单

顾　　问　吴　泽

总　主　编　李　辉

执行总主编　吴明军

编　　委　（以姓氏笔画为序）

| | | | |
|---|---|---|---|
| 王　戎 | 申永康 | 白　峰 | 刘孟良 |
| 刘晓敏 | 刘鉴秾 | 杜绍堂 | 李红立 |
| 杨丽君 | 肖　进 | 张　迪 | 张银会 |
| 陈文元 | 陈年和 | 陈晋中 | 赵淑萍 |
| 赵朝前 | 胡　瑛 | 钟汉华 | 袁建新 |
| 袁雪峰 | 袁景翔 | 黄　敏 | 黄春蕾 |
| 董　伟 | 韩建绒 | 覃　辉 | 黎洪光 |
| 颜立新 | 戴安全 | | |

# 序　言

进入 21 世纪,高等职业教育建筑工程技术专业办学在全国呈现出点多面广的格局。截至 2013 年,我国已有 600 多所院校开设了高职建筑工程技术专业,在校生达到 28 万余人。如何培养面向企业、面向社会的建筑工程技术技能型人才,是广大建筑工程技术专业教育工作者一直在思考的问题。建筑工程技术专业作为教育部、住房和城乡建设部确定的国家技能型紧缺人才培养专业,也被许多示范高职院校选为探索构建"工作过程系统化的行动导向教学模式"课程体系建设的专业,这些都促进了该专业的教学改革和发展,其教育背景以及理念都发生了很大变化。

为了满足建筑工程技术专业职业教育改革和发展的需要,重庆大学出版社在历经多年深入高职高专院校调研基础上,组织编写了这套《高等职业教育建筑工程技术专业系列教材》。该系列教材由住房和城乡建设职业教育教学指导委员会副主任委员吴泽教授担任顾问,四川建筑职业技术学院李辉教授、吴明军教授分别担任总主编和执行总主编,以国家级示范高职院校及建筑工程技术专业为国家级特色专业、省级特色专业的院校为编著主体,全国共 20 多所高职高专院校建筑工程技术专业骨干教师参与完成,极大地保障了教材的品质。

本系列教材精心设计专业课程体系,共包含两大模块:通用的"公共模块"和各具特色的"体系方向模块"。公共模块包含专业基础课程、公共专业课程、实训课程三个小模块;体系方向模块包括传统体系专业课程、教改体系专业课程两个小模块。各院校可根据自身教改和教学条件实际情况,选择组合各具特色的教学体系,即传统教学体系(公共模块＋传统体系专业课)和教改教学体系(公共模块＋教改体系专业课)。

本系列教材在编写过程中,力求突出以下特色:

(1)依据《高等职业学校专业教学标准》中"高等职业学校建筑工程技术专业教学标准"和"实训导则"编写,紧贴当前高职教育的教学改革要求。

(2)教材编写以项目教学为主导,以职业能力培养为核心,适应高等职业教育教学改革的发展方向。

(3)教改教材的编写以实际工程项目或专门设计的教学项目为载体展开,突出"职业工作的真实过程和职业能力的形成过程",强调"理实"一体化。

(4)实训教材的编写突出职业教育实践性操作技能训练,强化本专业基本技能的实训力度,培养职业岗位需求的实际操作能力,为停课进行的实训专周教学服务。

(5)每本教材都有企业专家参与大纲审定、教材编写以及审稿等工作,确保教学内容更贴近建筑工程实际。

我们相信,本系列教材的出版将为高等职业教育建筑工程技术专业的教学改革和健康发展起到积极的促进作用!

# 前言（第2版）

　　2015年出版的《建筑力学》经过四年多的使用，得到广大师生的认可，同时也发现了一些不足，需要及时修订。在修订前，我们同选用该教材的老师进行了广泛的交流，了解他们对本书的使用意见和建议。在此基础上我们展开了细致的修订工作。本次修订主要订正了第1版中的印刷错误、修改了个别提法，使教材更加规范；结合高职院校学生学习的实际情况，对某些章节的内容进行了适当的增减和调整；为了提高学习效果，对一些例题和习题进行了优化；为方便老师教学和学生学习，制作了全书的课件（用书单位通过扫描封底微信公众号可向出版社索取）。

　　本次修订工作由四川建筑职业技术学院赵朝前和吴明军任主编，对全书进行了较为详细的审读和修订。四川建筑职业技术学院史筱红、张林春、邓蓉、王倩、王妍参与了修订工作。本次修订为教材配套制作了精美课件，制作人员有：赵朝前（第1、13章、附录Ⅰ），邓蓉（第2,10,15章），史筱红（第3、4、12章），张林春（第5,6,7,8章），王倩（第9,14章），王妍（第11,16,17章）。

　　由于编者水平所限，加之时间紧迫，教材中一定还有诸多缺点和不当之处，恳请广大教师和读者批评指正。

编　者

2020年4月

# 前　言

　　高等职业教育土建类专业,主要培养土建施工企业生产一线的施工技术与管理应用型人才。建筑力学作为土建类专业的一门重要专业基础课,主要培养学生对杆件结构的构成、平衡、内力的分析及计算能力,以及对结构构件的强度、刚度和压杆稳定性进行分析计算的能力。

　　本书以土建施工企业生产一线的施工技术与管理岗位职业标准和职业资格考试大纲为核心,按照职业能力培养要求进行编写,注重职业能力和力学素养的培养。在内容上,充分体现"必需、够用"的原则,通过潜心研究职业岗位和后续课程对建筑力学的广度和深度的要求,既没有遗漏应知应会内容,也没有盲目拔高而增加学习难度,尤其注重将后续课程如建筑结构、地基基础和建筑施工中的力学应用作为本书中的素材。本书与实际工作需要紧密结合,与现行规范、规程等行业技术标准紧密结合,使用国家最新的技术标准、规范术语和技术符号,便于学生更快适应标准和规范的使用,体现高等职业教育的职业特色。

　　本书编者具有多年力学教学改革、研究和教材编写经验,对建筑力学课程内容体系进行了整合,因此使得本书内容重点、难点处理得当,更便于学习和教学。

　　本书由四川建筑职业技术学院赵朝前副教授和吴明军教授担任主编。第 1,9,11,12 章由吴明军编写,第 10,13,14,15,16,17 章和附录由赵朝前编写,第 2,3,4 章由四川建筑职业技术学院史筱红编写,第 5,6,7,8 章由四川建筑职业技术学院张林春编写。

　　由于编者学识水平、教学经验有限,书中难免有不妥之处,恳请读者批评指正。

编　者

2015 年 2 月

# 目　录

# 第1章
## 绪　论

## 1.1　建筑力学的研究对象

### 1)结构和构件的概念

任何建筑物都由梁、板、墙、柱和基础等部件组成,这些部件在建筑物中相互联系、相互支承,并通过正确的连接而组成能够承受和传递荷载的平面或空间体系,如图1.1所示。建筑物中承受和传递荷载、维持平衡并起骨架作用的部分或体系称为建筑结构,简称结构。结构可以是最简单的一根梁或一根柱,也可以是由板、梁、柱和基础组成的整体。组成结构的部件称为构件。构件在建筑物的建造及使用过程中都要承受各种力的作用,如各部分的自重,风、水、土的压力,人及设备的重力甚至地震作用等,工程上习惯于将这类主动作用在建筑物上的外力称为荷载。

### 2)结构的分类

工程中的结构与构件的形状是多种多样的,按不同的分类方法,结构可以分为各种不同的类型。

按空间特征,结构可分为平面结构和空间结构。组成结构的所有构件的轴线及外力都在同一平面内的结构称为平面结构;组成结构的所有构件的轴线及外力不在同一平面内的结构称为空间结构。工程实际中的结构都是空间结构,在设计计算时,根据其实际受力特点,有许多可简化为平面结构来分析。但有些空间结构不能简化为平面结构,必须按空间结构来分析。

按几何特征,结构可分为杆件结构、板壳结构和实体结构。

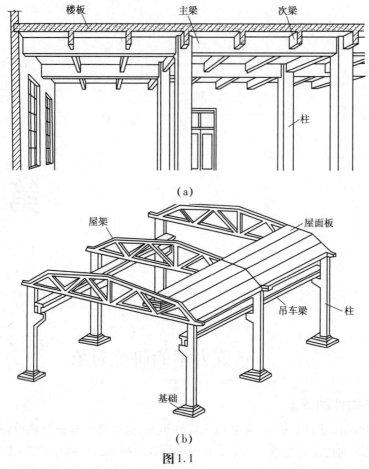

图 1.1

（1）杆件结构

由杆件组成的结构称为杆件结构或杆系结构。杆件的几何特征是它的长度 $l$ 远大于其横截面的宽度 $b$ 和高度 $h$〔图 1.2(a)〕。垂直于杆件长度方向的截面称为横截面,截面几何形状的中心称为截面的形心,杆件所有横截面形心的连线称为杆件的轴线〔图 1.2(b)〕。轴线为直线的杆件称为直杆〔图 1.2(b)〕;轴线为曲线的杆件称为曲杆〔图 1.2(c)〕。图 1.1(a)所示楼盖中由柱和主、次梁构成的房屋框架,图 1.1(b)所示的工业厂房骨架等都是杆件结构。实际工程中的桥梁、电视塔等也大多是杆件结构。

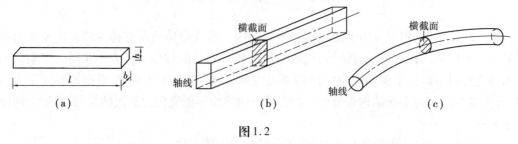

图 1.2

（2）板壳结构和实体结构

由薄板或薄壳组成的结构称为板壳结构或薄壁结构,薄板和薄壳的几何特征是它们的长度 $l$ 和宽度 $b$ 远大于其厚度 $\delta$,板和壳分别如图 1.3(a)、(b)所示。如果结构的长 $l$、宽 $b$、

高 $h$ 三个尺度为同一量级,则称为实体结构〔图 1.3(c)〕,例如挡土墙、水坝和块形基础等都是实体结构。

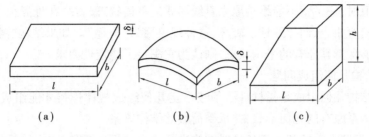

(a)　　　　　(b)　　　　　(c)

图1.3

除了上面三类结构外,在工程中还会采用悬索结构、充气结构等其他类型的结构。

### 3)建筑力学的研究对象

在建筑工程中,杆件结构是应用最为广泛的结构形式。建筑力学的研究对象就是杆件结构,本书主要研究平面杆件结构。

# 1.2 建筑力学的基本任务

各种建筑物在正常工作时总是处于平衡状态。所谓平衡状态是指物体相对于地球处于静止或作匀速直线运动的状态。一般地,处于平衡状态的物体上所受的力不止一个而是若干个,我们把这若干个力总称为力系,能使物体保持平衡状态的力系称为平衡力系,平衡力系所必须满足的条件称为力系的平衡条件。建筑力学的首要任务是研究各种力系的简化及平衡条件,并根据这些平衡条件,由作用于结构上的已知力求出各未知力。这个过程称为静力分析。静力分析是对结构和构件进行其他力学计算的基础。

结构或构件在承受和传递荷载的过程中会引起周围物体对它们的反作用。同时,构件因荷载的作用而产生变形,并有发生破坏的可能。但结构本身具有一定的抵抗变形和破坏的能力,即具有一定的承载能力,而构件承载能力的大小与构件的材料性质、横截面的几何形状和尺寸、受力状态、环境条件等有关。若构件的横截面尺寸过小,构件承受的荷载可能会超过其承载能力,构件将会破坏,或虽不破坏却因变形过大而不能正常工作;反之,若构件的截面尺寸过大,构件承受的实际荷载远小于其承载能力,则会因过多使用材料而造成浪费。因此,建筑力学在静力分析的基础上还需要解决以下几个问题:

(1)强度问题

所谓强度是指结构和构件抵抗破坏的能力。如果结构在预定荷载作用下能安全工作而不破坏,则认为它满足了强度要求。

(2)刚度问题

所谓刚度是指结构和构件抵抗变形的能力。一个结构受荷载作用,虽然有了足够的强度,但变形过大也会影响正常使用。例如:屋面檩条变形过大,屋面会漏水;吊车梁变形过大,吊车就不能正常行驶。如果结构在荷载作用下的变形在正常使用允许的范围内,则认为它满足了刚度要求。

(3)稳定性问题

所谓稳定性是指结构和构件保持原有平衡状态的能力。例如受压的细长柱子,当压力增大到一定数值时,柱子就不能维持原来直线形式的平衡状态,就会在外界很小的不利因素影响下产生侧向弯曲,从而导致柱子破坏,这种现象称为"失稳"。如果结构的各受压构件在荷载作用下能够保持其原有的平衡状态,则认为它满足了稳定性要求。

(4)杆件结构几何组成问题

所谓杆件结构几何组成是指杆件必须按一定几何组成规律连接才能组成,在荷载作用下能维持杆件体系原有的几何形状,并承受荷载的结构体系。

综上所述,建筑力学的基本任务是对结构进行静力分析,并研究结构的承载能力(强度、刚度和稳定性)的计算方法和杆件结构体系的几何组成规律,为设计和建造体系合理、具有足够承载能力的适用结构打好理论基础。

一般来说,在具体的结构设计计算中,强度、刚度和稳定性三方面并不都是同等重要的,通常是其中某一个方面起着主要的控制作用,而其他两个方面的问题则处于次要地位。在结构设计中,一定要抓住主要矛盾并加以解决;主要矛盾解决好了,次要矛盾就会迎刃而解。

# 1.3   变形固体及其基本假设

杆件在受力时肯定会产生变形,但在对其进行受力分析及讨论力系的简化和平衡等静力分析时,杆件产生的变形对研究结果影响很小,为研究方便可将其抽象为受力后不会产生变形的力学模型,这种力学模型称为刚体。而在讨论结构或构件的承载能力时,需要研究结构或构件的变形与其所受力之间的关系。此时杆件就不能被视为刚体,而是受力后会产生变形的固体,即变形固体。

工程中使用的固体材料是多种多样的,而且其微观结构和力学性能也各不相同。为了使问题得到简化,通常对杆件变形固体材料作如下基本假设:

(1)连续性假设

连续性假设认为在固体材料的整个体积内毫无空隙地充满了物质。

事实上,固体材料是由无数的微粒或晶粒组成的,各微粒或晶粒之间是有空隙的,是不可能完全紧密的。但这种空隙与构件的尺寸比起来极为微小,可以忽略不计。根据这个假设,在进行理论分析时,与构件性质相关的物理量就可以用连续函数来表示。

(2)均匀性假设

均匀性假设认为构件内各点处材料的力学性能是完全相同的。

事实上,组成构件材料的各个微粒或晶粒,彼此的性质不尽相同。但是构件的尺寸远远大于微粒或晶粒的尺寸,构件所包含的微粒或晶粒的数目又极多。因此,固体材料的力学性能并不反映其微粒的性能,而是反映所有微粒力学性能的统计平均量。因而,可以认为固体材料的力学性能是均匀的。按照这个假设,在进行理论分析时,可以从构件内任何位置取出一小部分来研究材料的性质,其结果均可代表整个构件。

（3）各向同性假设

各向同性假设认为构件内的任一点在各个方向上的力学性能是相同的。

事实上，组成构件材料的各个晶粒是各向异性的。但由于构件内所含晶粒的数目极多，在构件内的排列又是极不规则的，在宏观研究中某些固体材料的性质并不显示方向的差别，因此可以认为这些材料是各向同性的，如金属材料、塑料以及浇筑得很密实的混凝土。根据这个假设，当获得了材料在任何一个方向的力学性能后，就可将其结果用于其他方向。但是此假设并不适用于所有材料，例如木材、竹材和纤维增强材料等，其力学性能是各向异性的。

（4）线弹性假设

变形固体在外力作用下发生的变形可分为弹性变形和塑性变形两类。在外力撤去后能消失的变形称为弹性变形；不能消失的变形，称为塑性变形。当所受外力不超过一定限度时，绝大多数工程材料在外力撤去后，其变形可完全消失。具有这种变形性质的变形固体称为完全弹性体。本课程只研究完全弹性体，并且只限于外力与变形之间符合线性关系的完全弹性体，即线弹性体。

（5）小变形假设

小变形假设认为变形量是很微小的。

工程中大多数构件的变形都很小，远小于构件的几何尺寸。这样，在研究构件的平衡和运动规律时仍可以直接利用构件的原始尺寸来分析计算。在研究和计算变形时，变形的高次幂项也可忽略，从而使计算得到简化。

以上是有关变形固体的几个基本假设。实践表明，在这些假设的基础上建立起来的理论都是符合工程实际要求的。

# 1.4　杆件的变形形式

杆件在不同外力作用下，可以产生不同的变形，但根据外力性质及其作用线（或外力偶作用面）与杆轴线的相对位置的不同，通常归纳为 4 种基本变形形式。

## 1）轴向拉伸和压缩

如果在直杆的两端各受到一个外力 $F$ 的作用，且二者的大小相等、方向相反，作用线与杆件的轴线重合，那么杆件的变形主要是沿轴线方向的伸长或缩短。当外力 $F$ 的方向沿杆件截面的外法线方向时，杆件因受拉而伸长，这种变形称为轴向拉伸；当外力 $F$ 的方向沿杆件截面的内法线方向时，杆件因受压而缩短，这种变形称为轴向压缩，如图 1.4 所示。

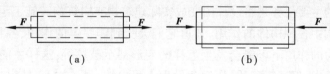

(a)　　　　　　　　　　　(b)

图 1.4

## 2）剪切

如果直杆上受到一对大小相等、方向相反、作用线平行且相距很近的外力沿垂直于杆轴线方向作用时，杆件的变形主要是横截面沿外力方向发生相对错动，这种变形称为剪切，如图 1.5

所示。

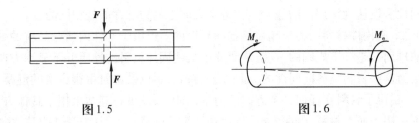

图1.5　　　　　　　　　图1.6

### 3)扭转

如果在直杆的两端各受到一个外力偶 $M_e$ 的作用,且二者的大小相等、转向相反,作用面与杆件的轴线垂直,那么杆件的变形主要是横截面绕轴线发生相对转动,这种变形称为扭转,如图1.6所示。

### 4)弯曲

如果直杆在两端各受到一个外力偶 $M_e$ 的作用,且二者的大小相等、转向相反,作用面都与包含杆轴的某一纵向平面重合,或者是受到在纵向平面内作用的垂直于杆轴线的横向外力作用时,杆件的变形主要是轴线变弯,这种变形称为弯曲(图1.7)。如图1.7(a)所示弯曲称为纯弯曲,如图1.7(b)所示弯曲称为横力弯曲。

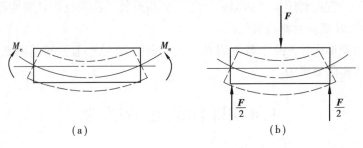

(a)　　　　　　　　　　(b)

图1.7

工程实际中的杆件可能只发生某一种基本变形,也可能同时发生两种或两种以上基本变形形式的组合,称为组合变形。

## 1.5　学习建筑力学的意义及方法

### 1)学习建筑力学的意义

土建类专业的主要任务是将设计图变成实际建筑物或构筑物。施工组织与管理者应该懂得所施工的结构中各种构件的作用,知道它们会受到哪些力的作用、各种力的传递途径,以及构件在这些力的作用下可能会发生怎样的变形甚至破坏等,这样才能在施工时理解设计图纸的意图与要求,保证工程质量,避免发生工程事故;另一方面,懂得这些力学知识,就更容易采取便于施工而又保证构件受力要求的改进措施。

在施工现场,有许多临时设施和机具。修建这些临时设施,也要进行结构设计,设计者便是施工技术人员本身。这时,懂得力学知识,就可以合理、经济地完成设计任务;否则不但不能做到经济合理,有时还会酿成事故。机具和设备的使用也需要具有力学知识,才能使用得更合理。

此外,在建筑施工中,因不懂力学原理造成的工程事故时有发生。例如,由于不懂得力矩的平衡要求,造成阳台的倾覆;不理解梁的内力分布规律,将钢筋错误配置而引起梁的折断;在搭设施工脚手架时不能正确运用结构的组成规律,少加必要的支撑,使结构成为几何可变体系而倒塌等。

因此,建筑力学知识是建筑与土木工程设计人员和施工技术人员必不可少的基础知识。同时,建筑力学知识对学习相关专业技术课,如钢筋混凝土结构、砌体结构、地基与基础和建筑施工技术课等,也是必需的。只有学习、掌握建筑力学知识,并培养有逻辑地、简明地思考工程问题的初步能力,才能立足这个知识平台,进一步深入学习和掌握土建专业的其他专业技术知识。

**2) 建筑力学的学习方法**

力学经过数百年的发展,已经形成了一套完整的理论系统,在各个方面都比较完善,并对很多现代学科的发展、对现代科学技术的很多方面,产生了巨大而深远的影响。学习本课程任务是掌握力学基本原理并更好地应用于土木工程中,即更好地解决工程建设中的实际力学问题,更好地为生产服务。因此,在学习建筑力学时应该注意如下几点:

①必须遵循正确的认知规律。在学习建筑力学时必须遵循正确的认知规律,这个规律就是"理论—实践—理论"。只有牢固的掌握了必要的力学理论知识,才能更好地解决工程建设中的力学问题。而通过实际工程力学问题的解决,可以证实力学理论的正确性或者发现其中的不足,反过来进一步修正力学理论或创新力学理论,并更好地指导下一步的工程实践。

②要重视理论的研究和学习。教材中建筑力学的原理和公式,是经过前人反复研究并证明是完全正确的,必须全面地继承和学习。在学习中可随时注意了解这些理论知识主要用在哪些专业课中,可以解决工程中的什么力学问题,带着问题学,学以致用,活学活用,有的放矢,才能真正学到本领。

③要注重实验的研究和操作。在学习建筑力学的过程中,有必要的力学试验,必须要认真去学习、研究和操作。可以说,建筑力学主要还是在实验的基础上发展起来的。比如要正确认识、理解和建立构件的"强度"这个概念,只有反复做好"材料的强度试验",才能真正体会到强度的含义。建立起正确的强度概念,才会在工程实际中随时注意构件的强度问题,从而确保建筑物的安全。此外,还要注意观察发生在我们周围的力学现象,试着用学过的力学理论去解释,随时注重建筑力学知识的实践和应用。

④必须完成足够数量的习题。要学好建筑力学理论知识,必须完成足够数量的习题。做习题是低成本的最好实践。只有通过足够数量习题的训练,才能掌握建筑力学的原理、方法和应用技能,才能够体会和领悟到建筑力学中的奥妙,为以后各种专业课程的学习奠定一个扎实的基础。

# 第2章
## 静力学基本概念

## 2.1 力和力系的概念

静力学是研究物体平衡问题的科学,包括两个基本问题:力系的简化和物体在力系作用下的平衡条件。所谓物体的平衡,是指物体相对于地面保持静止或匀速直线运动状态。

静力学中将研究对象全部视为刚体。所谓刚体是指在力的作用下,其内部任意两点间的距离始终保持不变,即不变形体。显然,这是一个抽象化的理想力学模型。

### 1) 力的概念

力的概念是人们在长期的生活和生产实践中逐渐建立起来的。例如,用手推车,手会感受到力的作用,同时车由静止开始运动;楼面板由于要承受楼面重物而发生弯曲。因此,力是物体间相互的机械作用,这种作用使物体的运动状态发生变化(外效应),或者使物体发生变形(内效应)。

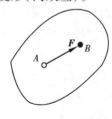

图 2.1

力对物体的作用效果取决于力的大小、方向和作用点三要素。因此,力学中定义力是定点矢量,通常可用一段带箭头的线段来表示,如图 2.1 所示。线段的长度表示力的大小;箭头表示力的指向;线段的起点 $A$(或终点 $B$)表示力的作用点。本书中用黑体字母 $F$ 表示力矢量,用普通字母 $F$ 表示力的大小。

在国际单位制中,力的单位是 N(牛顿)或 kN(千牛顿)。

### 2) 力系的概念

力系是指作用于物体上的一系列力。例如一栋楼房,除了自重外,会承受人群及重物的压力作用,同时会受到自然条件的影响(如风荷载、雪荷载甚至地震荷载等)。以楼房为研究对象,受力分析时,我们称楼房受到力系作用。

若物体在力系的作用下保持平衡状态,那么此时的力系称为平衡力系。

如果一个力系作用于物体的效果与另一个力系作用于该物体的效果相同,这两个力系互为等效力系。当一个力与一个力系等效时,该力称为这个力系的合力,而力系中的每个力称为这个力的分力。

## 2.2　静力学公理

公理是人们在长期的生活和生产实践中总结概括出来的。公理无须证明而为大家所公认。

### 1)二力平衡公理

作用于刚体上的两个力,使刚体平衡的充分必要条件是:这两个力大小相等、方向相反且作用在同一直线上。

在两个力作用下平衡的构件称为二力构件,如果构件是杆,则称二力杆。如图 2.2 所示的支架结构,如果不计杆自重,则图(a)中 $AB$,$AC$,图(b)中 $AB$ 杆都是二力杆。二力杆可以是直杆也可以是曲杆。其受力特点是:两个力大小相等、方向相反且在同一条直线上,该直线为两力作用点的连线。

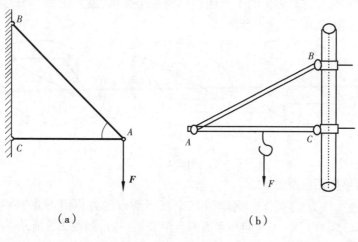

（a） （b）

图2.2

### 2)加减平衡力系公理

在作用于刚体的任意力系中,加上或减去任何一个平衡力系,并不改变原力系对刚体的作用效应。当然,这里的作用效应就是物体的运动效应了。比如,如果刚体在原力系作用下是平衡的,那么,加上或去掉一个平衡力系后,刚体仍然平衡。

**推论:力的可传性原理**

作用于刚体上的力可沿其作用线移动到刚体内任意一点,而不改变原力对刚体的作用效应。

**证明:**力 $F$ 作用于刚体上的 $A$ 点,如图 2.3(a)所示。在力的作用线上任取一点 $B$,在 $B$ 点加上一对平衡力 $F_1$ 和 $F_2$,并使 $F_1$ 和 $F_2$ 的大小与力 $F$ 的大小相同,如图 2.3(b)所示。

这样 $F$ 和 $F_2$ 满足二力平衡,是一组平衡力系。根据加减平衡力系公理,将 $F$ 和 $F_2$ 这组平衡力系在原有力系中减去,即如图 2.3(c)所示。这样相当于作用于 $A$ 点的力 $F$ 沿其作用线移动到了 $B$ 点。

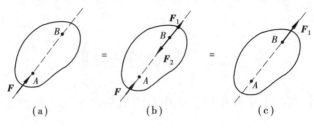

图 2.3

由此可知,力对刚体的作用效果除了受到力的大小、方向影响外,还受到作用线的影响。力的作用点已经被作用线所取代。那么作用于刚体上的力的三要素就成为力的大小、方向和作用线。即刚体上的力矢为滑移矢量。

### 3) 力的平行四边形法则

作用于物体上同一点的两个力,可以合成为一个合力,合力也作用于该点,其大小和方向由以两个分力为邻边所构成的平行四边形的对角线来确定,如图 2.4(a)所示。

有时为了简便,只需画出力的平行四边形的一半即可,就是画出一个三角形,也称为力的三角形法则,如图 2.4(b)、(c)所示。

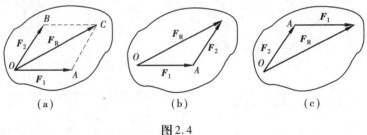

图 2.4

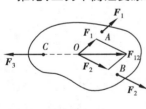

图 2.5

**推论:三力平衡汇交原理**

刚体在三个互不平行的力作用下处于平衡,则此三力必在同一平面内且汇交于一点,如图 2.5 所示。

**证明:**此处只证三共面力平衡必汇交。刚体在 $A,B,C$ 三点受到三个共面但互不平行的力 $F_1,F_2,F_3$ 作用而平衡。根据力的可传性,将力 $F_1$ 和 $F_2$ 移到汇交点 $O$,再根据力的平行四边形法则,得到合力 $F_{12}$。则力 $F_3$ 应与 $F_{12}$ 平衡。由于二力平衡必须共线,所以力 $F_3$ 必定过 $F_1$ 和 $F_2$ 交点 $O$。

因任意三力平衡必共面的证明要用到空间力系简化知识,此处略去。

### 4) 作用与反作用公理

作用力与反作用力总是同时存在,两个力大小相等、方向相反,沿同一直线,分别作用在两个相互作用的物体上。

**注意:**该公理有别于二力平衡公理。该公理中的作用力和反作用力是分别作用在两个物体上的,而二力平衡公理中的两个力是作用在同一个物体上。

# 2.3  平面力系中力对点之矩

### 1)力矩的概念

力对刚体的移动效应是由力这个矢量来度量的,而力对刚体的转动效应不仅与力的大小成正比,而且与转动中心到力作用线的垂直距离(力臂)也成正比,例如用手推门、用杠杆撬起重物、用扳手拧螺母。用力矩来度量力使物体绕转动中心转动的效应。

如图2.6所示,力 $F$ 与点 $O$ 在同一平面内。力 $F$ 对 $O$ 点之矩,简称力矩,记作 $M_O(F)$。

$$M_O(F) = \pm Fd \tag{2.1}$$

式中    $O$——矩心;

$d$——力臂,为矩心 $O$ 到力 $F$ 作用线的垂直距离。

式中的正负号表示力矩的转向。力学中规定:力使物体绕矩心作逆时针转动时为正,反之为负。在平面问题中,力矩是一个代数量。力矩的单位为 N·m(牛顿·米)或 kN·m(千牛顿·米)。

由力矩的定义得出力矩的如下性质:

①力矩的值与矩心位置有关,同一个力对于不同的矩心,其力矩不同。

②力沿其作用线任意移动时,力矩不变。

③当力的作用线通过矩心时,力矩为零。

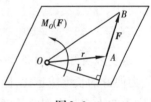

图2.6

### 2)合力矩定理

若平面力系( $F_1, F_2, \cdots, F_n$ )可以合成为一个合力 $F_R$ ,则

$$M_O(F_R) = M_O(F_1) + M_O(F_1) + \cdots + M_O(F_n) = \sum_{i=1}^{n} M_O(F_i) \tag{2.2}$$

即平面力系的合力对平面内任一点的矩,等于其各分力对同一点之矩的代数和。

合力矩定理说明合力矩对物体的转动效应与各分力对物体转动效应的总和是等效的,但应该注意式中相加的各个力矩的矩心必须相同。它适用于任何平面力系。

【例2.1】如图2.7(a)所示,在悬臂梁 $AB$ 的自由端 $B$ 处作用一个在 $xOy$ 平面内、与 $x$ 方向夹角为30°的力 $F = 4$ kN。 $AB$ 梁的跨度 $l = 4$ m,求 $F$ 对 $A$ 点的力矩。

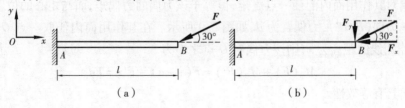

（a）                （b）

图2.7

【解】将力 $F$ 分解为水平分力 $F_x$ 与垂直分力 $F_y$ ,如图2.7(b)所示。由合力矩定理,得

$$M_A(F) = M_A(F_x) + M_A(F_y) = 0 + F\sin 30° \times 4 = 4 \times 0.5 \times 4 = 8(\text{kN}\cdot\text{m})$$

# 2.4　力偶及其基本性质

## 1) 力偶的概念

工程实践中,常常遇到一个物体受到两个大小相等、方向相反且作用线互相平行的力的作用,如钳工用丝锥攻螺纹〔图2.8(a)〕、司机用双手转动方向盘〔图2.8(b)〕以及日常生活中人们用手拧水龙头。由于这两个力的作用线不共线,不满足二力平衡条件,这样的两个力称为力偶,记作$(F,F')$。力偶中的二力作用线间的垂直距离称为力偶臂,二力所在的平面称为力偶作用面。

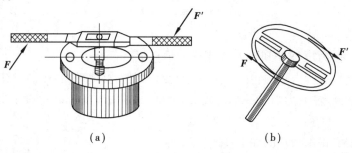

(a)　　　　　　　　(b)

图2.8

由实践可知:力偶对物体只有转动效应。力偶对物体的转动效应与组成力偶的力的大小、力偶臂的长度成正比,同时还与顺时针或逆时针的转动方向有关。在平面问题中,用力偶中力的大小与力偶臂长度的乘积,并冠以表示力偶转向的正负号所得的代数量来度量力偶对物体的转动效应,称为力偶矩。通常用$M(F,F')$或$M$来表示,即

$$M(F,F') = \pm Fd \tag{2.3}$$

正负号规定:力偶使物体逆时针转动时,力偶矩为正,反之为负。力偶矩的单位为 N·m(牛顿·米)或 kN·m(千牛顿·米)。

## 2) 力偶的基本性质

①力偶无合力,力偶只能与力偶等效,也只能用力偶平衡。

由于力偶中的两个力不能合成为一个力,因此力偶就不能与一个力等效,也不能用一个力来平衡。

②力偶对其作用面内的任一点之矩,恒等于该力偶的力偶矩,而与矩心的位置无关。

设有一力偶$(F,F')$,力偶臂为$d$,如图2.9所示。在其作用面内任取一点$O$为矩心,设$O$点到$F'$作用线的距离为$x$,则该力偶对$O$点之矩为

$$M_O(F) + M_O(F') = F(x+d) - F'x = Fd$$

③力偶具有等效性。

同一平面内的两个力偶,只要它们的力偶矩大小相等,转向相同,这两个力偶互为等效力偶。

由力偶的等效性知,力偶可在其作用面内任意转动移动,而不改变它对刚体的转动效应。

只要保持力偶矩的大小和力偶的转向不变,可以同时改变力偶中力的大小和方向以及力偶臂的长短,而不改变力偶对刚体的作用效应。

由此可见,力偶臂和力的大小都不是力偶的特征量,只有力偶矩才是力偶作用效应的唯一量度。常用如图 2.10 所示的符号来表示力偶。

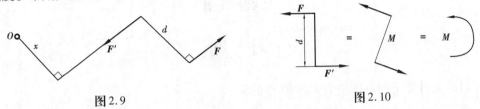

图 2.9　　　　　　　　　　　图 2.10

如果力偶的作用面不同,即使力偶矩相同,对物体的作用效果也不同。因此,力偶对物体的作用效应取决于力偶的三要素:力偶矩的大小、转向和力偶作用面。

### 3) 力的平移定理

设力 $F$ 作用于刚体上的 $A$ 点〔图 2.11(a)〕,欲将此力平行移动到刚体上的任一点 $O$。可在 $O$ 点加一对平衡力 $F'$,$F''$,并使 $F' = -F'' = F$〔图 2.11(b)〕。显然,根据加减平衡力系公理可知,力系 $F$,$F'$,$F''$ 与原力 $F$ 等效。而力系中的力 $F$ 与 $F''$ 又组成一个力偶,其力偶矩为 $M = Fd = M_0(F)$。这样,就相当于把作用于 $A$ 点的力平行移动到了任一点 $O$,但同时必须附加一力偶〔图 2.11(c)〕。由此可得力的平移定理:作用于刚体上的力可平行移动到该刚体上的任一指定点,但必须同时附加一个力偶,此附加力偶的力偶矩等于原力对指定点的力矩。

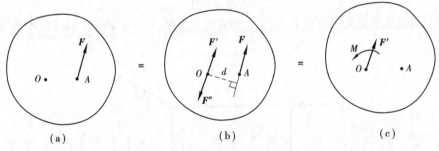

(a)　　　　　　　　(b)　　　　　　　　(c)

图 2.11

由力的平移定理可知对物体实际上既有平移效应又有转动效应,而力偶对物体只有转动效应,是两个力组成的特殊力系。因此,力和力偶是静力学的两个基本要素。

# 思考题

2.1　为什么说力是矢量? $F_1 = F_2$ 和 $F_1 = F_2$ 两式代表的意义相同吗? 为什么?

2.2　分力小于合力对不对? 请举例说明。

2.3　两力大小相等和两力矢相等这两种说法区别在哪里?

2.4　什么是二力构件? 分析二力构件受力时与构件的形状是否有关?

2.5　图中力的单位为 N,长度单位为 mm,试分析图示 4 个力偶哪些等效?

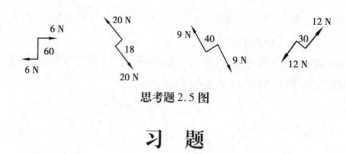

思考题 2.5 图

# 习 题

2.1 试计算下列各图中力 $F$ 对 $O$ 点的矩。

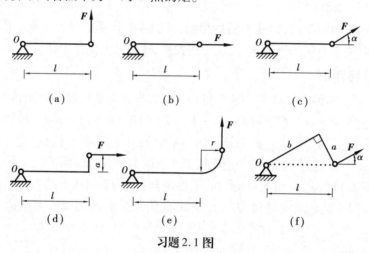

习题 2.1 图

2.2 如图所示简支刚架在 $C,D$ 处受到两个力作用,$F_1 = 4$ kN,$F_2 = 6$ kN,分别求两力对 $A$ 点的矩。

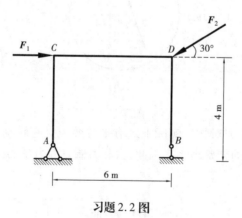

习题 2.2 图

# 第3章
## 结构的计算简图及受力分析

## 3.1 荷载的分类

实际的建筑结构由于其作用和工作条件不同,作用在它们上面的力也显示出多种形式。如图 3.1 所示的工业厂房结构,屋架所受到的力有:屋面板的自重传给屋架的力,屋架本身的自重,风压力和雪压力以及两端柱或砖墙的支承力等。

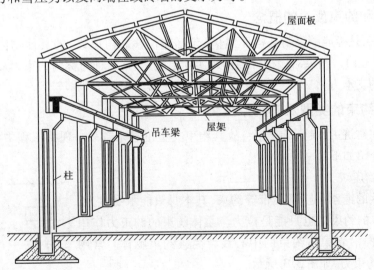

屋面板

吊车梁  屋架

柱

图3.1

在建筑力学中,我们把作用在物体上的力一般分为两类:一类是主动力,例如重力、风压力等;另一类是约束力,如柱或墙对梁的支承力。通常把作用在结构上的主动力称为荷载。

荷载多种多样,分类方法各不相同,主要有以下几种分类方法:

（1）荷载按其作用在结构上的空间范围可分为集中荷载和分布荷载

作用于结构上一点处的荷载称为集中荷载。

满布在体积、面积和线段上的荷载分别称为体荷载、面荷载和线荷载，统称为分布荷载。

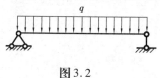

图3.2

例如梁的自重，用单位长度的重力来表示，单位是 N/m 或 kN/m，作用在梁的轴线上，是线荷载。对于等截面匀质材料梁，单位长度自重不变，可将其称为线均布荷载，常用字母 $q$ 表示（图3.2）。当荷载不均匀分布时，称为非均布荷载，如水对水池侧壁的压力是随深度线性增加的，呈三角形分布。

（2）荷载按其作用在结构上的时间分为恒载和活载

恒荷载是指永久作用在结构上的荷载，其大小和位置都不再发生变化，如结构的自重。

活荷载是指作用于结构上的可变荷载。这种荷载有时存在、有时不存在，作用位置可能是固定的也可能是移动的，如风荷载、雪荷载、吊车荷载等。各种常用的活荷载可参见《建筑结构荷载规范》。

（3）荷载按其作用在结构上的性质分为静力荷载和动力荷载

静力荷载是指荷载从零缓慢增加到一定值，不会使结构产生明显冲击和振动，因而可以忽略惯性力影响的荷载，如结构自重及人群等活荷载。

动力荷载是指大小和方向随时间明显变化的荷载，它使结构的内力和变形随时间变化，如地震力等。

# 3.2 约束与约束反力

## 1）约束和约束反力的概念

所谓约束，是指能够限制某构件位移（包括线位移和角位移）的其他物体（如支承屋架的柱子，见图3.1）。约束对该构件的作用实际上就是力，这种力称为约束力或约束反力（如柱子对屋架的支承力）。

## 2）常见约束的类型及其约束反力

由于当前建筑工程越来越复杂，故其约束类型也越来越多。现将工程中常见的约束类型和约束力介绍如下：

（1）柔体约束

类似柔软的绳索、链条、胶带等约束，其本身只能承受拉力，因此它给物体的约束力也只能是拉力。柔体约束的约束力作用在接触点，方向沿着柔体约束的中心线背离被约束物体。常用 $F_T$ 表示这类约束力，如图3.3所示。

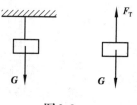

图3.3

（2）光滑接触面约束

两个物体接触面上的摩擦力可以忽略不计时，即可认为接触面是光滑的。此时，不论接触面是平面还是曲面，都不能限制物体沿接触面切线方向运动，而只能限制物体沿接触面公法线压紧方向的运动。因此，光滑接触面约束力作用在接触点处，方向沿接触面的公法线且指向物体,是压力,常用 $\boldsymbol{F}_N$ 表示,如图 3.4 所示。

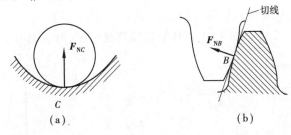

图3.4

（3）圆柱铰链约束

圆柱铰链简称铰链,是由一个圆柱形销钉插入两个物体重叠的圆孔中构成,并且认为销钉和圆孔的表面都是光滑的,如图 3.5(a)、(b)所示。常见的铰链实例是门窗用的合页。圆柱铰链的简图如图 3.5(c)所示。销钉只能限制物体在垂直于销钉轴线平面内任意方向的相对移动,而不能限制物体绕销钉的转动。当一个物体相对于另一物体有运动趋势时,销钉与圆孔壁将在某点接触,约束力作用线通过销钉中心与接触点,由于接触点的位置一般不能预先确定,所以,圆柱铰链的约束力是垂直于销钉轴线并通过销钉中心,而方向不定,通常用两个正交分力表示,如图 3.5(e)、(f)所示。

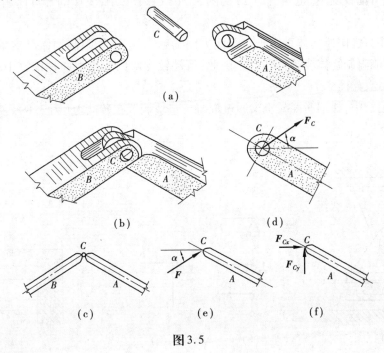

图3.5

（4）固定铰支座

用圆柱铰链把结构或构件与支座连接,并将支座底板固定在支承物上构成的约束称为固定铰支座,如图 3.6(a)所示。固定铰支座的计算简图如图 3.6(b)所示。这种支座能限制构件在垂直于销钉平面内任意方向的移动,而不能限制构件绕销钉的转动。可见固定铰支座的约束性能与圆柱铰链相同,固定铰支座对构件的支座反力也通过铰链中心,而方向不定,通常用两个正交方向的分力表示,如图 3.6(c)所示。

在房屋建筑中,只要构件具有约束两个方向的移动而不约束转动的性能,可视为固定铰支座。如图 3.6(d)所示为预制钢筋混凝土柱子,将柱插入杯形基础预留的杯口中,用麻丝沥青填实,在荷载作用下,柱脚 A 的水平和竖直位移被限制,但它仍可作微小转动,因此可简化为固定铰支座。

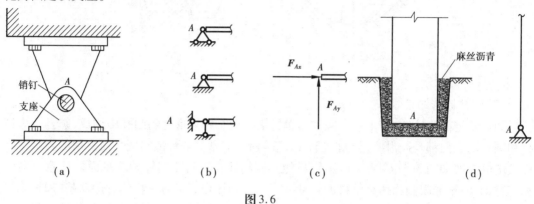

图 3.6

(5)可动铰支座

在固定铰支座的下面加几个辊轴支承于平面上,并且由于支座的连接,使它不能离开支承面,就构成可动铰支座〔也叫滑动支座,图 3.7(a)〕。可动铰支座的计算简图如图 3.7(b)所示。

这种支座只能限制物体垂直于支承面方向的移动,但不能限制物体沿支承面切线方向的运动,也不能限制物体绕销钉转动。因此,可动铰支座的约束力通过销钉中心,垂直于支承面,指向未定,如图 3.7(c)所示。

在房屋建筑中,如钢筋混凝土梁通过混凝土垫块搁置在砖墙上(图 3.8),就可将砖墙简化为可动铰支座。

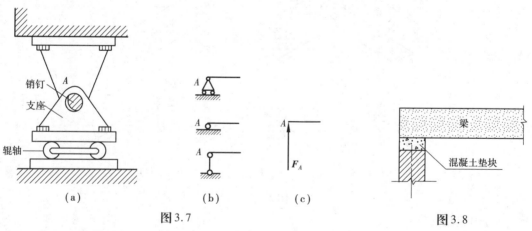

图 3.7                    图 3.8

(6)固定端支座

房屋建筑中的阳台挑梁如图 3.9(a)所示,它的一端嵌固在墙壁内或与墙壁、屋内梁一次性浇筑。墙壁对挑梁的约束,既限制它沿任何方向移动,又限制它的转动,这样的约束称为固定端支座。它的计算简图如图 3.9(b)所示,约束力如图 3.9(c)所示。

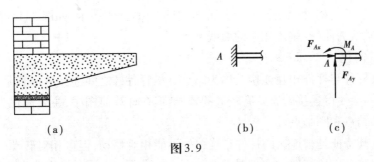

图3.9

（7）定向支座

定向支座能限制构件的转动和垂直于支承面方向的移动,但允许构件沿平行于支承面方向的移动,如图 3.10(a)所示。定向支座的约束力为垂直于支承面的反力 $F_N$ 和反力偶矩 $M$,如图 3.10(b)所示为计算简图和约束力的形式。当支承面与构件轴线垂直时,定向支座的反力为水平方向,如图 3.10(c)所示。

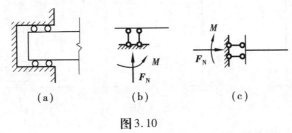

图3.10

# 3.3 结构的计算简图

在工程实际中的建筑物(或者构筑物),其结构、构造以及作用在其上的荷载,往往是比较复杂的。在结构设计时,如果完全严格地按照结构的实际情况进行力学分析和计算,会使问题非常复杂甚至无法求解,同时也是不必要的。因此在对实际结构进行力学分析和计算时,要根据构件的实际工作情况,抓住最主要的影响因素,忽略一些次要的影响因素,将具体构件抽象为"力学模型",即采用简化的图形来代替实际结构,这种简化的图形称为结构的计算简图。

在建筑力学中,计算简图的选取是力学计算的基础。比如,结构设计时,如果计算简图选取不合理,就会使结构的设计不合理,造成差错,严重的甚至造成工程事故。选取结构的计算简图是一项十分重要的工作,必须引起足够的重视。一般来说,将工程中的建筑物(或者构筑物)抽象为力学模型并画出计算简图,需从结构体系、荷载和约束等三个方面加以简化。简化应遵循下列两个原则:

①既要忽略次要因素,又要尽可能地反映结构的主要受力情况;

②要使力学计算尽量简化,但计算结果要有足够的精确度。

**1)结构体系的简化**

结构体系的简化包括杆件的简化和结点的简化。

**(1)杆件的简化**

由于杆件的截面尺寸通常要比杆件长度小得多,因此,在计算简图中,杆件用其纵向轴线来表示。如梁、柱等构件的纵轴线为直线,就用相应的直线表示,如图 3.11 所示;而曲杆、拱等构件的纵轴线为曲线,则用相应的曲线表示。

（2）结点的简化

在结构中,杆件与杆件相互连接处称为结点。尽管各杆之间连接的形式是多种多样的,特别是材料不同会使得连接的方式有较大的差异,但在计算简图中,主要简化为两种理想的连接方式,即铰结点和刚结点。

①铰结点:其特征是被连接的杆件在连接处不能相对移动,但可相对转动。在工程实际中,完全用理想铰来连接杆件的实例是非常少见的。但是,从结点的构造来分析,把它们近似地看成铰结点所造成的误差并不显著。木屋架的结点如图 3.12（a）所示,可认为杆件与杆件之间有微小的转动,杆件连接处可简化为铰结点〔图 3.12（b）〕。

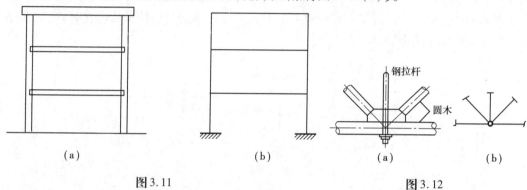

|  |  |  |  |
|:-:|:-:|:-:|:-:|
| （a） | （b） | （a） | （b） |
| **图 3.11** | | **图 3.12** | |

②刚结点:其特征是被连接的杆件在连接处既不能相对移动,又不能相对转动。如图 3.13（a）所示为钢筋混凝土框架,梁和柱是刚性连接,当结构发生变形时,结点处各杆端之间无相对移动,同时夹角保持不变。其中结点 $A$, $B$ 示意图如图 3.13（b）、（c）所示。

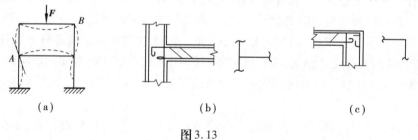

|  |  |  |
|:-:|:-:|:-:|
| （a） | （b） | （c） |
| | **图 3.13** | |

工程中,有时会遇到一种特殊结点,其部分具有刚结点特征,部分具有铰结点特征,我们可以简化为混合结点(组合结点)。

## 2）支座的简化

支座是指结构与基础(或别的支承构件)之间的连接构造。它的作用是使基础(或别的支承构件)与结构连接起来,达到支承结构的目的。对于支座,可以根据其实际构造和约束情况进行恰当的简化,使之成为固定铰支座、可动铰支座或固定端支座等理想约束形式。

## 3）荷载的简化

若作用于结构上的荷载其分布的面积远远小于结构的尺寸,则将此荷载认为是作用于结构的某点上的集中荷载。工业厂房中的吊车轮压,即可认为是集中荷载。

实际结构所承受的荷载一般是作用于结构内各处的体分布荷载及作用在某一表面积上的面分布荷载。在计算简图中,通常将这些荷载简化到作用于杆件轴线上的线分布荷载或集中荷载。

下面通过实例来说明结构计算简图的取法。

如图 3.14(a)所示为工业厂房内的组合式吊车梁,上弦为钢筋混凝土 T 形截面梁,下面的杆件由角钢和钢板组成,结点处为焊接。梁上铺设钢轨,吊车在钢轨上可左右移动,吊车轮压 $F_1$,$F_2$,吊车梁两端由柱子上的牛腿支撑。组成结构的各杆其轴线都是直线并且位于同一平面内,将各杆都用其轴线来表示。上弦[图 3.14(b)]为整体的钢筋混凝土梁,其截面较大,因此将 AB 简化为一根连续梁;而其他杆与 AB 杆相比,基本上只受到轴力,所以都视为二力杆(即链杆)。AE、BF、EF、CE 和 DF 各杆之间的连接,都简化为铰接。整个吊车梁搁置在柱的牛腿上,梁与牛腿相互之间仅由较短的焊缝连接,吊车梁既不能上下移动,也不能水平移动,但是,梁在受到荷载作用后,其两端仍然可以作微小的转动。此外,当温度发生变化时,梁还可以发生自由伸缩。为了便于计算,同时又考虑到支座的约束力情况,将支座简化成一端为固定铰支座,另一端为可动铰支座。作用于整个吊车梁上的荷载分为恒载和活荷载。恒载包括钢轨、梁的自重,可简化为作用于沿梁纵向轴线上的均布荷载 q;活荷载是吊车的轮压 $F_1$ 和 $F_2$,由于吊车轮子与钢轨的接触面积很小,可简化为分别作用于梁上两点的集中荷载。组合式吊车梁的计算简图如图 3.14(c)所示。

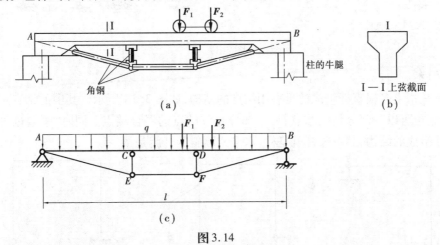

图 3.14

再如钢屋顶桁架[图 3.15(a)],所有结点都用焊接连接。按理想桁架考虑时,屋架的计算简图如图 3.15(b)所示。

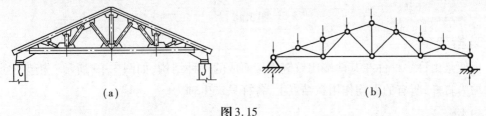

图 3.15

现浇多层多跨刚架,其中所有结点都是刚结点,这种结构为框架[图 3.16(a)]。其计算简图如图 3.16(b)所示。

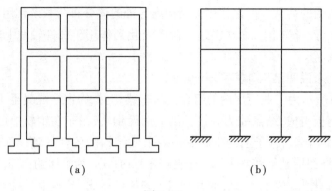

图 3.16

# 3.4 杆系结构的分类

本书仅研究和讨论平面杆系结构,其常见的形式有下列几种。

## 1)梁

梁是一种常见的结构,其轴线常为直线,是受弯构件,如图 3.17 所示。

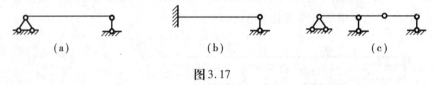

图 3.17

## 2)刚架

刚架是指由多根直杆组成的具有刚结点的结构,如图 3.18 所示。其中的结点可以全部是刚结点,也可以一部分是刚结点、另一部分是铰结点的混合结点。同时,刚架也可以看成由梁和柱组成的结构,其中竖杆就是柱,水平或倾斜的杆就是梁。

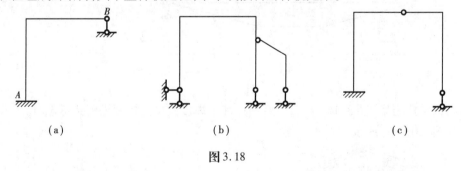

图 3.18

## 3)桁架

桁架是由许多杆件在其两端用铰链连接而成的一种结构,如图 3.19 所示。桁架中所有杆件均为直杆,所有的力均作用在结点上,各杆只产生轴力。

## 4)拱

拱的轴线为曲线,且在竖向荷载作用下支座将产生水平反力的杆件结构,如图 3.20 所示。拱是一种很重要的结构,广泛应用于桥梁、房屋建筑、水工大坝等。

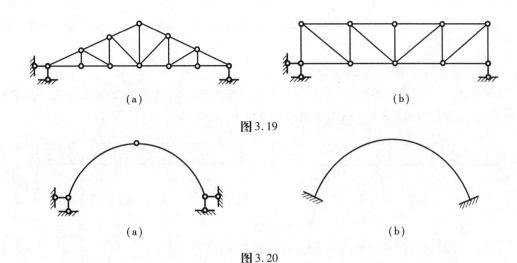

图 3.19

图 3.20

### 5) 组合结构

组合结构是桁架和梁,或桁架和刚架组合在一起的结构,也称为混合结构,如图 3.21 所示。其中有些杆件只承受轴力,另一些杆件除承受轴力外还同时承受剪力、弯矩等。

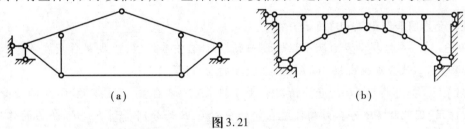

图 3.21

# 3.5　受力分析与受力图

作用在物体上的每一个力,都会对物体的运动(状态)产生一定的影响。因此,在研究某一物体的运动时,必须考虑作用在该物体上所有的主动力和约束反力。为了便于分析,并能清晰地表示物体的受力情况,我们将研究的物体(称为研究对象)从周围物系中分离出来,单独画出这个物体的简图,并将作用在它上面的主动力和约束反力全部画在简图上。这样得到的图形称为受力图。

画受力图是解力学问题的重要一步,不能省略,更不能发生错误,否则将导致以后分析计算的错误。下面举例说明受力图的画法。

【**例 3.1**】　如图 3.22(a)所示,一重为 $G$ 的球体用一细绳悬挂于墙上,不计摩擦。试画出球体的受力图。

【**解**】　①取球体为研究对象,将球体从周围约束中分离出来并单独画出其简图。

②画主动力:球体的重力 $G$。

③画约束力:球体在 $A$ 处受到墙壁的光滑接触面约束,故其约束力沿着接触点的公法线

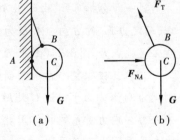

图 3.22

且指向球心;球体在 $B$ 处受到细绳的作用,故其约束力作用于 $B$ 点沿细绳的中心线,背离球体。

球体的受力图如图3.22(b)所示。

【例3.2】 某桥梁如图3.23(a)所示。$A$ 处为固定铰支座,$B$ 处为滑动铰支座。梁自重不计,在梁上作用均布荷载 $q$。试画出梁的受力图。

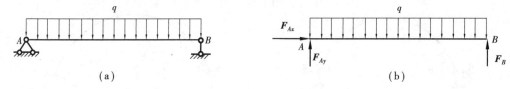

**图3.23**

【解】 ①取梁为研究对象,去除约束并画出其简图。

②画主动力:均布荷载 $q$。

③画约束力:$A$ 处为固定铰支座,其约束力方向不能确定,可用两个大小未知的正交分力 $F_{Ax}$ 和 $F_{Ay}$ 表示;$B$ 处为滑动铰支座,约束力的作用线通过 $B$ 点并垂直于支承面,方向假定为向上。

梁的受力图如图3.23(b)所示。

【例3.3】 三铰拱由左右两个拱铰接而成,不计自重和摩擦,荷载 $F$ 作用在 $AC$ 上,如图3.24(a)所示。试分别画出拱 $AC$,$CB$ 和三铰拱的受力图。

【解】 ①先分析拱 $CB$ 的受力情况。由于拱 $CB$ 不计自重,而且只在 $C$,$B$ 两处受到铰链约束作用,因此拱 $CB$ 为二力构件。在铰链中心 $C$,$B$ 处分别受到 $F_C$,$F_B$ 两力的作用,且 $F_C = -F_B$,由经验判断,此处拱 $CB$ 受到压力,其受力图如图3.24(b)所示。一般情况下,$F_C$ 和 $F_B$ 的指向不能预先判定,可先任意假设构件受拉力或压力。若根据平衡方程求得的力为正值,说明构件受力的实际方向与原假设力的方向相同;若根据平衡方程求得的力为负值,则说明构件受力的实际方向与原假设力的方向相反。

②取拱 $AC$ 为研究对象。由于自重不计,主动力只有荷载 $F$。拱 $AC$ 在 $C$ 处受到拱 $CB$ 给它的约束力 $F_C'$。因为 $F_C'$ 和 $F_C$ 互为作用力和反作用力,所以力 $F_C'$ 的方向与力 $F_C$ 的方向相反。拱在 $A$ 处受有固定铰支座给它的约束力 $F_A$ 的作用,根据约束的性质,约束力方向不能确定,可以用两个大小未知的正交分力 $F_{Ax}$ 和 $F_{Ay}$ 表示,拱 $AC$ 的受力图如图3.24 (c)所示。

进一步分析可知,由于拱 $AC$ 在 $F$,$F_C'$ 和 $F_A$ 三个力作用下平衡,故可根据三力平衡汇交定理,确定力 $F_A$ 的方向。点 $D$ 为力 $F$ 和 $F_C'$ 作用线的汇交点,当拱 $AC$ 平衡时,约束力 $F_A$ 的作用线必通过点 $D$[图3.24(d)],至于力 $F_A$ 的指向,暂且假定如图,实际方向由平衡条件确定。

③取三铰拱整个系统为研究对象。当选整个系统为研究对象时,可把平衡的整个结构刚化为刚体。由于铰链 $C$ 处所受的力满足 $F_C = -F_C'$,这两个力是成对地作用在系统内,称为内力。内力对系统的作用效应互相抵消,因此可以除去,并不影响整个系统的平衡。故内力在受力图上不必画出。在受力图上只需画出系统以外的物体给系统的作用力,这种力称为外力。这里荷载 $F$ 和约束力 $F_A$,$F_B$ 都是作用于整个系统的外力。三铰拱整个系统的受力图如图3.24(e)所示。

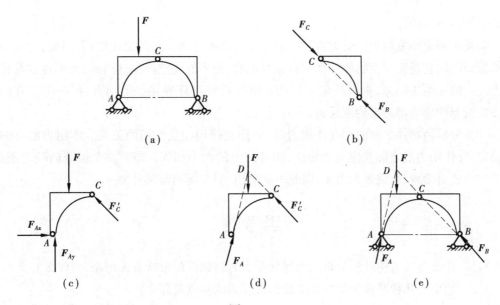

图 3.24

注意:①内力和外力的区分不是绝对的。例如,当我们把拱 $AC$ 作为研究对象时,$F_C'$ 是外力,但取整个拱系统为研究对象时,$F_C'$ 又成为内力。可见,内力和外力的区分,只有相对于某一确定的研究对象才有意义。

②在进行受力分析时,三力平衡汇交定理可以用也可以不用。由于一般采用投影方程进行求解,因此画受力图时不用三力平衡汇交定理在解题时会更方便。

【例 3.4】 如图 3.25 所示,各构件不计自重,画出各构件及系统受力图。

【解】 ①构件 $CD$ 的受力分析。由于构件 $CD$ 的自重不计,构件只在 $C,D$ 两处受到约束力作用而保持平衡。显然构件 $CD$ 是二力构件。根据光滑铰链的特性,$C,D$ 处的约束力分别通过铰链 $C,D$ 的中心。构件 $CD$ 的受力图如图 3.25(b)所示。

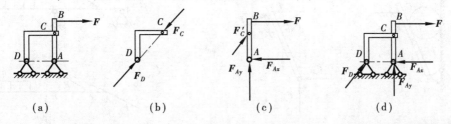

图 3.25

②构件 $AB$ 的受力分析。在 $B$ 处受到荷载 $F$ 的作用,在铰链 $C$ 处受到 $CD$ 部分对它的约束力 $F_C'$,$F_C'$ 是 $F_C$ 的反作用力。在 $A$ 处受到固定铰支座给它的约束力作用,可用两个大小未知的正交分力 $F_{Ax}$ 和 $F_{Ay}$ 表示。构件 $AB$ 的受力图如图 3.25(c)所示。

③整个系统的受力分析如图 3.25(d)所示。

正确地画出物体的受力图,是分析、解决力学问题的基础。综合以上几个例题可以看出,画受力图时必须注意以下几点:

①必须明确研究对象。也就是说,首先必须确定画哪一个物体的受力图。研究对象必须具体而且明确。它可以是单个物体,也可以是由几个物体组成的系统。不同的研究对象

的受力图是不同的。

②正确确定研究对象的受力数目。由于力是物体之间相互的机械作用,因此,对每一个力都应该明确它是哪一个物体施加给研究对象的,绝不能凭空产生。同时,也不可以漏掉一个力。一般先画主动力,再画约束力。凡是研究对象与外界接触的地方,都一定存在约束力。要按照约束类型画出约束反力。

③在分析两物体之间的相互作用力时,要注意作用与反作用的关系。作用力的方向一经设定,反作用力的方向就应与之相反,而且两力的大小相等。当画整个系统的受力图时,由于内力成对出现,组成平衡力系,因此不必画出,只需画出全部外力。

# 思 考 题

3.1 什么是二力构件? 分析二力构件受力时与构件的形状有无关系,为什么?

3.2 约束有几种基本类型? 各类型约束反力的特点是什么?

3.3 若作用于刚体同一平面上的三个力的作用线汇交于一点,此刚体是否一定平衡?

3.4 思考题 3.4.1 至 3.4.4 图中各物体处于平衡,凡未画出重力的物体其自重不计,所有接触处均为光滑接触。试判断各个受力图是否正确? 说明理由并更正错误的受力图。

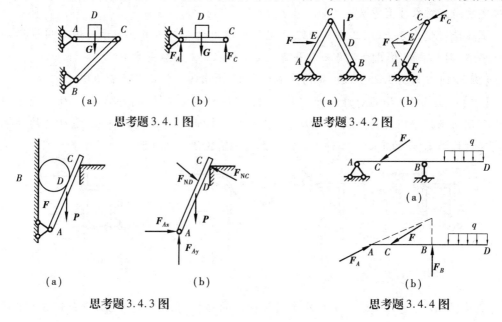

思考题 3.4.1 图　　　　　　　思考题 3.4.2 图

思考题 3.4.3 图　　　　　　　思考题 3.4.4 图

# 习　题

3.1 画出下列各图中物体 $AB$,$AD$,$C$ 或构件 $DC$,$AC$ 的受力图。未画出重力的物体其自重不计,所有接触处均为光滑接触。

3.2 画出下列图中每个标注字符的物体(不含销钉与支座)的受力图。未画出重力的物体其自重不计,所有接触处均为光滑接触。

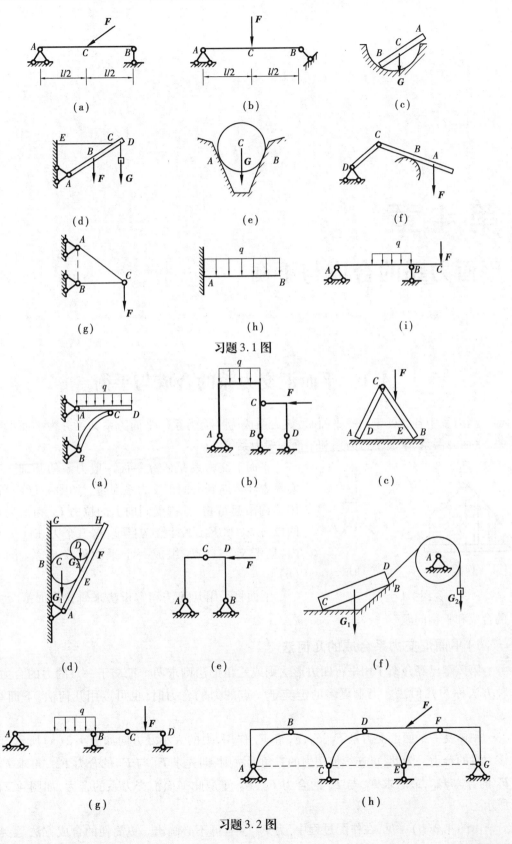

习题 3.1 图

习题 3.2 图

# 第4章

## 平面力系的合成与平衡

### 4.1　平面汇交力系的合成与平衡

当力系中各力处于同一平面时,该力系成为平面力系。平面力系又可分为平面汇交力系、平面力偶系、平面平行力系和平面一般力系等。

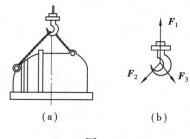

图4.1

平面汇交力系是研究平面一般力系的基础。工程实际中经常遇到平面汇交力系问题。如图4.1(a)所示,用挂钩吊起重物,挂钩受到向上的拉力 $F_1$ 和吊绳对它的拉力 $F_2$ 和 $F_3$,不计挂钩自重,这三个力在同一平面内,且汇交于一点,组成一个平面汇交力系〔图4.1(b)〕。

下面将采用几何法和解析法来研究平面汇交力系的合成和平衡问题。

#### 1)平面汇交力系合成的几何法

第2章已经介绍了用平行四边形法则或三角形法则求两个汇交于一点的力的合力,这种方法称为几何法。当求更多的汇交于一点的力的合力时,也可以用几何法,下面举例说明。

刚体受一平面汇交力系 $F_1$,$F_2$,$F_3$ 和 $F_4$ 作用,力的大小及方向如图4.2(a)所示,现求该力系的合力。为此,可连续使用力的三角形法则,即先求 $F_1$ 与 $F_2$ 的合力 $F_{R1}$,再求 $F_{R1}$ 与 $F_3$ 的合力 $F_{R2}$,最后求 $F_{R2}$ 与 $F_4$ 的合力 $F_R$,$F_R$ 便是此平面汇交力系的合力,如图4.2(b)所示。

由图4.2(b)可见,在作图过程中,力 $F_{R1}$,$F_{R2}$ 可不必画出。更简便的合成方法是:各分力矢首尾相接,则画出一条矢量折线 $A—B—C—D—E$,如图 4.2(c)所示,然后从第一个力矢 $F_1$ 的起点 $A$ 向最后一个力矢 $F_4$ 的终点 $E$ 作一个矢量,以使折线封闭而成为一个多边形,则由 $A$ 点指向 $E$ 点的封闭边 $AE$ 就代表了该力系的合力矢 $F_R$ 的大小和方向,合力的作用线通过原力系的汇交点。该多边形称为已知力系的力多边形。这种求合力的方法称为力多边形法则。

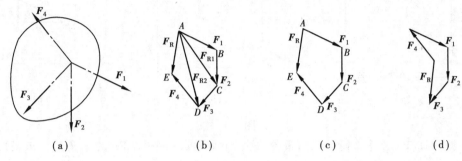

图 4.2

在利用力多边形法则求平面汇交力系的合力时,根据矢量相加的交换律,任意变换各分力矢的作图次序,可得到形状不同的力多边形,但其合力矢仍然不变,如图 4.2(d)所示。

综上所述,可得如下结论:平面汇交力系合成的结果是一个合力,其大小和方向由力多边形的封闭边来表示,其作用线通过各力的汇交点,即合力等于各分力的矢量和。设平面汇交力系包含 $n$ 个力,以 $F_R$ 表示它们的合力矢,则有

$$F_R = F_1 + F_2 + \cdots + F_n = \sum_{i=1}^{n} F_i$$

一般可以略去求和符号中的 $i = 1, n$。这样上式可以简写为

$$F_R = F_1 + F_2 + \cdots + F_n = \sum F_i \tag{4.1}$$

注意:力多边形的封闭边仅表示合力的大小和方向,合力的作用线通过力系的汇交点。另外,合成结果与各力的绘制顺序无关。

### 2)平面汇交力系平衡的几何条件

平面汇交力系合成的结果是一个合力。如果该合力为零,则平面汇交力系平衡;如果平面汇交力系平衡,则其合力必为零。所以物体在平面汇交力系作用下平衡的充分和必要条件是力系的合力为零,即

$$\sum F_i = 0 \tag{4.2}$$

在几何法中,平面汇交力系的合力是由力多边形的封闭边来表示的。当平面汇交力系平衡时,即合力为零,那么力多边形的封闭边变为一点,也就是说力多边形中第一个力的起点与最后一个力的终点重合,此时的力多边形称为封闭的力多边形。因此,平面汇交力系平衡的充分必要条件是:该力系的力多边形自行封闭。这是平面汇交力系平衡的几何条件。

用几何法求平面汇交力系平衡问题时,先按比例画出封闭的力多边形,然后量得所要求的未知量的长度,再按比例换算出结果(这样的解法也称为图解法);或可根据图形的几何关系,用三角公式计算出要求的未知量。

【例 4.1】　刚架如图 4.3(a)所示,在 $B$ 点受一水平力作用。$F = 20\ \text{kN}$,刚架的自重略

去不计。求 $A,D$ 处的约束反力。

【解】 选取刚架为研究对象。刚架在 $B$ 处受荷载 $F$ 的作用。$D$ 处为滑动铰支座,它对刚架 $D$ 处的约束力 $F_D$ 的作用线垂直于支承面。$A$ 处为固定铰支座,约束力 $F_A$ 的作用线可根据三力平衡汇交原理确定,它必通过另外两个力的作用线的交点 $C$,如图4.3(b)所示。

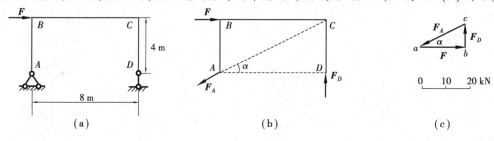

(a)                         (b)                         (c)

图4.3

根据平面汇交力系平衡的几何条件,这三个力构成一个封闭的力三角形。选定比例尺后,先画出已知力矢 $F$,再由点 $a$ 作直线平行于 $AC$,由点 $b$ 作直线平行于 $CD$,这两条直线的交点为 $c$,如图4.3(c)所示。

根据三角形关系计算得到

$$F_A = \frac{F}{\cos \alpha} = 20 \times \frac{\sqrt{5}}{2} = 22.4 (\text{kN})$$

$$F_D = F_A \sin \alpha = 22.4 \times \frac{1}{\sqrt{5}} = 10 (\text{kN})$$

此题也可以用图解法来求解。由于力三角形 $abc$ 封闭,可以确定 $F_A$ 和 $F_D$ 的方向,线段 $ca$ 和 $bc$ 分别表示力 $F_A$ 和 $F_D$ 的大小,量出它们的长度,按比例换算也可求出:

$$F_A = 22.4 \text{ kN} \qquad F_D = 10 \text{ kN}$$

通过以上例题可以看出,几何法解题的优点是直观明了。

### 3)平面汇交力系合成的解析法

求解平面汇交力系问题,除了应用几何法外,经常应用的是解析法。解析法是以力在坐标轴上的投影为基础的。因此先介绍力在坐标轴上的投影的概念。

（1）力在坐标轴上的投影

如图4.4所示,设力 $F$ 在直角坐标系 $xOy$ 平面内,从力 $F$ 的起点 $A$ 和终点 $B$ 分别向 $Ox$ 轴作垂线,得到垂足 $a,b$,线段 $ab$ 称为力 $F$ 在 $x$ 轴上的投影,记作 $F_x$。同理,从力 $F$ 的起点 $A$ 和终点 $B$ 向 $Oy$ 轴作垂线,得到垂足 $a',b'$,线段 $a'b'$ 称为力 $F$ 在 $y$ 轴上的投影,记作 $F_y$。

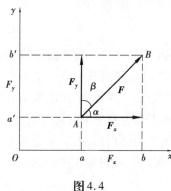

图4.4

力在坐标轴上的投影是代数量,其正负号的规定为:从起点 $A$ 的投影 $a$(或 $a'$)到终点 $B$ 的投影 $b$(或 $b'$)的指向与坐标轴的正向相同时,投影为正;反之为负。

设 $\alpha$ 和 $\beta$ 分别表示力 $F$ 与直角坐标系 $x$ 和 $y$ 轴正向间的夹角,则力 $F$ 在 $x,y$ 轴上的投影分别为

$$F_x = F\cos\alpha \\ F_y = F\cos\beta \Big\} \qquad (4.3)$$

两种特殊情况:当力与轴垂直时,力在该轴上的投影为零;当力与轴平行时,力在该轴上投影的绝对值等于该力的大小。

反之,若已知力 $\boldsymbol{F}$ 在直角坐标系 $x,y$ 轴上的投影 $F_x,F_y$,由图 4.4 可求出该力的大小和方向,即

$$F = \sqrt{F_x^2 + F_y^2} \\ \cos\alpha = \frac{F_x}{\sqrt{F_x^2 + F_y^2}}, \cos\beta = \frac{F_y}{\sqrt{F_x^2 + F_y^2}} \Big\} \qquad (4.4)$$

【例 4.2】 试分别求出图 4.5 中各力在 $x$ 轴和 $y$ 轴上的投影。已知力 $F_1, F_2$ 的大小均为 200 kN。

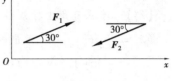

图 4.5

【解】 $F_{1x} = F_1\cos 30° = 200 \times 0.866 = 173.2(\text{kN})$

$\quad F_{1y} = F_1\sin 30° = 200 \times 0.5 = 100(\text{kN})$

$\quad F_{2x} = -F_2\cos 30° = -200 \times 0.866 = -173.2(\text{kN})$

$\quad F_{2y} = -F_2\sin 30° = -200 \times 0.5 = -100(\text{kN})$

(2)合力投影定理

设刚体受一平面汇交力系 $F_1, F_2$ 和 $F_3$ 作用,此三力汇交于 $O$ 点〔图 4.6(a)〕,用力多边形法则可得其合力 $\boldsymbol{F}_R$〔图 4.6(b)〕。在力系作用平面内建立直角坐标系 $Oxy$,将合力 $\boldsymbol{F}_R$ 及各分力 $F_1, F_2$ 和 $F_3$ 分别向 $x$ 轴进行投影,得 $F_{Rx} = ad, F_{1x} = ab, F_{2x} = bc, F_{3x} = -cd$。由图 4.6(b)可知:

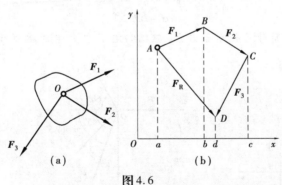

图 4.6

$$ad = ab + bc - cd$$

故

$$F_{Rx} = F_{1x} + F_{2x} + F_{3x}$$

同理可得

$$F_{Ry} = F_{1y} + F_{2y} + F_{3y}$$

将上述关系式推广至由 $n$ 个力组成的平面汇交力系,可得

$$F_{Rx} = F_{1x} + F_{2x} + \cdots + F_{nx} = \sum F_x \\ F_{Ry} = F_{1y} + F_{2y} + \cdots + F_{ny} = \sum F_y \Big\} \qquad (4.5)$$

式(4.5)称为合力投影定理。它表明平面汇交力系的合力在某轴上的投影等于力系中各分力在同一轴上投影的代数和。

(3)平面汇交力系合成的解析法

根据合力投影定理,求出合力 $\boldsymbol{F}_R$ 的投影 $\boldsymbol{F}_{Rx}$ 及 $\boldsymbol{F}_{Ry}$ 后(图4.7),即可按式(4.4)求出合力 $\boldsymbol{F}_R$ 的大小及方向。

$$F_R = \sqrt{F_{Rx}^2 + F_{Ry}^2} = \sqrt{\left(\sum F_x\right)^2 + \left(\sum F_y\right)^2} \tag{4.6}$$

$$\cos \alpha = \frac{F_{Rx}}{F_R} = \frac{\sum F_x}{F_R}, \cos \beta = \frac{F_{Ry}}{F_R} = \frac{\sum F_y}{F_R}$$

【例4.3】 如图4.8所示平面汇交力系,已知 $F_1 = 3$ kN, $F_2 = 1$ kN, $F_3 = 1.5$ kN, $F_4 = 2$ kN。试求此力系的合力 $\boldsymbol{F}_R$。

【解】 建立直角坐标系 $Oxy$(图4.8),合力在坐标轴上的投影分别为:

$$F_{Rx} = \sum F_x = -F_2 + F_3\cos 60° + F_4\cos 45° =$$
$$-1 + 1.5 \times \cos 60° + 2 \times \cos 45° = 1.164(kN)$$

$$F_{Ry} = \sum F_y = -F_1 + F_3\sin 60° - F_4\sin 45° =$$
$$-3 + 1.5 \times \sin 60° - 2 \times \sin 45° = -3.115(kN)$$

由式(4.6),合力 $\boldsymbol{F}_R$ 的大小为

$$F_R = \sqrt{F_{Rx}^2 + F_{Ry}^2} = \sqrt{1.164^2 + (-3.115)^2} = 3.325(kN)$$

合力 $\boldsymbol{F}_R$ 与 $x$ 轴间所夹锐角 $\alpha$ 为

$$\tan \alpha = \frac{|F_{Ry}|}{|F_{Rx}|} = \left|\frac{-3.115}{1.164}\right| = 2.676$$

$$\alpha = 69.5°$$

由 $F_{Rx}$ 与 $F_{Ry}$ 的正负号可判断合力 $\boldsymbol{F}_R$ 应指向右下方,如图4.8所示。

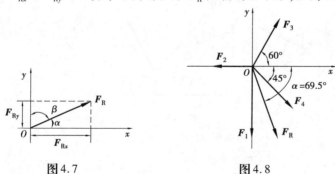

图4.7　　　　图4.8

### 4)平面汇交力系平衡的解析条件

平面汇交力系平衡的充分和必要条件是:该力系的合力为零。即

$$F_R = \sqrt{F_{Rx}^2 + F_{Ry}^2} = \sqrt{\left(\sum F_x\right)^2 + \left(\sum F_y\right)^2} = 0$$

欲使上式成立,必须同时满足

$$\left.\begin{array}{l} \sum F_x = 0 \\ \sum F_y = 0 \end{array}\right\} \tag{4.7}$$

即平面汇交力系平衡的解析条件为各力在两个坐标轴上投影的代数和分别为零。式(4.7)称为平面汇交力系的平衡方程。

下面举例说明平面汇交力系平衡方程的应用。

【例4.4】 用解析法求解例题4.1。

【解】 ①选取刚架为研究对象。

②画受力图。刚架在 $B$ 处受荷载 $F$ 的作用。$D$ 处为滑动铰支座，它对刚架 $D$ 处的约束力 $F_D$ 的作用线垂直于支承面。$A$ 处为固定铰支座，约束力 $F_A$ 的作用线可根据三力平衡汇交定理确定，它通过另外两个力的作用线的汇交点 $C$，如图4.9(b)所示。

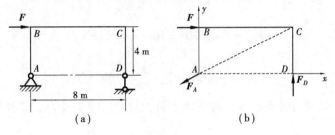

**图4.9**

③建立直角坐标系，如图4.9(b)所示，列平衡方程：

$$\sum F_x = 0 \quad F - F_A \frac{2}{\sqrt{5}} = 0$$

$$\sum F_y = 0 \quad F_D - F_A \frac{1}{\sqrt{5}} = 0$$

④解方程得：

$$F_A = \frac{\sqrt{5}}{2}F = \frac{\sqrt{5}}{2} \times 20 = 22.4(\text{kN})$$

$$F_D = \frac{1}{2}F = \frac{1}{2} \times 20 = 10(\text{kN})$$

$F_A$ 与 $F_D$ 的结果为正，说明 $F_A$ 和 $F_D$ 的实际方向与假设方向相同。

【例4.5】 如图4.10(a)所示，三角支架由杆 $AB$，$AC$ 铰接而成，在铰 $A$ 处作用着力 $F$，$F = 10$ kN，杆的自重不计，试求出杆 $AB$，$AC$ 所受的力。

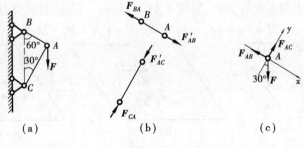

**图4.10**

【解】 ①选取研究对象。$AB$，$AC$ 两杆都是二力杆，假设杆 $AB$ 受拉力，杆 $AC$ 受压力，受力图如图4.10(b)所示。需要指出的是，二力杆通常被看成一种约束，其受力图可以不画，因此可以省略图4.10(b)。为了求出这两个未知力，可求两杆对铰链 $A$ 的约束力。因此，选

取铰链 $A$ 为研究对象。

②画受力图。铰链 $A$ 受力 $F$ 作用,此外受杆 $AB$ 和 $AC$ 的约束力作用,分别为 $F_{AB}$ 和 $F_{AC}$。这些力组成了平面汇交力系,如图 4.10(c)所示。

③列平衡方程。选取坐标轴如图 4.10(c)所示,坐标轴应尽量取在与未知力作用线垂直的方向。这样在一个平衡方程中只有一个未知量,不必联立求解方程组。即

$$\sum F_x = 0 \qquad F\sin 30° - F_{AB} = 0$$

$$\sum F_y = 0 \qquad F_{AC} - F\cos 30° = 0$$

④解方程得:

$$F_{AB} = F\sin 30° = 10 \times \frac{1}{2} = 5(\text{kN})$$

$$F_{AC} = F\cos 30°10 \times \frac{\sqrt{3}}{2} = 8.66(\text{kN})$$

$F_{AB}$ 和 $F_{AC}$ 为正值,说明力的假设方向与实际方向相同,即 $AB$ 杆受拉,$AC$ 杆受压。

# 4.2 平面力偶系的合成与平衡

作用在同一平面内的一组力偶称为平面力偶系。

## 1)平面力偶系的合成

设在同一平面内作用两组力偶($F_1$,$F_1'$)和($F_2$,$F_2'$),它们的力偶臂分别为 $d_1$ 和 $d_2$,如图 4.11(a)所示,其力偶矩分别为 $M_1$ 和 $M_2$。求其合成结果。

在保持力偶矩不变的情况下,同时改变这两个力偶的力的大小和力偶臂的长短,使它们具有相同的臂长 $d$,并将它们在平面内移转,使力的作用线重合,如图 4.11(b)所示。于是得到与原力偶系等效的两个新力偶($F_3$,$F_3'$)和($F_4$,$F_4'$)。即

$$M_1 = F_1d_1 = F_3d \qquad M_2 = F_2d_2 = F_4d$$

分别将作用在 $A$ 点和 $B$ 点的力进行合成,得到新力 $F$ 和 $F'$,其大小为

$$F = F_3 + F_4 \qquad F' = F_3' + F_4'$$

如图 4.11(b)所示。由于 $F$ 和 $F'$ 大小相等,方向相反且平行,所以构成了与原力偶系等效的新力偶,称为原力偶系的合力偶,如图 4.11(c)所示。以 $M$ 表示合力偶的矩,得

$$M = Fd = (F_3 + F_4)d = F_3d + F_4d = M_1 + M_2$$

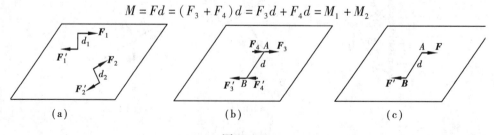

（a） （b） （c）

图 4.11

若作用在同一平面内有 $n$ 个力偶,则其合力偶矩应为

$$M = M_1 + M_2 + \cdots + M_n = \sum M_i \qquad (4.8)$$

由上可知,平面力偶系的合成结果为一个合力偶,合力偶矩的大小等于各已知力偶矩的代

数和。

【例 4.6】　有三个力偶同时作用于刚体某平面内（图 4.12）。已知 $F_1 = 50$ N，$d_1 = 0.8$ m，$F_2 = 100$ N，$d_2 = 0.6$ m，$M_3 = 30$ N·m，求其合成的结果。

【解】　三个力偶的力偶矩分别为

$$M_1 = F_1 d_1 = 50 \times 0.8 = 40 (\text{N} \cdot \text{m})$$

$$M_2 = -F_2 d_2 = -100 \times 0.6 = -60 (\text{N} \cdot \text{m})$$

$$M_3 = 30 \text{ N} \cdot \text{m}$$

由式(4.8)，合力偶矩为

$$M = M_1 + M_2 + M_3 = 40 - 60 + 30 = 10 (\text{N} \cdot \text{m})$$

逆时针转向。

### 2）平面力偶系的平衡

平面力偶系平衡的充分必要条件是：力偶系的合力偶矩为零。即

$$\sum M_i = 0 \tag{4.9}$$

【例 4.7】　简支梁如图 4.13(a)所示，梁的自重不计，在梁上作用一个力偶，力偶矩的大小 $M = 60$ kN·m，跨长 $l = 6$ m，试求 $A$，$B$ 两点的约束力。

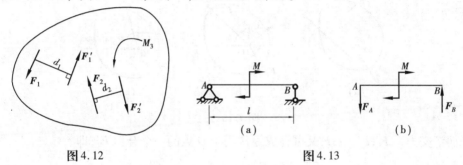

图 4.12　　　　　　　　　　　　　图 4.13

【解】　①选取简支梁为研究对象。

②画受力图。主动力为作用于简支梁上的已知力偶。约束有两处。$B$ 处为滑动铰支座，约束力 $F_B$ 的作用线垂直于支承面；$A$ 处为固定铰支座。因梁上只作用一个已知力偶，根据力偶只能和力偶平衡，可知 $F_A$ 与 $F_B$ 组成一个力偶。简支梁的受力图如图 4.13(b)所示。

③列平衡方程，得

$$\sum M_i = 0, F_A l - M = 0$$

$$F_A = F_B = \frac{M}{l} = \frac{60}{6} = 10 (\text{kN})$$

## 4.3　平面一般力系的合成

平面汇交力系和平面力偶系都是平面力系的特殊情况，在工程实际中会遇到许多平面一般力系。例如，图 4.14(a)所示的旋转式起重机，作用于横梁上的力有重力 $\boldsymbol{W}$、轮压 $\boldsymbol{F}$、钢丝绳的拉力 $\boldsymbol{F}_T$，以及铰链支座 $A$ 的约束力 $\boldsymbol{F}_{Ax}$，$\boldsymbol{F}_{Ay}$，这些力组成了一个平面一般力系〔图 4.14(b)〕。又如图 4.15(a)所示的楼梯，沿楼梯方向作用的均布荷载 $q$，两端的约束力 $\boldsymbol{F}_{Ax}$，$\boldsymbol{F}_{Ay}$ 和 $\boldsymbol{F}_B$，这些力也组成一个平面一般力系〔图 4.15(b)〕。

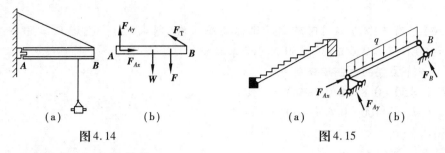

图4.14                    图4.15

### 1)平面一般力系的简化

设刚体受一平面一般力系 $F_1,F_2,\cdots,F_n$ 作用,如图4.16(a)所示。在力系的作用面内任选一点 $O$,称为简化中心。应用力的平移定理,将各力平移至 $O$ 点,同时附加相应的力偶,便可得到一个平面汇交力系 $F_1',F_2',\cdots,F_n'$ 和一个平面力偶系 $M_1,M_2,\cdots,M_n$,如图4.16(b)所示。根据力的平移定理可知:

$$F_1'=F_1,F_2'=F_2,\cdots,F_n'=F_n$$
$$M_1=M_O(F_1),M_2=M_O(F_2),\cdots,M_n=M_O(F_n)$$

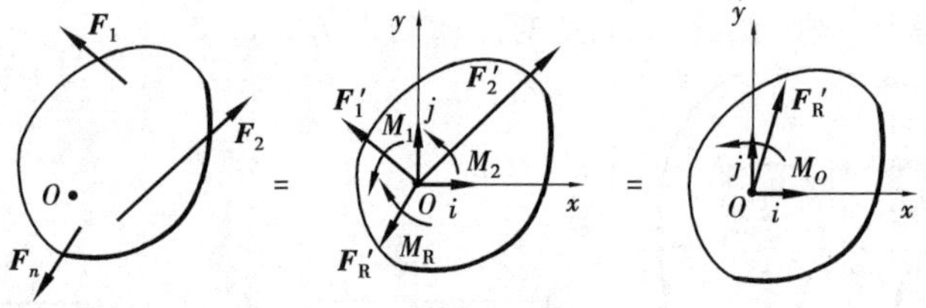

（此处图4.16 (a)(b)(c)三个子图）

图4.16

平面汇交力系 $F_1',F_2',\cdots,F_n'$ 又可合成为作用于 $O$ 点的一个合力 $F_R'$,即

$$F_R'=F_1'+F_2'+\cdots+F_n'=\sum F'$$

由于

$$F_1'=F_1,F_2'=F_2,\cdots,F_n'=F_n$$

因此

$$F_R'=F_1+F_2+\cdots+F_n=\sum F \tag{4.10}$$

$F_R'$ 为原力系各力的矢量和,称为原平面力系的主矢。显然,主矢并不能代替原力系对物体的作用,因而它不是原力系的合力,它只代表力系中各力的矢量和,与简化中心无关。主矢的大小和方向为

$$\left.\begin{array}{l} F_{Rx}'=F_{1x}+F_{2x}+\cdots+F_{nx}=\sum F_x \\[1mm] F_{Ry}'=F_{1y}+F_{2y}+\cdots+F_{ny}=\sum F_y \\[1mm] F_R'=\sqrt{\left(\sum F_x\right)^2+\left(\sum F_y\right)^2} \\[1mm] \tan\alpha=\left|\dfrac{\sum F_y}{\sum F_x}\right| \end{array}\right\} \tag{4.11}$$

式中　$F'_{Rx}$，$F'_{Ry}$——主矢在 $x$ 轴和 $y$ 轴上的投影；

　　　$\alpha$——主矢与 $x$ 轴正向之间的夹角。

附加的力偶系 $M_1$，$M_2$，$\cdots$，$M_n$ 可按平面力偶系合成的方法，将其合成为一个合力偶，合力偶矩为

$$M_O = M_1 + M_2 + \cdots + M_n$$

因各力平移时所附加的力偶矩分别为原力对简化中心 $O$ 之矩，即

$$M_O = M_O(\boldsymbol{F}_1) + M_O(\boldsymbol{F}_2) + \cdots + M_O(\boldsymbol{F}_n) = \sum M_O(\boldsymbol{F}_i) \tag{4.12}$$

式中　$M_O$——原力系对简化中心 $O$ 点的主矩，等于原力系中各力对简化中心之矩的代数和。

显然，主矩不能代替原力系对物体的作用，即不是原力系的合力偶矩。

综上所述，可得以下结论：一般情况下，平面一般力系向平面内任一点简化，可得到一个力和一个力偶〔图 4.16(c)〕。该力称为原力系的主矢，它等于力系中各力的矢量和，其大小和方向与简化中心无关，但作用线通过简化中心；该力偶的力偶矩称为原力系对简化中心的主矩，它等于原力系中各力对简化中心之矩的代数和，其值一般与简化中心有关。

### 2)简化结果的讨论

平面一般力系向作用平面内任一点简化，一般可得到一个主矢 $F'_R$ 和一个主矩 $M_O$，根据主矢和主矩是否为零，可分为以下 4 种情况：

①$F'_R = 0$，$M_O \neq 0$。此时，原力系简化为一个合力偶，合力偶矩等于主矩。因为力偶对于平面内任意一点的矩都相同，所以当力系合成为一个力偶时，主矩与简化中心的位置无关。

②$F'_R \neq 0$，$M_O = 0$。此时，原力系简化为一个合力，合力的大小、方向与主矢相同，合力的作用线通过简化中心。

③$F'_R \neq 0$，$M_O \neq 0$。此时，原力系仍可简化为一个合力。现将矩为 $M_O$ 的力偶用两个等值、反向的平行力 $F_R$ 和 $F''_R$ 来替换，且 $F'_R = F_R = -F''_R$，如图 4.17(a)、(b)所示。于是，$F'_R$ 与 $F''_R$ 为一对平衡力，根据加减平衡力系公理，可将这对平衡力消去，从而使原力系简化为一个作用线过 $O'$ 点的合力 $F_R$〔图 4.17(c)〕。合力 $F_R$ 的大小、方向与主矢相同，合力的作用线不通过简化中心。合力的作用线在 $O$ 点的哪一侧，需根据主矢和主矩的方向确定。$O$ 点到合力作用线的距离 $d$ 为

$$d = \frac{|M_O|}{F_R}$$

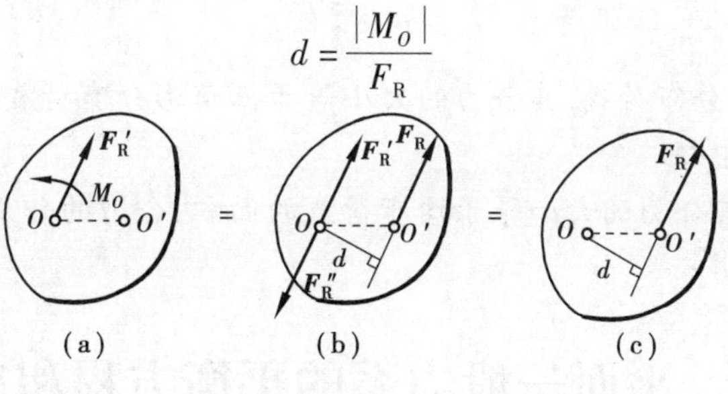

图 4.17

由图 4.17(c)可以看出，平面力系的合力 $F_R$ 对 $O$ 点之矩为

$$M_O(\boldsymbol{F}_R) = F_R d$$

因为

$$F_R d = F'_R d = M_O = \sum M_O(\boldsymbol{F}_i)$$

故

$$M_O(\boldsymbol{F}_R) = \sum M_O(\boldsymbol{F}_i) \tag{4.13}$$

由于简化中心 $O$ 是任意选取的,故上式具有普遍意义。于是可得到平面一般力系的合力矩定理:平面一般力系的合力对其作用面内任一点之矩等于力系中各力对同一点之矩的代数和。利用该定理,可以简化某些情况下的力矩计算,还可以确定平面力系合力作用线的位置。

④ $\boldsymbol{F}'_R = 0, M_O = 0$。此时,原力系处于平衡状态。

【例 4.8】 长度为 $l$ 的简支梁 $AB$ 受三角形分布荷载作用,其分布荷载集度的最大值为 $q_0$,如图 4.18 所示。试求该分布力系合力的大小及作用线位置。

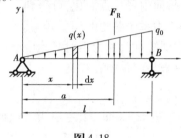

图 4.18

【解】 建立直角坐标系 $xAy$,如图 4.18 所示。荷载集度是坐标 $x$ 的函数,梁上距 $A$ 端 $x$ 处的荷载集度为

$$q(x) = \frac{x}{l} q_0 \tag{a}$$

在该处长度为 $dx$ 的微段上,荷载的大小为 $q(x)dx$,因此整个梁上分布荷载的合力为

$$F_R = \int_0^l q(x) dx = \int_0^l \frac{x}{l} q_0 dx = \frac{1}{2} q_0 l \tag{b}$$

方向竖直向下。

再确定该分布荷载合力作用线的位置。设合力作用线距离 $A$ 端的长度为 $a$,在距 $A$ 端 $x$ 处长度为 $dx$ 的微段上的力 $q(x)dx$ 对 $A$ 的力矩为 $q(x)dx \cdot x$,根据合力矩定理可得

$$F_R a = \int_0^l q(x) dx \cdot x \tag{c}$$

将(a)、(b)两式代入(c)式得

$$\frac{1}{2} q_0 l a = \int_0^l \frac{q_0}{l} x^2 dx$$

解得

$$a = \frac{2}{3} l$$

计算表明,三角形分布荷载,其合力的大小等于三角形分布荷载的面积,合力的作用线通过该三角形的几何中心。

同理,均布荷载,其合力的大小等于均布荷载的面积,合力的作用线通过该矩形的几何中心。请读者自行证明。

## 4.4 平面一般力系的平衡方程和应用

### 1)平面一般力系的平衡方程

平面力系向平面内任一点简化后,若主矢和主矩同时为零,则力系平衡;反之,若力系平衡,则主矢和主矩必然都等于零。因此,平面一般力系平衡的充分必要条件是:力系的主矢

和对任一点的主矩都为零。其解析条件可表示为

$$F'_R = 0, M_O = 0 \qquad\qquad (4.14)$$

即

$$\left.\begin{array}{r} \sum F_x = 0 \\ \sum F_y = 0 \\ \sum M_O(F_i) = 0 \end{array}\right\} \qquad\qquad (4.15)$$

方程组(4.15)是平面一般力系的平衡方程,称为一矩式方程组。其中,前两式称为投影方程,第三式称为力矩方程,这组方程是平面一般力系平衡的基本形式。它表明平面一般力系平衡的充分必要条件是:力系中各力在两个直角坐标轴上的投影的代数和等于零,且各力对任一点之矩的代数和也等于零。平面力系的平衡方程除了式(4.15)所示的基本形式外,还有二矩式和三矩式方程。

二矩式方程:

$$\left.\begin{array}{r} \sum F_x = 0 \\ \sum M_A = 0 \\ \sum M_B = 0 \end{array}\right\} \qquad\qquad (4.16)$$

式中,$x$ 轴不能与 $A, B$ 两点的连线垂直。

为何这组方程也能表示力系的平衡呢? 这是因为当力矩方程成立时,力系便不可能简化成为力偶,只可能简化为一个合力或处于平衡。若简化为合力,其作用线必通过矩心 $A, B$ 两点的连线,如图 4.19 所示。方程中要求 $A, B$ 两点连线不能垂直于 $x$ 轴,且 $\sum F_x = 0$,那么只有合力为零时,才能满足这个条件。

三矩式方程:

若两个投影方程全部用力矩方程代替,则有

$$\left.\begin{array}{r} \sum M_A = 0 \\ \sum M_B = 0 \\ \sum M_C = 0 \end{array}\right\} \qquad\qquad (4.17)$$

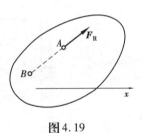

图 4.19

式中,$A, B, C$ 三点不共线。

为何这组方程也能表示力系的平衡条件呢? 由上述三个方程可知,力系不可能简化成为力偶。若力系简化为合力,则合力要过 $A, B, C$ 三点,但由于此三点不共线,故力系不可能有合力,只能保持平衡。

上述三组方程(4.15)、(4.16)、(4.17)应选哪一组方程求解,要根据具体条件确定。

【例 4.9】  外伸梁 $AD, A$ 端为固定铰支座,$B$ 处为滑动铰支座。梁长 6 m,$C$ 处作用集中荷载 80 kN,$BD$ 段作用均布荷载 5 kN/m,如图 4.20(a)所示。求 $A, B$ 两处支座反力。

【解】  ①取 $AD$ 梁为研究对象。它所受的主动力有:集中荷载 80 kN,均布荷载 5 kN/m。它所受的约束力有:固定铰支座 $A$ 处的两个分力 $F_{Ax}$ 和 $F_{Ay}$,滑动铰支座 $B$ 处的 $F_B$。梁 $AD$ 的受力图如图 4.20(b)所示。

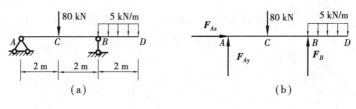

图 4.20

②列平衡方程：

$$\sum F_x = 0 \qquad F_{Ax} = 0$$

$$\sum F_y = 0 \quad F_{Ay} + F_B - 80 - 5 \times 2 = 0$$

$$\sum M_A(\boldsymbol{F}) = 0 \quad F_B \times 4 - 80 \times 2 - 5 \times 2 \times 5 = 0$$

解上述方程,得

$$F_{Ax} = 0 \qquad F_{Ay} = 37.5 \text{ kN} \qquad F_B = 52.5 \text{ kN}$$

$\boldsymbol{F}_{Ay}$ 与 $\boldsymbol{F}_B$ 的值均为正,说明其实际方向与假设方向相同。

【例 4.10】 在如图 4.21(a)所示的刚架中,已知 $q = 3$ kN/m, $\boldsymbol{F} = 6\sqrt{2}$ kN, $M = 10$ kN·m,不计刚架自重。求固定端 $A$ 处的约束力。

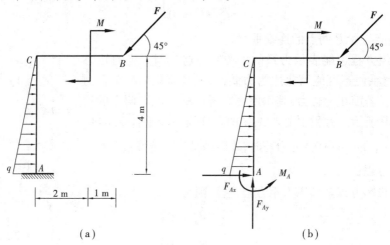

图 4.21

【解】 ①取刚架为研究对象。其上除受主动力外,还受有固定端 $A$ 处的约束力 $\boldsymbol{F}_{Ax}$, $\boldsymbol{F}_{Ay}$ 和约束力偶 $M_A$,如图 4.21(b)所示。

②列平衡方程：

$$\sum F_x = 0 \qquad F_{Ax} + \frac{1}{2} \times q \times 4 - F\cos 45° = 0$$

$$\sum F_y = 0 \qquad F_{Ay} - F\sin 45° = 0$$

$$\sum M_A(\boldsymbol{F}) = 0$$

$$M_A - \frac{1}{2} \times q \times 4 \times \frac{1}{3} \times 4 - M - F\sin 45° \times 3 + F\cos 45° \times 4 = 0$$

解得：

$$F_{Ax} = 0 \qquad F_{Ay} = 6 \text{ kN} \qquad M_A = 12 \text{ kN} \cdot \text{m}$$

$F_{Ay}$ 与 $M_A$ 均为正,说明其实际方向与假设方向相同。

从上述例题可见,选取适当的坐标轴和力矩中心,可以减少每个平衡方程中的未知量的数目。在平面一般力系情形下,矩心应尽量取在多个未知力的交点上,而坐标轴应当与尽可能多的未知力相垂直。

在例 4.9 中,若以方程 $\sum M_B(\boldsymbol{F}) = 0$ 取代方程 $\sum F_y = 0$,可以不解联立方程直接求得 $\boldsymbol{F}_{Ay}$ 的值。因此在计算某些问题时,采用力矩方程往往比投影方程简便。

对于受平面一般力系作用的单个刚体的平衡问题,只能列出三个独立的平衡方程,求解三个未知量。对于另外写出的投影方程或力矩方程,只能用来校核计算结果。

### 2) 平面平行力系的平衡方程

平面平行力系是指各力作用线在同一平面上并相互平行的力系,如图 4.22 所示。它是平面一般力系的一种特殊情况。取 $Oy$ 轴与力系中的各力平行,则各力在 $x$ 轴上的投影恒为零,故平面平行力系的独立的平衡方程数目只有两个,即为

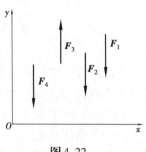

图 4.22

$$\left. \begin{array}{l} \sum F_y = 0 \\ \sum M_O(\boldsymbol{F}_i) = 0 \end{array} \right\} \qquad (4.18)$$

或写为二矩式

$$\left. \begin{array}{l} \sum M_A(\boldsymbol{F}_i) = 0 \\ \sum M_B(\boldsymbol{F}_i) = 0 \end{array} \right\} \qquad (4.19)$$

式中:$A, B$ 两点的连线不与各力作用线平行。

【例 4.11】 如图 4.23 所示的塔式起重机。已知轨距 $b = 4 \text{ m}$,机身重 $W = 260 \text{ kN}$,其作用线到右轨的距离 $e = 1.5 \text{ m}$,起重机平衡重 $F_Q = 80 \text{ kN}$,其作用线到左轨的距离 $a = 6 \text{ m}$,荷载 $F$ 的作用线到右轨的距离 $l = 12 \text{ m}$。

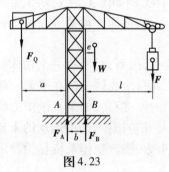

图 4.23

①空载($F = 0$)时起重机是否会向左倾倒?

②试求出起重机不向右倾倒的最大荷载 $\boldsymbol{F}$。

【解】 选取起重机为研究对象,作用于起重机上的力有主动力 $\boldsymbol{W}, \boldsymbol{F}, \boldsymbol{F}_Q$ 及约束力 $\boldsymbol{F}_A$ 和 $\boldsymbol{F}_B$,它们组成一个平面平行力系。

①使起重机不向左倾倒的条件是 $F_B \geq 0$。当空载($F = 0$)时,列出平衡方程

$$\sum M_A = 0, \quad F_Q \cdot a + F_B \cdot b - W(e + b) = 0$$

得

$$F_B = \frac{1}{b}[W(e + b) - F_Q \cdot a] = \frac{1}{4}[260(1.5 + 4) - 80 \times 6] = 237.5 \text{(kN)} > 0$$

所以起重机不会向左倾倒。

②使起重机不向右倾倒的条件是 $F_A \geq 0$。当有荷载时,列出平衡方程

$$\sum M_B = 0, \quad F_Q(a+b) - F_A \cdot b - W \cdot e - F \cdot l = 0$$

得

$$F_A = \frac{1}{b}\left[F_Q(a+b) - W \cdot e - F \cdot l\right]$$

欲使 $F_A \geqslant 0$，则需 $F_Q(a+b) - W \cdot e - F \cdot l \geqslant 0$，即

$$F \leqslant \frac{1}{l}\left[F_Q(a+b) - W \cdot e\right] = \frac{1}{12}\left[80(6+4) - 260 \times 1.5\right] = 34.17(\text{kN})$$

故起重机不向右倾倒的最大荷载 $F = 34.17$ kN。

# 4.5 静定物体系统的平衡问题

前面研究了平面力系单个物体的平衡问题，但是在工程结构中往往是由若干个物体通过一定的约束来组成一个系统，这种系统称为物体系统。例如，如图 4.24(a)所示的组合梁，就是由梁 $AC$ 和梁 $CD$ 通过铰 $C$ 连接，并支承在 $A,B,D$ 支座而组成的一个物体系统。

在一个物体系统中，一个物体的受力与其他物体是紧密相关的，整体受力又与局部受力紧密相关。物体系统的平衡是指组成系统的每一个物体及系统的整体都处于平衡状态。

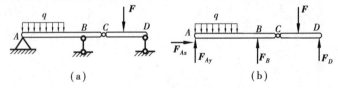

图 4.24

在研究物体系统的平衡问题时，不仅要知道外界物体对这个系统的作用力，同时还应分析系统内部物体之间的相互作用力。通常将系统以外的物体对这个系统的作用力称为外力，系统内各物体之间的相互作用力称为内力。例如图 4.24(b)所示的组合梁的受力图，荷载及 $A,B,D$ 支座的反力就是外力，而在铰链 $C$ 处左右两段梁之间互相作用的力就是内力。应当注意，外力和内力是相对的概念，是对一定的考察对象而言的，例如图 4.24 所示组合梁在铰链 $C$ 处两段梁的相互作用力，对组合梁的整体来说，就是内力，而对左段梁或右段梁来说，就成为外力了。

当物体系统平衡时，组成该系统的每个物体都处于平衡状态，因而，对于每一个物体一般可写出 3 个独立的平衡方程。如果该物体系统有 $n$ 个物体，而每个物体又都在平面一般力系作用下，则就有 $3n$ 个独立的平衡方程，可以求出 $3n$ 个未知量。但是，如果系统中的物体受平面汇交力系或平面平行力系的作用，则独立的平衡方程将相应减少，而所能求的未知量数目也相应减少。若用平衡方程能求出物体系统的全部约束力，则该物体系统称为静定的物体系统。

在求解静定物体系统的平衡问题时，可以选取整个物体系统作为研究对象，也可以选取物体系统中某个部分(一个物体或几个物体的组合)作为研究对象，以建立平衡方程求解未知量。通常可先选取整个系统为研究对象，看能否从中解出一个或几个未知量，然后再选取物体系统中某些部分为研究对象，求出其余未知量。解题的关键是恰当地选取研究对象，用最少的方程，并尽量使一个方程中只包含一个未知量，以简化计算。

下面举例说明求解静定物体系统平衡问题的方法。

【例4.12】  组合梁$AC$及$CE$用铰链$C$连接而成,受力情况如图4.25(a)所示。设$F = 50$ kN,$q = 25$ kN/m,$M = 50$ kN·m。求各支座反力。

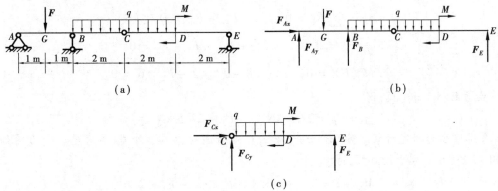

图4.25

【解】  先以整体为研究对象,组合梁在主动力$F$,$q$,$M$和约束力$F_{Ax}$,$F_{Ay}$,$F_B$及$F_E$的作用下平衡,如图4.25(b)所示。列平衡方程

$$\sum F_x = 0 \qquad F_{Ax} = 0 \qquad\qquad (a)$$

$$\sum F_y = 0 \qquad F_{Ay} + F_B + F_E - F - q \times 4 = 0 \qquad\qquad (b)$$

$$\sum M_A(F) = 0 \quad -F \times 1 + F_B \times 2 - q \times 4 \times 4 - M + F_E \times 8 = 0 \qquad (c)$$

以上3个方程中包含有4个未知量,必须再补充方程才能求解。为此可取梁$CE$为研究对象,受力如图4.25(c)所示。列力矩方程

$$\sum M_C(F) = 0 \qquad F_E \times 4 - q \times 2 \times 1 - M = 0 \qquad\qquad (d)$$

由式(d)得

$$F_E = 25 \text{ kN}$$

将求得的$F_E$代入(a),(b),(c)式得

$$F_{Ax} = 0 \quad F_{Ay} = -25 \text{ kN} \quad F_B = 150 \text{ kN}$$

$F_{Ay}$的结果为负,说明其实际方向与假设方向相反。

【例4.13】  三铰刚架荷载如图4.26所示,其中$F_1 = 30$ kN,$F_2 = 20$ kN,求$A$,$B$处支座反力。

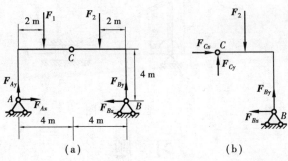

图4.26

【解】 ①先取整体为研究对象,注意在研究整体时,铰链 $C$ 传递的力属于内力,故在受力图和平衡方程中不出现。受力图如图4.26 (a)所示。

②列平衡方程

$$\sum F_x = 0 \qquad F_{Ax} - F_{Bx} = 0 \tag{a}$$

$$\sum F_y = 0 \qquad F_{Ay} + F_{By} - F_1 - F_2 = 0 \tag{b}$$

$$\sum M_A(\boldsymbol{F}) = 0 \qquad F_{By} \times 8 - F_1 \times 2 - F_2 \times 6 = 0 \tag{c}$$

由方程(b)和(c),得

$$F_{By} = 22.5 \text{ kN} \qquad F_{Ay} = 27.5 \text{ kN}$$

③取 $CB$ 为研究对象。对 $CB$ 来讲,铰链 $C$ 处传递的力属于外力,要考虑。受力图如图4.26 (b)所示。列平衡方程,得

$$\sum M_C(\boldsymbol{F}) = 0 \qquad F_{By} \times 4 - F_{Bx} \times 4 - F_2 \times 2 = 0 \tag{d}$$

可求得

$$F_{Bx} = 12.5 \text{ kN}$$

将 $F_{Bx} = 12.5 \text{ kN}$ 代入(a)式,得

$$F_{Ax} = 12.5 \text{ kN}$$

## 思考题

4.1 平面汇交力系向汇交点以外一点简化,其结果可能是什么?

4.2 平面一般力系的平衡方程能否用三个投影式? 平面平行力系的平衡方程能否用两个投影式? 为什么?

4.3 承受两个力偶作用的机构在图示位置时保持平衡,求这时两个力偶之间关系的数学表达式,见思考题4.3图。

4.4 求机构在平衡时力 $\boldsymbol{F}$ 和力偶矩 $M$ 之间的关系式,见思考题4.4图。

4.5 从力偶理论知道,一个力不能与一个力偶平衡。如思考题4.5图所示轮子上的力偶 $M$ 似乎与重物的力 $\boldsymbol{P}$ 相平衡。这种说法错在哪里?

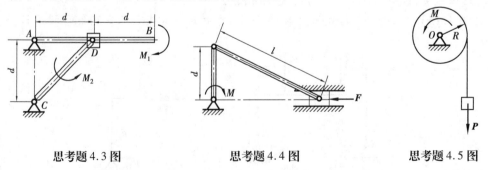

思考题4.3图      思考题4.4图      思考题4.5图

## 习 题

4.1 已知梁 $AB$ 上作用一力偶,力偶矩为 $M$,梁长为 $l$,梁重不计。求如图所示的两种情

况下,支座 $A$ 和 $B$ 的约束反力。

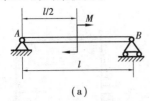
(a)

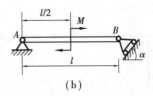
(b)

习题 4.1 图

4.2　如图所示,已知 $F_1 = 150$ N,$F_2 = 200$ N,$F_3 = 300$ N,$F = F' = 200$ N。求力系向点 $O$ 的简化结果,并求力系合力的大小及其与原点 $O$ 的距离 $d$。

4.3　物体重 $P = 20$ kN,用绳子挂在支架的滑轮 $B$ 上,绳子的另一端接在绞车 $D$ 上,如习题 4.3 图所示。转动绞车,物体便能升起。设滑轮的大小及轴承的摩擦略去不计,杆重不计,$A$,$B$,$C$ 三处均为铰链连接。当物体处于平衡状态时,求拉杆 $AB$ 和支杆 $BC$ 所受的力。

4.4　如图所示结构中,两曲杆自重不计,曲杆 $AB$ 上作用主动力偶,力偶矩为 $M$,求 $A$,$C$ 处的约束力。

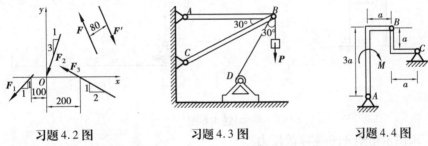

习题 4.2 图　　　　习题 4.3 图　　　　习题 4.4 图

4.5　试求下列各梁的支座反力。

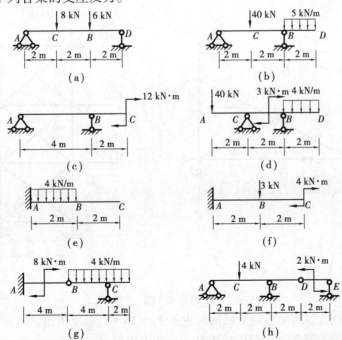

习题 4.5 图

4.6 求图示各刚架的支座反力。

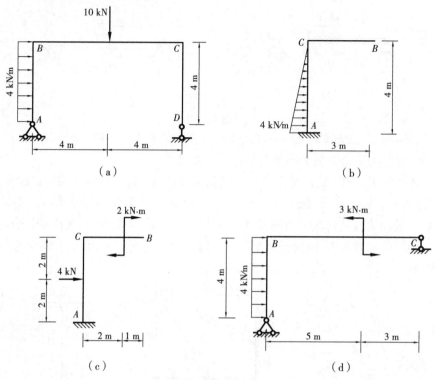

习题4.6图

4.7 求图示桁架 $A, B$ 支座的反力。

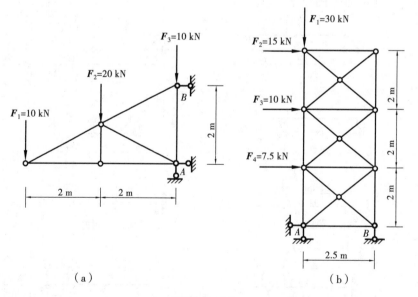

习题4.7图

4.8 如图所示,多跨梁上起重机的起重量 $F_P = 10$ kN,起重机重量 $G = 50$ kN,其重心位于铅垂线 $EC$ 上,梁自重不计,试求 $A, B, D$ 三处的支座反力。

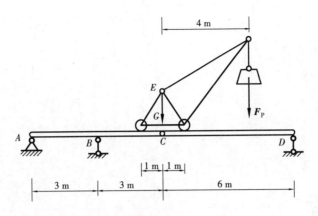

习题 4.8 图

4.9  求图示三铰刚架中 $A,B$ 两支座的反力。

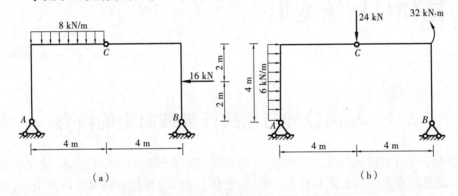

（a）                （b）

习题 4.9 图

4.10  求图示三铰拱的支座反力。

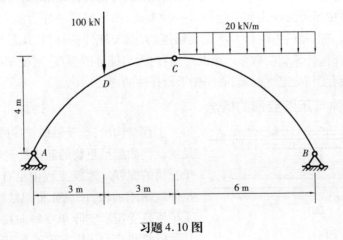

习题 4.10 图

# 第5章

## 轴向拉伸与压缩变形

### 5.1　轴向拉伸与压缩杆横截面上的内力

在静力学中对物体进行受力分析时,常将该物体作为研究对象单独分离,画出该物体的受力图。物体所受到的力全部是研究对象(该物体)以外的其他物体对它的作用力,称为外力。当研究杆件的强度、刚度、稳定性等问题时,需要进一步分析杆件内部的破坏及变形规律。因此,只研究作用在杆件上的外力就不够了,还需讨论杆件内部的力,即杆件的内力。

内力通常是由于外力作用而引起的。一般来说,杆件所受的外力越大,内力也就越大,同时变形也越大。但是内力的增大不是无限度的,限于杆件的材料、几何尺寸等因素,当内力超过某一限度时,杆件就会破坏。由此可知:内力与杆件的强度、刚度等有着密切的关系。讨论杆件强度、刚度和稳定性问题,必须先求出杆件的内力。

#### 1)轴向拉伸与压缩变形的概念

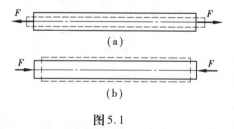

图 5.1

工程结构中,承受轴向拉伸或压缩的杆件是常见的。例如起吊重物的起重机钢索、顶起重物时的千斤顶的螺杆。建筑工程中也有许多是承受轴向拉伸或压缩的杆件,例如桁架结构中的杆件,不是受拉便是受压。实际承受轴向拉伸或压缩杆件的几何形状和外力作用方式各不相同,若将它们加以简化,则都可抽象成如图 5.1 所示的计算,其中图(a)为轴向拉伸杆,图(b)为轴向压缩杆。轴向拉伸或压缩变形是杆件四种基本变形形式之一。它们的共同特点:外力作用线与杆件轴线重合,杆件变形为沿轴线纵向伸长或缩短,同时横向尺寸也随之发生收缩或增大。有时同一杆件有的杆段是轴向拉伸,有的杆段是轴向压缩,这种杆件称为轴向拉伸与压缩杆。

### 2) 内力的概念

变形固体受到外力作用而变形,其实质是材料内部质点的位置在外力作用下发生了相对改变。因此,质点之间会产生抵抗这种位置改变的力,称为内力。内力是建筑力学中的一个重要的概念。从广义上讲,物体内部各粒子之间的相互作用力也可称为内力,正因为这种内力的存在,物体才能凝聚在一起而成为一个整体。显然,即使无外力作用时,这种相互作用力也是存在的,这种内力也称为广义内力。

在外力作用下,物体内部粒子的排列发生了改变,粒子间相互的作用力也发生了改变。这种由于外力作用而产生的粒子间的作用力的改变量,称为附加内力。建筑力学中所研究的正是这种附加内力,简称为内力。建筑力学通常研究的是杆件横截面上的内力。

### 3) 内力计算的基本方法——截面法

内力是"隐藏"在物体内部的,而该"隐藏"量恰是进行杆件设计的基础,我们必须获知其大小及性质。从辩证法的角度来讲,内与外是相对的并且是可以相互转化的,参照物的变化有可能导致内与外的转化。如果假想地用一个截面把物体"切开",分成两部分,"切开"处物体的内力就暴露出来了,转化为了"外力"。

如果要计算某个截面上的内力,可假想地从该截面处将杆件切为两段,任取一段作为研究对象,该研究对象在所有外力和切开截面上的内力共同作用下处于平衡状态,进而通过平衡方程就可求出杆件的内力。这种求内力的方法称为截面法。

截面法是求杆件内力的基本方法。不管杆件产生何种变形,都可以用截面法求出内力。

下面以轴向拉伸杆件为例(图 5.2),介绍截面法求内力的基本方法和步骤。

①截开:用假想的截面,在要求内力的位置处将杆件截开,并从截面处把杆件分开成为两部分。

②取代:取截开后的任一部分为研究对象,画受力图。画受力图时,在截开的截面处用该截面上的内力代替另一部分对该部分的作用。显然,为了杆段平衡,该截面上的内力必沿杆轴线,这种内力称为轴力,用 $F_N$ 表示。

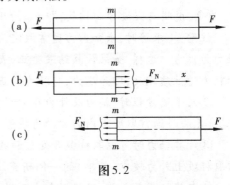

图 5.2

③平衡:列平衡方程求出内力。

由图(b),$\sum F_x = 0$,即 $F_N - F = 0$,得

$$F_N = F$$

由图(c)也可列出平衡方程求出 $F_N$。

以上介绍的截面法也适用于其他变形构件的内力计算,以后将会经常用到。

### 4) 轴力及轴力图

不难证明,轴向拉压杆横截面上内力是且只能是轴力。实际上,轴力是横截面上连续分布内力的合力。轴力背离所在截面时,使截面受拉,轴力为拉力。轴力指向所在截面时,使截面受压,轴力为压力。工程上规定:拉力为正,压力为负。轴力在工程上的常用单位:牛(N),千牛(kN)。

【例5.1】 一等截面直杆受力如图5.3所示,试求1—1,2—2截面上的内力。

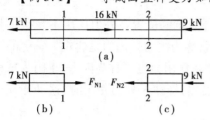

(a)

(b)                    (c)

图5.3

【解】 ①求横截面1—1上的轴力。

沿横截面1—1假想地将杆截开,取左段为研究对象,设截面上的轴力为 $F_{N1}$〔图5.3(b)〕,由平衡方程

$$\sum F_x = 0 \quad F_{N1} - 7\text{ kN} = 0$$

得

$$F_{N1} = 7\text{ kN}$$

算得的结果为正,表明 $F_{N1}$ 为拉力。当然也可以取右段为研究对象来求轴力 $F_{N1}$,但右段上包含的外力较多,不如取左段简便。因此计算时,应选取受力较简单的部分作为研究对象。

②求横截面2—2上的轴力。

沿横截面2—2假想地将杆截开,取右段为研究对象,设截面上的轴力为 $F_{N2}$〔图5.3(c)〕,由平衡方程

$$\sum F_x = 0 \quad F_{N2} + 9\text{ kN} = 0$$

得

$$F_{N2} = -9\text{ kN}$$

$F_{N2}$ 为负,说明与假设方向相反,即 $F_{N2}$ 为压力。

注意:①求解时,未知内力通常假定为正值。因此用截面法计算轴力时通常先假设未知轴力为拉力。这样,如果计算结果为正,表示轴力的性质确实为拉力;如果计算结果为负,表示轴力的性质相反,即为压力,与轴力的正负规定相吻合。

②列平衡方程时,轴力及外力在方程中的正、负号由其投影的正、负决定,与轴力本身的正、负无关。通常取所求内力方向为投影正方向。

③计算轴力时可以取被截开处截面的任一侧研究,计算结果相同。但为了简化计算,通常取杆段上外力较少(简单)的一侧研究。

④在将杆截开之前,不能用合力来代替力系的作用,也不能使用力的可传性原理以及力偶的可移性原理。因为使用这些方法会改变杆件各部分的内力及变形。

【例5.2】 如图5.4(a)所示直杆受轴向外力作用,试求杆件各段横截面上的轴力。

【解】 ①求1—1截面上的轴力。

从1—1截面处将杆断开,取右侧为研究对象,以 $F_{N1}$ 表示截面轴力,并假定为拉力,受力如图5.4(b)所示。

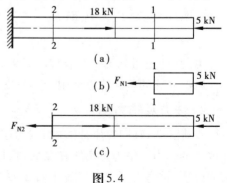

(a)

(b)

(c)

图5.4

由平衡方程

$$\sum F_x = 0 \quad F_{N1} + 5\text{ kN} = 0$$

得

$$F_{N1} = -5\text{ kN}$$

②求2—2截面上的轴力。

从 2—2 截面处将杆断开,取右侧为研究对象以 $F_{N2}$ 表示截面轴力,并假定为拉力,受力如图 5.4(c)所示。

由平衡方程

$$\sum F_x = 0 \quad F_{N2} - 18\ kN + 5\ kN = 0$$

得

$$F_{N1} = (18 - 5)kN = 13\ kN$$

思考:求解时可否取截面左侧为研究对象?

不难证明,杆件(或杆段)只在两端受沿杆轴的集中力作用时,杆件(或杆段)各横截面上的轴力相等。在工程实际中,有些杆件往往承受多个轴向外力作用。在这种情况下,杆件中的轴力在不同截面上就有可能不相同。为了形象地表明杆的轴力随横截面位置变化的规律,通常以平行于杆轴线的坐标表示横截面的位置,即 $x$ 坐标,以垂直于杆轴线的坐标表示横截面上的轴力大小及性质(即正负),即 $F_N$ 坐标,并按适当比例将轴力随横截面位置变化的情况画成图形。这种表示杆各横截面轴力沿杆轴变化规律的图形称为轴力图。

通常轴力最大处为危险截面。从轴力图上,可以很直观地看出最大轴力所在位置、性质及数值。习惯上将正轴力画在上侧并标明"+"号,负值画在下侧并标明"-"号。

【例 5.3】 试画出如图 5.5 所示等截面直杆的轴力图。

【解】 ①求各段的轴力。

*AB* 段:在 *AB* 段内任选一截面将杆截断,此截面标记为 1—1。取左段为研究对象,以 $F_{N1}$ 表示该截面轴力,并假定为拉力,受力如图 5.5(b)所示。

由平衡方程

$$\sum F_x = 0 \quad F_{N1} - 18\ kN = 0$$

得

$$F_{N1} = 18\ kN$$

正号表示 *AB* 段内的轴力为拉力。

*BC* 段:类似上述步骤,隔离体受力图如图 5.5(c)所示。

由平衡方程

$$\sum F_x = 0 \quad F_{N2} + 18\ kN - 18\ kN = 0$$

得

$$F_{N2} = 0\ kN$$

即 *BC* 段不受力。

*CD* 段:在 *CD* 段内任选一截面将杆截断,此截面标记为 3—3。取右段为研究对象,以 $F_{N3}$ 表示该截面轴力,并假定为拉力,隔离体受力图如图 5.5(d)所示。

由平衡方程

$$\sum F_x = 0 \quad F_{N3} + 9\ kN = 0$$

得

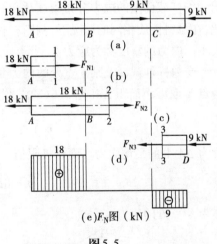

图 5.5

$$F_{N3} = -9 \text{ kN}$$

负号表示 *CD* 段内的轴力为压力。

②作轴力图。以杆件轴线作为横坐标，其上各点表示杆件横截面位置；纵坐标按一定的比例值代表相应横截面上的轴力大小。需要注意的是：在实际画杆件轴力图时，由于不同截面的轴力相差可能很大，轴力值纵坐标可能无法准确地按比例绘制，可以画出示意性的高度，关键要在图形上表明其轴力值；正值画在横坐标上方，负值画在横坐标下方，并标明"＋""－"以表示其性质（拉、压）。轴力图如图5.5(e)所示。

# 5.2　轴向拉伸与压缩杆截面上的应力

## 1)应力的概念

根据实验可知：对于用相同材料制作的两根粗细不同的杆件，使之承受相同的轴向拉力，当拉力逐渐增大，两杆必将发生破坏，但细杆将首先被拉断（材料发生了破坏）。细杆发生破坏瞬时两杆的内力是相同的。这一事实说明：杆件的强度不仅和杆件横截面上的内力有关，而且还与横截面的面积有关。虽然两杆截面上的内力相同，但是由于截面尺寸不同，致使两杆截面上的内力分布密集程度（简称集度，用单位截面积上内力大小来表示）并不相同。细杆截面上的内力分布集度比粗杆截面上的内力集度大。所以，细杆更容易破坏。因此，在材料性质相同的情况下，判断杆件破坏的依据不是内力的大小，而是内力分布集度的大小。内力的集度称为应力。

受力杆件截面上某一点处的内力集度称为该点的应力。在构件的截开面上，围绕任意一点 *K* 取微小面积 $\Delta A$〔图5.6(a)〕，设 $\Delta A$ 上微内力的合力为 $\Delta \boldsymbol{F}$。$\Delta \boldsymbol{F}$ 与 $\Delta A$ 的比值

$$\boldsymbol{p}_{\text{m}} = \frac{\Delta \boldsymbol{F}}{\Delta A}$$

称为 $\Delta A$ 上的平均应力。而将极限值

$$\boldsymbol{p} = \lim_{\Delta A \to 0} \boldsymbol{p}_{\text{m}} = \lim_{\Delta A \to 0} \frac{\Delta \boldsymbol{F}}{\Delta A} = \frac{\text{d} \boldsymbol{F}}{\text{d} A} \tag{5.1}$$

称为 *K* 点处的应力。

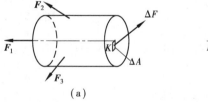　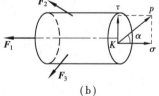

(a)　　　　　　　　　　　　　(b)

图5.6

应力 $\boldsymbol{p}$ 是一个矢量，一般既不与截面垂直，也不与截面相切。通常把它分解为两个分量，如图5.6(b)所示。垂直于截面的法向分量 $\sigma = p \cos \alpha$，称为正应力；相切于截面的切向分量 $\tau = p \sin \alpha$，称为切应力。

工程中应力的单位常用 Pa 和 MPa。

$$1 \text{ Pa} = 1 \text{ N/m}^2 \qquad\qquad 1 \text{ MPa} = 1 \text{ N/mm}^2$$

$$1 \text{ kPa} = 10^3 \text{ Pa} \qquad 1 \text{ MPa} = 10^6 \text{ Pa}$$
$$1 \text{ GPa} = 10^9 \text{ Pa} = 10^3 \text{ MPa}$$

注意:

①应力是针对受力杆件的某一截面上某一点而言的,因此提及应力时必须明确指出杆件、截面、点的位置。

②应力是矢量,不仅有大小还有方向。对于正应力 $\sigma$ 通常规定:拉应力(箭头背离截面)为正,压应力(箭头指向截面)为负,如图5.7所示。

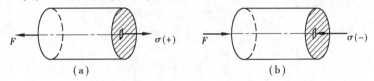

图5.7

③内力与应力的关系:内力在某一点处的集度为该点的应力;整个截面上各点处的应力总和等于该截面上的内力。

设计杆件或判断杆件能否发生破坏时,在求出内力的基础上,还应进一步研究内力在横截面上的分布集度。通常将受力杆件截面上某一点处的内力集度称为该点的应力。应力表示了截面上某点受力的强弱程度,应力达到一定程度时,杆件就发生破坏。

### 2)轴向拉伸与压缩杆横截面上的应力

要确定拉伸与压缩杆横截面上的应力,首先必须知道横截面上内力的分布规律。而横截面上内力的分布规律与变形有关。因此,先通过实验来观察杆件变形的情况。

用容易发生变形的橡胶棒制作一根等截面直杆,并在其表面均匀地画上一些与杆轴平行的纵线和与之垂直的横线,如图5.8(a)所示。在杆上施加轴向拉力,可以看到:所有纵线都伸长了,且伸长量相等;所有横线仍保持与杆轴线垂直,但每两相邻横线间的距离增大了,如图5.8(b)所示。

据此现象,如果把该等直杆设想为由无数纵向纤维组成,各纤维之间无黏结,即每根纤维可自由伸缩。这是一种常用的等直杆力学模型,可以用这个模型解释观察到的等直杆轴向拉伸变形现象。依据实验现象,我们可以提出如

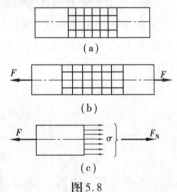

图5.8

下假设:等直杆在轴向拉力作用下,所有纵向纤维都伸长了相同的量;所有横截面仍保持为平面且与杆轴垂直(此即所谓的平截面假设),只不过相对离开了一定的距离。由此可以认为:轴向受拉杆件横截面上任一点都受到且只受到平行于杆轴方向(即与杆横截面垂直)的拉力作用,各点拉力大小相等。即杆横截面实际上是受到连续均匀分布的正向拉力作用,这些分布拉力的合力就是轴力,如图5.8(c)所示。

根据平面假设可知,内力在横截面上是均匀分布的。若杆轴力为 $F_N$,横截面面积为 $A$,则单位面积上的内力为

$$\sigma = \frac{F_N}{A}$$

(5.2)

式中,$\sigma$ 的方向与横截面正交,故称为横截面上的正应力,其符号与轴力的符号相对应,即拉应力为正,压应力为负。

【例5.4】 试求如图5.9所示杆件各段横截面上的应力。已知 $AB$ 段和 $CD$ 段的横截面面积为 $200\ mm^2$,$BC$ 段的横截面面积为 $100\ mm^2$,$F=10\ kN$。

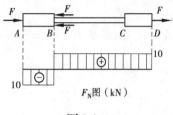

图5.9

【解】 ①计算各段轴力,画轴力图。由截面法求得各杆段的轴力为

$AB$ 段:$F_{N1}=F=-10\ kN$（压力）

$BC$ 段:$F_{N2}=F=10\ kN$

$CD$ 段:$F_{N3}=F=10\ kN$

②计算各段横截面上的应力。运用公式 $\sigma=\dfrac{F_N}{A}$ 求得:

$$AB\ 段:\sigma_1=\frac{F_{N1}}{A_{AB}}=\frac{-10\times10^3}{200}=-50\ (MPa)\ (压应力)$$

$$BC\ 段:\sigma_2=\frac{F_{N2}}{A_{BC}}=\frac{10\times10^3}{100}=100\ (MPa)$$

$$CD\ 段:\sigma_3=\frac{F_{N3}}{A_{CD}}=\frac{10\times10^3}{200}=50\ (MPa)$$

结果表明,该杆的最大应力发生在 $BC$ 段。

【例5.5】 某轴向受力柱如图5.10(a)所示,柱顶受压力 $F$,柱子所用材料的重度为 $\gamma$。柱横截面为正方形,边长为 $a$,柱高为 $H$。求该柱内的最大应力。

【解】 ①求轴力函数,画轴力图。

在离顶端为 $x$ 处截开,取杆件 $x$ 段研究对象,此截面上的轴力为 $F_N(x)$,该截面轴力为 $x$ 的函数。受力情况如图5.10(b)所示。

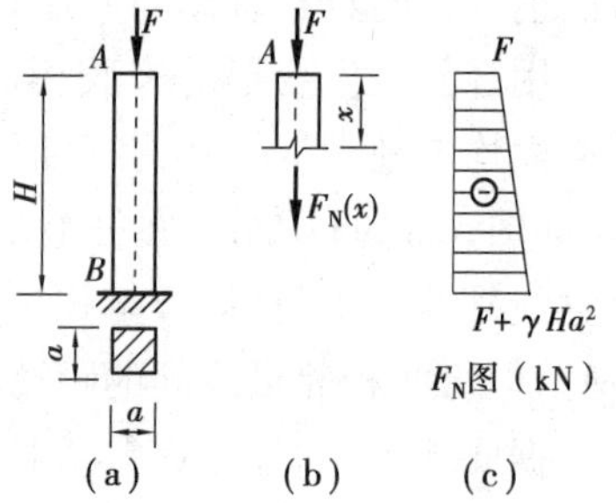

由平衡方程

$$\sum F_x=0 \qquad F_N(x)+F+\gamma xa^2=0$$

得

$$F_N(x)=-F-\gamma xa^2$$

据此轴力函数作轴力图,如图5.10(c)所示。

由轴力图可以看出底面的轴力最大,等截面全柱受压的情况下,该截面为危险截面。最大轴力为 $F_{Nmax}=-F-\gamma Ha^2$。

②计算危险截面的最大正应力。

轴心受压情况下,正应力在横截面上均匀分布,故柱底截面上所有点应力大小一致,均为危险点,最大工作正应力为

$$\sigma_{max}=\frac{F_{Nmax}}{A}=\frac{-F-\gamma Ha^2}{a^2}$$

注意:代入数据计算过程中,应考虑单位的换算,工程上应力的单位常用 MPa。

图5.10

### 3) 轴向拉伸与压缩杆斜截面上的应力

过杆件内任一点有无数个截面。其中,只有一个截面垂直于杆件的轴线,该截面即横截面。其他不垂直于杆件轴线的截面称为斜截面。

前面已经研究了拉伸与压缩杆件横截面上的应力。对于破坏位置发生于横截面的拉压杆可以用这些知识来进行分析解释。而实际工程中拉伸与压缩杆的破坏断口并不都在垂直于轴线的横截面上。比如在拉伸和压缩实验中,我们可以看到这样的现象:铸铁拉断时,其断面与轴线垂直,而压缩破坏时,其断面与轴线约成45°角;低碳钢拉伸到屈服时,出现与轴线成45°方向的滑移线。要全面分析这些现象,说明发生破坏的原因,除了知道横截面上的正应力外,还需要进一步研究其他截面上的应力情况。

同时,为了研究拉伸与压缩杆内过一点而沿不同方位斜截面上的应力情况,也需要掌握斜截面上的应力。

取一受轴向拉伸的等直杆,研究与横截面成 $\alpha$ 角的斜截面 $m$—$m$ 上的应力情况。运用截面法,假想地将杆在 $m$—$m$ 截面切开,并研究左段的平衡,则得到此斜截面 $m$—$m$ 上的内力 $F_{N\alpha} = F$,如图 5.11 所示。

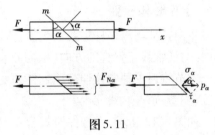

图 5.11

仿照求解横截面上正应力变化规律的过程,根据各纵向纤维同等程度受拉的情形,同样可以得到斜截面上各点处的纵向应力 $p_\alpha$ 相等的结论。于是有

$$p_\alpha = \frac{F_{N\alpha}}{A_\alpha} \tag{5.3}$$

$A_\alpha$ 为斜截面面积。设横截面面积为 $A$,则 $A_\alpha = A/\cos\alpha$。故

$$p_\alpha = \frac{F_{N\alpha}}{A_\alpha} = \frac{F}{A/\cos\alpha} = \frac{F}{A}\cos\alpha = \sigma\cos\alpha \tag{5.4}$$

式(5.4)中,$\sigma = \dfrac{F}{A}$,即横截面上的正应力。

工程上常将 $p_\alpha$ 分解为垂直于 $\alpha$ 截面的正应力 $\sigma_\alpha$ 和平行于 $\alpha$ 截面的切应力 $\tau_\alpha$,它们与 $p_\alpha$ 的关系为

$$\sigma_\alpha = p_\alpha\cos\alpha \tag{5.5}$$

$$\tau_\alpha = p_\alpha\sin\alpha \tag{5.6}$$

将 $p_\alpha = \sigma\cos\alpha$ 代入(5.5),(5.6)两式,得

$$\sigma_\alpha = \sigma\cos^2\alpha = \frac{\sigma}{2}(1 + \cos 2\alpha) \tag{5.7}$$

$$\tau_\alpha = \frac{\sigma}{2}\sin 2\alpha \tag{5.8}$$

由(5.7),(5.8)两式可见,斜截面上正应力和切应力是随截面的方位而变化的。

当 $\alpha = 0$ 时,$\sigma_\alpha = \sigma_{\max}$,$\tau_\alpha = 0$,即最大正应力发生在垂直杆轴的横截面上。

当 $\alpha = 45°$ 时,$\sigma_\alpha = \dfrac{\sigma}{2}$,$\tau_\alpha = \tau_{\max} = \dfrac{\sigma}{2}$,即最大切应力 $\tau_{\max}$ 发生在与横截面成45°的斜截面

上,为最大正应力的1/2。

当 $\alpha = 90°$ 时,$\sigma_\alpha = 0$,$\tau_\alpha = 0$,即纵向面上,正应力与切应力均为零。

通过上述分析,便可说明实验中所出现的各种破坏现象:铸铁受拉时,由于横截面上的正应力达到强度极限而被拉断;受拉的低碳钢出现的滑移线和受压铸铁破坏时所产生的现象,都是由于该截面上有最大切应力,当它达到极限值时,便在最大切应力作用面上发生错动或剪断。

在应用时,需注意各个量的正负变化。现规定如下:$\sigma_\alpha$ 以拉应力为正,压应力为负;$\tau_\alpha$ 以使得隔离体有顺时针转动趋势的切应力为正,反之为负;$\alpha$ 由 $x$ 轴逆时针转到该斜截面外法线 $n$ 方向的 $\alpha$ 角为正,反之为负。

# 5.3  轴向拉伸与压缩杆的变形和胡克定律

## 1) 变形和应变

轴向拉伸与压缩杆主要产生沿杆轴线方向的伸长或缩短变形,这种变形称为纵向变形。同时,与杆轴线相垂直的方向(横向)也会随之产生缩小或增大的变形,通常称为横向变形。

本节将讨论轴向拉伸与压缩杆的变形计算。

(1)纵向、横向变形

如图 5.12 所示,设杆件原长为 $l$,变形后的长度为 $l_1$,则杆件的纵向变形为

$$\Delta l = l_1 - l$$

其在轴向拉伸时为正,轴向压缩时为负,单位与杆件长度单位相同,常用 m 或 mm。

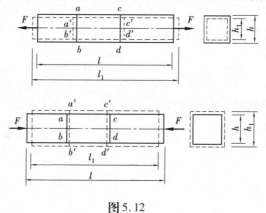

**图** 5.12

杆的横向变形量为

$$\Delta h = h_1 - h$$

其在轴向拉伸时为负,轴向压缩时为正。

杆件的纵向变形量 $\Delta l$ 或横向变形量 $\Delta h$,只能表示杆件在纵向或横向的总变形量,不能说明杆件的变形程度。通常,对于长为 $l$ 的杆段,若纵向变形为 $\Delta l$,则用平均单位长度的纵向变形 $\bar{\varepsilon}$ 来描述杆件的纵向变形程度。即

$$\bar{\varepsilon} = \frac{\Delta l}{l} \tag{5.9}$$

$\overline{\varepsilon}$ 称为杆件的平均线应变,这里,"线"表示变形是长度变化,以区别于角度的变化。一般平均线应变 $\overline{\varepsilon}$ 是杆件长度 $l$ 的函数。当 $l \to 0$ 时(杆段成为一点),$\overline{\varepsilon}$ 所取极限值,称为该点的线应变,用 $\varepsilon$ 表示。即

$$\varepsilon = \lim_{l \to 0} \frac{\Delta l}{l} \qquad (5.10)$$

对于轴力为常数的等直杆段,各横截面处纵向变形程度相同,则平均线应变与各点的线应变相同。因此,对这种杆段不再区别平均线应变与各点的线应变。本书主要讨论此种情形,以后不再说明。

$\varepsilon$ 称为纵向线应变,简称线应变。$\varepsilon$ 的正负号与 $\Delta l$ 相同,拉伸时为正值,压缩时为负值。线应变 $\varepsilon$ 是一个无量纲的量,常用小数、百分数或千分数来表示。

同理,单位长度的横向变形为

$$\varepsilon' = \frac{\Delta h}{h} \qquad (5.11)$$

$\varepsilon'$ 称为横向线应变。$\varepsilon'$ 的正负号与 $\Delta h$ 相同,压缩时为正值,拉伸时为负值,即横向线应变与纵向线应变恒异号;$\varepsilon'$ 也是一个无量纲的量。

(2)泊松比

大量的实验表明,当轴向拉(压)杆的应力不超过材料的比例极限时,横向线应变 $\varepsilon'$ 与纵向线应变 $\varepsilon$ 的比值的绝对值是一个常数。通常将这一常数称为泊松比或横向变形系数,用 $\mu$ 表示。即

$$\mu = \left| \frac{\varepsilon'}{\varepsilon} \right| \qquad (5.12)$$

$\mu$ 是一个量纲为 1 的量,其数值随材料而异,可通过试验进行测定。一些常用材料的 $\mu$ 的约值见表 5.1。弹性模量 $E$ 和泊松比 $\mu$ 是材料固有的两个弹性常数,以后将会经常用到。

表 5.1　常用材料的 $E$ 和 $\mu$ 的约值

| 材料名称 | $E$/GPa | $\mu$ |
|---|---|---|
| 低碳钢 | 196 ~ 216 | 0.24 ~ 0.28 |
| 中碳钢 | 205 | 0.24 ~ 0.28 |
| 16 锰钢 | 196 ~ 216 | 0.25 ~ 0.30 |
| 合金钢 | 186 ~ 216 | 0.25 ~ 0.30 |
| 铸　铁 | 59 ~ 162 | 0.23 ~ 0.27 |
| 混凝土 | 15 ~ 35 | 0.16 ~ 0.18 |
| 石灰岩 | 41 | 0.16 ~ 0.34 |
| 木材(顺纹) | 10 ~ 12 | — |
| 橡　胶 | 0.007 8 | 0.47 |

考虑到 $\varepsilon'$ 与 $\varepsilon$ 的正负号恒相反,由式(5.12)可得

$$\varepsilon' = -\mu\varepsilon \qquad (5.13)$$

利用上式,可由纵向线应变和泊松比求横向线应变;反之亦然。

## 2) 胡克定律

从生产及生活中我们知道,杆的变形量与所受外力、杆所选用材料等因素有关。大量的实验表明,当杆的变形为弹性变形时,杆的纵向变形 $\Delta l$ 与外力 $F$ 及杆的原长 $l$ 成正比,而与杆的横截面面积 $A$ 成反比,即

$$\Delta l \propto \frac{Fl}{A}$$

引进比例常数 $E$,则有

$$\Delta l = \frac{Fl}{EA}$$

由于横截面上的轴力 $F_N = F$,故上式可改写为

$$\Delta l = \frac{F_N l}{EA} \tag{5.14}$$

这个规律最早由英国人胡克(R. Hooke)发现,故称为胡克定律。式中的比例常数 $E$ 称为弹性模量,它与材料的性质有关,是衡量材料抵抗弹性变形能力的一个指标。$E$ 的数值可由实验测定。$E$ 的单位与应力的单位相同,常用兆帕(MPa)、吉帕(GPa)。一些常用材料的 $E$ 的约值见表 5.1,以供参考。

$EA$ 称为杆的拉压刚度。它是单位长度的杆产生单位长度的变形所需的力。对于长度相同,轴力相同的杆件,分母 $EA$ 越大,杆的纵向变形 $\Delta l$ 就越小。可见 $EA$ 反映了杆件抵抗拉伸与压缩变形的能力,称为杆件的抗拉(压)刚度。

因 $\sigma = \dfrac{F_N}{A}, \varepsilon = \dfrac{\Delta l}{l}$,故式(5.14)变为

$$\sigma = E\varepsilon \tag{5.15}$$

上式是胡克定律的另一表达式。它表明:正应力与线应变成正比(前提条件是当杆件应力不超过某一极限)。

保证胡克定律这种线性比例关系成立的应力上限是 $\sigma_p$,通常称为材料的比例极限,位于弹性阶段,但不是材料弹性阶段应力的上限,其值主要由材料性质决定,可通过标准试验测定,是材料的一种力学性能。于是,胡克定律的适用条件可写为 $\sigma \le \sigma_p$。

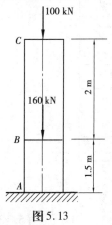

图 5.13

【例 5.6】 一木方柱(图 5.13)受轴向荷载作用,横截面边长 $a = 200$ mm,材料的弹性模量 $E = 10$ GPa,杆的自重不计。求各段柱的纵向线应变及柱的总变形。

【解】 由于上下两段柱的轴力不等,故两段柱的变形要分别计算。各段柱的轴力为

$$F_{NBC} = -100 \text{ kN}$$
$$F_{NAB} = -260 \text{ kN}$$

各段柱的纵向变形为

$$\Delta l_{BC} = \frac{F_{NBC} l_{BC}}{EA} = -\frac{100 \times 10^3 \times 2}{10 \times 10^9 \times 0.2^2}$$

$$= -0.5 \times 10^{-3}(\text{m}) = -0.5 \text{ mm}$$

$$\Delta l_{AB} = \frac{F_{NAB} l_{AB}}{EA} = -\frac{260 \times 10^3 \times 1.5}{10 \times 10^9 \times 0.2^2}$$

$$= -0.975 \times 10^{-3}(\text{m}) = -0.975 \text{ mm}$$

各段柱的纵向线应变为

$$\varepsilon_{BC} = \frac{\Delta l_{BC}}{l_{BC}} = -\frac{0.5}{2\,000} = -2.5 \times 10^{-4}$$

$$\varepsilon_{AB} = \frac{\Delta l_{AB}}{l_{AB}} = -\frac{0.975}{1\,500} = -6.5 \times 10^{-4}$$

全柱的总变形为两段柱的变形之和,即

$$\Delta l = \Delta l_{BC} + l_{AB} = -0.5 - 0.975 = -1.475(\text{mm})$$

【例 5.7】 一矩形截面钢杆如图 5.14所示,其截面尺寸 $b \times h = 3 \text{ mm} \times 80$ mm,材料的弹性模量 $E = 200 \text{ GPa}$。经拉伸试验测得:在纵向 100 mm 的长度内,杆伸长了 0.05 mm,在横向 60 mm 的高度内杆的尺寸缩小了 0.009 3 mm。试求:①该钢材的泊松比;②杆件所受的轴向拉力 $F$。

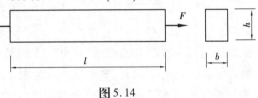

图5.14

【解】 ①求泊松比 $\mu$。

求杆的纵向线应变 $\varepsilon$

$$\varepsilon = \frac{\Delta l}{l} = \frac{0.05}{100} = 5 \times 10^{-4}$$

求杆的横向线应变 $\varepsilon'$

$$\varepsilon' = \frac{\Delta h}{h} = \frac{-0.009\,3}{60} = -1.55 \times 10^{-4}$$

求泊松比 $\mu$

$$\mu = \left| \frac{\varepsilon'}{\varepsilon} \right| = \left| \frac{-1.55 \times 10^{-4}}{5 \times 10^{-4}} \right| = 0.31$$

②杆件所受的轴向拉力 $F$。

由胡克定律 $\sigma = \varepsilon E$ 计算图示杆件在 $F$ 作用下任一横截面上的正应力

$$\sigma = \varepsilon E = 5 \times 10^{-4} \times 200 \times 10^3 = 100(\text{MPa})$$

求杆件横截面上的轴力

$$F_N = \sigma A = 100 \times 3 \times 80 = 24 \times 10^3 = 24(\text{kN})$$

$$F = F_N = 24 \text{ kN}$$

## 5.4 材料在拉伸和压缩时的力学性能

材料的力学性能是材料在外力作用下其强度和变形等方面表现出来的性能,也称为机械性质。它是构件强度计算及材料选用的重要依据。材料的力学性能由试验测定。现以工程中广泛使用的低碳钢(含碳量 <0.25%)和铸铁两类材料为例,介绍材料在常温、静载(是

指从零缓慢地增加到标定值的荷载)下承受轴向拉压时的力学性能。

### 1)材料在拉伸时的力学性能

(1)低碳钢在拉伸时的力学性质

低碳钢是建筑工程中应用很广泛的一种材料,而且它在拉伸时表现出的力学现象比较全面,它的力学性质比较典型。因此,本节重点研究低碳钢的拉伸试验。

为了便于比较不同材料的试验结果,必须将试验材料按照国家标准制成标准试件。试验时采用国家规定的标准试件。常用的试件有圆截面和矩形截面两种。

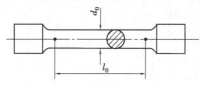

图 5.15

金属材料常用的拉伸试件如图 5.15 所示,试件的中间部分是工作段,直径为 $d_0$,工作段的长度为 $l_0$,称为标距,且 $l_0 = 10d_0$ 或 $l_0 = 5d_0$。

• 拉伸图和应力-应变图

试验时将试件的两端装在试验机的夹头中,缓慢平稳地加载直至拉断。通过试验,可以看到随着拉力 $F$ 的逐渐增加,试件的伸长量 $\Delta l$ 也在增加。如取一直角坐标系,横坐标表示变形 $\Delta l$,纵坐标表示拉力 $F$,则在试验机的自动绘图装置上可以画出 $\Delta l$ 与 $F$ 之间的关系曲线,这条曲线称为拉伸曲线或 $F$-$\Delta l$ 曲线,通常称它为拉伸图。图 5.16 为 Q235 钢的拉伸曲线图。

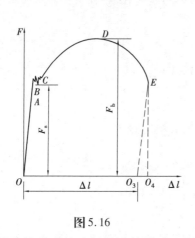

图 5.16

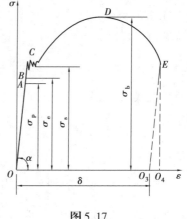

图 5.17

拉伸曲线受试件几何尺寸的影响,不能直接反映材料的力学性能。如果试件做得粗细不同,产生相同的伸长,则所需的拉力就不同;如果试件的标距长短不同,则在同样的拉力作用下,伸长量也会不同。为了消除上述试件尺寸的影响,将拉力 $F$ 除以试件的原横截面积 $A_0$,得到应力 $\sigma = F/A_0$ 作为纵坐标,将标距的伸长量 $\Delta l$ 除以标距的原有长度 $l_0$,得到应变 $\varepsilon = \Delta l/l_0$ 作为横坐标,这样就得到一条应力 $\sigma$ 与应变 $\varepsilon$ 之间的关系曲线(图 5.17),这种试验结果不受试件几何尺寸的影响,更能反映材料的性能,称为应力-应变曲线或 $\sigma$-$\varepsilon$ 曲线。

• 低碳钢拉伸过程的 4 个阶段

根据应力-应变曲线,低碳钢的拉伸过程可分为以下 4 个阶段:

①弹性阶段。$\sigma$-$\varepsilon$ 曲线上 OB 段为弹性阶段。在此阶段内,如果卸除荷载,杆件能由变形状态完全恢复至未变形时的状态,即发生的是弹性变形,故称为弹性阶段。弹性阶段的应力最高点称为弹性极限,用 $\sigma_e$ 表示,即 $B$ 点处的应力值。

在此阶段内，除 AB 这一小段外，OA 段为直线，应力与应变呈线性关系，材料服从胡克定律，由 $\sigma = E\varepsilon$，可得 $E = \sigma/\varepsilon$，即 $E = \tan\alpha$，因此图中直线 OA 的斜率即为材料的弹性模量 E。$\sigma$-$\varepsilon$ 曲线上对应于点 A 的应力，是应力与应变呈比例关系的最高点，称为比例极限，用 $\sigma_p$ 表示。Q235 钢的比例极限 $\sigma_p = 200$ MPa。由于比例极限与弹性极限非常接近而难以区分，所以工程上并不严格区分它们。

②屈服阶段。BC 段称为屈服阶段，在此阶段，应力增加到某一数值后会突然下降，然后在一个很小的范围内波动，也可认为基本不变，而应变却迅速增加，$\sigma$-$\varepsilon$ 曲线出现了水平方向的微小锯齿形曲线。这种应力基本保持不变而应变显著增加的现象称为材料屈服或流动，材料暂时失去了抵抗变形的能力。屈服阶段的最高应力和最低应力（不包括首次下降时的最低应力，因为它受初始效应的影响）分别称为材料的上屈服点和下屈服点。上屈服点的大小与试件形状、加载速度等因素有关，一般是不稳定的；下屈服点则比较稳定，能够反映材料的基本特性。因此，通常将下屈服点称为材料的屈服极限，用 $\sigma_s$ 表示。Q235 钢的屈服极限 $\sigma_s = 235$ MPa。材料屈服时产生显著的塑性变形，这是构件正常工作所不允许的，因此屈服极限 $\sigma_s$ 是衡量材料强度的重要指标。

经表面抛光处理的试件，在屈服阶段其表面会出现一些与试件轴线成 45° 的条纹（图 5.18），这是由于试件在轴向拉伸时，在与杆轴成 45° 角的斜截面上产生了较大切应力，从而使材料内部原子晶格沿该斜截面产生剪切滑移，使试件表面形成一组剪切滑移面。这些斜纹又称为滑移线。

③强化阶段。试样受拉在经历屈服阶段后，钢材内部原子晶格因剪切变形而重新排列，又具有了较强的抵抗剪切变形的能力。此时，要使试件继续伸长，必须增加外力，直到曲线的顶点，这种现象称为材料的强化，这一阶段称为强化阶段。强化阶段的曲线最高点 D 所对应的应力值称为强度极限或抗拉强度，用 $\sigma_b$ 表示，是杆件材料从受力开始到拉断为止全过程中所承受的最大应力，反映了材料抵抗破坏的能力。Q235 钢的强度极限 $\sigma_b = 400$ MPa。

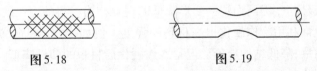

图 5.18　　　　　　　　　　　　　图 5.19

在强化阶段，试件的变形主要是塑性变形且比前两个阶段的变形大得多，还可以明显看到试样的横截面尺寸在缩小。

④颈缩阶段。在应力达到抗拉强度之前，沿试件的长度变形是均匀的。当应力达到强度极限 $\sigma_b$ 后，试件工作段的变形开始集中于某一局部区域内，横截面面积出现局部迅速收缩，形成"细颈"，这种现象称为颈缩现象（图 5.19）。此过程中，由于局部截面的收缩，试件继续变形所需拉力逐渐减小，拉力或应力之值逐渐下降，变形或应变却不断增大，直至在曲线的 E 点，试件在细颈处被拉断，这说明 Q235 钢抗拉强度比抗剪强度高（因试件没沿斜截面破坏）。这一阶段称为局部变形阶段，又称为颈缩阶段。

试件拉断后，弹性应变（$O_3O_4$）恢复，塑性应变（$OO_3$）永远残留（图 5.20）。将试件断口密合对接起来测量此时工作段的长度，试件工作段的长度由 $l_0$ 伸长到 $l$，断口处的横截面面积由原来的 $A_0$ 缩减到现在的 $A$。通常用它们的相对残余变形来表征材料的塑性性能。工程中反映材料塑性性能的两个指标分别为：

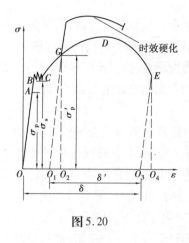

图 5.20

延伸率：

$$\delta = \frac{l - l_0}{l_0} \times 100\% \tag{5.16}$$

断面收缩率：

$$\psi = \frac{A_0 - A}{A_0} \times 100\% \tag{5.17}$$

Q235 钢的延伸率 $\delta = 20\% \sim 30\%$，断面收缩率 $\psi = 60\% \sim 70\%$。

工程中常把 $\delta \geqslant 5\%$ 的材料称为塑性材料，如碳钢、黄铜、铝合金等；而把 $\delta < 5\%$ 的材料称为脆性材料，如铸铁、陶瓷、玻璃、混凝土等。

• 冷作硬化

在 Q235 钢的拉伸试验中，如果在某一点停止拉伸，并缓慢释放应力或缓慢撤除拉力，则变形或应变将随之慢慢减小，并且在应力释放过程中应力与应变保持线性关系，且应力释放斜线平行于比例阶段的直线，即斜率为弹性模量 $E$。在卸载过程中，应力应变呈正比且比例系数等于材料弹性模量的规律称为卸载规律。完全卸载后，应力已释放完，应变中弹性部分消失了，塑性部分则残留下来。

当应力达到强化阶段任一点 $G$ 时，逐渐卸除荷载，则应力与应变之间的关系将沿着与 $OA$ 近乎平行的直线 $GO_1$ 回到 $O_1$ 点。$O_1O_2$ 这部分弹性应变消失，而 $OO_1$ 这部分塑性应变则永远残留。如果卸载后重新加载，则应力与应变曲线将大致沿着 $O_1GDE$ 的曲线变化，直至断裂。

由此可以看出，重新加载后材料的比例极限和屈服极限提高了，强度极限不变，而断裂后的塑性应变减少了 $OO_1$。这种在常温下将钢材拉伸超过屈服阶段，卸载再重新加载时，比例极限 $\sigma_p$ 和屈服极限 $\sigma_s$ 提高而塑性变形降低的现象称为材料的冷作硬化。

在实际工程中常利用冷作硬化提高材料的强度。例如冷拉后的钢筋比例极限提高了，可以节约钢材的用量，降低结构造价。但是冷作硬化后材料的塑性降低，有些时候则要避免或设法消除冷作硬化。

如果拉到强化阶段的某一时刻卸载至零后不立即再拉，而是放置一段时间后再拉，则其比例极限、屈服极限还会进一步提高，强度极限也提高了，塑性则进一步降低。这种现象称为时效硬化。时效硬化与卸载后放置时间长短有关，也可通过人工加热来加速"时效"缩短时间（称为人工时效）。

利用时效硬化现象对钢筋、钢缆等进行冷拉加工，可以提高屈服极限从而增大承载力，但也使材料塑性降低而不利于抗震。机械工程中则经常利用变形硬化与时效硬化现象对一些钢零件表面进行处理（比如喷丸处理），使其形成冷硬层，以提高零件表面层的强度。当然利用硬化现象对钢材进行冷加工时，也会降低钢材塑性使之变脆，容易断裂，再加工困难等，这在工程中应予高度重视，以避免出现事故。

（2）铸铁在拉伸时的力学性质

铸铁是工程中广泛应用的一种典型脆性材料。铸铁拉伸试验的标准试件与低碳钢拉伸试验的标准试件相同。将铸铁标准拉伸试件,按低碳钢拉伸试验同样的方法进行试验,得到铸铁拉伸时的应力-应变曲线如图 5.21 所示。由应力-应变曲线可以看出,它没有明显的直线段,应力与应变不成正比关系。但在工程计算中,为简化计算,通常以产生 0.1% 的总应变所对应的曲线的割线来代替这段曲线,则割线斜率表示材料的弹性模量,$E = \tan \alpha$,称为割线弹性模量。

铸铁在拉伸过程中,没有屈服阶段,也没有颈缩现象。拉断时应变很小,为 0.4% ~ 0.5%,是典型的脆性材料。试验还表明,铸铁受拉直到拉断为止,其变形都基本上属于弹性变形,残余变形很小。拉断时的应力称为强度极限或抗拉强度,用 $\sigma_b$ 表示。强度极限 $\sigma_b$ 是衡量脆性材料强度的唯一指标。常用灰铸铁的抗拉强度很低,为 120 ~ 180 MPa。由于铸铁等脆性材料拉伸时的强度极限很低,因此不宜用于制作受拉构件。

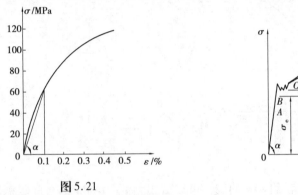

图 5.21

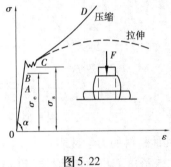

图 5.22

## 2) 材料在压缩时的力学性能

### (1) 低碳钢压缩时的力学性质

金属材料的压缩试件一般采用圆柱形的短试件,试件高度与截面直径的比值为 1.5 ~ 3。低碳钢压缩时的应力-应变曲线如图 5.22 所示,同时在图 5.22 中用虚线表示拉伸时的应力-应变曲线。从图形特点看出,其变形过程可以分成 3 个阶段:弹性阶段(O—A—B,其中 A 点应力为比例极限 $\sigma'_p$,B 点应力为弹性极限 $\sigma'_e$)、屈服阶段(B—C,其首次下降之后的最低应力为屈服极限 $\sigma'_s$)和强化阶段(C—D)。从试验可知,在屈服阶段后,试件出现了显著的塑性变形,越压越扁,由于上下压板与试件之间的摩擦力约束了试件两端的横向变形,试件被压成鼓形。由于横截面不断增大,要继续产生压缩变形,就要进一步增加压力,试件被压得越来越扁,横截面面积越来越大,抗压能力也不断提高。而计算应力时仍采用原来横截面面积,$\sigma = F/A_0$,由此得出的 $\sigma$-$\varepsilon$ 曲线呈上翘趋势。这说明 Q235 钢压缩时不存在强度极限。Q235 钢压缩时也不存在颈缩现象,因此比拉伸时少了颈缩阶段。

由此图可以看出,在弹性阶段和屈服阶段,低碳钢拉伸与压缩的应力-应变曲线基本重合。因此,低碳钢压缩时的弹性模量 $E$、比例极限 $\sigma'_p$(或弹性极限 $\sigma'_e$)及屈服极限 $\sigma'_s$ 等都与拉伸试验的结果基本相同。

$$\sigma'_p = \sigma_p, \sigma'_e = \sigma_e, \sigma'_s = \sigma_s$$

对 Q235 低碳钢压缩时的一些性能指标,通过拉伸试验也能进行了解,无须再作压缩试验。可将其看作拉压性能相同的材料。

（2）铸铁压缩时的力学性质

铸铁压缩试验的标准试件与低碳钢压缩试验的标准试件相同。将铸铁标准压缩试件，按低碳钢压缩试验同样的方法进行试验。如图 5.23 所示为铸铁压缩时的应力-应变曲线（图中也大致画出了拉伸时的应力-应变曲线如虚线所示）。铸铁拉、压时的应力-应变曲线均没有明显的屈服阶段，但压缩时塑性变形较明显。铸铁受压破坏时的应力和变形都比受拉破坏时大得多，受压强度极限为受拉强度极限的 4~5 倍，压缩极限变形比拉伸极限变形高 10 倍以上，因此铸铁适宜作受压构件。铸铁受压破坏时不同于拉伸时沿横截面，而是沿与轴线约成 45°~55°的斜截面破坏（图 5.24），意味着铸铁的压缩破坏是斜截面错断剪切破坏，是由于超过了材料的抗剪能力而造成的，这说明铸铁抗剪能力比抗压能力低。

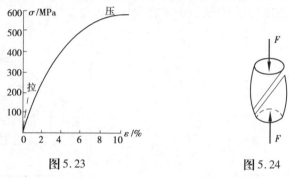

图 5.23　　　　　　　　　图 5.24

（3）其他材料的力学性质

图 5.25 给出了几种塑性材料的 $\sigma\text{-}\varepsilon$ 曲线。可以看出，除了 16Mn 钢与低碳钢的 $\sigma\text{-}\varepsilon$ 曲线比较相似外，一些材料（如铝合金）没有明显的屈服阶段，但它们的弹性阶段、强化阶段和颈缩阶段都比较明显；另外一些材料（如 MnV 钢）则只有弹性阶段和强化阶段，没有屈服阶段和颈缩阶段。对于没有屈服阶段的塑性材料，国家标准规定以产生 0.2% 塑性应变时的应力值作为材料的名义屈服极限，用 $\sigma_{0.2}$ 表示（图 5.26）。

锰钢等的性质与低碳钢相似。在强度方面：拉伸和压缩时的弹性极限、屈服极限基本相同，应力超过弹性极限后有屈服现象；在变形方面：破坏前有明显预兆，延伸率和截面收缩率都较大等。

混凝土、石材等的性能与铸铁相似。在强度方面：压缩强度大于拉伸强度；在变形方面：破坏是突然的，延伸率较小等。

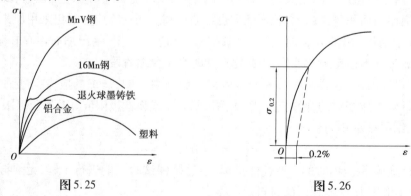

图 5.25　　　　　　　　　图 5.26

混凝土是由水泥、石子、砂子 3 种材料用水拌和，经过凝固硬化后而成的人工石料。图

5.27为混凝土拉、压时的 $\sigma$-$\varepsilon$ 曲线,由图可知混凝土的抗压强度为抗拉强度的10倍左右。

混凝土压缩时,其破坏形式与端部摩擦有关。如图5.28(a)所示是立方体试块端部未加润滑剂时的破坏情况。由于两端未加润滑剂,压板与混凝土之间的摩擦力约束了试件两端的变形,因此试件破坏时先自中间部分开始四面向外逐渐剥落形成 X 状。如图5.28(b)所示情况则为由于加润滑剂后两端摩擦约束力较小,因此沿纵向裂开。两种破坏形式所对应的抗压强度不同,后者破坏荷载较小。工程中统一规定采用两端不加润滑剂的试验结果,来确定材料的抗压强度。

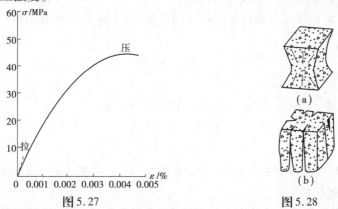

图 5.27                                              图 5.28

由于铸铁、混凝土等脆性材料的抗压强度比抗拉强度高,宜用于制作承压构件,如底座、桥墩、基础等。

### 3)塑性材料、脆性材料力学性能的比较

塑性材料,在强度方面:拉伸和压缩时的弹性极限、屈服极限基本相同,应力超过弹性极限后有屈服现象;在变形方面:破坏前有明显预兆,延伸率和截面收缩率都较大等。

脆性材料,在强度方面:压缩强度大于拉伸强度;在变形方面:破坏是突然的,延伸率较小等。

总的来说,塑性材料的抗拉、抗压能力都较好,既能用于受拉构件又能用于受压构件;脆性材料的抗压能力比抗拉能力好,一般只用于受压构件。但在实际工程中选用材料时,不仅要从材料本身的力学性质方面考虑,同时还要考虑经济的原则。

需特别指出:影响材料力学性质的因素是多方面的,上述关于材料的一些性质是在常温、静荷载条件下得到的。若环境因素发生变化(如温度不是常温,或受力状态改变),则材料的性质也可能随之而发生改变。

## 5.5  轴向拉伸与压缩杆的强度条件及其应用

### 1)极限应力和许用应力

通过拉压试验,可以看出材料都存在一个能承受应力的上限,这个上限称为极限应力,常用符号 $\sigma_u$ 表示。

对低碳钢等塑性材料,当应力达到屈服极限 $\sigma_s$($\sigma_{0.2}$)时,会产生显著的塑性变形,影响构件正常工作;而对铸铁等脆性材料,当应力达到抗拉强度 $\sigma_b$ 或抗压强度 $\sigma_c$ 时,会发生断

裂,丧失工作能力。工程中将塑性材料的屈服极限 $\sigma_s$($\sigma_{0.2}$)和脆性材料的抗拉强度 $\sigma_b$(抗压强度 $\sigma_c$)统称为极限应力,用 $\sigma_u$ 表示。

要使构件能安全正常地工作,要求构件的最大应力必须小于极限应力 $\sigma_u$。但只将构件的最大应力限制在极限应力范围内还是不够的,还要考虑计算简图与实际结构之间存在着差异、材料所具有的不均匀性、荷载的估计和计算不精确等方面的因素。考虑以上因素后,我们认为设计出来的构件还应该具有一定的强度储备。因此,将构件的最大应力限制在比极限应力 $\sigma_u$ 更低的范围内,即将材料的极限应力打一个折扣,除以一个大于 1 的系数 $n$ 以后,作为构件的最大工作应力所不允许超过的数值,这个应力值称为构件材料的许用应力,用 $[\sigma]$ 表示,即

$$[\sigma] = \sigma_u/n \qquad\qquad (5.18)$$

对于塑性材料

$$[\sigma] = \sigma_s/n_s \ 或 \ [\sigma] = \sigma_{0.2}/n_s \qquad\qquad (5.19)$$

对于脆性材料

$$[\sigma] = \sigma_b/n_b \ 或 \ [\sigma] = \sigma_c/n_b \qquad\qquad (5.20)$$

式中 $n_s$,$n_b$——塑性材料和脆性材料的安全系数。从安全程度看,断裂比屈服更危险,因此一般 $n_b > n_s$。

安全系数的选取关系构件的安全与经济,安全系数取得过大,使构件粗大笨重,浪费材料;取得过小,构件又不安全。因此,安全系数的选取原则是:在保证构件安全可靠的前提下,尽可能减小安全系数来提高许用应力。

确定安全系数时应该考虑的因素一般有:荷载估计的准确性、简化过程和计算方法的精确性、材料的均匀性和材料性能数据的可靠性、构件的重要性。此外,还要考虑零件的工作条件,减轻自重和其他意外因素。

安全系数的确定是一项复杂的工作,对一种材料规定一个一成不变的安全系数,并用它来设计各种不同工作条件下的构件显然是不科学的,应该按具体情况分别选用。各行各业都有自己的安全系数规范,供设计施工人员查用。如无规范可查,则对塑性材料一般取 $n_s$=1.4~1.7,对脆性材料一般取 $n_b$=2.5~5。

### 2)轴向拉伸与压缩杆的强度条件

前面各节分别讨论了杆件设计时所必需的两个方面的问题。

①杆件在荷载作用下所产生的工作应力。对于拉压杆,横截面上的工作应力为

$$\sigma = \frac{F_N}{A}$$

②杆件所用材料的力学性质。要保证拉压杆不致因强度不足而破坏,应使杆的最大正应力 $\sigma_{max}$ 不超过材料的许用应力 $[\sigma]$,即

$$\sigma_{max} \leq [\sigma] \qquad\qquad (5.21)$$

这就是拉(压)杆的强度条件。对于等直杆,因此 $\sigma_{max} = \frac{F_{Nmax}}{A}$,所以强度条件可写为

$$\sigma_{max} = \frac{F_{Nmax}}{A} \leq [\sigma] \qquad\qquad (5.22)$$

### 3）轴向拉伸与压缩杆的强度计算

根据强度条件,可以解决工程中三种不同类型的强度计算问题:

①强度校核。已知杆的材料、尺寸和承受的荷载(即已知$[\sigma]$,$A$ 和 $F_{Nmax}$),要求校核杆的强度是否足够。此时只要检查式(5.22)是否成立。

②设计截面尺寸。已知杆的材料、承受的荷载(即已知$[\sigma]$,$F_{Nmax}$),要求确定横截面面积或尺寸。为此,将式(5.22)改写为

$$A \geqslant \frac{F_{Nmax}}{[\sigma]} \tag{5.22a}$$

据此可算出必需的横截面面积。根据已知的横截面形状,再确定横截面尺寸。

工程中的杆件截面尺寸往往需要符合一定的模数,可能会遇到为了满足强度条件而需选用过大截面的情况。为经济起见,此时可以考虑选用小一号的截面,但由此而引起的杆的最大正应力超过许用应力的百分数应限制在5%以内,即

$$\frac{\sigma_{max} - [\sigma]}{[\sigma]} \times 100\% < 5\% \tag{5.22b}$$

③确定许用荷载。已知杆的材料和尺寸(即已知$[\sigma]$和$A$),要求确定杆所能承受的最大荷载。为此,将式(5.22)改写为

$$F_{Nmax} \leqslant A[\sigma] \tag{5.22c}$$

先计算出杆所能承受的最大轴力,再由荷载与轴力的关系计算出杆所能承受的最大荷载。

特别指出:利用强度条件对受压直杆进行计算,仅对较粗短的直杆适用;而对于细长的受压杆件,承载能力主要取决于它的稳定性,稳定计算将在本书第12章讨论。

【例5.8】　如图5.29(a)所示三铰屋架的拉杆采用16锰圆钢,直径$d = 20$ mm。已知材料的许用应力$[\sigma] = 200$ MPa,试校核钢拉杆的强度。

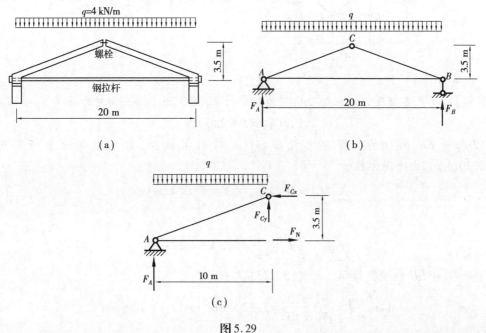

图5.29

【解】 三铰屋架的计算简图如图5.29(b)所示。

①求支座反力。取整个屋架为研究对象〔图5.29(b)〕,利用对称性,得

$$F_A = F_B = \frac{1}{2} \times q \times 20 = \frac{1}{2} \times 4 \times 20 = 40(\text{kN})$$

②求拉杆的轴力。取半个屋架为研究对象〔图5.29(c)〕,由平衡方程

$$\sum M_C = 0 \quad F_N \times 3.5 + q \times 10 \times \frac{10}{2} - F_A \times 10 = 0$$

得

$$F_N = \frac{1}{3.5}[F_A \times 10 - q \times 10 \times 5]$$

$$= \frac{1}{3.5}(40 \times 10 - 4 \times 10 \times 5) = 57.1(\text{kN})$$

③求拉杆的最大正应力。钢拉杆是等直杆,横截面上的轴力相同,故杆的最大正应力为

$$\sigma_{max} = \frac{F_N}{A} = \frac{F_N}{\frac{\pi}{4}d^2} = \frac{57.1 \times 10^3}{\frac{\pi}{4} \times 20^2 \times 10^{-6}} = 182 \times 10^6(\text{Pa}) = 182\ \text{MPa}$$

④校核拉杆的强度。因为

$$\sigma_{max} = 182\ \text{MPa} < [\sigma] = 200\ \text{MPa}$$

因此钢拉杆的强度是足够的。

【例5.9】 如图5.30(a)所示钢桁架的所有各杆都是由两个等边角钢组成。已知角钢的材料为Q235钢,其许用应力$[\sigma] = 170\ \text{MPa}$,试为杆$EH$选择所需角钢的型号。

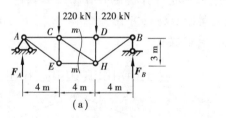
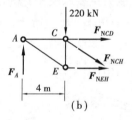

图5.30

【解】 ①求支座反力。取整个桁架为研究对象〔图5.30(a)〕,由对称性得

$$F_A = F_B = F = 220\ \text{kN}$$

②求杆$EH$的轴力。假想用截面$m$—$m$将桁架截开,取左边部分为研究对象〔图5.30(b)〕,由平衡方程

$$\sum M_C = 0 \quad F_{NEH} \times 3 - F_A \times 4 = 0$$

得

$$F_{NEH} = \frac{4}{3}F_A = \frac{4}{3} \times 220\ \text{kN} = 293\ \text{kN}$$

③计算杆$EH$的横截面积。由式(5.22)得

$$A \geqslant \frac{F_{NEH}}{[\sigma]} = \frac{293 \times 10^3}{170 \times 10^6} = 1.72 \times 10^{-3}(\text{m}^2) = 1\ 720\ \text{mm}^2$$

④选择等边角钢的型号。型钢是工程中常用的标准截面(见附录Ⅱ)。等边角钢是型钢

的一种。它的型号用边长的厘米数表示,在设计图上则常用边长和厚度的毫米数来表示,例如符号 ∟80×7 表示 8 号角钢,其边长为 80 mm,厚度为 7 mm。现由型钢表查得,厚度为 6 mm 的 7.5 号等边角钢的横截面面积为 $8.797 \times 10^2$ mm² $= 879.7$ mm²,用两个这样的等边角钢组成的杆的横截面面积为 879.7 mm² × 2 = 1 759.4 mm²,稍大于 1 720 mm²。因此,选用 ∟75×6。

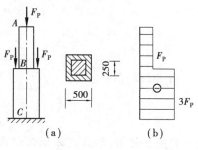

图 5.31

【例 5.10】　如图 5.31(a)所示为正方形截面阶梯形柱。已知:材料的许用压应力 $[\sigma_c] = 1.05$ MPa,弹性模量 $E = 3$ GPa,荷载 $F_P = 60$ kN,柱自重不计。试校核该柱的强度。

【解】　①画轴力图〔图 5.28(b)〕。

②求 AB 段及 BC 段的应力。

$$AB \text{ 段}: \quad \sigma_{AB} = \frac{F_{NAB}}{A_{AB}} = -\frac{60 \times 10^3}{250 \times 250} = -0.96(\text{MPa})$$

$$BC \text{ 段}: \quad \sigma_{BC} = \frac{F_{NBC}}{A_{BC}} = -\frac{180 \times 10^3}{500 \times 500} = -0.72(\text{MPa})$$

③校核强度。

$$\sigma_{\max} = 0.96 \text{ MPa} < [\sigma_c] = 1.05 \text{ MPa}$$

因此该柱满足强度要求。

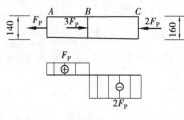

图 5.32

【例 5.11】　如图 5.32 所示的实心圆截面木杆,杆的直径沿轴线变化,A 截面直径为 $d_A = 140$ mm,C 截面直径为 $d_C = 160$ mm,B 截面为 AC 杆的中点截面,木材的许用拉应力 $[\sigma_t] = 6.5$ MPa,许用压应力 $[\sigma_c] = 10$ MPa。求该杆的许用荷载 $[F_P]$。

【解】　①画出杆的轴力图,如图 5.32 所示。设外荷载 $F_P$ 的单位为 kN,从轴力图可以看出:AB 段受拉,A 偏右截面为危险截面;BC 段受压,B 偏右截面为危险截面。各危险截面上的任一点均为危险点。

②利用强度条件确定各段的许用荷载。

$$AB \text{ 段}: \quad \sigma_{t\max} = \frac{F_{NAB}}{A_{AB\min}} \leq [\sigma_t]$$

$$F_{NAB} \leq [\sigma_t] \cdot A_{AB\min} = 6.5 \times \frac{\pi \times 140^2}{4} = 100\ 009(\text{N}) \approx 100 \text{ kN}$$

$$[F_{NAB}] = 100 \text{ kN}$$

$$BC \text{ 段}: \quad \sigma_{c\max} = \frac{|F_{NBC}|}{A_{BC\min}} \leq [\sigma_c]$$

$$|F_{NBC}| \leq [\sigma_c] \cdot A_{BC\min} = 10 \times \frac{\pi \times 150^2}{4} = 176\ 620(\text{N}) \approx 176.6 \text{ kN}$$

$$[F_{NBC}] = 176.6 \text{ kN}$$

③确定许用的外荷载。从轴力图可得各段轴力与外荷载的关系为：

$$F_{NAB} = F_P \quad |F_{NBC}| = 2F_P$$

由 AB 段可得

$$F_P \leqslant 100 \text{ kN}$$

由 BC 段可得

$$2F_P \leqslant 176.6 \text{ kN}$$

$$F_P \leqslant 88.3 \text{ kN}$$

要使杆安全使用,那么就必须保证每一段都不破坏,所以许用荷载取上述计算结果的较小值,即 $[F_P] = 88.3 \text{ kN}$。

【例 5.12】 如图 5.33(a)所示一等直杆,其顶部受轴向荷载 $F$ 的作用。已知杆的长度为 $l$,横截面面积为 $A$,材料的容重为 $\gamma$,许用应力为 $[\sigma]$,试写出考虑杆自重时的强度条件。

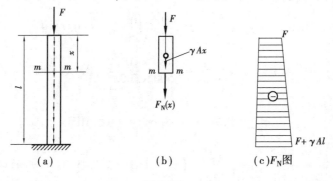

图 5.33

【解】 杆的自重可看作沿轴线均匀分布的荷载〔图 5.33(a)〕。应用截面法〔图 5.33(b)〕,杆的任一横截面 m—m 上的轴力为

$$F_N(x) = -(F + \gamma A x)$$

负号表示轴力为压力。由此绘出杆的轴力图,如图 5.33(c)所示。根部横截面上的轴力最大,其值为

$$F_{Nmax} = F + \gamma A l (压)$$

由式(5.22)可得杆的强度条件为

$$\sigma_{max} = \frac{F_{Nmax}}{A} = \frac{F}{A} + \gamma l \leqslant [\sigma] \text{ 或} \frac{F}{A} \leqslant [\sigma] - \gamma l$$

由此例可知,当考虑杆的自重时,相当于材料的许用应力减小了 $\gamma l$。若 $\dfrac{\gamma l}{[\sigma]} \ll 1$,则自重对杆的影响很小,可以忽略;若 $\dfrac{\gamma l}{[\sigma]}$ 有一定数量的值,则自重对强度的影响应加以考虑。例如,有一长 $l = 10$ m 的等直钢杆,钢的容重 $\gamma = 76\ 440$ N/m³,许用应力 $[\sigma] = 170$ MPa,则 $\dfrac{\gamma l}{[\sigma]} = 0.45\% \ll 1$;若有同样长度的砖柱,砖的容重 $\gamma = 17\ 640$ N/m³,许用应力 $[\sigma] = 1.2$ MPa,而 $\dfrac{\gamma l}{[\sigma]} = 15\%$。一般地,金属材料制成的拉压杆在强度计算中可以不考虑自重的影响

(有些很长的杆件,如起重机的吊缆、钻探机的钻杆等除外);但对砖、石、混凝土制成的柱(压杆)在强度计算中应该考虑自重的影响。

## 5.6 应力集中的概念

### 1)应力集中的概念

等截面直杆受轴向拉伸和压缩时,横截面上的应力是均匀分布的。但是工程上由于实际的需要,常在一些构件上钻孔、开槽以及制成阶梯形等,以致截面的形状和尺寸沿杆轴发生了较大的改变。

由实验和理论研究表明,构件在截面突变处应力并不是均匀分布的。如图 5.34(a)所示开有圆孔的直杆受到轴向拉伸时,在圆孔附近的局部区域内,应力的数值剧烈增加,而在稍远的地方,应力迅速降低而趋于均匀[图 5.34(b)]。又如图 5.35(a)所示具有浅槽的圆截面拉杆,在靠近槽边处应力很大,在开槽的横截面上,其应力分布如图 5.35(b)所示。这种由于杆件外形的突然变化而引起局部应力急剧增大的现象,称为应力集中。

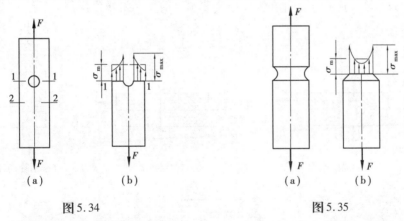

图 5.34                        图 5.35

### 2)应力集中对杆件强度的影响

当构件截面有突变时,会在突变位置发生应力集中现象,此处截面上的应力呈不均匀分布[图 5.36(a)]。应力集中对构件强度的影响随构件材料性能不同而异。

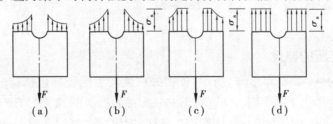

图 5.36

继续增大外力时,塑性材料构件截面上的应力最大值首先到达屈服极限 $\sigma_s$[图 5.36(b)]。若再继续增加外力,该点的应力不会增大,只是应变持续增加,其他点处的应力继续提高,以保持内外力平衡。随着外力的不断加大,截面上到达屈服极限的区域也逐渐扩大[图 5.36(c)、(d)],直至整个截面上各点应力都达到屈服极限,构件才丧失工作能力。因此,对于用塑性材料制成的构件,尽管有应力集中,却并不显著降低它抵抗荷载的能力,所以在强度计算中可以不考虑应力集中的影响。

对于没有屈服阶段的脆性材料,当应力集中处的最大应力 $\sigma_{max}$ 达到材料的强度极限时,将导致构件的突然断裂,很快使杆件失去承载能力,而当应力集中处的最大应力 $\sigma_{max}$ 达到材料的强度极限尚未断裂时,其他各点应力明显较小,因而大大降低了构件的承载能力。因此,必须考虑应力集中对其强度的影响。

结论:①应力集中严重降低了脆性材料杆件的强度;②塑性材料在静荷载作用下,应力集中对强度的影响较小;③应力集中对杆件是不利的,在设计时应尽可能不使杆的截面尺寸发生突变。

# 5.7　拉伸与压缩杆连接部分的强度计算

建筑结构大都是由若干构件按一定规律组合而成,在构件和构件之间必须采用某种连接件或特定的连接方式加以连接。工程实践中常用的连接件如图 5.37 所示,如铆钉、螺栓、焊缝、榫头、销钉等。这些连接件在工作中主要承受剪切和挤压作用。

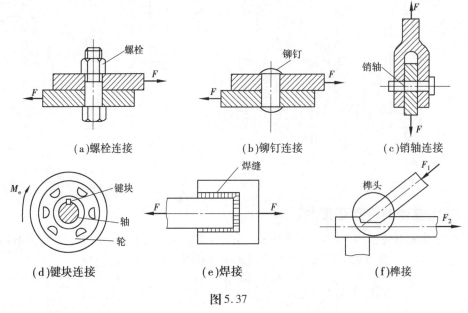

（a）螺栓连接　　　　（b）铆钉连接　　　　（c）销轴连接

（d）键块连接　　　　（e）焊接　　　　　　（f）榫接

**图** 5.37

## 1）剪切和挤压的概念

以铆钉连接为例,如图 5.38(a)所示,连接处可能产生的破坏包括:在铆钉左右两侧与钢板接触面的一对压力 $F$ 作用下,铆钉将沿 $m—m$ 截面被剪断,如图 5.38(b)所示;铆钉与钢板在接触面 $AB$、$CD$ 上因为相互挤压而产生破坏;钢板在受铆钉孔削弱的截面处产生受拉破坏。因此,为了保证连接件的正常工作,需要进行连接件的剪切强度、挤压强度计算和钢板的抗拉强度计算。

（1）剪切的概念

剪切的计算模型为:构件上作用着一对大小相等、方向相反、作用线相互平行且相距很近的横向力。此种构件的主要变形是:两横向力之间的相邻横截面沿着横向力的方向产生相对错动,习惯上称这种变形为剪切变形。

杆件剪切变形根据承受剪切外力的横截面是一个或两个,分为单剪或双剪。如图 5.38 所示,当上、下两块钢板的孔壁以大小相等、方向相反、作用线很近且垂直于铆钉轴线的两个力 $F$ 作用于铆钉上时,铆钉将沿 $m$—$m$ 截面发生单剪变形。如力 $F$ 过大,铆钉会被沿着 $m$—$m$ 截面剪断。$m$—$m$ 截面称为剪切面。应用截面法,将铆钉假想沿 $m$—$m$ 截面切开,并取其中一部分为研究对象,利用平衡方程可求得剪切面上的剪力 $F_Q = F$。

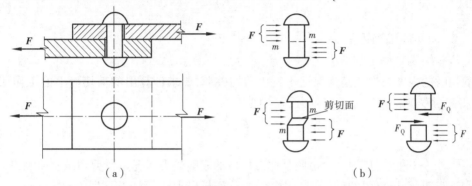

图 5.38

如图 5.39 所示的销钉,其剪切外力 $F$ 由两个剪切面承受,为双剪情形。由截面法可求得每个剪切面上的剪力 $F_Q = F/2$。

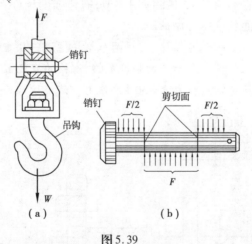

图 5.39

(2)挤压的概念

以螺栓连接为例,如图 5.40 所示。在外力 $F$ 作用下,螺栓与钢板接触的侧面上发生局部受压现象,这种现象称为挤压,相应的接触面称为挤压面。相互接触的两个物体相互传递压力时,因接触面的面积较小,而传递的压力却比较大,就可能致使接触表面产生局部的塑性变形,甚至产生被压陷的现象,称为挤压破坏。对于铆钉、键、螺栓、销轴和榫等连接件都有挤压现象发生。由于作用力和反作用力的原因,显然与

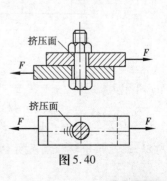

图 5.40

这些连接件连接的被连接件与之相应的接触面上同样也有挤压现象发生。

### 2)剪切的实用计算

通常情况下,连接件的剪切变形比较复杂,难以建立精确的理论模型,在实际土木建筑工程中常采用以实验及经验为基础的近似实用计算法。

在剪切的实用计算中,假定切应力在剪切面上是均匀分布的。若用 $F_Q$ 表示剪切面上的剪力,$A_S$ 表示剪切面的面积,则切应力的实用计算公式为

$$\tau = \frac{F_Q}{A_S} \tag{5.23}$$

式中    $A_S$——剪切面面积;

$F_Q$——剪切面上的剪力。

剪切时的强度条件就是为保证不发生剪切破坏,要求计算出的剪切面上的工作切应力 $\tau$ 不得超过受剪材料的许用切应力 $[\tau]$,即

$$\tau = \frac{F_Q}{A_S} \leqslant [\tau] \tag{5.24}$$

式中    $[\tau]$——许用切应力,由仿照具体连接件的实际受力情况进行剪切试验而测得。

实验表明:金属材料的许用切应力 $[\tau]$ 与许用拉应力 $[\sigma_t]$ 间有下列关系:

塑性材料:$[\tau] = (0.6 \sim 0.8)[\sigma_t]$

脆性材料:$[\tau] = (0.8 \sim 1.0)[\sigma_t]$

与轴向拉(压)强度条件在工程中的应用类似,剪切强度条件在工程中也能解决三类问题,即强度校核、设计截面和确定许用荷载。

【例5.13】    如图5.41所示连接件中,用两个螺栓通过一块盖板连接了两块钢板,这种连接称为单盖板对接。已知盖板和钢板的强度足够,螺栓的直径 $d = 20$ mm,材料的许用切应力 $[\tau] = 100$ MPa,钢板受轴向拉力 $F = 30$ kN 作用。试校核螺栓的剪切强度。

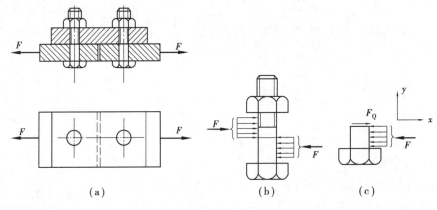

(a)              (b)              (c)

图5.41

【解】    由于 $F_Q = F = 30$ kN,螺栓的工作切应力为

$$\tau = \frac{F_Q}{A_S} = \frac{4F_Q}{\pi d^2} = \frac{4 \times 30 \times 10^3}{3.14 \times 20} = 95.5(\text{MPa}) < [\tau] = 100 \text{ MPa}$$

所以,此连接中螺栓满足剪切强度条件。

### 3) 挤压的实用计算

当外力过大时,在挤压面的局部区域内就可能因挤压而引起破坏,例如塑性材料的接头处将发生显著的塑性变形。所以对连接件除了进行剪切强度计算外,还需进行挤压的强度计算。此外,对被连接件除了进行其自身必要的强度计算外,也需酌情进行挤压强度计算。

与剪切的实用计算类似,由于连接件的挤压变形也很复杂,建筑工程上也采用近似实用计算法对挤压进行强度计算。

挤压作用有可能使接触面局部区域的材料发生较大的塑性变形而破坏,如图 5.42 所示。挤压面上所传递的挤压力,用 $F_c$ 表示。在挤压的实用计算中,假定挤压应力在计算挤压面的面积 $A_c$ 上是均匀分布的。因而,计算挤压应力

$$\sigma_c = \frac{F_c}{A_c} \qquad (5.25)$$

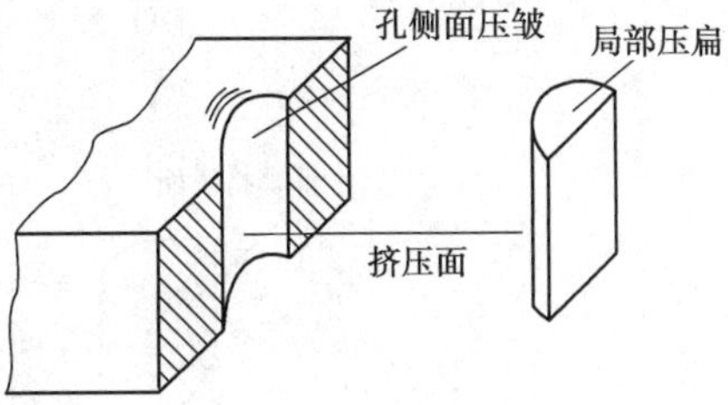

孔侧面压皱　局部压扁

挤压面

图 5.42

式中　$F_c$——挤压面上的挤压力;

$A_c$——挤压面的计算面积,按后述规定计算。

挤压强度条件就是为保证连接件不发生挤压破坏,要求计算出的工作挤压应力 $\sigma_c$ 不得超过受挤材料的许用挤压应力 $[\sigma_c]$,即

$$\sigma_c = \frac{F_c}{A_c} \leqslant [\sigma_c] \qquad (5.26)$$

式中　$[\sigma_c]$——材料的许用挤压应力,由试验测得。

对于钢材,其许用挤压应力 $[\sigma_c]$ 与许用拉应力 $[\sigma]$ 之间大致有如下关系:

$$[\sigma_c] = (1.7 \sim 2.0)[\sigma]$$

挤压面计算面积 $A_c$ 规定如下:当接触面为平面时(如键连接),接触面的面积就是挤压面的计算面积;当接触面为半圆柱面时(如铆钉、螺栓连接),取圆柱体的直径平面作为挤压面的计算面积〔图 5.43(b)中阴影线部分的面积〕。这样计算所得的挤压应力和实际最大挤压应力值十分接近〔图 5.43(a)〕。

应用挤压强度条件可以解决强度校核、设计截面尺寸和确定许用荷载等三类强度计算问题。

【例 5.14】　现有两块钢板,拟用材料和直径都相同的 4 个铆钉搭接,如图 5.44 所示。已知作用在钢板上的拉力 $F = 160$ kN,两块钢板的厚度均为 $t = 10$ mm,铆钉所用材料的许用应力为 $[\sigma_c] = 320$ MPa,$[\tau] = 140$ MPa。试按铆钉的强度条件选择铆钉的直径 $d$。

【解】　铆钉在此连接中同时产生了剪切和挤压变形,需从剪切和挤压两方面选择其直径 $d$。每个铆钉所受的力相同,即

$$F_1 = \frac{F}{4} = 40 \text{ kN}$$

①按剪切强度计算铆钉的直径:

$$\tau = \frac{F_Q}{A_S} \leqslant [\tau]$$

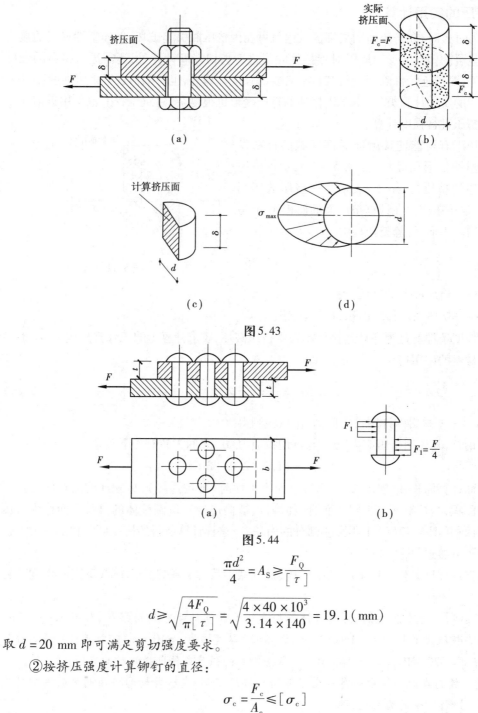

图 5.43

图 5.44

$$\frac{\pi d^2}{4} = A_S \geqslant \frac{F_Q}{[\tau]}$$

$$d \geqslant \sqrt{\frac{4F_Q}{\pi[\tau]}} = \sqrt{\frac{4 \times 40 \times 10^3}{3.14 \times 140}} = 19.1(\text{mm})$$

取 $d = 20$ mm 即可满足剪切强度要求。

②按挤压强度计算铆钉的直径：

$$\sigma_c = \frac{F_c}{A_c} \leqslant [\sigma_c]$$

$$td = A_c \geqslant \frac{F_c}{[\sigma_c]}$$

$$d \geqslant \frac{F_c}{[\sigma_c]t} = \frac{40 \times 10^3}{320 \times 10} = 12.5(\text{mm})$$

取 $d = 14$ mm 即可满足剪切强度要求。

综合考虑铆钉的剪切和挤压强度,选择直径为 $d = 20$ mm。

【例 5.15】 宽度 $b = 300$ mm 的两块矩形木杆互相连接,如图 5.45 所示。已知 $l = 200$ mm,$a = 30$ mm,木材的许用切应力 $[\tau] = 1.5$ MPa,许用挤压应力 $[\sigma_c] = 12$ MPa。试求许用荷载 $[F_P]$。

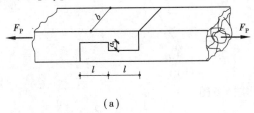 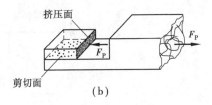

图 5.45

【解】 ①按剪切强度计算许用荷载:

$$\tau = \frac{F_Q}{A_S} \leq [\tau]$$

$$F_P \leq A_S[\tau] = bl[\tau] = 300 \times 200 \times 1.5 = 90 \times 103(\text{N}) = 90 \text{ kN}$$

②按挤压强度计算许用荷载:

$$\sigma_c = \frac{F_c}{A_c} \leq [\sigma_c]$$

$$F_c \leq A_c[\sigma_c] = ab[\sigma_c] = 30 \times 300 \times 12 = 108 \times 10^3(\text{N}) = 108 \text{ kN}$$

综合考虑剪切和挤压强度,该木杆的许用荷载取满足剪切和挤压强度时的较小值,即

$$[F_P] = 90 \text{ kN}$$

# 思考题

5.1　轴向拉压杆的受力特点和变形特点是什么? 试举出工程实例。

5.2　什么叫内力? 为什么轴向拉压杆的内力必定垂直于横截面且沿杆的轴线方向?

5.3　轴力的正负是如何规定的?

5.4　两根材料、横截面面积都不相同的杆,受相同的轴向外力作用,它们的轴力相同吗?

5.5　弹性模量 $E$ 的物理意义是什么? 如低碳钢的弹性模量 $E_S = 200$ GPa,混凝土的弹性模量 $E_C = 28$ GPa,试求下列各项:

①在横截面上正应力 $\sigma$ 相等的情况下,钢和混凝土杆的纵向线应变 $\varepsilon$ 之比;

②在纵向线应变 $\varepsilon$ 相等的情况下,钢和混凝土杆横截面上的正应力 $\sigma$ 之比;

③当纵向线应变 $\varepsilon = 0.000\ 15$ 时,钢和混凝土杆横截面上的正应力 $\sigma$ 的值。

5.6　直径相同的铸铁圆截面杆,可设计成如思考题 5.6 图所示的两种结构形式。试问哪种结构所承受的荷载 $F$ 大? 大多少?

5.7　剪切变形的外力特点是什么?

5.8　切应力 $\tau$ 与正应力 $\sigma$ 的区别是什么? 挤压应力 $\sigma_c$ 和正应力 $\sigma$ 又有何区别?

5.9　列出思考题 5.9 图中的剪切面面积和挤压面面积的计算式。

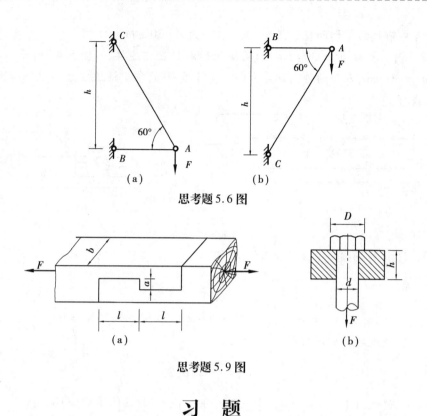

思考题 5.6 图

思考题 5.9 图

# 习 题

**5.1**　试求习题 5.1 图所示各杆 1—1,2—2,3—3 截面上的轴力,并作轴力图。

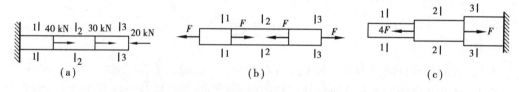

习题 5.1 图

**5.2**　试求习题 5.2 图所示等直杆 1—1,2—2,3—3 横截面上的轴力,并作轴力图。如横截面面积 $A = 400 \text{ mm}^2$,求各横截面上的应力。

习题 5.2 图　　　　　　　　　　　　　习题 5.3 图

**5.3**　求习题 5.3 图所示阶梯状直杆横截面 1—1,2—2 和 3—3 上的轴力,并作轴力图。如横截面面积 $A_1 = 200 \text{ mm}^2, A_2 = 300 \text{ mm}^2, A_3 = 400 \text{ mm}^2$,求各横截面上的应力。

**5.4**　一打入地基内的木桩如习题 5.4 图所示,沿杆轴单位长度的摩擦力为 $f = kx^2$ ( $k$ 为常数),试作木桩的轴力图。

**5.5**　已知混凝土的密度 $\rho = 2.25 \times 10^3 \text{kg/m}^3$,许用压应力 $[\sigma] = 2$ MPa。试按强度条件确定习题 5.5 图所示混凝土柱所需的横截面面积 $A_1$ 和 $A_2$。若混凝土的弹性模量 $E = 20$

GPa,试求柱顶 A 的位移。

5.6　木架受力如习题 5.6 图所示,已知两立柱横截面均为 100 mm × 100 mm 的正方形。试作如下分析:

①绘左、右立柱的轴力图;

②求左、右两立柱上、中、下三段内横截面上的正应力。

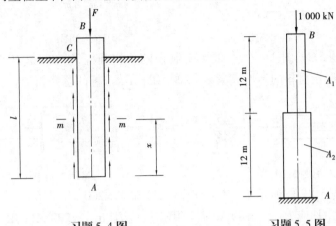

习题 5.4 图　　　　　习题 5.5 图

5.7　简易起重设备的计算简图如习题 5.7 图所示。已知斜杆 AB 用两根 63 mm × 40 mm × 4 mm 不等边角钢组成,钢的许用应力$[\sigma]=170$ MPa。当提起重量为 $P=15$ kN 的重物时,试校核斜杆 AB 的强度。

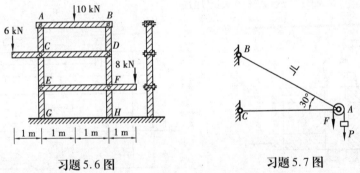

习题 5.6 图　　　　　习题 5.7 图

5.8　简单桁架及其受力如习题 5.8 图所示,水平杆 BC 的长度 $l$ 保持不变,斜杆 AB 的长度可随夹角 $\theta$ 的变化而改变。两杆由同一材料制造,且材料的许用拉应力与许用压应力相等。要求两杆内的应力同时达到许用应力,且结构的总重量为最小时,试求:

①两杆的夹角 $\theta$ 值;

②两杆的横截面面积的比值。

5.9　一桁架受力如习题 5.9 图所示,各杆都由两个等边角钢组成。已知材料的许用应力$[\sigma]=170$ MPa,试选择杆 AC 和 CD 的角钢型号。

5.10　在钢圆杆上铣去一槽,如习题 5.10 图所示。已知钢杆受拉力作用,钢杆受力 $F=15$ kN,钢杆直径 $d=20$ mm,试求 1—1 和 2—2 截面上的应力(铣去槽的面积可近似看成矩形,暂不考虑应力集中)。

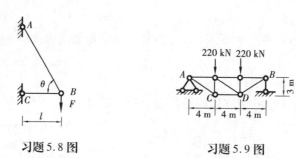

| 习题 5.8 图 | 习题 5.9 图 |

5.11 如习题 5.11 图所示为一低碳钢制作的阶梯圆杆,已知 $F = 10$ kN,$d_1 = 2d_2 = 30$ mm,$l_1 = l_2 = 0.5$ m,设材料的弹性模量 $E = 200$ GPa。试求杆的总伸长量。

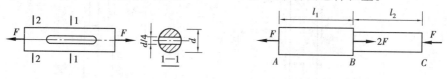

习题 5.10 图　　　　　习题 5.11 图

5.12 如习题 5.12 图所示为一螺栓连接。已知 $F = 200$ kN,厚度 $t = 20$ mm,钢板与螺栓材料相同,其许用切应力 $[\tau] = 80$ MPa,许用挤压应力 $[\sigma_c] = 200$ MPa,试求螺栓所需的直径 $d$。

5.13 承受拉力 $F = 80$ kN 的螺栓连接如习题 5.13 图所示。已知 $b = 80$ mm,$t = 10$ mm,$d = 22$ mm,螺栓的许用切应力 $[\tau] = 130$ MPa,钢板的许用挤压应力 $[\sigma_c] = 300$ MPa,许用拉应力 $[\sigma] = 170$ MPa。试校核接头的强度。

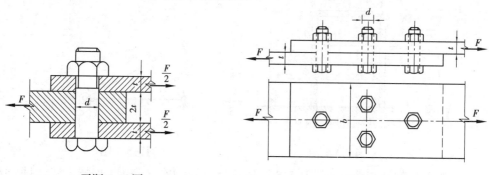

习题 5.12 图　　　　　　习题 5.13 图

5.14 矩形截面木拉杆的榫接头如习题 5.14 图所示。已知轴向拉力 $F = 50$ kN,截面宽度 $b = 250$ mm,木材的顺纹许用挤压应力 $[\sigma_c] = 10$ MPa,顺纹许用切应力 $[\tau] = 1$ MPa。试求接头处所需的尺寸 $l$ 和 $a$。

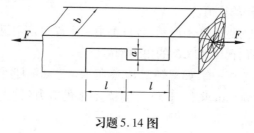

习题 5.14 图

# 第6章

## 扭　转

## 6.1　扭转的概念

在工程中,有很多受扭的杆件。例如汽车方向盘的操纵杆,钻机的钻杆以及建筑结构中除发生弯曲变形外也伴随着扭转变形的雨篷梁和边梁等,如图 6.1 所示。工程中常把以扭转为主要变形的圆截面杆件称为圆轴。圆轴扭转是最简单的受扭情形,也是杆件四种基本变形之一。

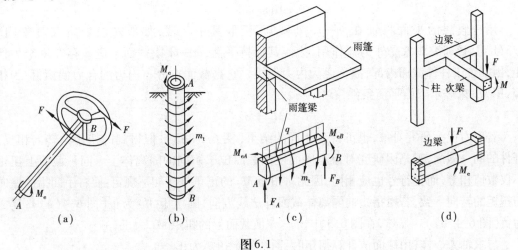

| (a) | (b) | (c) | (d) |

图 6.1

圆轴扭转变形,其受力模型有以下特点:杆件两端受到两个力偶的作用,两力偶大小相等、转向相反,且作用面垂直于杆的轴线。受扭的杆件具有以下变形特点:杆件任意两个横截面都绕杆轴线做相对转动,两横截面之间的相对角位移称为扭转

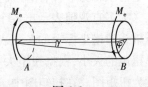

图 6.2

角,用 $\varphi$ 表示。如图6.2所示为受扭杆的计算简图,其中 $\varphi$ 表示截面 $B$ 相对于截面 $A$ 的扭转角,也可以认为截面 $A$ 不动,截面 $B$ 转过 $\varphi$。扭转时,杆的纵向线发生微小倾斜,表面纵向线的倾斜角用 $\gamma$ 表示。

# 6.2　圆轴扭转时的内力

### 1)外力偶矩的计算

机械工程中,作用于轴上的外力偶矩一般不直接给出,而是给出轴的转速和轴所传递的功率。这时需先由转速及功率计算出相应的外力偶矩,计算公式(推导从略)为

$$M_e = 9\ 549\ \frac{P}{n} \tag{6.1}$$

式中　$M_e$——轴上某处的外力偶矩,$N \cdot m$;

　　　　$P$——轴上某处输入或输出的功率,kW;

　　　　$n$——轴的转速,$r/min$。

### 2)扭矩和扭矩图

确定了作用于轴上的外力偶矩之后,就可用截面法求该受扭杆件横截面上的内力。设有一受扭圆轴如图6.3(a)所示,在外力偶矩 $M_e$ 作用下处于平衡状态,现求其任意 $m-m$ 横截面上的内力。

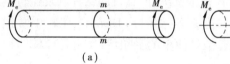
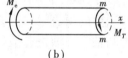
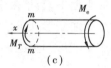

(a)　　　　　　　　　　(b)　　　　　　　　　　(c)

图6.3

用一假想的平面将轴在 $m-m$ 处截开,任取其中一段,如取左段为研究对象〔图6.3(b)〕。该研究对象受外力偶作用,为使其保持平衡,$m-m$ 横截面上应该存在一个力偶矩,因其位于杆件截面内部,故称之为内力偶矩。它是截面上分布内力的合力偶矩,称为扭矩,用 $M_T$ 来表示。由平衡条件,有

$$M_T = M_e$$

若取右段为研究对象,也可得到相同的结果〔图6.3(c)〕,但得到的扭矩的转向相反。杆件的同一截面,只是因研究对象不同而使该截面位于不同的隔离体上。同一截面上扭矩不仅数值相等,而且符号也应相同,因此对扭矩 $M_T$ 的正负号作如下规定:使右手四指的握向与扭矩的转向一致,若拇指指向隔离体截面外法线方向,则扭矩 $M_T$ 为正〔图6.4(a)〕,反之为负〔图6.4(b)〕。显然,在图6.3中,$m-m$ 横截面上的扭矩 $M_T$ 为正。

与求轴力一样,用截面法计算扭矩时,通常假定扭矩为正。

为了直观地表示出各个横截面上的扭矩沿杆件轴线的变化规律,与轴力图一样用平行于轴线的横坐标上的各点表示各横截面的位置,垂直于轴线的纵坐标值用来表示各横截面上扭矩的大小,根据扭矩大小选择适当的比例尺,将扭矩随截面位置的变化规律绘制成图,称为扭矩图。在扭矩图中,通常把正扭矩画在横坐标轴的上方,负扭矩画在下方。

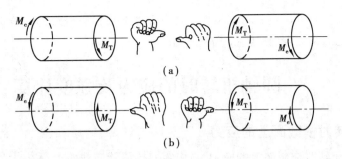

图6.4

【例6.1】 已知传动轴[图6.5(a)]的转速 $n = 300$ r/min，主动轮 $A$ 的输入功率 $P_A = 29$ kW，从动轮 $B,C,D$ 的输出功率分别为 $P_B = 7$ kW, $P_C = P_D = 11$ kW。绘制该轴的扭矩图。

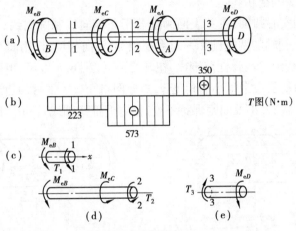

图6.5

【解】 ①计算外力偶矩。轴上的外力偶矩为

$$M_{eA} = 9\,549\,\frac{P_A}{n} = 9\,549 \times \frac{29}{300} = 923(\text{N} \cdot \text{m})$$

$$M_{eB} = 9\,549\,\frac{P_B}{n} = 9\,549 \times \frac{7}{300} = 223(\text{N} \cdot \text{m})$$

$$M_{eC} = M_{eD} = 9\,549\,\frac{P_C}{n} = 9\,549 \times \frac{11}{300} = 350(\text{N} \cdot \text{m})$$

②计算轴上各段横截面上的扭矩。利用截面法，取1—1横截面以左部分为研究对象[图6.5(c)]，为保持左段平衡，1—1横截面上的扭矩 $M_{T_1}$ 为

$$M_{T_1} = -M_{eB} = -223\,\text{N} \cdot \text{m}$$

$M_{T_1}$ 为负值表示实际的扭矩方向与计算过程中假设的方向相反。

再取2—2横截面以左部分为研究对象[图6.5(d)]，为保持左段平衡，2—2横截面上的扭矩 $M_{T_2}$ 为

$$M_{T_2} = -(M_{eC} + M_{eB}) = -573\,\text{N} \cdot \text{m}$$

最后取3—3横截面以右部分为研究对象[图6.5(e)]，为保持右段平衡，3—3横截面上的扭矩 $M_{T_3}$ 为

$$M_{T_3} = M_{eD} = 350\,\text{N} \cdot \text{m}$$

③绘出扭矩图,如图6.5(b)所示(坐标系通常不画出)。由图可知,最大扭矩发生在 CA 段轴的各横截面上,其值为 $|M_T|_{max} = 573$ N·m。

# 6.3 圆轴扭转时的应力及强度计算

### 1)圆轴扭转时横截面上的应力

要分析圆轴扭转时横截面上的应力,首先需要搞清楚横截面上存在什么应力,以及应力在横截面上的分布规律,然后才能进行应力计算公式的推导。为此,需要从变形关系、物理关系和静力学关系三方面进行讨论。

(1)扭转试验现象与分析

取一容易变形的实心圆轴,在其表面画上若干条纵向线和圆周线,形成矩形网格,如图6.6(a)所示。然后在圆轴的两端施加一对大小相等、转向相反、作用面与轴线垂直的外力偶 $M_e$,使圆轴产生扭转变形。在弹性范围内,扭转变形后〔图6.6(b)〕,可以观察到以下现象:

①各纵向线都倾斜了一个微小的角度 $\gamma$,矩形网格变成了平行四边形。

②各圆周线的形状、大小及间距保持不变,但它们都绕轴线转动了不同的角度。

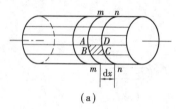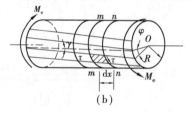

(a)　　　　　　　　　　　(b)

**图6.6**

根据以上观察到的现象,可以作出如下的假设及推断:

①由于各圆周线的形状、大小及间距保持不变,可以假设圆轴的横截面在扭转后仍保持为平面,各横截面像刚性平面一样绕轴线作相对转动。这一假设称为圆轴扭转时的平面假设。

②由于各圆周线的间距保持不变,故知横截面上没有正应力。

③由于矩形网格歪斜成了平行四边形,即左右横截面发生了相对转动,故可推断横截面上必有切应力 $\tau$;圆周线的形状、大小不变,故该切应力的方向必垂直于半径。

④由于各纵向线都倾斜了一个角度 $\gamma$,故各矩形网格的直角都改变了 $\gamma$ 角,直角的改变量称为切应变。切应变 $\gamma$ 是切应力 $\tau$ 引起的。

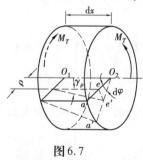

**图6.7**

(2)扭转圆轴横截面切应力计算公式推导

为了分析切应力在横截面上的分布规律,用相邻两横截面从圆轴上截出 dx 微段来研究,如图6.7所示。两横截面相对转过的微小角度等于截面上半径 $O_2a$ 转过的角度 $d\varphi$。圆轴表面的圆周线和纵向线形成的方格产生了相对错动,横截面上距圆心为 $\rho$ 的任一点 $e$ 随着 $O_2a$ 移到了 $e'$ 点。根据几何关系,此微段的切应变可表示为

$$\gamma_\rho = \rho \frac{\mathrm{d}\varphi}{\mathrm{d}x} \tag{a}$$

式中,$\dfrac{\mathrm{d}\varphi}{\mathrm{d}x}$ 表示转角的变化率,即单位长度的扭转角,对同一截面而言为常量。因此式(a)表明,横截面上任意一点的切应变 $\gamma_\rho$ 与该点到圆心的距离 $\rho$ 成正比。即切应变沿半径呈线性变化。

根据物理关系,当切应力不超过某一极限时,切应力与切应变成正比,即剪切胡克定律

$$\tau_\rho = G\gamma_\rho \tag{b}$$

结合式(a),故横截面上任意一点的切应力为

$$\tau_\rho = G\gamma_\rho = G\rho \frac{\mathrm{d}\varphi}{\mathrm{d}x} \tag{c}$$

由式(c)及平面假设分析结果说明,横截面上任意一点的切应力 $\tau_\rho$ 与该点到截面圆心的距离 $\rho$ 成正比,切应力的方向垂直于该点处的半径,这就是切应力的分布规律,如图 6.8 所示。当 $\rho = \rho_{\max} = r$ 时,$\tau_\rho = \tau_{\max}$,即横截面边缘各点的切应力最大。

在横截面上距圆心 $\rho$ 处取一微面积 $\mathrm{d}A$,作用在其上的切向微内力 $\tau_\rho \mathrm{d}A$ 对圆心的微内力矩为 $\rho\tau_\rho \mathrm{d}A$,根据静力学关系,在整个截面上这些微内力矩之和等于该截面上的扭矩 $M_T$,即

$$M_T = \int_A \rho \tau_\rho \mathrm{d}A \tag{d}$$

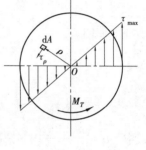

图 6.8

将式(c)代入式(d),得

$$M_T = \int_A \rho \left( G\rho \frac{\mathrm{d}\varphi}{\mathrm{d}x} \right) \mathrm{d}A = G \frac{\mathrm{d}\varphi}{\mathrm{d}x} \int_A \rho^2 \mathrm{d}A \tag{e}$$

式中,积分 $\int_A \rho^2 \mathrm{d}A$ 是与圆截面的几何性质有关的量,称为圆截面对圆心的极惯性矩,用 $I_P$ 表示,即

$$I_P = \int_A \rho^2 \mathrm{d}A \tag{6.2}$$

极惯性矩的单位为 $\mathrm{m}^4$,$\mathrm{mm}^4$ 等。将式(6.2)代入式(e),得

$$\frac{\mathrm{d}\varphi}{\mathrm{d}x} = \frac{M_T}{GI_P} \tag{6.3}$$

将式(6.3)代入式(c),即得圆轴扭转时横截面上任意一点的切应力计算公式

$$\tau_\rho = \frac{M_T \rho}{I_P} \tag{6.4}$$

当 $\rho = r$ 时,即在横截面边缘处切应力最大。

$$\tau_{\max} = \frac{M_T r}{I_P} \tag{6.5}$$

令

$$W_P = \frac{I_P}{r} \tag{6.6}$$

则

$$\tau_{\max} = \frac{M_T}{W_P} \tag{6.7}$$

$W_P$ 称为扭转截面系数,它和极惯性矩一样都是只与截面的几何形状和尺寸有关的量。先根据定义用积分法求出截面的极惯性矩,再由式(6.6)得出截面的扭转截面系数。

直径为 $D$ 的圆形截面和外径为 $D$、内径为 $d$ 的圆环形截面,它们对圆心的极惯性矩和扭转截面系数分别为:

圆截面:

$$\left. \begin{aligned} I_P &= \frac{\pi D^4}{32} \\ W_P &= \frac{\pi D^3}{16} \end{aligned} \right\} \tag{6.8}$$

圆环形截面:

$$\left. \begin{aligned} I_P &= \frac{\pi D^4}{32}(1-\alpha^4) \\ W_P &= \frac{\pi D^3}{16}(1-\alpha^4) \end{aligned} \right\} \tag{6.9}$$

式中 $\alpha = \dfrac{d}{D}$ ——内、外径的比值。

极惯性矩 $I_P$ 的单位为 $mm^4$ 或 $m^4$,扭转截面系数 $W_P$ 的单位为 $mm^3$ 或 $m^3$。

应该注意,扭转时应力的计算公式(6.4)只适用于圆轴。

【例 6.2】 如图 6.9 所示,轴 $AB$ 的转速 $n = 360$ r/min,传递的功率 $P = 15$ kW。轴的 $AC$ 段为实心圆截面,$CB$ 段为空心圆截面。已知 $D = 30$ mm,$d = 20$ mm。试计算 $AC$ 段横截面边缘处的切应力以及 $CB$ 段横截面内外边缘处的切应力。

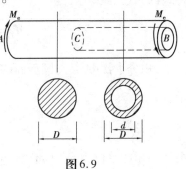

图 6.9

【解】 ①计算扭矩,轴所受的外力偶矩为

$$M_e = 9\,549\,\frac{P_k}{n} = 9\,549 \times \frac{15}{360} = 398(\text{N} \cdot \text{m})$$

由截面法,各横截面上的扭矩为

$$M_T = M_e = 398\ \text{N} \cdot \text{m}$$

②计算极惯性矩,由式(6.8)及式(6.9),$AC$ 段和 $CB$ 段横截面的极惯性矩分别为

$$I_{P1} = \frac{\pi D^4}{32} = \frac{3.14 \times 30^4}{32} = 7.95 \times 10^4(\text{mm}^4)$$

$$I_{P2} = \frac{\pi D^4}{32} - \frac{\pi d^4}{32} = \frac{3.14 \times 30^4}{32} - \frac{3.14 \times 20^4}{32} = 6.38 \times 10^4(\text{mm}^4)$$

③计算应力,由式(6.4),$AC$ 段轴在横截面边缘处的切应力为

$$\tau_{AC}^{\text{外}} = \frac{M_T \cdot D/2}{I_{P1}} = \frac{398 \times 10^3 \times 15}{7.95 \times 10^4} = 75(\text{MPa})$$

$CB$ 段轴横截面内、外边缘处的切应力分别为

$$\tau_{CB}^{外} = \frac{M_T \cdot D/2}{I_{P2}} = \frac{398 \times 10^3 \times 15}{6.38 \times 10^4} = 93.6(\text{MPa})$$

$$\tau_{CB}^{内} = \frac{M_T \cdot d/2}{I_{P2}} = \frac{398 \times 10^3 \times 10}{6.38 \times 10^4} = 62.4(\text{MPa})$$

### 2) 圆轴扭转时的强度条件及其应用

出于安全的需要,受扭圆轴在工作时,必须要求其轴内的最大切应力 $\tau_{\max}$ 不超过材料的许用切应力 $[\tau]$,若用 $M_{T\max}$ 表示危险截面上的扭矩,则圆轴扭转时的强度条件为

$$\tau_{\max} = \frac{M_{T\max}}{W_P} \leqslant [\tau] \tag{6.10}$$

式中 $[\tau]$——材料的许用切应力,可通过试验测得。

利用式(6.10)可以解决圆轴的强度校核、设计截面尺寸和确定许用荷载等三类强度计算问题。

【例6.3】 一传动轴的受力情况如图6.10(a)所示。已知轴的直径 $d = 60$ mm,材料的许用切应力 $[\tau] = 60$ MPa,试校核该轴的强度。

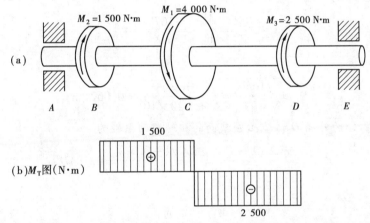

图6.10

【解】 ①画扭矩图[图6.10(b)],由扭矩图可知,$CD$ 段各截面的扭矩最大。

$$M_{T\max} = 2\ 500\ \text{N} \cdot \text{m}$$

②校核强度:该圆轴的最大切应力发生在 $CD$ 段各横截面的边缘处,由式(6.10)计算,得

$$\tau_{\max} = \frac{M_T}{W_P} = \frac{M_T}{\pi d^3/16} = \frac{2\ 500 \times 10^3 \times 16}{3.14 \times 60^3} = 59(\text{MPa}) < [\tau] = 60\ \text{MPa}$$

故该圆轴满足强度条件。

【例6.4】 某钢制圆轴的直径 $d = 30$ mm,转速 $n = 300$ r/min,若许用扭转切应力 $[\tau] = 50$ MPa,试确定该轴能传递的功率。

【解】 由式(6.10)得,该轴能承受的最大外力偶矩

$$M_{e\max} = M_{T\max} = \tau_{\max} W_P \leqslant [\tau] W_P = [\tau] \cdot \frac{\pi d^3}{16}$$

$$= 50 \times 10^6 \times \frac{3.14 \times 30^3 \times 10^{-9}}{16} = 265 (\text{N} \cdot \text{m})$$

由式(6.1)得,该轴能传递的功率为

$$P = \frac{M_{\text{emax}} \cdot n}{9\ 549} = \frac{265 \times 300}{9\ 549} = 8.33 (\text{kW})$$

【例6.5】 实心圆轴和空心圆轴通过牙嵌离合器连在一起,如图6.11所示。已知轴的转速 $n = 100$ r/min,传递功率 $P = 10$ kW,材料的许用切应力 $[\tau] = 20$ MPa。①选择实心轴的直径 $D_1$。②若空心轴的内外径比为1/2,选择空心轴的外径 $D_2$。③若实心部分与空心部分长度相等且采用同一种材料,求实心部分与空心部分的质量比。

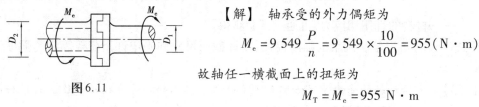

【解】 轴承受的外力偶矩为

图6.11

$$M_e = 9\ 549\ \frac{P}{n} = 9\ 549 \times \frac{10}{100} = 955 (\text{N} \cdot \text{m})$$

故轴任一横截面上的扭矩为

$$M_T = M_e = 955\ \text{N} \cdot \text{m}$$

①选择实心轴的直径。由强度条件

$$\tau_{\max} = \frac{M_T}{W_P} = \frac{16T}{\pi D_1^3} \leq [\tau]$$

得

$$D_1 \geq \sqrt[3]{\frac{16 M_T}{\pi [\tau]}} = \sqrt[3]{\frac{16 \times 955}{\pi \times 20 \times 10^6}} = 0.062 (\text{m})$$

②选择空心轴的外径 $D_2$。空心圆截面的扭转截面系数为

$$W_P = \frac{\pi D_2^3 (1 - \alpha^4)}{16} = \frac{\pi D_2^3 (1 - 0.5^4)}{16} = 0.184 D_2^3$$

由强度条件

$$\tau_{\max} = \frac{M_T}{W_P} = \frac{M_T}{0.184 D_2^3} \leq [\tau]$$

得

$$D_2 \geq \sqrt[3]{\frac{M_T}{0.184 [\tau]}} = \sqrt[3]{\frac{955}{0.184 \times 20 \times 10^6}} = 0.063\ 8 (\text{m})$$

③实心部分与空心部分的质量比为

$$\frac{W_{\text{实}}}{W_{\text{空}}} = \frac{A_{\text{实}}}{A_{\text{空}}} = \frac{D_1^2}{D_2^2 - d_2^2} = 1.259$$

由此可见,若圆轴的长度相同,采用空心圆轴比采用实心圆轴所用的材料要节省得多。在条件许可的情况下,将轴制成空心圆截面可以提高材料的利用率。但必须注意,太薄的圆筒在承受扭转时,筒壁可能发生皱褶而丧失承载能力。

工程中许多受扭杆件采用空心圆截面,请读者从横截面上切应力的分布规律来说明其道理。

## 6.4　圆轴扭转时的变形及刚度计算

### 1)圆轴扭转时的变形

通常用两个横截面绕轴线转动的相对扭转角 $\varphi$ 来度量圆轴扭转时的变形,其计算公式(推导从略)为

$$\frac{\mathrm{d}\varphi}{\mathrm{d}x} = \frac{M_\mathrm{T}}{GI_\mathrm{P}} \tag{a}$$

式中　$\mathrm{d}\varphi$——相距为 $\mathrm{d}x$ 的两横截面间的扭转角;

$M_\mathrm{T}$——横截面上的扭矩,以绝对值代入;

$G$——材料的剪切模量;

$I_\mathrm{P}$——横截面对圆心的极惯性矩。

上式也可写成

$$\mathrm{d}\varphi = \frac{M_\mathrm{T}}{GI_\mathrm{P}}\mathrm{d}x \tag{b}$$

因此,相距为 $l$ 的两横截面间的扭转角为

$$\varphi = \int_l \mathrm{d}\varphi = \int_0^l \frac{M_\mathrm{T}}{GI_\mathrm{P}}\mathrm{d}x \tag{c}$$

若该段轴为同一材料制成的等直圆轴,并且各横截面上扭矩 $M_\mathrm{T}$ 的数值相同,则上式中的 $M_\mathrm{T}$,$G$,$I_\mathrm{P}$ 均为常量,积分后得

$$\varphi = \frac{M_\mathrm{T}l}{GI_\mathrm{P}} \tag{6.11}$$

扭转角 $\varphi$ 的单位为 rad。

由式(6.11)可见,扭转角 $\varphi$ 与 $GI_\mathrm{P}$ 成反比,即 $GI_\mathrm{P}$ 越大,轴就越不容易发生扭转变形。因此,用 $GI_\mathrm{P}$ 表示圆轴抵抗扭转变形的能力,称为圆轴的抗扭刚度。

为便于不同长度的杆件比较变形大小,消除长度影响,工程中通常采用单位长度扭转角,即

$$\theta = \frac{\mathrm{d}\varphi}{\mathrm{d}x}$$

可得

$$\theta = \frac{M_\mathrm{T}}{GI_\mathrm{P}} \tag{6.12}$$

单位长度扭转角 $\theta$ 的单位为 rad/m。

### 2)圆轴扭转时的刚度条件及其应用

对于承受扭转的圆轴,除了满足强度条件外,在工作中还要限制其产生过大的扭转变形。扭转变形过大,将会引起较大的振动,影响圆轴的正常工作。因此,必须对轴的扭转变形加以限制,即使其满足刚度条件:

$$\theta_{max} = \frac{M_{Tmax}}{GI_P} \leq [\theta] \qquad (6.13)$$

式中  $[\theta]$——单位长度许用扭转角,单位为 rad/m,其数值是由轴上荷载的性质及轴的工作条件等因素决定的,可从有关设计手册中查到。在实际工程中 $[\theta]$ 的单位通常为(°)/m,刚度条件变为

$$\theta_{max} = \frac{M_{Tmax}}{GI_P} \times \frac{180°}{\pi} \leq [\theta] \qquad (6.14)$$

对于一般传动轴 $[\theta] = (0.5 \sim 1.0)°/m$,精密机械的轴 $[\theta] = (0.25 \sim 0.50)°/m$,精度较低的轴 $[\theta] = (1.0 \sim 2.5)°/m$。

【例6.6】 如图6.12(a)所示的传动轴,在截面 $A$,$B$,$C$ 三处作用的外力偶矩分别为 $M_{eA} = 4.77$ kN·m,$M_{eB} = 2.86$ kN·m,$M_{eC} = 1.91$ kN·m。已知轴的直径 $D = 90$ mm,材料的切变模量 $G = 80 \times 10^3$ MPa,材料的许用切应力 $[\tau] = 60$ MPa,单位长度许用扭转角 $[\theta] = 1.1(°)/m$。试校核该轴的强度和刚度。

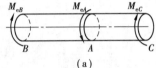

(a)

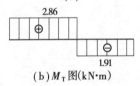

(b) $M_T$ 图(kN·m)

图6.12

【解】 ①求危险截面上的扭矩。绘出扭矩图,如图6.12(b)所示。由图可知,$BA$ 段各横截面为危险截面,其上的扭矩为

$$M_{Tmax} = 2.86 \text{ kN·m}$$

②强度校核。截面的扭转截面系数和极惯性矩分别为

$$W_P = \frac{\pi D^3}{16} = \frac{3.14 \times 90^3 \times 10^{-9} \text{ m}^3}{16} = 1.43 \times 10^{-4} \text{ m}^3$$

$$I_P = \frac{\pi D^4}{32} = \frac{3.14 \times 90^4 \times 10^{-12} \text{ m}^4}{32} = 6.44 \times 10^{-6} \text{ m}^4$$

轴的最大切应力为

$$\tau_{max} = \frac{M_{Tmax}}{W_P} = \frac{2.86 \times 10^3 \text{ N·m}}{1.43 \times 10^{-4} \text{ m}^3} = 20 \times 10^6 \text{ Pa} = 20 \text{ MPa} < [\tau] = 60 \text{ MPa}$$

强度满足要求。

③刚度校核。轴的单位长度最大扭转角为

$$\theta_{max} = \frac{M_{Tmax}}{GI_P} \times \frac{180°}{\pi} = \frac{2.86 \times 10^3 \text{ N·m}}{8.0 \times 10^{10} \text{ Pa} \times 6.44 \times 10^{-6} \text{ m}^4} \times \frac{180°}{3.14} = 0.318°/m$$

$$< [\theta] = 1.1°/m$$

刚度满足要求。

# 思考题

6.1 何谓扭矩?扭矩的正负号是如何规定的?

6.2 平面假设的根据是什么?该假设在圆轴扭转切应力的推导中起了什么作用?

6.3 空心圆轴的外径为 $D$,内径为 $d$,抗扭截面模量能否用 $W = \frac{\pi D^3}{16} - \frac{\pi d^3}{16}$ 计算?为什么?

6.4  圆轴的直径为 $D$,受扭时轴内最大切应力为 $\tau$,单位扭转角为 $\theta$。若扭矩不变而将直径改为 $\dfrac{D}{2}$,此时轴内的最大切应力为多少? 单位扭转角为多少?

6.5  一实心圆截面的直径为 $D_1$,另一空心圆截面的外径为 $D_2$,$\alpha = 0.8$,若两轴横截面上的扭矩和最大切应力分别相等,则 $D_2 : D_1$ 是多少?

6.6  图示 $M_T$ 为圆杆横截面上的扭矩,试画出横截面上与 $M_T$ 对应的切应力分布图。

思考题 6.6 图

6.7  长为 $l$,直径为 $d$ 的两根由不同材料制成的圆轴,在其两端作用相同的扭转力偶矩 $M_e$,试分析下列问题:

①最大切应力 $\tau_{max}$ 是否相同? 为什么?

②相对扭转角 $\varphi$ 是否相同? 为什么?

6.8  同一圆杆在图(a),(b),(c)三种不同加载情况下,在线弹性范围内工作,且变形微小,试问:图(c)受力情况下的应力是否等于图(a)和(b)情况下应力的叠加? 变形是否也如此?

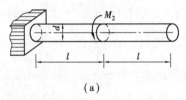 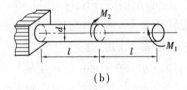

(a)  (b)

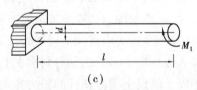

(c)

思考题 6.8 图

# 习  题

6.1  圆轴受力如图所示,其 $M_{e1} = 1$ kN·m,$M_{e2} = 0.6$ kN·m,$M_{e3} = 0.2$ kN·m,$M_{e4} = 0.2$ kN·m。①作轴的扭矩图;②若 $M_{e1}$ 和 $M_{e2}$ 的作用位置互换,则扭矩图有何变化?

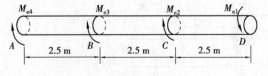 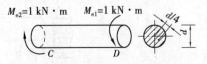

习题 6.1 图  习题 6.2 图

6.2  直径 $d = 50$ mm 的圆轴受力如图所示,求:①截面上 $\rho = d/4$ 处 $A$ 点的切应力;②圆轴的最大切应力。

6.3 一等截面圆轴的直径 $d = 50$ mm。已知转速 $n = 120$ r/min 时该轴的最大切应力为 60 MPa，试求圆轴所传递的功率。

6.4 设有一实心圆轴和另一内外直径之比为 3/4 的空心圆轴如图所示。若两轴的材料及长度相同，承受的扭矩 $M_T$ 和截面上最大切应力也相同，试比较两轴的质量。

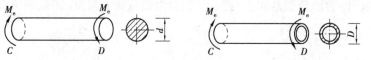

**习题 6.4 图**

6.5 在习题 6.1 中，若已知轴的直径 $d = 75$ mm，$G = 8 \times 10^4$ MPa，试求轴的总扭转角。

6.6 有一圆截面杆 $AB$ 如图所示，其左端为固定端，承受分布力偶矩 $q$ 的作用。试导出该杆 $B$ 端处扭转角 $\varphi$ 的公式。

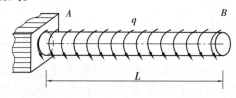

**习题 6.6 图**

6.7 空心钢轴的外径 $D = 100$ mm，内径 $d = 50$ mm。已知间距为 $l = 2.7$ m 的两横截面的相对扭转角 $\varphi = 1.8°$，材料的切变模量 $G = 80$ GPa。试求：

①轴内的最大切应力；

②当轴以 $n = 80$ r/min 的速度旋转时，轴所传递的功率。

6.8 某小型水电站的水轮机容量为 50 kW，转速为 $n = 300$ r/min，钢轴直径为 75 mm，若在正常运转下且只考虑扭矩作用，其许用切应力 $[\tau] = 20$ MPa。试校核该轴的强度。

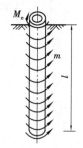

6.9 已知钻探机钻杆的外直径 $D = 60$ mm，内直径 $d = 50$ mm，功率 $P = 7.355$ kW，转速 $n = 180$ r/min，钻杆入土深度 $l = 40$ m，钻杆材料的切变模量 $G = 80$ GPa，许用切应力 $[\tau] = 40$ MPa。假设土壤对钻杆的阻力是沿长度均匀分布的，试求：

①单位长度上土壤对钻杆的阻力矩集度 $m$；

②作钻杆的扭矩图，并进行强度校核；

③两端截面的相对扭转角。

**习题 6.9 图** 6.10 如图所示一等直圆杆，已知 $d = 40$ mm，$a = 400$ mm，$G = 80$ GPa，$\varphi_{DB} = 1°$。试求：①最大切应力；②截面 $A$ 相对于截面 $C$ 的扭转角。

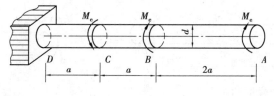

**习题 6.10 图**

6.11 长度相等的两根受扭圆轴,一为空心圆轴,一为实心圆轴,两者的材料和所受的外力偶矩均相同。实心轴直径为 $d$;空心轴外直径为 $D$,内直径为 $d_0$,且 $\dfrac{d_0}{D}=0.8$。试求当空心轴与实心轴的最大切应力均达到材料的许用切应力($\tau_{max}=[\tau]$)时的质量比和刚度比。

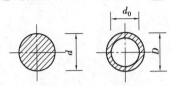

**习题 6.11 图**

6.12 已知实心圆轴的转速 $n=300$ r/min,传递的功率 $P=330$ kW,轴材料的许用切应力 $[\tau]=60$ MPa,切变模量 $G=80$ GPa。若要求在 2 m 长度的相对扭转角不超过 $1°$,试求该轴所需的直径。

# 第7章
## 平面杆件体系的几何组成分析

## 7.1 几何组成分析的概念

### 1)几何不变体系和几何可变体系

常见的建筑结构或机械机构通常是由若干杆件、有时也包括"基础"等通过某些方式连接而成的整体系统称为杆件系统(或杆件体系),如图7.1所示。连接方式则有链杆连接、铰链连接和刚性连接三种方式。如果体系的各组成部分位于同一平面内,则称为平面杆件体系或平面体系,图7.1中的4个体系均为平面体系。本章只讨论平面体系。

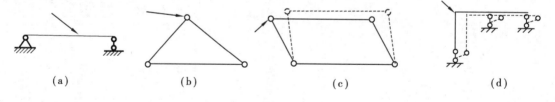

（a）　　　　　　（b）　　　　　　　　（c）　　　　　　　　（d）

图7.1

在忽略杆件本身变形的前提下,体系受到任意方向的外力作用或外部干扰时,若整个体系的几何形状及各部分的位置不发生改变,则这种体系称为几何不变体系〔图7.1(a)、(b)〕。反之,则称为几何可变体系〔图7.1(c)、(d)〕。几何不变体系在承受一定的外力或外部干扰情况下,能够提供稳固的几何空间,因此可以作为工程结构体系。几何可变体系在承受外力或外部干扰情况下,一般不能提供稳固的几何空间,因此通常不能作为工程结构体系,而只能用作机构体系。

几何形状和尺寸不变的物体称为刚体。在平面体系中,此类物体被称为刚片。当不考虑材料变形时,一根梁、一根链杆或者在体系中已经肯定为几何不变的某个部分都可以看成刚片,用来支承上部结构的基础也可以看成刚片,如图7.2所示。刚片、链杆以及基础三者有时是可以相互转化的。

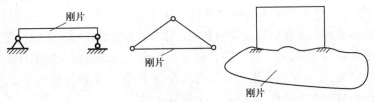

图7.2

### 2) 自由度

　　体系的自由度是指该体系运动时确定其位置所需独立坐标的数目,如图 7.3 所示。一个点(铰可简化为一个点)在平面内的移动可分解成水平运动和竖直运动两种方式,描述其位置的变化可用 $x,y$ 两个独立坐标,故其自由度为 2。一根杆(或一个刚片)在平面内的平动也可分解为水平运动和竖直运动两种方式,故其平动的自由度为 2;而杆(或刚片)在平面内的运动除平动外还可以绕某点转动,描述其位置的变化可用 $x,y,\varphi$ 三个独立坐标,故其自由度应为 3。

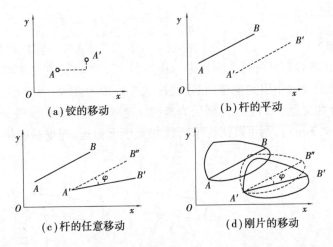

(a)铰的移动　　　　　　　(b)杆的平动

(c)杆的任意移动　　　　　(d)刚片的移动

图7.3

### 3) 约束

　　对其他物体的运动或运动趋势能够起到限制作用的装置称为约束。实际结构体系中各构件之间及体系与基础之间是通过一些装置互相连接在一起的,这些装置对杆件或体系的运动起到了限制作用,它们即为约束。约束可以使体系的自由度减少。通常把能减少一个自由度的装置称为一个约束。

　　不同的约束对体系自由度的影响是不同的。常用的约束有链杆、铰和刚结点三类。

　　(1)链杆

　　如图 7.4 所示,用一链杆将一刚片与基础相连,刚片将不能沿链杆方向移动,因而减少了 1 个自由度,所以 1 根链杆相当于 1 个约束。

（2）铰

①单铰：连接两个刚片的圆柱铰称为单铰。如图7.5所示，用一单铰将刚片Ⅰ，Ⅱ在A点连接起来。该体系的自由度可以这样分析：先用3个坐标确定刚片Ⅰ的位置，然后再用一个转角就确定刚片Ⅱ的位置，故连接以后自由度为4个。而2个独立的刚片在平面内共有6个自由度。由此可见，一个单铰可以使自由度减少2个，即一个单铰相当于2个约束。也可以认为一个单铰相当于2个链杆，可以用2个链杆代替。

②复铰：连接3个或3个以上刚片的圆柱铰称为复铰。如图7.6所示的复铰连接3个刚片，该体系的自由度可以这样分析：先有刚片Ⅰ，然后用单铰将刚片Ⅱ与刚片Ⅰ连接，再以单铰将刚片Ⅲ与刚片Ⅰ连接，这样，连接3个刚片的复铰可以认为相当于2个单铰。同理，连接$n$个刚片的复铰相当于$(n-1)$个单铰，一个单铰具有2个约束，因此连接$n$个刚片的复铰具有$2(n-1)$个约束。

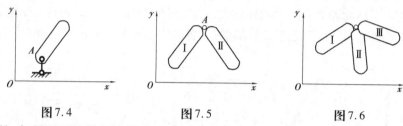

图7.4        图7.5        图7.6

③虚铰：如果用两根链杆将两个刚片进行连接〔图7.7(a)〕，则这两根链杆的作用就和一个位于两杆交点的铰的作用完全相同，我们称这样的铰为虚铰。如果连接两个刚片的两根链杆并没有实际相交〔图7.7(b)〕，则认为虚铰在这两根链杆延长线的交点上。若这两根链杆是平行的〔图7.7(c)〕，则可以认为平行线相交于无穷远，即虚铰的位置在沿链杆方向的无穷远处。

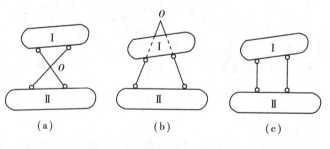

（a）        （b）        （c）

图7.7

（3）刚结点

如图7.8(a)所示，刚片Ⅰ，Ⅱ在A处刚性连接成一个整体。连接前两个刚片在平面内具有6个自由度，刚性连接成整体后具有3个自由度，减少了3个自由度，所以1个刚结点具有3个约束。也可以认为1个刚结点相当于3根链杆，可以用3根链杆代替。同理，1个固定端支座〔图7.8(b)〕相当于1个刚结点，即固定端支座也具有3个约束。

3种类型约束之间的关系：1个单铰的约束作用相当于2根链杆；1个刚结点的约束作用相当于3根链杆。

为保持体系几何不变必须具有的约束叫必要约束。在保持体系为几何不变体系的前提下，可以去掉的约束称为多余约束。如果在体系中增加一个约束，而体系的自由度并不因此而减少,则该约束就是多余约束。多余约束是在刚性假设下,从保持体系几何不变性所需最少约束的角度来说是成立的,事实上,在几何体系中增设多余约束,可改善结构的受力状况,并非真的多余。

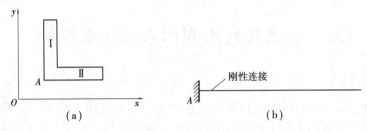

图7.8

例如,平面内一个自由点 $A$ 原来有 2 个自由度,如果用 2 根不共线的链杆 1 和 2 把 $A$ 点与基础相连,如图 7.9 (a)所示,则 $A$ 点即被固定,因此减少了 2 个自由度,恰好形成了几何不变体系。如果在体系中再加入一根链杆,用 3 根不共线的链杆把 $A$ 点与基础相连,如图 7.9(b)所示,与之前体系相较而言仍只是减少了 2 个自

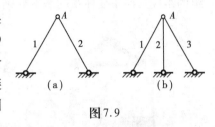

图7.9

由度,体系的自由度数没有进一步降低,故可以认为有一根链杆是多余的,是可以去掉的,去掉该多余约束后体系仍是几何不变体系,对体系几何不变性没有影响。(可把 3 根链杆中的任何一根视为多余约束)。

如图 7.10(a)表示一个点 $A$ 用一根水平的支座链杆 1 与基础相连,它仍有一个竖向运动的自由度,显然给出的约束数目不够,是几何可变体系。如图 7.10(b)所示是用两根不在一直线上的支座链杆 1 和 2 把 $A$ 点连接在基础上,点 $A$ 上下、左右的移动都被限制,故图 7.10(b)给出的约束数目恰好可以组成几何不变体系,称为无多余约束的几何不变体系。图 7.10(c)是在图 7.10(b)上又增加一根水平的支座链杆 3,第 3 根链杆就保持体系的几何不变性而言是多余的。故图 7.10(c)是有 1 个多余约束的几何不变体系。

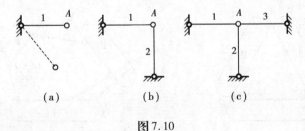

图7.10

### 4)几何组成分析的目的

我们在对工程结构进行设计、计算或建造时,必须首先考虑体系的几何组成,考察体系的几何不变性,这个过程称为几何组成分析或几何构造分析。

对体系进行几何组成分析的目的:

①检查给定体系是否是几何不变体系,以决定其是否可以作为结构,或设法保证结构是几何不变的体系。

②在结构计算时,根据体系的几何组成规律,确定结构体系计算的先后顺序。

③在结构计算时,根据体系的几何组成规律,确定结构是静定还是超静定结构,以便选择相应的计算方法。

# 7.2 组成几何不变体系的基本规则

## 1)三刚片规则

在平面体系的几何构造分析中,最基本的规律是三角形规律。三角形是基本的几何稳固体系,无论是在自然界还是在工程结构中均不难发现三角形的影子(图7.11)。本节所介绍的组成几何不变体系的基本规则,实际上是三角形规律的不同表达方式。

图7.11

三刚片规则:三刚片可以用三个铰两两连接,组成无多余约束的几何不变体系,前提条件是三个铰不共线。

此规则中的铰可以是实铰也可以是虚铰。如将图7.12(a)中连接三刚片之间的铰A,B,C全部用虚铰代替,即都用两根不共线、不平行的链杆来代替,成为如图7.12(b)所示体系,则得到三刚片规则的另一表达形式:三刚片分别用不完全平行也不共线的两根链杆两两连接,且所形成的三个实铰或虚铰不在同一条直线上,则组成无多余约束的几何不变体系。

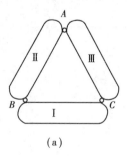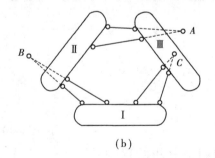

(a)　　　　　　　　　　(b)

图7.12

## 2)两刚片规则

将图7.12(a)中的刚片Ⅲ看成链杆,得到如图7.13(a)所示的体系。仍是三角形,只是刚片间的连接方式变了,从而得到两刚片规则:两刚片用一个铰和一根链杆相连接可以组成无多余约束的几何不变体系,前提条件是链杆不通过铰。

此规则中的铰也可指虚铰。如将图 7.13(a)中连接两刚片的铰 $B$ 用虚铰代替,即用两根不共线、不平行的链杆 a,b 来代替,成为如图 7.13(b)所示体系,则得到两刚片规则的另一表达形式:两刚片用不完全平行也不全交于一点的三根链杆相连接,则组成无多余约束的几何不变体系。

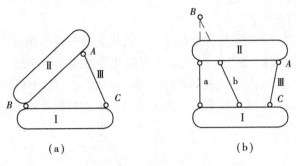

图 7.13

### 3) 二元体规则

由两根不在同一直线上的链杆连接一个新结点的装置称为二元体(或二元片),如图 7.14(b)中的 $BAC$ 部分。二元体规则:在一个体系上增加或减少二元体,不改变原体系的几何组成性质。

在平面体系内新增加一个点,体系就会增加两个自由度,而新增加的两根不共线的链杆,恰能减去新增结点所带来的两个自由度,相对原体系来说,二元体的引入并没有引起自由度的数目发生变化。因此,在一个体系上增加二元体不会影响原体系的几何不变性或可变性。同理,若在已知体系中拆除二元体,也不会影响体系的几何不变性或可变性。

如图 7.14(a)所示为一个三角形铰接体系,将其中的链杆 Ⅰ 看成一个刚片,利用二元体规则,可以得到:三角形铰接体系是无多余约束的几何不变体系。这里用二元体规则证明了三角形规律,三角形是基本的几何稳固体系。在分析一个体系的几何性质时可以尽可能地利用三角形规律,即从体系中找到铰接三角形,并在此基础上不断地利用二元体规则将三角形这个基础刚片扩大成更大的刚片。

如图 7.14(c)所示的桁架,是在铰接三角形 $ABC$ 的基础上,依次增加二元体而形成的一个无多余约束的几何不变体系。这种依次增加二元体使刚片不断扩大的过程,类似于贪吃蛇游戏中小蛇不断吃食物使身体变长。对此体系的分析,也可以对该桁架从 $H$ 点起依次拆除二元体而成为铰接三角形 $ABC$。

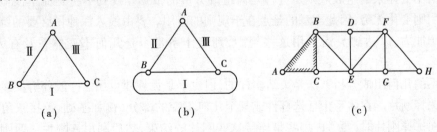

图 7.14

#### 4) 瞬变体系的特征

在上述组成规则中,无论是三刚片还是两刚片,通过必要数目的约束进行连接均可以形成无多余约束的几何不变体系,但必须满足一些前提条件,如连接三刚片的三个铰不能在同一直线上;连接两刚片的三根链杆不能全交于一点,也不能全平行等。如果不满足这些条件,将会出现下面所述的情况。

如图 7.15 所示的三个刚片用三个位于同一直线上的铰两两相连。由于点 $A$ 位于以 $BA$ 和 $CA$ 为半径的两个圆弧的公切线上,故点 $A$ 可沿此公切线做微小运动,因此体系是几何可变的。微小移动发生之后,三个铰就不再位于同一直线上了,此时体系是几何不变的。这种本来是几何可变,经微小位移后又成为几何不变的体系称为瞬变体系。

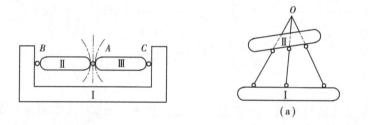

图 7.15    图 7.16

又如图 7.16(a) 所示的两个刚片用三根全交于一点 $O$ 的链杆相连,这种情况下两个刚片可以绕点 $O$ 作相对转动。微小转动发生后,三根链杆就不再全交于一点,体系成为几何不变的,因此这种体系也是瞬变体系。

再如图 7.16(b) 所示的两个刚片用三根互相平行但不等长的链杆相连,此时两个刚片可以沿与链杆垂直的方向发生相对移动。由于三杆不等长,微小移动发生后,三根链杆不再互相平行,故这种体系也是瞬变体系。

瞬变体系是几何可变体系的一种特殊情况。考察以上各例中的瞬变体系可以发现,若干刚片成为无多余约束的几何不变体系所需要的约束数目是恰好足够的,由于约束布置不合理使得刚片能发生瞬时运动。可以证明,瞬变体系在很小荷载作用下,可以产生无穷大的内力,会使结构破坏。因此瞬变体系不能作为结构使用。

# 7.3  体系几何组成分析举例

几何不变体系的组成规则是进行几何组成分析的依据。规则本身是简单浅显的,但规则的应用则变化无穷,因此本章的难点在于规则的应用。要由浅入深地做必要的练习,逐步提高运用能力,以达到灵活运用这些规则,判定体系是否是几何不变体系及有无多余约束等。

体系的几何组成分析方法是灵活多样的,但也不是无规律可循。一般分析步骤如下:

①选择刚片。在体系中任选杆件或某个几何不变的部分(例如基础、铰接三角形)作为刚片。在选择刚片时,要考虑哪些是连接这些刚片的约束,然后利用三刚片或两刚片规则。当分析进行不下去时,大多是由于所选的刚片不恰当造成的,应重新调整思路(扩大刚片或选择其他作为刚片)再进行试分析。

②先从能直接观察到的几何不变部分开始,应用几何组成规则,逐步扩大几何不变部分直至整体。

③对于复杂体系可以采用以下方法简化体系:

a.当体系上有二元体时,应采用减法,依次拆除二元体。

b.如果体系只用三根不全交于一点也不全平行的支座链杆与基础相连,则可以拆除支座链杆与基础,只分析上部体系。

c.利用等效替换。例如:只有两个铰与其他部分相连的刚片可用直链杆代替;连接两个刚片的两根链杆可用其交点处的虚铰代替。

【例7.1】 试对如图7.17所示体系进行几何组成分析。

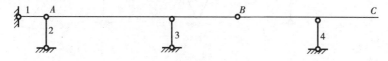

图7.17

【解】 在此体系中,将基础视为刚片,*AB*杆视为刚片,两个刚片用三根不全交于一点也不全平行的链杆1,2,3相连,根据两刚片规则,此部分组成几何不变体系,且没有多余约束。然后将其视为一个大刚片,它与*BC*杆再用铰*B*和不通过该铰的链杆4相连,又组成几何不变体系,且没有多余约束。因此,整个体系为几何不变的,且无多余约束。

【例7.2】 试对如图7.18所示体系进行几何组成分析。

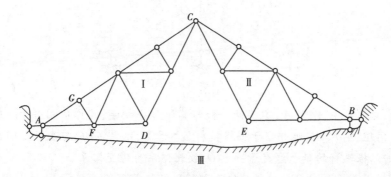

图7.18

【解】 体系中*ADC*部分是由铰接三角形*AFG*逐次加上二元体所组成,是一个几何不变部分,可视为刚片Ⅰ。同样,*BEC*部分也是几何不变,可视为刚片Ⅱ。再将基础视为刚片Ⅲ,固定铰支座*A*,*B*相当于两个铰,则三个刚片由三个不共线的铰*A*,*B*,*C*两两相连,该体系为几何不变的,且无多余约束。

【例7.3】 试对如图7.19所示体系进行几何组成分析。

【解】 在此体系中,*ABCD*部分是由一个铰接三角形增加一个二元体组成的几何不变部分,视为刚片Ⅰ;同理,*CEFG*部分也是几何不变部分,视为刚片Ⅱ。再将基础看成刚片,并以Ⅲ表示。刚片Ⅰ和Ⅱ用铰*C*连接,刚片Ⅰ和Ⅲ用链杆1、2构成的虚铰$O_1$连接,刚片Ⅱ和Ⅲ用链杆3、4构成的虚铰$O_2$连接,由于铰*C*和虚铰$O_1$、$O_2$不在同一直线上,所以此体系为几何不变的,且无多余约束。

【例7.4】 试对如图7.20所示体系进行几何组成分析。

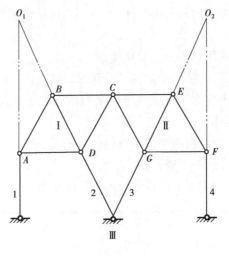

图 7.19

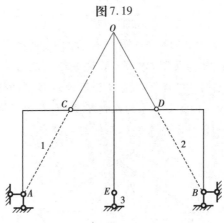

图 7.20

【解】 在此体系中,刚片 AC 只有两个铰与其他部分相连,其作用相当于一根用虚线表示的链杆 1。同理,刚片 BD 也相当于一根链杆 2。于是,刚片 CDE 与基础之间用三根链杆 1,2,3 连接,这三根链杆的延长线交于一点 O,故此体系为瞬变体系。

【例 7.5】 试对如图 7.21(a)所示体系进行几何组成分析。

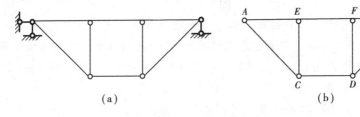

(a)                    (b)

图 7.21

【解】 因该体系用三根不全交于一点也不全平行的支座链杆与基础相连,故可直接取内部体系图 7.21(b)进行几何组成分析。将 AB 视为刚片,再在其上增加二元体 ACE 和 BDF,组成几何不变体系,链杆 CD 是添加在几何不变体系上的约束,故此体系为具有一个多余约束的几何不变体系。

【例 7.6】 试对如图 7.22 所示体系进行几何组成分析。

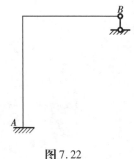

【解】　杆 $AB$ 的 $A$ 处是固定端支座,故杆 $AB$ 和基础组成几何不变体系,在 $B$ 处的支座链杆是多余约束。因此,体系是几何不变的,且有一个多余约束。

【例 7.7】　试对如图 7.23 所示体系进行几何组成分析。

【解】　将杆 $AB$ 和基础分别视为刚片 Ⅰ 和刚片 Ⅱ,刚片 Ⅰ 和刚片 Ⅱ 用固定铰支座 $A$ 和链杆①相连,组成一个几何不变体系。现又在此体系上添加了三根链杆②、③、④,故整个体系为几何不变的,且有三个多余约束。

图 7.22

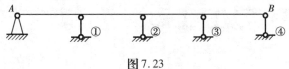

图 7.23

# 思考题

7.1　本章所讨论的"体系"是什么? 为什么说成"几何体系"?

7.2　为什么要对体系进行几何组成分析?

7.3　什么是刚片? 什么是链杆? 链杆能否视为刚片? 刚片能否当成链杆?

7.4　何为单铰、复铰、虚铰? 体系中的任何两根链杆是否都相当于在其交点处的一个虚铰?

7.5　试述几何不变体系的三个基本组成规则,为什么说它们实质上只是同一个规则?

7.6　体系的几何组成性质是指什么? 什么样的体系才能用作工程结构体系?

7.7　什么是体系的多余约束? 有多余约束的体系一定是几何不变体系吗?

7.8　瞬变体系与几何可变体系各有何特征? 如何鉴别瞬变体系?

7.9　为什么土木工程中要避免采用瞬变和接近瞬变的体系?

7.10　什么是多余约束? 如何确定多余约束的个数? 多余约束能否去掉?

7.11　多余约束从哪个角度来看才是多余的?

（A）从对体系的自由度是否有影响的角度看。

（B）从对体系的计算自由度是否有影响的角度看。

（C）从对体系的受力和变形状态是否有影响的角度看。

（D）从区分静定与超静定两类问题的角度看。

7.12　超静定结构与静定结构相比,哪种结构更适合用于建筑工程结构?

# 习 题

**7.1** 试分析图示体系的几何构造。

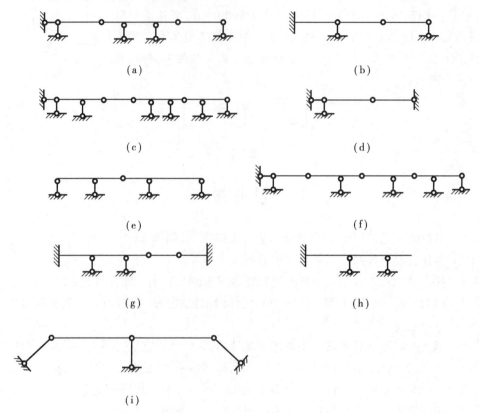

(a)

(b)

(c)

(d)

(e)

(f)

(g)

(h)

(i)

**习题 7.1 图**

**7.2** 试分析图示体系的几何构造。

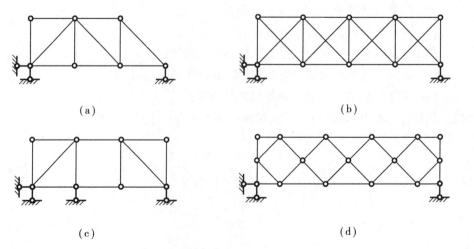

(a)

(b)

(c)

(d)

**习题 7.2 图**

7.3 试分析图示体系的几何构造。

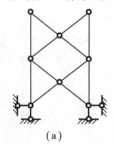 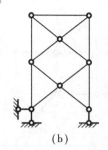 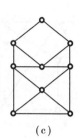

（a） （b） （c）

习题 7.3 图

7.4 试分析图示体系的几何构造。

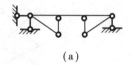 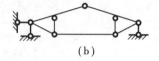

（a） （b）

习题 7.4 图

7.5 试分析图示体系的几何构造。

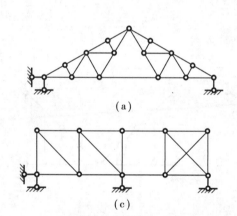 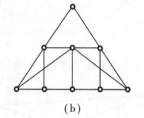

（a） （b）

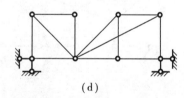

（c） （d）

习题 7.5 图

7.6 试分析图示体系的几何构造。

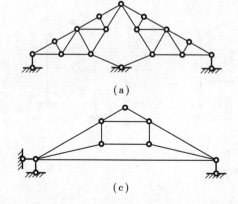 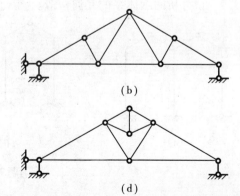

（a） （b）

（c） （d）

习题 7.6 图

7.7 试分析图示体系的几何构造。

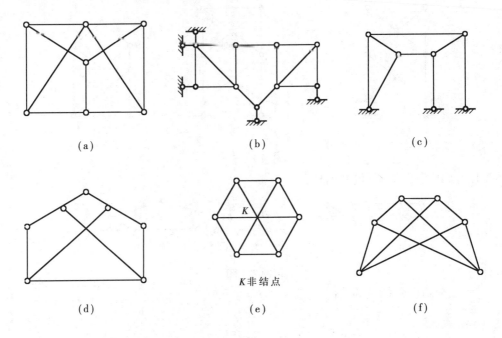

（a）　　　　　　　（b）　　　　　　　（c）

K 非 结 点

（d）　　　　　　　（e）　　　　　　　（f）

**习题 7.7 图**

7.8 试分析图示体系的几何构造。

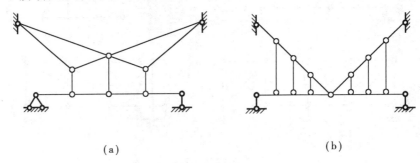

（a）　　　　　　　　　　　　（b）

**习题 7.8 图**

7.9 试分析图示体系的几何构造。

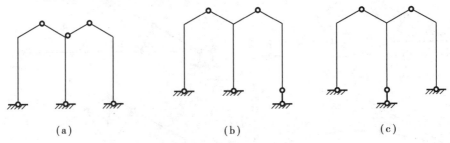

（a）　　　　　　　（b）　　　　　　　（c）

**习题 7.9 图**

7.10　试分析图示体系的几何构造。

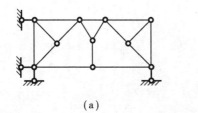 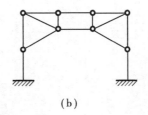

习题 7.10 图

7.11　试分析图示体系的几何构造。

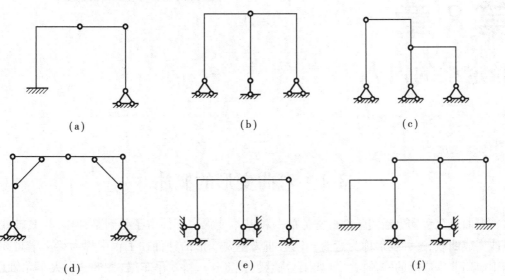

习题 7.11 图

7.12　试分析图示体系的几何构造。

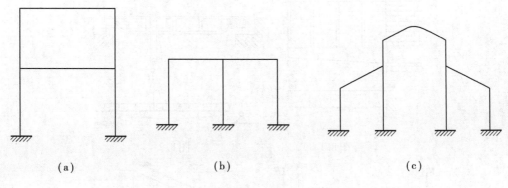

习题 7.12 图

# 第8章
## 静定梁的内力

## 8.1 弯曲变形的概述

弯曲是工程和生活实际中最常见的一种基本变形。杆件由于受到某种作用,其轴线由直线变成曲线,这种变形称为弯曲。以弯曲为主要变形的杆件在工程中称为梁。梁是在工程中应用非常广泛的一种构件。如阳台挑梁(图8.1)、桥式吊车梁(图8.2)、火车轮轴(图8.3),以及水利工程中的闸门立柱(图8.4)等。

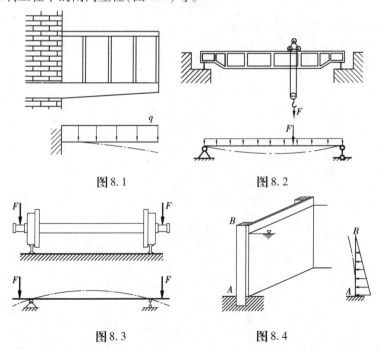

图8.1              图8.2

图8.3              图8.4

工程中常见的梁,其横截面通常采用对称形状,如矩形、圆形、工字形及 T 形等,按照其截面形状可以相应地将其称为矩形截面梁、圆形截面梁以及工字形截面梁等。建筑工程中以矩形截面梁最为常见,而在钢结构中以工字形截面梁较为常见。在预制钢筋混凝土构件中存在 T 形截面梁;现浇钢筋混凝土结构中的矩形截面梁当考虑现浇板作为其翼缘时,在计算模式上也可称为 T 形截面梁。上述各种截面的梁其横截面都具有一个竖向对称轴 $y$(图8.5)。该竖向对称轴与梁轴线所构成的平面称为纵向对称面(图8.6)。

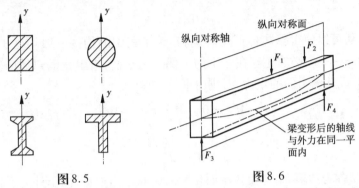

图 8.5 图 8.6

具有纵向对称平面的梁,若其所受外力(荷载和支座反力)全部位于纵向对称平面内,则梁弯曲过程中轴线将始终保持在该纵向对称面内,这种弯曲称为平面弯曲。本章只讨论平面弯曲梁。

梁的分类方式是多种多样的。按照梁的轴线形状可以分为直梁和曲梁;按照梁的轴线与水平线的关系可以分为平梁和斜梁;按照梁的跨数可以分为单跨梁和多跨梁。按照梁所在的几何不变体系是否有多余约束又可分为超静定梁和静定梁。

本章主要讨论单跨以及多跨平直静定梁在发生平面弯曲时其横截面上的内力。

# 8.2 单跨静定梁的内力计算

### 1) 剪力和弯矩

内力与梁的强度、刚度等有着密切的关系。内力可以随外力的增加而增大,内力越大,梁的变形也越大,当内力超过一定限度时,梁就会发生破坏。讨论梁的强度、刚度问题,必须先求出梁的内力。建筑力学通常研究的是梁横截面上的内力。

梁的内力与外力相关,要计算内力必须先统计梁上承受的外力作用。统计出梁上的外力后,梁横截面上的内力可用截面法求得。现以如图8.7(a)所示简支梁为例,分析其任意横截面 $m$—$m$ 上的内力。与求轴向拉压杆横截面上的内力相似,假想地沿横截面 $m$—$m$ 把梁截开成两段,取其中任一段,例如左段作为研究对象,将右段梁对左段梁的作用以截开面上的内力来代替。由图8.7(b)可见,为使左段梁平衡,在横截面 $m$—$m$ 上必然存在一个沿横截面方向的内力 $F_Q$。由平衡方程得

$$\sum F_y = 0 \quad F_A - F_Q = 0$$
$$F_Q = F_A$$

$F_Q$ 的方向与 $F_A$ 平行,即沿截面作用,这种内力称为剪力。因剪力 $F_Q$ 与支座反力 $F_A$ 组

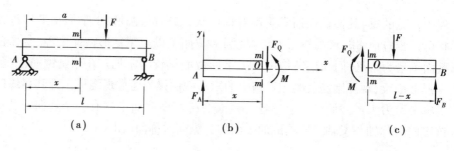

图 8.7

成一力偶,该力偶可以使得隔离体产生转动,建筑工程中的构件一般均处于静止的平衡状态,故在横截面 $m—m$ 上必然还存在一个内力偶与之平衡,来阻止隔离体的转动,使之处于静止平衡状态。设此内力偶的矩为 $M$ ,则由平衡方程

$$\sum M_O = 0 \qquad M - F_A x = 0$$

得

$$M = F_A x$$

这个内力偶矩 $M$ 称为弯矩,梁弯矩作用面与梁的横截面相垂直,位于外力系作用面内,平面弯曲情况下即为梁纵向对称平面。

### 2)剪力和弯矩的正负规定

如前所述,梁的内力可以取左段梁为研究对象利用平衡方程求得。如果取右段梁为研究对象,则同样可求得横截面 $m—m$ 上的剪力 $F_Q$ 和弯矩 $M$〔图 8.7(c)〕,且数值与上述结果相等。由于依据不同的研究对象计算得出,两个研究对象上同一截面上的内力是作用力与反作用力的关系,所以导致内力方向相反。如果仅以坐标轴正向为参照确定内力的正负性质,与坐标轴正向相同(或相反)为正,则另一方向必为负(或正)。由此得到同一截面上的内力其正负恰好相反。事实上不论是左段还是右段,隔离体计算出的内力应该是同一截面上的内力,在大小、性质上应该是相同的结果。

为了使不同隔离体上得到的同一横截面上的 $F_Q$ 和 $M$ 不仅大小相等,而且正负性质一致,对其正负的判定不能简单地根据内力的方向来确定其正负性质,而是根据变形来规定 $F_Q,M$ 的正负号:

①剪力的正负号:以对微段内任一点的矩为顺时针方向转动时为正,反之为负,如图 8.8(a)所示;

②弯矩的正负号:以使微段产生上部受压、下部受拉时为正,反之为负,如图 8.8(b)所示。

根据上述正负号规定,在图 8.7(b)、(c)两种情况中,横截面 $m—m$ 上的剪力和弯矩均为正。

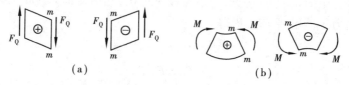

图 8.8

### 3) 截面法求剪力和弯矩

现以如图 8.9(a)所示的简支梁为例,求其任一横截面 *m—m* 上的内力。

首先,对整体 *AB* 梁建立平衡方程,求解梁的支座反力〔图8.9(b)〕。

$$\sum M_A = 0 \quad F_{By} \times l - F \times \frac{l}{2} = 0 \quad 得 \quad F_{By} = \frac{F}{2}$$

$$\sum F_y = 0 \quad F_{Ay} + F_{By} - F = 0 \quad 得 \quad F_{Ay} = \frac{F}{2}$$

其次,将梁在 *m—m* 截面处假想地截开,成为左、右两段,截面左右两部分梁仍应处于平衡态。任选一段,例如取左段作为研究对象〔图8.9(c)〕,要保持该部分梁的平衡状态,截面上必定有一个作用线与 $F_{Ay}$ 平行而指向与 $F_{Ay}$ 相反的内力,设此内力为 $F_Q$。对该左段梁建立平衡方程

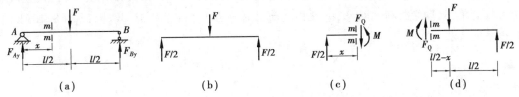

图8.9

$$\sum F_y = 0 \quad F_Q - F_{Ay} = 0 \quad 得 \quad F_Q = F_{Ay} = \frac{F}{2}$$

以横截面 *m—m* 的形心 *O* 为矩心,对该段梁建立力矩平衡方程,由

$$\sum M_O = 0 \quad M - F_{Ay}x = 0 \quad 得 \quad M = \frac{F}{2}x$$

由于右段为研究对象,同样可以求得横截面 *m—m* 上的内力 $F_Q$ 和 *M*〔图8.9(d)〕。

$$\sum F_y = 0 \quad F_Q - F + \frac{F}{2} = 0 \quad 得 \quad F_Q = \frac{F}{2}$$

$$\sum M_O = 0 \quad M + F\left(\frac{l}{2} - x\right) - F_{By}(l - x) = 0 \quad 得 \quad M = \frac{F}{2}x$$

两者大小相等、方向相反。正负符号相同,物理性质相同。

由上面的叙述可以得出求横截面上的方法如下:

欲求内力,先求外力;假想切开,弃去一半;代之以力,平衡求解。

在用截面法计算梁的弯曲内力时要注意的几点:

①在用截面法求弯曲内力时,剪力、弯矩的方向一般按正方向假设,以免引起计算混乱。

②从弯曲内力的运算结果要能判断出梁的变形情况。如剪力的运算结果为正,说明梁在该截面处产生左上右下错动的剪切变形;如弯矩的运算结果为正,说明梁在该截面处下边缘纤维受拉,上边缘纤维受压。

【例 8.1】　简支梁如图 8.10(a)所示。求横截面 1—1,2—2,3—3 上的剪力和弯矩。

【解】　①求支座反力。由梁的支承及荷载分布的对称性,根据平衡方程求得支座 *A*,*B* 处的反力为

$$F_A = F_B = 10 \text{ kN}$$

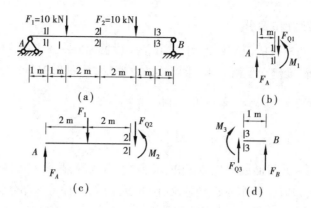

**图** 8.10

②求横截面1—1上的剪力和弯矩。假想地沿横截面1—1把梁截开成两段,因左段梁受力较简单,故取它为研究对象,并设横截面上的剪力 $F_{Q1}$ 和弯矩 $M_1$ 均为正〔图8.10(b)〕。列出平衡方程

$$\sum F_y = 0 \qquad F_A - F_{Q1} = 0$$

得

$$F_{Q1} = F_A = 10 \text{ kN}$$

$$\sum M_O = 0 \qquad M_1 - F_A \times 1 \text{ m} = 0$$

得

$$M_1 = F_A \times 1 \text{ m} = 10 \text{ kN} \times 1 \text{ m} = 10 \text{ kN} \cdot \text{m}$$

计算结果 $F_{Q1}$ 与 $M_1$ 为正,表明两者的实际方向与假设相同,即 $F_{Q1}$ 为正剪力, $M_1$ 为正弯矩。

③求横截面2—2上的剪力和弯矩。假想地沿横截面2—2把梁截开,仍取左段梁为研究对象,设横截面上的剪力 $F_{Q2}$ 和弯矩 $M_2$ 均为正〔图8.10(c)〕。由平衡方程

$$\sum F_y = 0 \qquad F_A - F_1 - F_{Q2} = 0$$

得

$$F_{Q2} = F_A - F_1 = 10 \text{ kN} - 10 \text{ kN} = 0$$

$$\sum M_O = 0 \qquad M_2 - F_A \times 4 \text{ m} + F_1 \times 2 \text{ m} = 0$$

得

$$M_2 = F_A \times 4 \text{ m} - F_1 \times 2 \text{ m} = 10 \text{ kN} \times 4 \text{ m} - 10 \text{ kN} \times 2 \text{ m} = 20 \text{ kN} \cdot \text{m}$$

由计算结果知, $M_2$ 为正弯矩。

④求横截面3—3上的剪力和弯矩。假想地沿横截面3—3把梁截开,取右段梁为研究对象,设横截面上的剪力 $F_{Q3}$ 和弯矩 $M_3$ 均为正〔图8.10(d)〕。由平衡方程

$$\sum F_y = 0 \qquad F_B + F_{Q3} = 0$$

得

$$F_{Q3} = -F_B = -10 \text{ kN}$$

$$\sum M_O = 0 \qquad F_B \times 1 \text{ m} - M_3 = 0$$

得

$$M_B = F_B \times 1 \text{ m} = 10 \text{ kN} \times 1 \text{ m} = 10 \text{ kN} \cdot \text{m}$$

计算结果 $F_{Q3}$ 为负,表明 $F_{Q3}$ 的实际方向与假设相反,即 $F_{Q3}$ 为负剪力,$M_3$ 为正弯矩。

### 4) 简易法求剪力和弯矩

从上面例题的计算过程可以总结出内力计算的如下规律:

①梁任一横截面上的剪力,其数值等于该截面任一边(左边或右边)梁上所有横向外力的代数和。横向外力与该截面上正号剪力的方向相反时为正,相同时为负。

②梁任一横截面上的弯矩,其数值等于该截面任一边(左边或右边)梁上所有外力对该截面形心之矩的代数和。力矩与该截面上规定的正号弯矩的转向相反时为正,相同时为负。

利用上述规律,可以直接根据横截面左边或右边梁上的外力来求该截面上的剪力和弯矩,而不必列出平衡方程。

下面举例说明如何用简易法计算梁在指定截面上的剪力和弯矩。

【例 8.2】 外伸梁受载如图 8.11(a)所示。试求横截面 1—1,2—2,3—3 上的剪力和弯矩。其中截面 2—2,3—3 的位置无限接近支座 $B$。

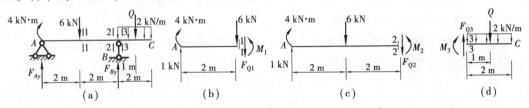

图 8.11

【解】 ①要求出梁的所有外力,由于外荷载已知,本题只需计算支座反力。

选整体梁为研究对象〔图 8.11(a)〕,其中均布荷载在分布长度内可以转化为集中力,$Q = q \times 2 = 2 \times 2 \text{ kN} = 4 \text{ kN}$,转化的集中力的作用位置在分布长度的一半处。

由 $\sum M_A(F) = 0$,即 $-4 - 6 \times 2 + F_{By} \times 4 - Q \times 5 = 0$,得 $F_{By} = 9 \text{ kN}$;

由 $\sum F_y = 0$,即 $F_{Ay} + F_{By} - 6 - Q = 0$,得 $F_{Ay} = 1 \text{ kN}$。

校核由 $\sum M_B(F) = -F_{Ay} \times 4 - 4 + 6 \times 2 - Q \times 1 = -1 \times 4 - 4 + 6 \times 2 - 2 \times 2 \times 1 = 0$,说明上述支座反力计算正确。

②求横截面 1—1 上的剪力和弯矩。假想地沿截面 1—1 把梁截开成两段,取左段梁为研究对象,设截面上的剪力 $F_{Q1}$ 和弯矩 $M_1$ 均为正〔图 8.11(b)〕。

$$F_{Q1} = F_{Ay} - 6 \text{ kN} = 1 \text{ kN} - 6 \text{ kN} = -5 \text{ kN}$$

$$M_1 = F_{Ay} \times 1 \text{ m} + 4 \text{ kN} \cdot \text{m} - 6 \text{ kN} \times 0 \text{ m} = 1 \text{ kN} \times 2 \text{ m} + 4 \text{ kN} \cdot \text{m} - 0 = 6 \text{ kN} \cdot \text{m}$$

计算结果 $F_{Q1}$ 为负,表明 $F_{Q1}$ 的实际方向与假设方向相反,即 $F_{Q1}$ 为负剪力。而此处弯矩 $M_1 = 6 \text{ kN} \cdot \text{m}$,表示梁的下边缘纤维受拉。

③求横截面 2—2 上的剪力和弯矩。假想地沿截面 2—2 把梁截开成两段,仍取左段梁为研究对象,设截面上的剪力 $F_{Q2}$ 和弯矩 $M_2$ 均为正〔图 8.11(c)〕。

$$F_{Q2} = F_{Ay} - 6 \text{ kN} = 1 \text{ kN} - 6 \text{ kN} = -5 \text{ kN}$$

$$M_2 = F_{Ay} \times 4 \text{ m} + 4 \text{ kN} \cdot \text{m} - 6 \text{ kN} \times 2 \text{ m} = 1 \text{ kN} \times 4 \text{ m} + 4 \text{ kN} \cdot \text{m} - 12 \text{ kN} \cdot \text{m} = -4 \text{ kN} \cdot \text{m}$$

计算结果 $F_{Q2}$ 与 $M_2$ 均为负,表明两者的实际方向与假设方向相反,即 $F_{Q2}$ 为负剪力,$M_2$

为负弯矩,该位置梁横截面上侧受拉。

④求横截面3—3上的剪力和弯矩。假想地沿截面3—3把梁截开,取右段梁为研究对象,设截面上的剪力$F_{Q3}$和弯矩$M_3$均为正[图8.11(d)]。

$$F_{Q3} = 2 \text{ kN/m} \times 2 \text{ m} = 4 \text{ kN}$$

$$M_3 = -2 \text{ kN/m} \times 2 \text{ m} \times 1 \text{ m} = -4 \text{ kN} \cdot \text{m}$$

计算结果$F_{Q3}$为正,表明$F_{Q3}$的实际方向与假设方向相同,即$F_{Q3}$为正剪力。$M_3$为负,表明$M_3$的实际方向与假设方向相反,$M_3$为负弯矩,该位置梁横截面上侧受拉。

# 8.3　单跨静定梁的内力图

## 1)剪力方程和弯矩方程

由例8.1可以看出,在梁上所取的截面不同,其剪力和弯矩一般也是不同的,即剪力和弯矩有可能是沿梁轴线变化的。因此工程上需要一种方法来描述梁每个截面上的内力,将梁截面上的内力沿梁轴线变化的规律表达出来。

既然梁内力沿梁轴变化,选梁轴线为坐标$x$,表示横截面的位置,则梁内各横截面的剪力和弯矩可以表达成坐标$x$的函数,即

$$F_Q = F_Q(x) \tag{8.1}$$

$$M = M(x) \tag{8.2}$$

式(8.1)、式(8.2)分别称为梁的剪力方程和弯矩方程。

在求剪力方程和弯矩方程时,可以根据简单、简洁的原则,取梁的左端或右端为坐标原点并根据梁上荷载的分布情况分段计算,分段点为集中力(包括支座反力)、集中力偶的作用点和分布荷载的起止点。

## 2)剪力图和弯矩图

剪力方程和弯矩方程就是将梁各横截面剪力和弯矩沿梁轴线的变化情况用函数表达出来,但是这种表达方式还不够直观。我们可以画出上述方程的图像,用图形来表示梁内力沿轴线变化的情况。这样可以清晰地看出梁内力沿梁轴线的分布情况,也便于找到极值及其所处的位置。

取平行于梁轴线的坐标$x$,用以表示梁横截面的位置,以垂直于梁轴线的坐标表示相应横截面上的剪力或弯矩,按剪力方程和弯矩方程绘出图形,这样的图形分别称为剪力图和弯矩图。

为了便于建筑工程上沟通和交流,对内力图的绘制一般遵从如下规定:表示剪力的纵坐标以向上为正,表示弯矩的纵坐标以向下为正;可不标出表示$F_Q$和$M$值大小的坐标轴;绘剪力图时将正的剪力绘在$x$轴的上方,负的剪力绘在$x$轴下方,并标明正负号;绘弯矩图时将弯矩绘在梁的受拉侧,不标正负号;内力图下方须标明图名($F_Q$图或$M$图)和单位。这种依据内力方程绘制剪力图和弯矩图的方法称为内力方程法。

绘制梁内力图的意义在于可以由剪力图和弯矩图确定梁的最大内力的数值及其所在的横截面位置,这种内力极值所在的截面通常称为梁的危险截面。梁危险截面上的内力值是

等截面梁设计的重要依据。

(1)梁上只有集中力作用时的剪力图和弯矩图

【例8.3】 如图8.12(a)所示一悬臂梁,在自由端$B$处受集中力$P$作用。试绘制梁的剪力图和弯矩图。

【解】 ①建立剪力方程和弯矩方程。以梁右端点$B$为坐标原点,并在$x$截面处截取右段梁为研究对象,这样可以省略$A$端点处的支座反力的计算。右段梁的受力如图8.12(b)所示。由简易法可得到剪力方程和弯矩方程分别为

$$F_Q(x) = P \qquad (0 < x < l)$$
$$M(x) = -Px \qquad (0 \leqslant x < l)$$

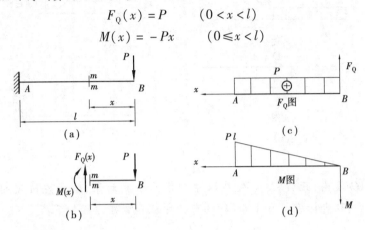

图8.12

②画剪力图——$F_Q$图。前述剪力方程表明,梁$AB$各个截面上的剪力均等于$P$。所以,剪力图是一条平行于$x$轴的水平线,因为是正剪力,剪力图画在$x$轴的上方,如图8.12(c)所示。

③画弯矩图——$M$图。前述弯矩方程表明,梁$AB$的弯矩方程是$x$的一次函数,即梁$AB$的弯矩图是一条斜直线。因此,只要算出两个截面的弯矩值确定图像上的两个点就可以画出弯矩图:

$$当 \ x_1 = 0 \ 时, M = 0$$
$$当 \ x_1 = l \ 时, M = -Pl$$

在坐标系中标出$(0,0)$和$(l, -Pl)$的位置,连接两点就得到$AB$梁的弯矩图,如图8.12(d)所示。

注意,在水工、土建工程中,规定弯矩图一定要画在梁受拉侧。

【例8.4】 简支梁$AB$在$C$截面处受集中力$P$作用,如图8.13(a)所示。试绘制该梁的剪力图和弯矩图。

【解】 ①计算支座反力。

$$\sum M_A = 0 \qquad F_{By}l - Pa = 0 \qquad 得 \qquad F_{By} = \frac{a}{l}P \quad (\uparrow)$$

$$\sum M_B = 0 \qquad F_{Ay}l - Pb = 0 \qquad 得 \qquad F_{Ay} = \frac{b}{l}P \quad (\uparrow)$$

②建立剪力方程和弯矩方程。外力$P$的作用点$C$将梁分成$AC$和$CB$两段,梁在该两段内的外力不同,与外力平衡的内力在其方程中所含有的外力也将不同,因此梁的剪力或弯矩

方程是分段函数,不能用同一方程式来表示,应分段列出。

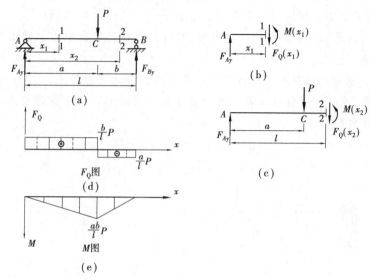

图 8.13

$AC$ 段:在 $AC$ 段内,距 $A$ 端 $x_1$ 处截取左段梁为研究对象,绘出左段梁的受力图,如图 8.13(b)所示。选取坐标原点为 $A$,$AC$ 段的剪力方程和弯矩方程如下:

$$F_Q(x_1) = F_{Ax} = \frac{b}{l}P \quad (0 < x_1 < a) \tag{a}$$

$$M(x_1) = F_{Ax} \cdot x_1 = \frac{b}{l}Px_1 \quad (0 \leq x_1 \leq a) \tag{b}$$

$CB$ 段:在 $CB$ 段内,距 $A$ 端 $x_2$ 处截取左段梁为研究对象,绘出左段梁的受力图,如图 8.13(c)所示。坐标原点为 $A$,$CB$ 段的剪力方程和弯矩方程如下:

$$F_Q(x_2) = F_{Ax} - P = -F_{By} = -\frac{a}{l}P \quad (a < x_2 < l) \tag{c}$$

$$M(x_2) = F_{Ax} \cdot x_2 - P(x_2 - a) = F_{By}(l - x_2) = \frac{a}{l}P(l - x_2) \quad (a \leq x_1 \leq l) \tag{d}$$

③分段绘制剪力图和弯矩图。由剪力方程(a)、(c)可知,两段梁的剪力图均为水平线。在向下的集中力 $P$ 作用的 $C$ 处,剪力图的数值由 $+\frac{b}{l}P$ 突变为 $-\frac{a}{l}P$,突变值等于集中力 $P$ 的数值[图 8.13(d)]。由弯矩方程(b)、(d)知,两段梁的弯矩图均为斜直线,但两直线的斜率不同[图 8.12(e)]。各主要控制点的剪力、弯矩值为:

当 $x_1 \to 0$ 时,$F_{QA+} = \frac{b}{l}P$;当 $x_1 = 0$ 时,$M_A = 0$

当 $x_1 \to a$ 时,$F_{QC-} = \frac{b}{l}P$;当 $x_1 = a$ 时,$M_C = \frac{ab}{l}P$

当 $x_2 \to a$ 时,$F_{QC+} = -\frac{a}{l}P$;当 $x_2 = a$ 时,$M_C = \frac{ab}{l}P$

当 $x_1 \to l$ 时,$F_{QB-} = -\frac{a}{l}P$;当 $x_2 = l$ 时,$M_B = 0$

根据以上计算,可以画出梁的剪力图和弯矩图,如图 8.13(d) 和图 8.13(e) 所示。

简支梁上作用有集中力的一种特殊情况是集中力位于梁的中点,如图 8.14(a) 所示,即 $a = b = \dfrac{l}{2}$ 时的剪力图、弯矩图如图 8.14(b),(c) 所示。

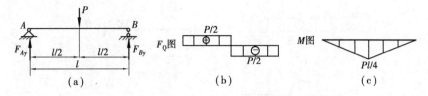

图 8.14

为了简便,在剪力图和弯矩图中可不必画出坐标系,而在剪力图旁注明 $F_Q$ 图,在弯矩图旁注明 $M$ 图即可。有时剪力图、弯矩图中的填充线也可省略。

(2)梁上只有集中力偶作用时的剪力图和弯矩图

【例 8.5】　如图 8.15(a) 所示的悬臂梁,在自由端 $B$ 处受集中力偶 $m$ 作用。试绘制梁的剪力图和弯矩图。

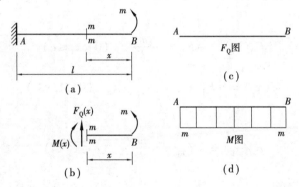

图 8.15

【解】　选取 $x$ 截面右侧段梁作为隔离体,受力图如图 8.15(a)、(b) 所示。这样可不必求出 $A$ 端的支座反力,而直接算出 $F_Q$ 和 $M$ 为:

$$F_Q(x) = 0 \quad (0 \leq x \leq l) \tag{a}$$

$$M(x) = m \quad (0 < x < l) \tag{b}$$

上式(a)中,剪力值为零,其图形为与 $x$ 轴重合的一条直线段〔图 8.15(c)〕。式(b)表明,梁 $AB$ 各个截面上的弯矩恒等于 $m$,因此弯矩图是一条平行于 $x$ 轴的水平线,如图 8.15(d) 所示。

【例 8.6】　简支梁 $AB$ 在 $C$ 截面处受集中力偶 $m$ 作用,如图 8.16(a) 所示。试绘制该梁的剪力图和弯矩图。

【解】　①计算支座反力。支座 $A$,$B$ 处的反力 $F_{Ay}$ 与 $F_{By}$ 组成一对力偶,与外力偶 $m$ 相平衡,故

$$\sum M = 0 \quad F_{Ay} \cdot l - m = 0$$

得

$$F_{Ay} = F_{By} = \frac{m}{l}$$

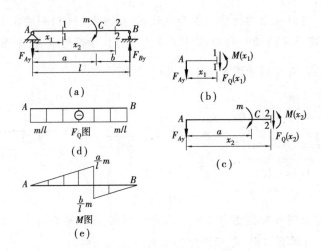

图 8.16

②列剪力方程和弯矩方程。$AC$ 和 $CB$ 两段梁在 $C$ 截面处分别取左段隔离体,受力如图 8.16(b)、(c) 所示。两段梁的剪力方程和弯力方程分别为:

$AC$ 段:

$$F_Q(x_1) = -F_{Ay} = -\frac{m}{l} \qquad (0 < x_1 \leqslant a) \qquad\qquad (a)$$

$$M(x_1) = -F_{Ay} \cdot x_1 = -\frac{m}{l} \cdot x_1 \quad (0 \leqslant x_1 < a) \qquad\qquad (b)$$

$CB$ 段:

$$F_Q(x_2) = -F_{By} = -\frac{m}{l} \qquad (a \leqslant x_2 < l) \qquad\qquad (c)$$

$$M(x_2) = F_{By} \cdot (l - x_2) = \frac{m}{l}(l - x_2) \quad (a < x_2 \leqslant l) \qquad\qquad (d)$$

③绘制剪力图和弯矩图。由剪力方程可知,剪力图是一条与 $x$ 轴平行的直线〔图 8.16(d)〕。由弯矩方程可知,弯矩图是两条互相平行的斜直线〔图 8.16(e)〕,$C$ 处截面上的弯矩发生突变,突变值等于集中力偶矩的大小。其中,不管集中力偶作用在梁的任何位置处,梁的剪力图都与图 8.16(d)一样。

【例 8.7】 简支梁 $AB$ 在梁端 $B$ 处受集中力偶 $m$ 作用,如图 8.17(a) 所示。试绘制该梁的剪力图和弯矩图。

【解】 ①计算支座反力。支座 $A$,$B$ 处的反力 $F_{Ay}$ 与 $F_{By}$ 组成一对力偶,与外力偶 $m$ 相平衡,故

$$\sum M = 0 \quad F_{Ay} \cdot l - m = 0$$

得

$$F_{Ay} = F_{By} = \frac{m}{l}$$

②列剪力方程和弯矩方程。选取 $x$ 截面左侧段梁作为隔离体,受力图如图 8.17(b)所示。

$$F_Q(x) = F_{Ay} = \frac{m}{l} \quad (0 < x < l) \tag{a}$$

$$M(x) = F_{Ay} \cdot x = \frac{m}{l} \cdot x \quad (0 \leqslant x < l) \tag{b}$$

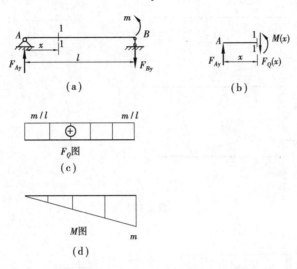

图 8.17

③绘制剪力图和弯矩图。由剪力方程可知,剪力图是一条与 $x$ 轴平行的直线〔图 8.17(c)〕。由弯矩方程可知,梁 $AB$ 的弯矩图是一条斜直线。因此,只要算出两个点的弯矩值(当 $x = 0$ 时,$M = 0$;$x \rightarrow l$ 时,$M = m$),就可以画出弯矩图,如图 8.17(d)所示。

(3)在均布荷载作用下梁的剪力图和弯矩图

【例 8.8】  一悬臂梁 $AB$ 受均布荷载作用如图 8.18(a)所示,试绘制该梁的剪力图和弯矩图。

【解】  ①建立剪力方程和弯矩方程。

$$F_Q(x) = qx \quad (0 \leqslant x < l) \tag{a}$$

$$M(x) = -\frac{qx^2}{2} \quad (0 \leqslant x < l) \tag{b}$$

②绘制剪力图和弯矩图。由剪力方程可知,剪力图是一条斜直线。当 $x = 0$ 时,$F_{QB} = 0$;当 $x \rightarrow l$ 时,$F_{QA+} = ql$。连接两点就得到 $AB$ 梁的剪力图,如图 8.18(c)所示。

由弯矩方程可知,弯矩图是一条二次抛物线,至少要计算出三个点的弯矩值才能大致绘出:

当 $x = 0$ 时,$M_B = 0$;当 $x \rightarrow l$ 时,$M_{A+} = -\frac{ql^2}{2}$;当 $x = \frac{l}{2}$ 时,$M = -\frac{ql^2}{8}$。由此可以画出梁的弯矩图,如图 8.18(d)所示。

【例 8.9】  如图 8.19(a)所示简支梁 $AB$ 受均布荷载作用,均布荷载竖直向下,其集度为 $q$,试绘制该梁的剪力图和弯矩图。

【解】  ①计算支座反力。根据结构及荷载的对称关系可得

$$F_{Ay} = F_{By} = \frac{ql}{2} \quad (\uparrow)$$

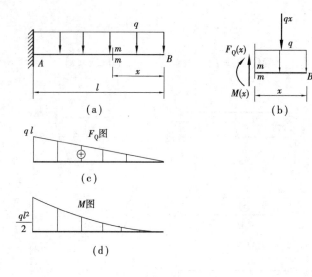

图 8.18

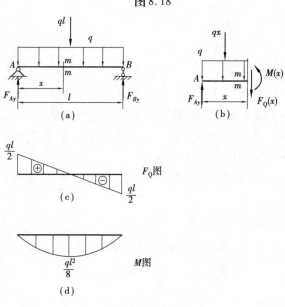

图 8.19

②建立剪力方程和弯矩方程。在距 $A$ 端为 $x$ 的任意截面处断开梁,取左段为研究对象,其受力图如图 8.19(b)所示。全段梁的剪力方程和弯矩方程分别为

$$F_Q(x) = F_{Ay} - qx = \frac{ql}{2} - qx \quad (0 < x < l) \tag{a}$$

$$M(x) = F_{Ay} \cdot x - qx \cdot \frac{x}{2} = \frac{ql}{2}x - \frac{qx^2}{2} \quad (0 \leqslant x \leqslant l) \tag{b}$$

③绘制剪力图和弯矩图。由剪力方程可以看出,该梁的剪力图是一条斜直线,只要算出两个点的剪力值就可以绘出:

当 $x \to 0$ 时,$F_{QA+} = \dfrac{ql}{2}$;当 $x \to l$ 时,$F_{QB-} = -\dfrac{ql}{2}$。

由弯矩方程可知,弯矩图是一条抛物线,至少要计算出三个点的弯矩值才能大致绘出:

当 $x=0$ 时，$M_A=0$；$x=l$ 时，$M_B=0$；$x=\dfrac{l}{2}$ 时，$M_C=\dfrac{ql^2}{8}$。

根据求出的各值，绘出梁的剪力图和弯矩图分别如图 8.19(c)、(d)所示。

# 8.4　荷载集度、剪力、弯矩之间的微分关系

### 1) 荷载集度、剪力、弯矩之间的微分关系

通过上节例题发现，用方程法绘制梁的内力图需要借助于方程，略显烦琐。尤其是在梁上荷载分布比较复杂，导致内力方程是分段函数的情况下，更为烦琐。既然荷载与内力方程直接相关，由内力方程可以画出内力图，那么它们之间应该有某些更显见、简洁的关系，因此找到荷载、内力方程间以及内力图之间的这种关系，并利用这种关系绕过内力方程便可直接绘制内力图。

在上节例 8.9 中，梁的剪力方程和弯矩方程分别为

$$F_Q(x)=\frac{ql}{2}-qx,\ M(x)=\frac{ql}{2}x-\frac{qx^2}{2}$$

若将剪力方程和弯矩方程分别对 $x$ 求导数，则正好等于均布荷载集度和剪力方程 $\dfrac{\mathrm{d}F_Q(x)}{\mathrm{d}x}=-q,\dfrac{\mathrm{d}M(x)}{\mathrm{d}x}=\dfrac{ql}{2}-qx=F_Q(x)$。若设 $q(x)$ 为分布荷载集度，且向上为正，则一般地：

$$\frac{\mathrm{d}F_Q(x)}{\mathrm{d}x}=q(x) \tag{8.3}$$

$$\frac{\mathrm{d}M(x)}{\mathrm{d}x}=F_Q(x) \tag{8.4}$$

由上两式还可得到

$$\frac{\mathrm{d}^2M(x)}{\mathrm{d}x^2}=q(x) \tag{8.5}$$

以上三式就是剪力、弯矩与分布荷载集度之间的微分关系。

下面总结内力图与荷载、内力方程间一些显而易见的图形特征。根据式(8.3)—式(8.5)，可得出剪力图和弯矩图的如下特征和规律：

①在无荷载作用区段，$q(x)=0$。由 $\dfrac{\mathrm{d}F_Q(x)}{\mathrm{d}x}=q(x)=0$ 可知，$F_Q(x)$ 是常数，故剪力图必为平行于 $x$ 轴的直线，称为平直线。又因 $\dfrac{\mathrm{d}M(x)}{\mathrm{d}x}=F_Q(x)=$ 常数可知，弯矩 $M(x)$ 为 $x$ 的一次函数，故弯矩图必为斜直线，其倾斜方向由剪力正负值决定：

当 $F_Q(x)>0$ 时，弯矩图为增函数图像，因此斜向右下方；

当 $F_Q(x)<0$ 时，弯矩图为减函数图像，因此斜向右上方；

当 $F_Q(x)=0$ 时，弯矩图为水平直线。

②在均布荷载作用的区段，$q(x)=$ 常数 $\neq 0$，由 $\dfrac{\mathrm{d}^2M(x)}{\mathrm{d}x^2}=\dfrac{\mathrm{d}F_Q(x)}{\mathrm{d}x}=q(x)=$ 常数可知，该

梁段 $F_Q(x)$ 为 $x$ 的一次函数，而弯矩 $M(x)$ 为 $x$ 的二次函数，故剪力图是斜直线，而弯矩图是抛物线。

当 $q(x)>0$（荷载向上）时，剪力图为向上倾斜的直线，弯矩图为向上凸的抛物线；

当 $q(x)<0$（荷载向下）时，剪力图为向下倾斜的直线，弯矩图为向下凸的抛物线。

③弯矩的极值：由 $\dfrac{\mathrm{d}M(x)}{\mathrm{d}x}=F_Q(x)$ 可知，若某截面上的剪力 $F_Q(x)=0$，则该截面上的弯矩 $M(x)$ 必为极值。

④在集中力作用处剪力图上出现突变；在集中力偶作用处弯矩图上出现突变。

为了方便使用，现将以上规律和剪力图、弯矩图的特征用表 8.1 的形式加以表述，供参考。

表 8.1 $F_Q,M$ 图特征表

| 梁上荷载情况 | 无载荷段 $q(x)=0$ | | | 均布载荷 | | 集中力 | 集中力偶 |
|---|---|---|---|---|---|---|---|
| | | | | $q>0$ | $q<0$ | $P$ | $m$ |
| $F_Q$ 图特征 | 水平线 | | | 倾斜线 | | 产生突变 $C$ / $P$ | 无影响 |
| $M$ 图特征 | $F_Q>0$ | $F_Q<0$ | $F_Q=0$ | 二次抛物线，$F_Q=0$ 处有极值 | | 在 $C$ 处有转折角 | 产生突变 $m$ |

结合内力方程记住上述内力图特征，将有利于本课程的学习。利用表 8.1 中的特征与控制截面相结合，可以快速、准确地绘制出剪力图和弯矩图，从而避开内力方程的求解。

### 2) 简捷法画剪力图和弯矩图

8.3 节讨论了通过内力方程绘制梁在集中力、集中力偶和分布荷载单独作用下的剪力图和弯矩图。但是当梁上作用有多个荷载时，如图 8.19（a）所示，再分段列方程求各截面处的剪力和弯矩就变得非常烦琐。由 8.3 节例题的求解过程会发现，列出内力方程后，需至少求解两个点，即 $x=0$，$x=l$ 或其他特殊点的剪力、弯矩值，这些数值恰是图形出现转折时的控制值或外边缘值，而这些剪力、弯矩值所在的位置（$x=0$，$x=l$ 等）即为控制剪力、弯矩图的截面位置，将这些截面称为控制截面。通过简易法计算这些控制截面处的剪力、弯矩值，然后依据由荷载集度、剪力、弯矩之间的微分关系导出的内力图特征将控制截面值连线，从而省略列方程的过程，可以快速地绘制出梁的剪力图和弯矩图。

各控制截面位置的选取可参考如下：

①梁的两端取左端偏右、右端偏左两个边缘控制截面，如图 8.20 所示。

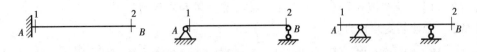

图 8.20

②梁上集中力、集中力偶作用处,取偏左、偏右两控制截面,如图 8.21 所示。

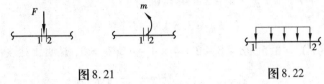

图 8.21                    图 8.22

③分布荷载作用处取起点和止点,如图 8.22 所示。

④特殊点,如剪力图中 $F_Q = 0$ 时的位置,弯矩将出现极值。

上述规定中,偏左、偏右两点间的位置实际上无限接近,因此绘图时,两控制截面的数值在同一点处上下浮动。

【例 8.10】  运用简捷法绘制如图 8.23(a)所示外伸梁的剪力图、弯矩图。

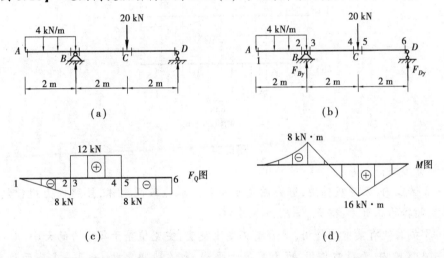

图 8.23

【解】  ①计算支座反力。

$$\sum M_B = 0 \quad 4 \times 2 \times 1 - 20 \times 2 + F_{Dy} \times 4 = 0 \quad 得 \quad F_{Dy} = 8 \text{ kN} \quad (\uparrow)$$

$$\sum F_y = 0 \quad F_{By} + F_{Dy} - 4 \times 2 - 20 = 0 \quad 得 \quad F_{By} = 20 \text{ kN} \quad (\uparrow)$$

②取控制截面。如图 8.23(b)所示共计 6 个截面位置,其中 $B$ 处的支座反力 $F_{By}$ 是向上的集中力,因此仍按规定取该点的偏左、偏右两个控制截面。

③利用简易法直接求出各控制点截面的剪力如下:

$F_{Q1} = 0, F_{Q2} = -8 \text{ kN}, F_{Q3} = 12 \text{ kN}, F_{Q4} = 12 \text{ kN}, F_{Q5} = -8 \text{ kN}, F_{Q6} = -8 \text{ kN}$

各控制点截面的弯矩如下:

$M_1 = 0, M_2 = -8 \text{ kN} \cdot \text{m}, M_3 = -8 \text{ kN} \cdot \text{m}, M_4 = 16 \text{ kN} \cdot \text{m}, M_5 = 16 \text{ kN} \cdot \text{m}, M_6 = 0$

④绘出剪力图和弯矩图。根据上面计算出的各点的内力值,顺次连接 1—6 点得剪力图和弯矩图,如图 8.23(c)、(d)所示。

【例8.11】 绘制图8.24(a)所示简支梁的剪力图和弯矩图。

【解】 ①计算支座反力。

由 $\sum M_B(F) = 0$,即 $-F_{Ay} \times 8 + 4 \times 7 + 2 \times 4 \times 4 + 8 = 0$,得

$$F_{Ay} = 8.5 \text{ kN} \quad (\uparrow)$$

由 $\sum F_y = 0$,即 $F_{Ay} + F_{By} - 4 - 2 \times 4 = 0$,得

$$F_{By} = 3.5 \text{ kN} \quad (\uparrow)$$

经校核 $\sum M_A(F) = 3.5 \times 8 + 8 - 2 \times 4 \times 4 - 4 \times 1 = 0$,说明上述支座反力计算正确。

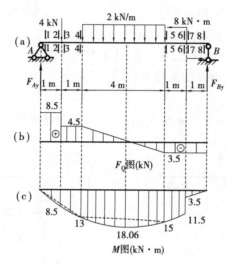

图8.24

②绘制剪力图:

在1—2区段内,无荷载作用,剪力图是水平线。取左段隔离体,按照内力规律规定:顺转外力产生顺转的正剪力,得 $F_{Q1} = F_{Q2} = 8.5 \text{ kN}$。

在2—3截面处有集中力作用,剪力图将发生突变,突变值等于集中力的大小。

在3—4区段内,无荷载作用,剪力图是水平线,取左段隔离体,而3—4截面隔离体上外力作用情况相同,只需取一个截面来计算。因此 $F_{Q3} = F_{Q4} = 4.5 \text{ kN}$。

在4—5区段内,有均布荷载作用,剪力图是一条斜直线,且出现 $F_Q = 0$ 的位置,此处弯矩将有极大值。设此处离4点距离为 $x$,则有 $F_Q(x) = 4.5 - 2 \cdot x = 0$,计算出 $x = 2.25 \text{ m}$。

在5—8区段内,无横向力作用,剪力图是水平线,取右段隔离体,其中外力偶作用不影响剪力的大小,因而可以认为5—8截面隔离体上的外力相同,因此 $F_{Q5} = F_{Q6} = F_{Q7} = F_{Q8} = -3.5 \text{ kN}$。

将以上计算的数值按1—8的顺序依次连接成剪力图,如图8.24(b)所示。注意,2—3截面和6—7截面在同一点上,其值上下浮动。

③绘制弯矩图:

在1—2区段内,无荷载作用,弯矩图是斜直线。取左段隔离体,得 $M_1 = F_{Ay} \times 0 = 0$。

在2—3截面处作用的集中力不影响弯矩的大小,取左段隔离体,$M_2 = M_3 = 8.5 \text{ kN} \cdot \text{m}$。

在3—4区段内,无荷载作用,弯矩图是斜直线。取左段隔离体,得 $M_4 = 13 \text{ kN} \cdot \text{m}$。

在 4—5 区段内,有均布荷载作用,弯矩图是一条抛物线,且在 $F_Q = 0$ 的对应位置处,弯矩将有极大值,按照 $x = 2.25$ m,计算出 $M_{max} = 18.06$ kN·m。

在 5—6 区段内,无荷载作用,弯矩图是斜直线,取右段隔离体,得 $M_5 = 15$ kN·m,$M_6 = 11.5$ kN·m。

在 6—7 截面处有集中力偶作用,弯矩图将发生突变,突变值等于集中力偶的大小,得 $M_7 = 3.5$ kN·m。

在 7—8 区段内,无荷载作用,弯矩图是斜直线,取右段隔离体,得 $M_8 = 0$。

将以上计算的数值按 1—8 的顺序依次连接成弯矩图,如图 8.24(c) 所示。

【例 8.12】 试作出图 8.25(a) 所示梁的剪力图与弯矩图。

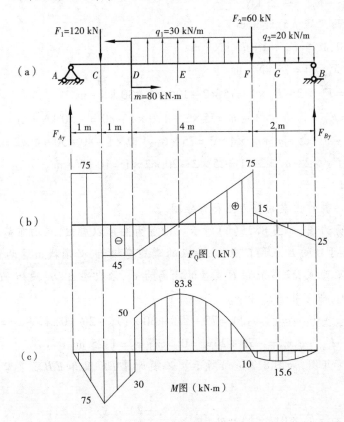

图 8.25

【解】 ①计算梁的支座反力。

$$\sum M_B = 0 \quad F_{Ay} \times 8 - F_1 \times 7 - m + q_1 \times 4 \times 4 - F_2 \times 2 - q_2 \times 2 \times 1 = 0$$

得 $\qquad F_{Ay} = 75$ kN （↑）

$$\sum M_A = 0 \quad F_{By} \times 8 - F_1 \times 1 + m + q_1 \times 4 \times 4 - F_2 \times 6 - q_2 \times 2 \times 7 = 0$$

得 $\qquad F_{By} = 25$ kN （↑）

校核:

$$\sum F_y = F_{Ay} - F_1 + 4q_1 - F_2 - 2q_2 + F_{By} = 75 - 120 + 120 - 60 - 40 + 25 = 0$$

说明反力计算正确。

②用简易法计算梁上各控制点截面上的剪力值和弯矩值。在本题中,把梁分成4段,依次计算各控制点截面的剪力值和弯矩值。

a.各控制截面剪力值的计算如下:

$AC$ 段:$F_{QAC} = 常数 = F_{Ay} = 75 \text{ kN}$

$CD$ 段:$F_{QCD} = 常数 = F_{Ay} - F_1 = 75 - 120 = -45 \text{ kN}$

$DF$ 段:$F_{QD} = F_{Ay} - F_1 = 75 - 120 = -45 \text{ kN}$

$\quad\quad F_{QF}^{左} = F_{Ay} - F_1 + 4q_1 = 75 - 120 + 4 \times 30 = 75 \text{ kN}$

$FB$ 段:$F_{QF}^{右} = -F_{By} + 2q_2 = -25 + 2 \times 20 = 15 \text{ kN}$

$\quad\quad F_{QB}^{左} = -F_{By} = -25 \text{ kN}$

b.各控制截面弯矩值的计算如下:

$AC$ 段:$M_A = 0, M_C = F_{Ay} \times 1 = 75 \text{ kN} \cdot \text{m}$

$CD$ 段:$M_C = F_{Ay} \times 1 = 75 \text{ kN} \cdot \text{m}$

$\quad\quad M_D^{左} = F_{Ay} \times 2 - F_1 \times 1 = 75 \times 2 - 120 \times 1 = 30 \text{ kN} \cdot \text{m}$

$DF$ 段:$M_D^{右} = F_{Ay} \times 2 - F_1 \times 1 - m = 75 \times 2 - 120 \times 1 - 80 = -50 \text{ kN} \cdot \text{m}$

$M_F = F_{Ay} \times 6 - F_1 \times 5 - m + q_1 \times 4 \times 2 = 75 \times 6 - 120 \times 5 - 80 + 30 \times 4 \times 2 = 10 \text{ kN} \cdot \text{m}$

$FB$ 段:$M_F = F_{By} \times 2 - q_2 \times 2 \times 1 = 25 \times 2 - 20 \times 2 \times 1 = 10 \text{ kN} \cdot \text{m}$

$\quad\quad M_B = 0$

③根据以上计算作出梁的剪力图和弯矩图。

a.绘制梁的剪力图,如图8.25(b)所示。由剪力图可以看出,在均布荷载 $q_1$ 和 $q_2$ 作用的梁段,有剪力等于0的 $E$ 点和 $G$ 点,此两点的弯矩有极值,必须找出这两点的位置。设 $E$ 点距 $A$ 支座的距离为 $x_E$,设 $G$ 点距 $B$ 支座的距离为 $x_G$,依次列出 $DF$ 段和 $FB$ 段的剪力方程并分别令其等于0,即可求得 $x_E$ 和 $x_G$。

由 $\quad F_{QDE} = F_{Ay} - F_1 + q_1(x_E - 2) = 75 - 120 + 30 \times (x_E - 2) = 0$,求得 $x_E = 3.5 \text{ m}$。

由 $\quad F_{QBG} = -F_{By} + q_2 x_G = -25 + 20 x_G = 0$,求得 $x_G = 1.25 \text{ m}$。

b.绘制梁的弯矩图,如图8.25(c)所示。必须计算 $DF$ 段和 $FB$ 段梁弯矩的极值,计算结果如下:

$$M_{E\max} = F_{Ay} \cdot x_E - F_1 \times (x_E - 1) - m + q_1 \times \frac{(x_E - 2)^2}{2}$$

$$= 75 \times 3.5 - 120 \times (3.5 - 1) - 80 + 30 \times \frac{(3.5 - 2)^2}{2}$$

$$= -83.75 \text{ kN} \cdot \text{m}$$

$$M_{G\min} = F_{By} \cdot x_G - q_2 \times \frac{x_G^2}{2}$$

$$= 25 \times 1.25 - 20 \times \frac{1.25^2}{2}$$

$$= 15.625 \text{ kN} \cdot \text{m}$$

把 $M_{E\max}$ 和 $M_{G\min}$ 在弯矩图中注明,如图8.25(c)所示。

# 8.5　叠加法绘制弯矩图

建筑力学讨论的内容是基于构件发生小变形的假设,在此假设前提下,当材料服从胡克定律时,构件的支座反力、内力、应力和变形等力学量均与外力间为线性关系。当构件上有几个荷载共同作用时,由每一个荷载引起的构件的支座反力、内力、应力和变形等力学量都不受其他荷载作用的影响,这种特性称为力的独立作用原理。这时,构件上的支座反力、内力、应力和变形等力学量可由各个荷载分别单独作用时的这些力学量叠加得到,称为叠加原理。

基于以上讨论,梁在几个荷载共同作用下所产生的内力,等于每个荷载单独作用时所产生的内力之和。叠加原理反映了荷载对构件影响的各自独立性。下面用例题说明如何用叠加原理来作梁的内力图。

【例 8.13】　试用叠加法作如图 8.26(a)所示简支梁的剪力图和弯矩图。

【解】　①荷载分组。首先将如图 8.26(a)所示简支梁上作用的荷载看成两个分别由 $F$ 和 $q$ 单独作用下的简支梁〔图 8.26(b)、(c)〕。

②内力计算。分别作出简支梁单独在集中力 $F$ 和单独在均布荷载 $q$ 作用下的剪力图和弯矩图,如图 8.26(e)、(f)、(h)、(i)所示。图 8.26(e)、(h)是该简支梁在集中力 $F$ 单独作用时的剪力图、弯矩图;图 8.26(f)、(i)是该梁在均布荷载 $q$ 单独作用时的剪力图和弯矩图。

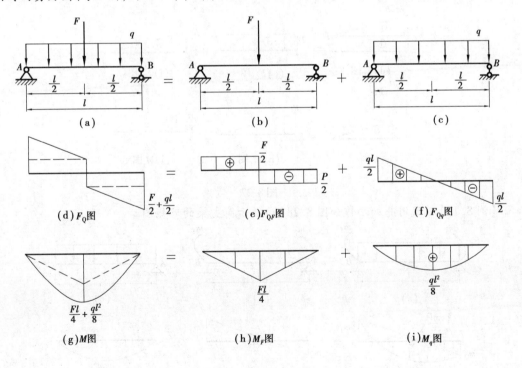

图 8.26

③叠加内力图。根据叠加原理,在集中力 $F$ 和均布荷载 $q$ 共同作用下,其每个截面上的剪力、弯矩是集中力 $F$ 和均布荷载 $q$ 分别作用时该截面上的剪力、弯矩(图中的竖标)相叠加。因此,简支梁在 $q$,$F$ 共同作用下的剪力、弯矩图,如图 8.26(d)、(g)所示,应该等于该简

支梁单独在集中力 $F$ 和均布荷载 $q$ 作用下的代数和。应该注意,两个弯矩、剪力图的叠加并非是两图形的简单拼合,而是指两图中对应的纵坐标相叠加。这样,同侧的纵坐标应相加,异侧的纵坐标应相减。

【例 8.14】 试用叠加法作图 8.27 所示悬臂梁的剪力、弯矩图。

【解】 ①荷载分组。首先将如图 8.27(a)所示悬臂梁上作用的荷载看成两个分别由 $F$ 和 $q$ 单独作用下的悬臂梁,如图 8.27(b)、(c)所示。

②内力计算。分别作出悬臂梁单独在集中力 $F$ 和单独在均布荷载 $q$ 作用下的剪力图和弯矩图,如图 8.27(e)、(f)、(h)、(i)所示。如图 8.27(e)、(h)是该悬臂梁在集中力 $F$ 单独作用时的剪力图、弯矩图;图 8.27(f)、(i)是该梁在均布荷载 $q$ 单独作用时的剪力图和弯矩图。

③叠加内力。根据叠加原理,在集中力 $F$ 和均布荷载 $q$ 共同作用下,其每个截面上的剪力、弯矩是集中力 $F$ 和均布荷载 $q$ 分别单独作用时该载面上的剪力、弯矩(图中的竖标)相叠加。因此,悬臂梁在 $q$、$F$ 共同作用下的剪力、弯矩图,等于该简支梁单独在集中力 $F$ 和均布荷载 $q$ 作用下的代数和,如图 8.27(d)、(g)所示。

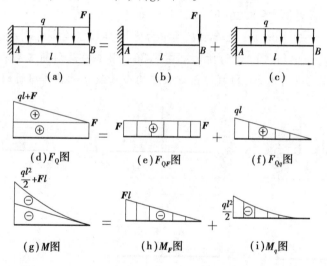

图 8.27

【例 8.15】 试用叠加法作如图 8.28(a)所示简支梁的弯矩图。

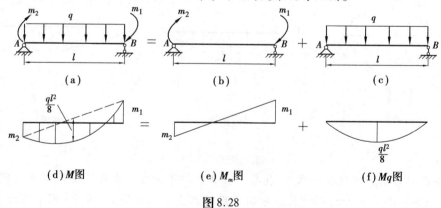

图 8.28

【解】   当梁的两端分别有集中力偶 $m_1$, $m_2$ 作用时,弯矩图如图 8.28(e)所示,在均布荷载 $q$ 作用下的弯矩图如图 8.28(f)所示。其中对纵坐标具有不同正、负号的部分,叠加后图形重叠部分表示两个纵坐标值互相抵消,不重叠的部分即为所求的弯矩图。

有时用叠加法作梁的内力图是比较简单的。

## 8.6   多跨静定梁的内力图

### 1) 多跨静定梁的概念和种类

简支梁、悬臂梁和伸臂梁是静定梁中最简单的结构形式,单独使用某一种单跨梁有时不能满足建筑空间和结构跨度的需要。多次利用这些构造单元,通过铰的方式加以适当连接,可以得到各种形式的多跨静定梁。多跨静定梁可以视为由若干根梁用中间铰连接在一起,并以若干支座与基础相连,或者搁置于其他构件上而组成的结构,区别于单跨,称为多跨静定梁。多跨静定梁是工程实际中比较常见的结构,如公路或城市桥梁中常用多跨静定梁来跨越几个相连的跨度,又如房屋中的檩条梁。

多跨静定梁按构造其基本组成形式可以分为如下 3 种:

①第一跨没有中间铰,然后每跨一个中间铰的构造方式。

如图 8.29(a)所示多跨静定梁,是在伸臂梁 AC 上依次加上 CE,EF 两根梁。这种组成方式是第一跨没有中间铰,以后每增加一跨就增加一个中间铰的方式组成,可以组成无数跨。通过几何组成分析可知,它们都是几何不变且无多余约束的体系,所以该多跨梁为静定结构。

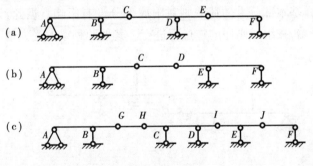

图 8.29

②两边跨均向中间跨方向伸臂,然后用两个中间铰合拢中间跨的构造方式。如图 8.29 (b)所示的是在 AC 和 FD 两根伸臂梁上再加上一小跨梁 CD。在桥梁工程中,通常是先在河道的两岸同时施工 AC,FD 两个边跨,中间跨为满足河道船只通行的需要通常跨度较边跨要大些,非断流施工时在河道中间不便于架设支撑,而两边跨均向中间跨伸臂可以减少施工过程中的支撑,待两边跨达到强度要求时可以非常方便地施工 CD 梁,从而合拢中间跨,完成整个桥梁上部结构的施工。按照这种方式,每隔一跨增加两个铰,可以组成无数跨。通过几何组成分析可知,这种组成方式也是几何不变的,并且没有多余约束,所以属于多跨静定梁。

③联合式多跨静定梁。这种构造方式是第一种构造方式和第二种构造方式的联合运用,如图 8.29(c)所示,理论上可以组成无数跨,这种组成方式也是几何不变且无多余约束,所以为多跨静定梁。

### 2) 多跨静定梁的特点

(1) 几何组成方面的特点

根据多跨静定梁的几何组成规律,按照各部分在几何组成上主次程度的不同,可以将它分为基本部分和附属部分。如图 8.29(a)所示的梁中,$AC$ 是通过 3 根既不全平行也不全相交于一点的链杆与基础相连接,它的几何不变性不受 $CE$ 和 $EF$ 影响,故称 $AC$ 梁为该多跨静定梁中的基本部分。这种本身能够维持几何形状及位置稳定不变的部分称为基本部分。而 $CE$ 梁是通过铰 $C$ 和支座链杆 $D$ 连接在 $AC$ 梁和基础上;$EF$ 梁又是通过铰 $E$ 和 $F$ 支座链杆连接在 $CE$ 梁和基础上,因此 $CE$ 梁要依靠 $AC$ 梁才能保证其几何不变性,故称 $CE$ 梁为 $AC$ 梁的附属部分。同理,$EF$ 梁相对于 $AC$ 和 $CE$ 的组成的部分来说,也是附属部分,而 $AC$ 和 $CE$ 组成的部分,相对于 $EF$ 梁来说,则是基本部分。同理,如图 8.29(b)所示的梁 $AC$ 和 $DF$ 是基本部分,而 $CD$ 则是附属部分,而如图 8.29(c)所示的梁 $AG$ 和 $HI$ 是基本部分,$GH$ 梁段、$IJ$ 梁段和 $JF$ 梁段则是附属部分。

(2) 受力特点和计算顺序

上述组成顺序可用图 8.30(a)、(b)、(c)来表示,这种图形称为梁的层次图。通过层次图可以看出力的传递层次。如图 8.30(a)中作用在最上面的附属部分 $EF$ 上的荷载 $F_{P3}$ 不但会使 $EF$ 梁受力,而且还通过 $E$ 支座将力传给 $CE$ 梁,再通过 $C$ 支座传给 $AC$ 梁。同样,荷载 $F_{P2}$ 能使 $CE$ 梁和 $AC$ 梁受力,但它不会传给 $EF$ 梁。因此,$F_{P2}$ 的作用对 $EF$ 梁的内力无影响。同理,作用在基本部分 $AC$ 梁上的荷载如 $F_{P1}$,只在 $AC$ 梁上引起内力和反力,而对附属部分 $CE$ 和 $EF$ 都不会产生影响。总之,作用在附属部分上的荷载将使支承它的基本部分产生反力和内力,而作用在基本部分上的荷载则对附属部分没有影响。据此,计算多跨静定梁时,应先从附属部分开始,按组成顺序的逆过程进行。其他两种梁的受力情况请自行分析。

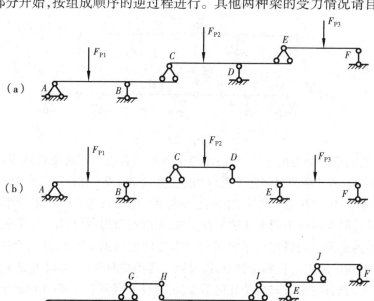

图 8.30

上述先附属部分后基本部分的计算原则,也适用于由基本部分和附属部分组成的其他类型的结构。

### 3) 多跨静定梁内力图的绘制

下面举例说明多跨静定梁内力的绘制方法。

【例8.16】  试作如图8.31(a)所示的多跨静定梁的弯矩图和剪力图。

【解】  ①分清基本部分和附属部分,绘出多跨静定梁的层次图。由于该多跨静定梁仅受竖向荷载作用,故 $AB$ 和 $CE$ 均为基本部分,其层次图如图8.31(b)所示。

②画出基本部分和附属部分的隔离体受力图。各根梁的隔离体如图8.31(c)所示。

③求出各隔离体梁段的约束反力。按照先附属部分后基本部分的计算原则计算出各根梁的约束反力,如图8.31(c)所示。

首先从附属部分 $BC$ 开始,依次求出各根梁上的竖向约束力和支座反力。铰 $C$ 处的水平约束力 $F_{Cx}$,由 $CE$ 梁的平衡条件可知其值为0,并由此得知 $F_{Bx}$ 也等于0。

④作出多跨静定梁的内力图。求出各约束力和支座反力后,便可按照单跨梁分别绘出各根梁的内力图。将各根梁的内力图置于同一基线上,则得出该多跨静定梁的内力图,如图8.31(d)、(e)所示。

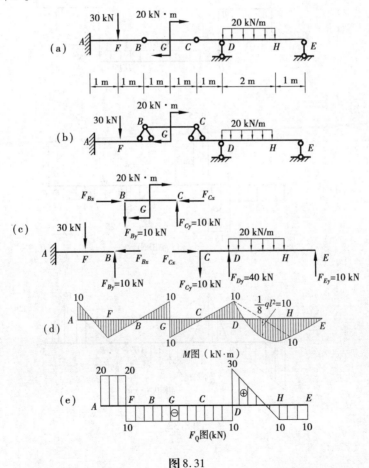

图8.31

在 $FG$、$GD$ 两个区段内剪力 $F_Q$ 是同一常数,由微分关系而 $\dfrac{\mathrm{d}M(x)}{\mathrm{d}x}=F_Q(x)$ 可知,这两区

段内的弯矩图形有相同的斜率。因此,弯矩图中 $FG$ 与 $GD$ 两段的斜直线相互平行。同理,因为在 $H$ 左、右相邻截面上的剪力 $F_Q$ 相等,所以弯矩图中 $HE$ 区段内的直线与 $DH$ 区段内的曲线在 $H$ 点相切。

【例 8.17】 试作如图 8.32(a)所示的多跨静定梁的弯矩图和剪力图。

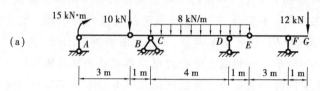

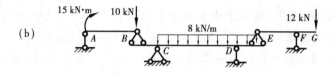

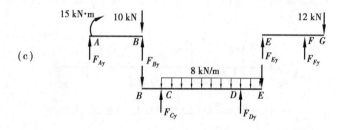

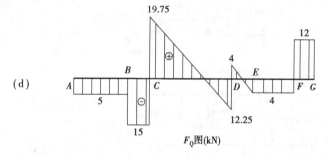

$F_Q$图(kN)

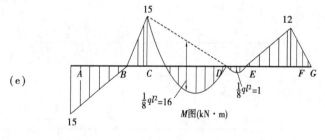

$M$图(kN·m)

图 8.32

【解】 ①作出多跨静定梁的层次图,如图8.32(b)所示。由层次图可以确定 BE 属于基本部分, AB 和 EG 均属于附属部分。

②作出各单跨梁的层次受力图,如图8.32(c)所示。

③按照先算附属部分,后算基本部分的次序,求出各梁段的支座反力。

如图8.32(c)所示,根据各梁段的平衡方程可求出支座反力分别为

$F_{Ay} = -5$ kN($\downarrow$), $F_{By} = 15$ kN($\uparrow$), $F_{Ey} = -4$ kN($\downarrow$)

$F_{Fy} = 16$ kN($\uparrow$), $F_{Cy} = 34.75$ kN($\uparrow$), $F_{Dy} = 16.25$ kN($\uparrow$)

④分段作出各梁段的剪力图和弯矩图,然后依次组合在一起,就得到了多跨静定梁的剪力图和弯矩图,如图8.32(d)、(e)所示。

# 思考题

8.1 悬臂梁承受集中荷载作用,梁横截面的形状及荷载作用方向如图所示,各梁会产生平面弯曲吗?

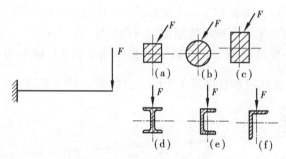

思考题8.1图

8.2 圆轴发生扭转变形时,相邻横截面间产生相对转动;而梁发生平面弯曲变形时,横截面之间也将产生相对转动。试问:二者有何不同?

8.3 已知两静定梁的跨度、荷载和支承情况均相同。试问:在下列情况下,它们的剪力图和弯矩图是否相同? 为什么?

①两根梁的横截面和材料均不同;

②两根梁的材料相同,但横截面不同;

③两根梁的横截面相同,但材料不同。

8.4 如图所示两根梁所承受的荷载大小均为 10 kN,两根梁的支反力是否相等? 两根梁的 $F_Q$,$M$ 图是否相同?

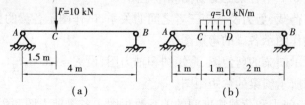

思考题8.4图

8.5 如何确定剪力和弯矩的正负？与刚体静力学中关于力的投影和力矩的正负规定有何区别？若从如图所示的梁中沿 $D$ 截面假想地截开,并保留左段为研究对象,设 $D$ 截面上的剪力方向和弯矩转向如图所示。试问：

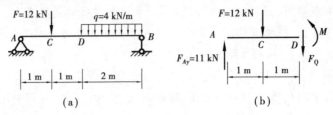

（a） （b）

**思考题8.5图**

①图中假设的 $F_Q$ 和 $M$ 是正还是负？

②为求得 $F_Q$ 和 $M$ 值,在列平衡方程 $\sum F_y = 0$ 和 $\sum M_D = 0$ 时, $F_Q$ 和 $M$ 在方程中分别采用正号还是负号？为什么？

③由平衡方程算得 $F_Q = -1\ \text{kN}, M = +10\ \text{kN·m}$,其结果中的正负号说明什么？

④梁内该截面上的 $F_Q$ 和 $M$ 的实际方向和转向应该怎样？按内力符号规定是正还是负？

8.6 什么是叠加原理？应用叠加原理的前提是什么？

8.7 如图所示外伸梁承受均布荷载 $q$ 和集中力 $F$ 作用,梁中 $D$ 截面的弯矩为 $M_D = \dfrac{1}{8}ql^2 - \dfrac{Fa}{2}$。这是根据叠加原理直接写出来的。试解释为什么是这样？弯矩 $M_D$ 是 $AB$ 跨中的最大弯矩吗(设 $\dfrac{1}{8}ql^2 > \dfrac{Fa}{2}$)？为什么？

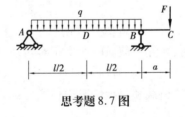

**思考题8.7图**

# 习　题

8.1 试求图示各梁中指定截面上的剪力和弯矩。

8.2 列出图示各梁的剪力方程、弯矩方程,并作剪力图和弯矩图。

8.3 试作习题8.1中各梁的剪力图和弯矩图。

8.4 根据分布荷载、剪力及弯矩三者之间的关系,试作图示各梁的剪力图和弯矩图。

8.5 用叠加法作图示各梁的弯矩图。

8.6 作如图所示斜梁的剪力图、弯矩图和轴力图,设 $F = 1\ \text{kN}$。

8.7 试作如图所示斜梁的弯矩距图。

8.8 根据弯矩、剪力和荷载集度间的关系改正图示各梁剪力图和弯矩图的错误。

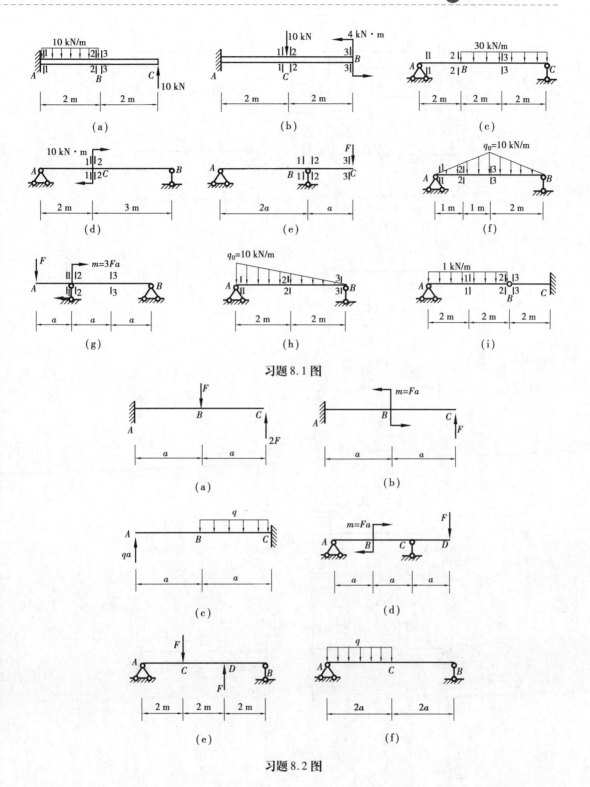

习题 8.1 图

习题 8.2 图

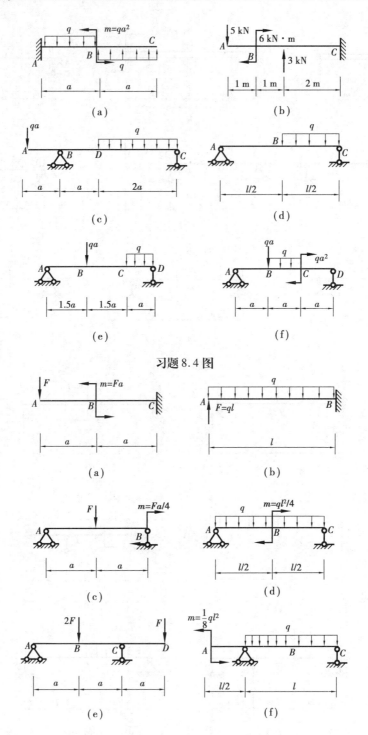

习题 8.4 图

习题 8.5 图

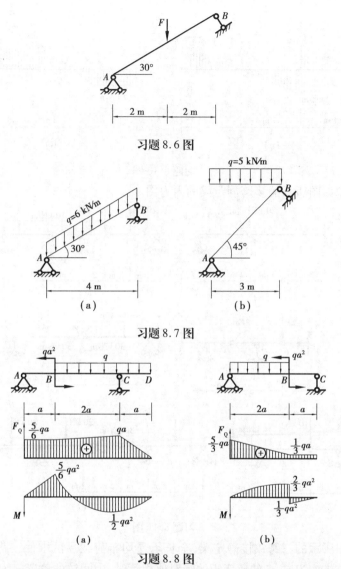

习题 8.6 图

习题 8.7 图

习题 8.8 图

8.9  已知梁的剪力图如图所示,试作梁的弯矩图和荷载图。设:①梁上没有集中力偶作用;②梁右端有一集中力偶作用。

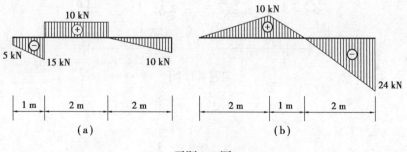

习题 8.9 图

8.10  已知梁的弯矩图如图所示,试作梁的荷载图和剪力图。

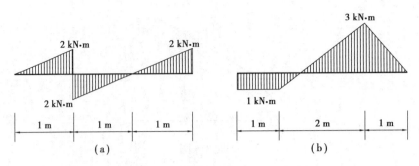

(a)                              (b)

习题 8.10 图

8.11　试作如图所示的多跨静定梁的内力图。

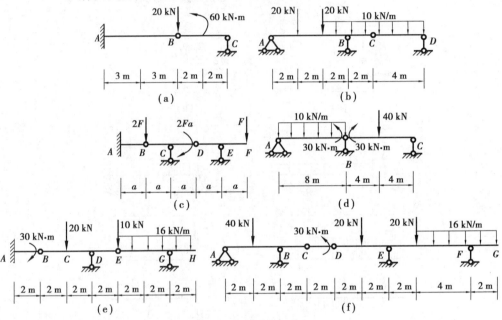

(a)                              (b)

(c)                              (d)

(e)                              (f)

习题 8.11 图

8.12　如图所示的三跨铰接静定梁,全长承受均布荷载。试求使三跨静定梁中间一跨的跨中正弯矩与支座 $B$ 或 $C$ 的负弯矩的绝对值相等时,中间铰的位置 $a$ 为何值?

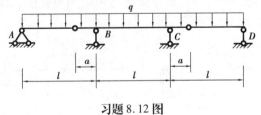

习题 8.12 图

# 第9章
## 静定结构的内力

## 9.1 静定平面刚架

### 1) 工程实例和计算简图

刚架是由直杆组成的具有刚结点的结构。所有杆的轴线在同一平面内的静定刚架称为静定平面刚架。刚架的基本特点是：同一刚结点处的各杆不能发生相对移动和转动，变形前后各杆的夹角保持不变，故刚结点可以承受和传递弯矩。由于存在刚结点，能较好地抵抗变形、承受外力，使刚架中的杆件较少，内部空间较大，便于使用，所以在建筑工程中得到广泛应用。

静定平面刚架主要有以下4种类型：

(1)悬臂刚架

悬臂刚架一般由一个构件用固定端支座与基础连接而成，如图9.1(a)所示的站台雨篷。

(2)简支刚架

简支刚架一般由一个构件用固定铰支座和活动铰支座与基础连接，或用三根既不全平行、又不全交于一点的链杆与基础连接而成，如图9.1(b)所示的渡槽的槽身。

(3)三铰刚架

三铰刚架一般由两个构件用铰连接，底部用两个固定铰支座与基础连接而成，如图9.1(c)所示的屋架。

(4)组合刚架

组合刚架通常是由上述三种刚架中的某一种作为基本部分，再按几何不变体系的组成规则连接相应的附属部分组合而成 ，如图9.2所示。

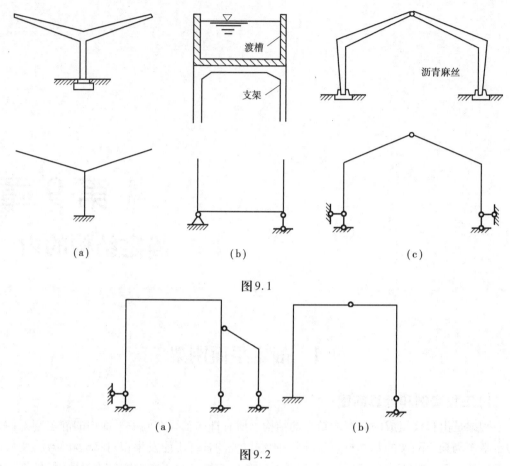

图9.1

图9.2

## 2)静定平面刚架的内力计算和内力图绘制

（1）刚架内力的符号规定

在一般情况下,刚架中各杆的内力有弯矩、剪力和轴力。

由于刚架中有横向放置的杆件,也有竖向放置的杆件,为了使杆件内力表达得清晰,在内力符号的右下方以两个下标注明内力所属的截面,第一个下标表示该内力所属杆端的截面,第二个下标表示杆段的另一端截面。例如,杆段 $AB$ 的 $A$ 端的弯矩、剪力和轴力分别用 $M_{AB}$,$F_{QAB}$ 和 $F_{NAB}$ 表示;而 $B$ 端的弯矩、剪力和轴力分别用 $M_{BA}$,$F_{QBA}$ 和 $F_{NBA}$ 表示。

在刚架的内力计算中,弯矩可自行规定正负。例如,可规定以使刚架内侧纤维受拉的为正,但需注明受拉的一侧;弯矩图绘在杆的受拉一侧。剪力和轴力的正负号规定同前,即剪力以使隔离体产生顺时针转动趋势时为正,反之为负;轴力以拉力为正,压力为负。剪力图和轴力图可绘在杆的任一侧,但需标明正负号。

（2）刚架内力的计算规律

利用截面法,可得到刚架内力计算的如下规律:

①刚架任一横截面上的弯矩,其数值等于该截面任一边刚架上所有外力对该截面形心之矩的代数和。力矩与该截面上规定的正号弯矩的转向相反时为正,相同时为负。

②刚架任一横截面上的剪力,其数值等于该截面任一边刚架上所有外力在该截面方向

上投影的代数和。外力与该截面上正号剪力的方向相反时为正,相同时为负。

③刚架任一横截面上的轴力,其数值等于该截面任一边刚架上所有外力在该截面的轴线方向上投影的代数和。外力与该截面上正号轴力的方向相反时为正,相同时为负。

(3)刚架内力图的绘制

绘制静定平面刚架内力图的步骤如下:

①由整体或部分的平衡条件,求出支座反力和铰结点处的约束力。

②选取刚架上的外力不连续点(如集中力作用点、集中力偶作用点、分布荷载作用的起点和终点等)和杆件的连接点作为控制截面,按刚架内力计算规律,计算各控制截面上的内力值。

③按单跨静定梁的内力图的绘制方法,逐杆绘制内力图。即用区段叠加法绘制弯矩图,由微分关系法绘制剪力图和轴力图;最后将各杆的内力图连在一起,即得整个刚架的内力图。

下面举例加以说明。

【例 9.1】　绘制如图 9.3(a)所示的悬臂刚架的内力图。

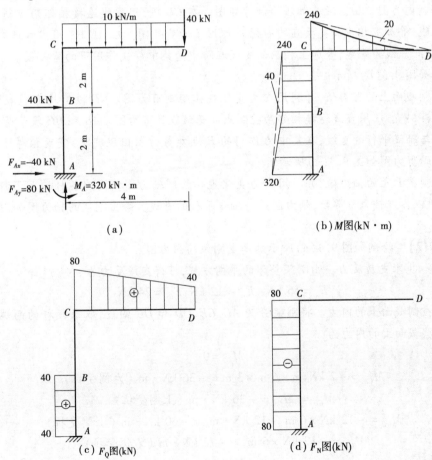

图 9.3

【解】　①求支座反力。由刚架整体的平衡方程,求出支座 $A$ 处的反力为
$$F_{Ax} = -40 \text{ kN}, \quad F_{Ay} = 80 \text{ kN}, \quad M_A = 320 \text{ kN} \cdot \text{m}$$

对悬臂刚架也可不计算支座反力,直接计算内力。

②求控制截面上的内力。将刚架分为 $AB,BC,CD$ 三段,取每段杆的两端为控制截面。从自由端开始,根据刚架内力的计算规律,可得各控制截面上的内力为

$$M_{DC} = 0$$

$$M_{CD} = -40 \text{ kN} \times 4 \text{ m} - 10 \text{ kN/m} \times 4 \text{ m} \times 2 \text{ m} = -240 \text{ kN} \cdot \text{m} \quad (\text{上侧受拉})$$

$$M_{CA} = M_{CD} = -240 \text{ kN} \cdot \text{m} \quad (\text{左侧受拉})$$

$$M_{AC} = -320 \text{ kN} \cdot \text{m} \quad (\text{左侧受拉})$$

$$F_{QDC} = 40 \text{ kN}$$

$$F_{QCD} = 40 \text{ kN} + 10 \text{ kN/m} \times 4 \text{ m} = 80 \text{ kN}$$

$$F_{QCB} = F_{QBC} = 0$$

$$F_{QAB} = F_{QBA} = 40 \text{ kN}$$

$$F_{NDC} = F_{NCD} = 0$$

$$F_{NAC} = F_{NCA} = -80 \text{ kN}$$

③绘制内力图。由区段叠加法绘制弯矩图。在 $CD$ 段,用虚线连接相邻两控制点,以此虚线为基线,叠加上相应简支梁在均布荷载作用下的弯矩图。在 $AC$ 段,用虚线连接相邻两控制点,以此虚线为基线,叠加上相应简支梁在跨中受集中荷载作用下的弯矩图。绘出刚架的弯矩图如图9.3(b)所示。

由控制截面上的剪力值,并利用内力变化规律绘制剪力图。$CD$ 段有均布荷载作用,剪力图是一条斜直线,用直线连接相邻两控制点即是该段的剪力图。$AB$ 和 $BC$ 段无荷载作用,剪力图是与轴线平行的直线,在集中力作用的 $B$ 点处剪力图出现突变,突变值等于 40 kN。绘出刚架的剪力图如图9.3(c)所示。

由控制截面上的轴力值,并利用内力变化规律绘制轴力图。因为各杆均无沿杆轴方向的荷载,所以各杆轴力为常数,轴力图是与轴线平行的直线。绘出刚架的轴力图如图9.3(d)所示。

【例9.2】 绘制如图9.4(a)所示的简支刚架的内力图。

【解】 ①求支座反力。由刚架整体的平衡方程,可得支座反力为

$$F_A = 16 \text{ kN}, \quad F_{Bx} = 12 \text{ kN}, \quad F_{By} = 24 \text{ kN}$$

②求控制截面上的内力。将刚架分为 $AC,CE,CD$ 和 $DB$ 四段,取每段杆的两端为控制截面。这些截面上的内力为

$$M_{AC} = 0$$

$$M_{CA} = -2 \text{ kN/m} \times 6 \text{ m} \times 3 \text{ m} = -36 \text{ kN} \cdot \text{m} \,(\text{左侧受拉})$$

$$M_{CD} = M_{CA} = -36 \text{ kN} \cdot \text{m} \,(\text{上侧受拉})$$

$$M_{DC} = -12 \text{ kN} \times 6 \text{ m} + 12 \text{ kN} \cdot \text{m} = -60 \text{ kN} \cdot \text{m} \,(\text{上侧受拉})$$

$$M_{DB} = -12 \text{ kN} \times 6 \text{ m} = -72 \text{ kN} \cdot \text{m} \,(\text{右侧受拉})$$

$$M_{BD} = 0$$

$$F_{QAC} = 0$$

$$F_{QCA} = -2 \text{ kN/m} \times 6 \text{ m} = -12 \text{ kN}$$

$$F_{QCE} = F_{QEC} = 16 \text{ kN}$$

$$F_{QED} = F_{QDE} = -24 \text{ kN}$$

$$F_{QDB} = F_{QBD} = 12 \text{ kN}$$

$$F_{NAC} = F_{NCA} = -16 \text{ kN}$$

$$F_{NCD} = F_{NDC} = -12 \text{ kN}$$

$$F_{NDB} = F_{NBD} = -24 \text{ kN}$$

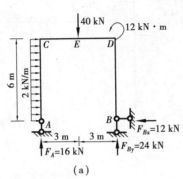

(a)

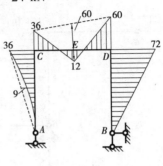

(b) $M$图(kN·m)

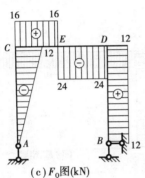

(c) $F_Q$图(kN)

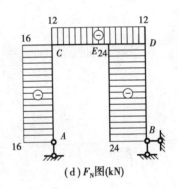

(d) $F_N$图(kN)

图9.4

③绘制内力图。根据以上求得的各控制截面上的内力,由区段叠加法绘制弯矩图,利用内力变化规律绘制剪力图和轴力图。绘出刚架的内力图分别如图9.4(b)—(d)所示。

【例9.3】 绘制如图9.5(a)所示的三铰刚架的内力图。

【解】 (1)求支座反力

取刚架整体为隔离体,由平衡方程 $\sum M_A = 0$,$\sum M_B = 0$ 得

$$F_{By} = 6 \text{ kN}(\uparrow),F_{Ay} = 26 \text{ kN}(\uparrow)$$

分别取刚架的左、右半部分为隔离体,并均由 $\sum M_C = 0$ 可得

$$F_{Ax} = 10 \text{ kN}(\rightarrow),F_{Bx} = 6 \text{ kN}(\rightarrow)$$

(2)绘弯矩图

各杆端弯矩计算如下:

$$M_{AD} = 0$$

$$M_{DA} = F_{Ax} \times 4 = -40 \text{ kN·m}(左侧受拉)$$

由刚结点 $D$ 的力矩平衡可得

$$M_{DC} = M_{DA} = -40 \text{ kN·m}(上侧受拉)$$

$$M_{CD} = 0$$

$$M_{BF} = 0$$

$$M_{EF} = F_{Bx} \times 4 - 16 \times 2 = -8 \text{ kN} \cdot \text{m}(\text{右侧受拉})$$

$$M_{CE} = 0$$

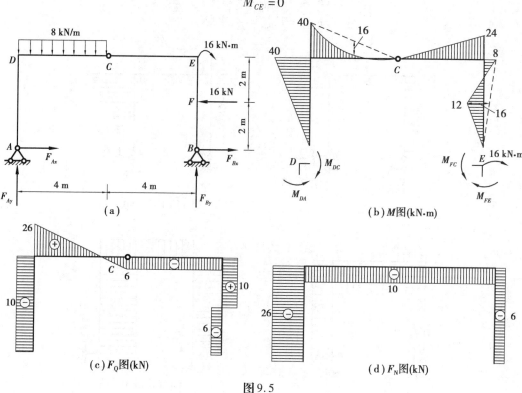

图9.5

由刚结点 $E$ 的力矩平衡可得

$$M_{EC} = -(M_{EF} + 16) = -24 \text{ kN} \cdot \text{m}(\text{上侧受拉})$$

绘出刚架的弯矩图如图9.5(b)所示。其中 $CD$，$BE$ 段的弯矩图按区段叠加法绘制。

（3）绘剪力图

$AD$，$BF$ 两杆的杆端剪力值显然就等于 $A$，$B$ 两支座的水平反力，即

$$F_{QAD} = F_{QDA} = -F_{Ax} = -10 \text{ kN}$$

$$F_{QBF} = F_{QFB} = -F_{Bx} = -6 \text{ kN}$$

$$F_{QFE} = F_{QEF} = -F_{Bx} + 16 = 10 \text{ kN}$$

$DC$ 段上作用有顽荷载，剪力图为一斜直线，两端截面的剪力分别为

$$F_{QDC} = F_{Ay} = 26 \text{ kN}, F_{QCD} = F_{QCE} = F_{Ay} - 8 \times 4 = -6 \text{ kN}$$

绘出刚架的剪力图如图9.5(c)所示。

（4）绘轴力图

$AD$，$BE$ 两杆的轴力值可直接由 $A$，$B$ 两支座的竖向反力求得，即

$$F_{NAD} = -26 \text{ kN}, F_{NBE} = -6 \text{ kN}$$

水平杆 $DE$ 的轴力为

$$F_{NDE} = -F_{Ax} = -10 \text{ kN}$$

绘出刚架的轴力图如图9.5(d)所示。

# 9.2　静定平面桁架

### 1) 工程实例和计算简图

梁和刚架在承受荷载时,主要产生弯曲内力,截面上的受力分布是不均匀的,因而构件的材料不能得到充分的利用。桁架是由直杆组成,全部由铰结点连接而成的结构。在结点荷载作用下,桁架各杆的内力只有轴力,截面上内力分布是均匀的,能充分发挥材料的作用,同时减轻了结构的自重。因此,桁架在大跨度结构中应用得非常广泛。例如,民用房屋和工业厂房中的屋架〔图9.6(a)〕、托架、铁路和公路桥梁〔图9.6(b)〕、建筑起重设备中的塔架,以及建筑施工中的支架等。

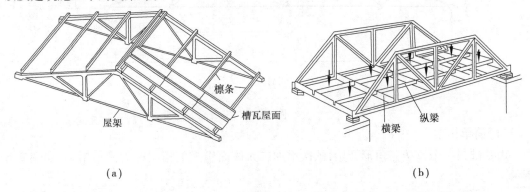

檩条

屋架

槽瓦屋面

纵梁

横梁

(a)　　　　　　　　　　　　　　　　(b)

图9.6

为了便于计算,通常对工程实际中平面桁架的计算简图作如下假设:

①桁架的结点都是光滑的理想铰。

②各杆的轴线都是直线,且在同一平面内,并通过铰的中心。

③荷载和支座反力都作用于结点上,并位于桁架的平面内。

符合上述假设的桁架称为理想桁架,理想桁架中各杆都是二力杆,其内力只有轴力。然而,工程实际中的桁架与理想桁架有着较大的差别。例如,在如图9.7(a)所示的钢屋架〔图9.7(b)为其计算简图〕中,各杆是通过焊接、铆接而连接在一起的,结点具有一定的刚性,不完全符合理想铰的情况。此外,各杆的轴线不可能绝对平直,各杆的轴线也不可能完全共面并会交于结点,荷载也不可能绝对地作用于结点中心。因此,实际桁架中的各杆不可能只承受轴力。通常把根据计算简图求出的内力称为主内力,把由于实际情况与理想情况不完全相符而产生的附加内力称为次内力。理论分析和实测表明,在一般情况下次内力可忽略不计。本书仅讨论主内力的计算。

在图9.7中,桁架上、下边缘的杆件分别称为上弦杆和下弦杆,上、下弦杆之间的杆件称为腹杆,腹杆又分为竖杆和斜杆。下弦杆相邻两结点之间的水平距离 $d$ 称为节间长度,两支座之间的水平距离 $l$ 称为跨度,桁架最高点至支座连线的垂直距离 $h$ 称为桁高。

按桁架的几何组成规律可把平面静定桁架分为以下三类:

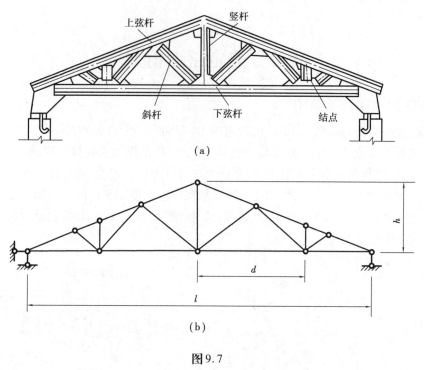

图9.7

（1）简单桁架

由基础或一个铰接三角形开始，依次增加二元体而组成的桁架称为简单桁架，如图9.8所示。

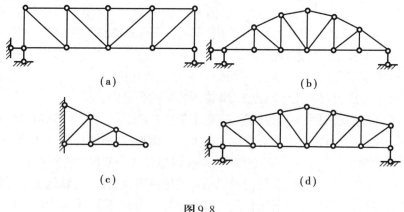

图9.8

（2）联合桁架

由几个简单桁架按照几何不变体系的组成规则，联合组成的桁架称为联合桁架，如图9.9（a）所示。

（3）复杂桁架

凡不按上述两种方式组成的桁架均称为复杂桁架，如图9.9（b）所示。

此外，桁架还可以按其外形分为平行弦桁架、抛物线形桁架、三角形桁架、梯形桁架等，分别如图9.8（a）—（d）所示。

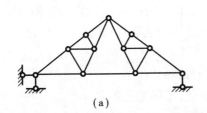 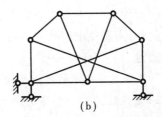

(a)　　　　　　　　　　　　　　(b)

图9.9

### 2)静定平面桁架的内力计算

静定平面桁架的内力计算的方法通常有结点法和截面法。

**(1)结点法**

结点法是截取桁架的一个结点为隔离体,利用该结点的静力平衡方程来计算截断杆的轴力。由于作用于桁架任一结点上的各力(包括荷载、支座反力和杆件的轴力)构成了一个平面汇交力系,而该力系只能列出两个独立的平衡方程,因此所取结点的未知力数目不能超过两个。结点法适用于简单桁架的内力计算。一般先从未知力不超过两个的结点开始,依次计算,就可以求出桁架中各杆的轴力。

①零杆的判定。桁架中有时会出现轴力为零的杆件,称为零杆。在计算内力之前,如果能把零杆找出,将会使计算得到简化。通常在下列几种情况中会出现零杆:

a.不共线的两杆组成的结点上无荷载作用时,该两杆均为零杆,如图9.10(a)所示。

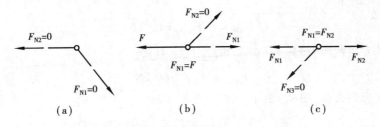

(a)　　　　　　　(b)　　　　　　　(c)

图9.10

b.不共线的两杆组成的结点上有荷载作用时,若荷载与其中一杆共线,则另一杆必为零杆,如图9.10(b)所示。

c.三杆组成的结点上无荷载作用时,若其中有两杆共线,则另一杆必为零杆,且共线的两杆内力相等,如图9.10(c)所示。

②比例关系的应用。在列平衡方程时,经常要将桁架中斜杆的轴力 $F_N$ 分解成水平分力 $F_{Nx}$ 和竖向分力 $F_{Ny}$(图9.11)。$F_N$,$F_{Nx}$,$F_{Ny}$ 构成一个三角形,杆件 $AB$ 的长度 $l$ 及其在水平方向的投影长度 $l_x$ 和竖直方向的投影长度 $l_y$ 也构成了一个三角形,由于两个三角形相似,因而存在如下的比例关系:

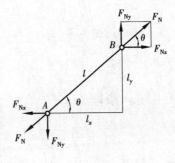

图9.11

$$\frac{F_N}{l} = \frac{F_{Nx}}{l_x} = \frac{F_{Ny}}{l_y} \tag{9.1}$$

应用上述比例关系,可以避免计算斜杆的倾角 $\theta$ 及其三角函数,以减少工作量。

在桁架的内力计算中,一般先假定各杆的轴力为拉力,若计算的结果为负值,则该杆的轴力为压力。此外,为避免求解联立方程,应恰当地选取投影轴,尽可能使一个平衡方程中只包含一个未知力。

**【例9.4】** 求如图9.12(a)所示桁架各杆的轴力。

**【解】** ①求支座反力。由整体的平衡方程,可得支座反力为

$$F_{Ax}=0, \ F_{Ay}=40 \ \text{kN}, \ F_B=40 \ \text{kN}$$

②求各杆的内力。在计算之前先找出零杆。由对结点$C,G$的分析,可知杆$CD,GH$为零杆。

此桁架和荷载都是对称的,只要计算其中一半杆件的内力即可,现计算左半部分。从只包含两个未知力的结点$A$开始,顺序取结点$C,D,E$为隔离体进行计算。

取结点$A$为隔离体〔图9.12(b)〕,由$\sum F_y=0$得

$$F_{NADy}=10 \ \text{kN}-40 \ \text{kN}=-30 \ \text{kN}$$

利用比例关系,得

$$F_{NAD}=\frac{F_{NADy}}{1.5\text{m}}\times 3.35 \ \text{m}=-67 \ \text{kN}$$

$$F_{NADx}=\frac{F_{NADy}}{1.5\text{m}}\times 3 \ \text{m}=-60 \ \text{kN}$$

由$\sum F_x=0$得

$$F_{NAC}=-F_{NADx}=60 \ \text{kN}$$

取结点$C$为隔离体〔图9.12(c)〕,由$\sum F_x=0$得

$$F_{NCF}=F_{NAC}=60 \ \text{kN}$$

取结点$D$为隔离体〔图9.12(d)〕,列出平衡方程

$$\sum F_x=0 \quad F_{NDEx}+F_{NDFx}+60 \ \text{kN}=0$$

$$\sum F_y=0 \quad F_{NDEy}-F_{NDFy}+30 \ \text{kN}-20 \ \text{kN}=0$$

利用比例关系,得

$$F_{NDEx}=2 \ F_{NDEy}$$

$$F_{NDFx}=2 \ F_{NDFy}$$

代入平衡方程,得

$$2F_{NDEy}+2 \ F_{NDFy}+60 \ \text{kN}=0$$

$$F_{NDEy}-F_{NDFy}+10 \ \text{kN}=0$$

解得

$$F_{NDEx}=-40 \ \text{kN}, \ F_{NDEy}=-20 \ \text{kN}, \ F_{NDE}=-44.7 \ \text{kN}$$

$$F_{NDFx}=-20 \ \text{kN}, \ F_{NDFy}=-10 \ \text{kN}, \ F_{NDF}=-44.7 \ \text{kN}$$

取结点$E$为隔离体〔图9.12(e)〕,由结构的对称性,$F_{NEHy}=F_{NDEy}=-20 \ \text{kN}$。

由$\sum F_y=0$得

$$F_{NEF}=2\times 20 \ \text{kN}-20 \ \text{kN}=20 \ \text{kN}$$

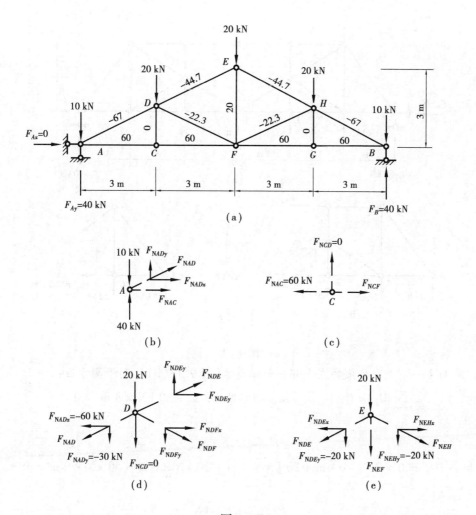

**图** 9.12

内力计算完成后,将各杆的轴力标在图上〔图9.12(a)〕,图中轴力的单位为 kN。

(2)截面法

截面法是用一截面(平面或曲面)截取桁架的某一部分(两个结点以上)为隔离体,利用该部分的静力平衡方程来计算截断杆的轴力。由于隔离体所受的力通常构成平面一般力系,而一个平面一般力系只能列出 3 个独立的平衡方程,因此用截面法截断的杆件数目一般不应超过 3 根。截面法适用于求桁架中某些指定杆件的轴力。用截面法计算杆的轴力时,为避免求解联立方程,应恰当地选取投影轴和矩心,尽可能使一个平衡方程中只包含一个未知力。

对于联合桁架必须先用截面法求出联系杆的轴力,然后与简单桁架一样用结点法求各杆的轴力。一般地,在桁架的内力计算中,往往是结点法和截面法联合加以应用。

【例 9.5】　求如图 9.13(a)所示的桁架中杆 $a,b,c,d$ 的轴力。

【解】　①求支座反力。由整体平衡方程,可得支座反力为

$$F_{Ax} = 0, \quad F_{Ay} = 50 \text{ kN}, \quad F_B = 30 \text{ kN}$$

②求杆 $a,b,c$ 的内力。

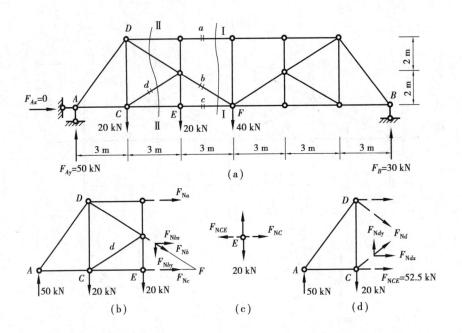

图9.13

用截面Ⅰ—Ⅰ截取桁架的左半部分为隔离体〔图9.13(b)〕,列平衡方程:

由 $\qquad \sum M_D = 0,\ F_{Nc} \times 4\ \text{m} - 20\ \text{kN} \times 3\ \text{m} - 50\ \text{kN} \times 3\ \text{m} = 0$

得

$$F_{Nc} = 52.5\ \text{kN}$$

由 $\sum M_F = 0,\ -F_{Na} \times 4\ \text{m} + 20\ \text{kN} \times 3\ \text{m} + 20\ \text{kN} \times 6\ \text{m} - 50\ \text{kN} \times 9\ \text{m} = 0$

得

$$F_{Na} = -67.5\ \text{kN}$$

由 $\qquad \sum F_x = 0,\ F_{Na} + F_{Nbx} + F_{Nc} = 0$

得

$$F_{Nbx} = -F_{Na} - F_{Nc} = 15\ \text{kN}$$

利用比例关系,得

$$F_{Nb} = \frac{F_{Nbx}}{3} \times 3.61\ \text{m} = 18.05\ \text{kN}$$

③求杆 $d$ 的内力。联合应用结点法和截面法计算杆 $d$ 的内力较为方便。先取结点 $E$ 为隔离体〔图9.13(c)〕,由平衡方程 $\sum F_x = 0$,得

$$F_{NCE} = F_{Nc} = 52.5\ \text{kN}$$

再用截面Ⅱ—Ⅱ截取桁架左半部分为隔离体〔图9.13(d)〕,列平衡方程

$$\sum M_D = 0,\ F_{Ndx} \times 4\ \text{m} + 52.5\ \text{kN} \times 4\ \text{m} - 50\ \text{kN} \times 3\ \text{m} = 0$$

得

$$F_{Ndx} = -15\ \text{kN}$$

利用比例关系,得

$$F_{Nd} = \frac{F_{Ndx}}{3 \text{ m}} \times 3.61 \text{ m} = -18.05 \text{ kN}$$

如前所述,用截面法计算桁架内力所截断的杆件一般不应超过 3 根。当被截断的杆件超过 3 根时,其中某根杆件的轴力也可选取适当的平衡方程求出。例如对图 9.14(a)所示桁架,欲求杆 $ED$ 的轴力,可用 $\mathrm{I}—\mathrm{I}$ 截面将桁架截开,在被截断的 5 根杆件中,除杆 $ED$ 外,其余 4 杆均会交于结点 $C$,由力矩方程 $\sum M_C = 0$ 即可求得 $F_{NED}$。

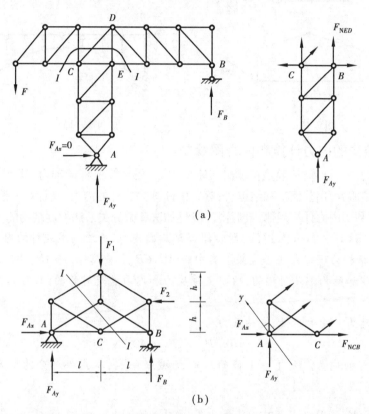

(a)

(b)

图 9.14

又如图 9.14(b)所示的复杂桁架,欲求杆 $CB$ 的轴力,可用 $\mathrm{I}—\mathrm{I}$ 截面将桁架截开,在被截断的 4 根杆件中,除杆 $CB$ 外,其余 3 根杆互相平行,选取 $y$ 轴与此 3 根杆垂直,由投影方程 $\sum F_y = 0$ 即可求得 $F_{NCB}$。

# 9.3 静定平面组合结构

### 1)工程实例和计算简图

除了前面学过的刚架、桁架外,在工程实际中,还经常会用到一种由链杆和梁式杆混合组成的结构,通常称之为组合结构。

在组合结构中,链杆能较充分地利用材料,而链杆对梁式杆的加劲作用,改善了梁式杆的受力状态,使其能承受更大荷载。因而组合结构广泛应用于较大跨度的建筑物。例如图

9.15(a)所示的下撑式五角形屋架就是静定组合结构中的一个较为典型的例子。它的上弦杆由钢筋混凝土制成,主要承受弯矩,下弦杆和腹杆由型钢制成,主要承受轴力。其计算简图如图9.15(b)所示。图9.16为静定组合式拱桥的计算简图,它是由若干根链杆组成的链杆拱与加劲梁用竖向链杆连接而成的组合结构。

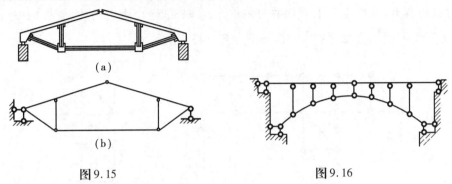

(a)

(b)

图9.15                图9.16

### 2)组合结构的内力计算和内力图绘制

组合结构的内力计算,一般是在求出支座反力后,先计算链杆的轴力,其计算方法与平面桁架内力计算相似,可用截面法和结点法;然后再计算梁式杆的内力,其计算方法与梁、刚架内力计算相似,可利用内力计算规律;最后由区段叠加法和微分关系法绘制结构的内力图。

【例9.6】 试计算如图9.17(a)所示组合结构的内力,并绘制梁式杆的内力图。

【解】 此结构为下撑式组合屋架。其中杆 $AC$,$CB$ 为梁式杆,杆 $AD$,$DF$,$DE$,$EG$,$EB$ 为链杆。因为荷载和结构都是对称的,所以支座反力和内力也是对称的,故可只计算半个结构上的内力。

①求支座反力。由对称性,支座反力为

$$F_{Ax} = 0, \ F_{By} = F_{Ay} = 40 \text{ kN}$$

②计算链杆的内力。用 I—I 截面从 $C$ 处截断结构,取左半部分为隔离体〔图9.17(b)〕,由平衡方程

$$\sum M_C = 0 \qquad F_{NDE} \times 2 \text{ m} - F_{Ay} \times 4 \text{ m} + 10 \text{ kN/m} \times 4 \text{ m} \times 2 \text{ m} = 0$$

得

$$F_{NDE} = 40 \text{ kN}$$

由

$$\sum F_x = 0, \quad F_{NDE} - F_{Cx} = 0$$

得

$$F_{Cx} = F_{NDE} = 40 \text{ kN}$$

由

$$\sum F_y = 0, \quad F_{Ay} - 10 \text{ kN/m} \times 4 \text{ m} + F_{Cy} = 0$$

得

$$F_{Cy} = 0$$

取结点 $D$ 为隔离体〔图9.17(c)〕,由平衡方程 $\sum F_x = 0$,得

$$F_{NDAx} = 40 \text{ kN}$$

利用比例关系,得

$$F_{NDA} = \sqrt{2}F_{NDAx} = 56.6 \text{ kN}$$

$$F_{NDAy} = 40 \text{ kN}$$

由平衡方程 $\sum F_y = 0$，得

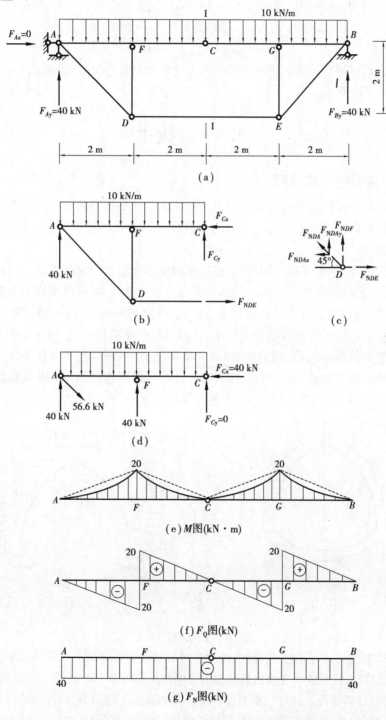

（a）

（b）

（c）

（d）

（e）$M$图(kN·m)

（f）$F_Q$图(kN)

（g）$F_N$图(kN)

图 9.17

$$F_{NDF} = -F_{NDAy} = -40 \text{ kN}$$

③计算梁式杆内力。将链杆内力的反作用力作为荷载作用在梁式杆上,取杆 $AFC$ 为隔离体,如图 9.17(d) 所示。以 $A, F, C$ 为控制截面,控制截面上的内力为

$$M_{AF} = 0, \quad M_{FA} = M_{FC} = -20 \text{ kN} \cdot \text{m}(\text{上侧受拉}), \quad M_{CF} = 0$$
$$F_{QAF} = 0, \quad F_{QFA} = -20 \text{ kN}, \quad F_{QFC} = 20 \text{ kN}, \quad F_{QCF} = 0$$
$$F_{NAC} = F_{NCA} = -40 \text{ kN}$$

④绘制梁式杆的内力图。根据梁式杆内力计算的结果,可以绘出梁式杆的内力图,分别如图 9.17(e)、(f) 所示。

# 9.4 三铰拱

## 1)工程实例和计算简图

拱是由曲杆组成的在竖向荷载作用下支座处产生水平推力的结构。水平推力是指拱两个支座处指向拱内部的水平反力。在竖向荷载作用下有无水平推力,是拱式结构和梁式结构的主要区别。

在拱结构中,由于水平推力的存在,拱横截面上的弯矩比相应简支梁对应截面上的弯矩小得多,并且可使拱横截面上的内力以轴向压力为主。这样,拱可以用抗压强度较高而抗拉强度较低的砖、石和混凝土等材料来制造。因此,拱结构在房屋建筑、桥梁建筑和水利建筑工程中得到广泛应用。例如在桥梁工程中,拱桥是最基本的桥型之一;又如图 9.18(a) 所示为某隧道的钢筋混凝土衬砌,它是由 $AB, AC$ 和 $BC$ 三个钢筋混凝土构件组成。因为这三个钢筋混凝土构件是分别浇筑的,所以 $A, B, C$ 三处都可以看作铰结点,$AB$ 是反拱底板,$AC$ 与 $BC$ 则组成一个三铰拱。图 9.18(b) 是它的计算简图。

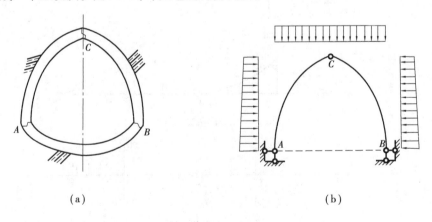

(a)                                    (b)

图 9.18

在拱结构中,由于水平推力的存在,使得拱对其基础的要求较高。若基础不能承受水平推力,可用一根拉杆来代替水平支座链杆承受拱的推力,如图 9.19(a) 所示为屋面承重结构,图 9.19(b) 是它的计算简图。这种拱称为拉杆拱。为增加拱下的净空,拉杆拱的拉杆位置可适当提高,如图 9.20(a) 所示;也可以将拉杆做成折线形,并用吊杆悬挂,如图 9.20(b) 所示。

按铰的多少,拱可以分为无铰拱、两铰拱和三铰拱,如图 9.21 所示。无铰拱和两铰拱属

超静定结构,三铰拱属静定结构。按拱轴线的曲线形状,拱又可以分为抛物线拱、圆弧拱和悬链线拱等。

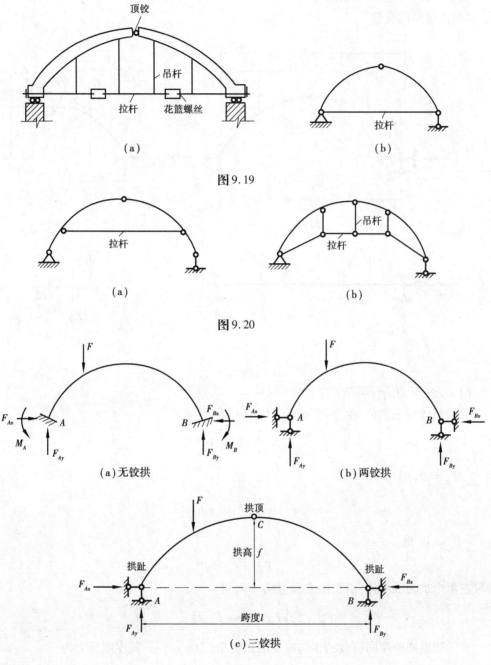

（a）

（b）

图 9.19

（a）

（b）

图 9.20

（a）无铰拱

（b）两铰拱

（c）三铰拱

图 9.21

　　拱与基础的连接处称为拱趾,或称拱脚。拱轴线的最高点称为拱顶。拱顶到两拱趾连线的高度 $f$ 称为拱高,两个拱趾间的水平距离 $l$ 称为跨度,如图 9.21（c）所示。拱高与拱跨的比值 $f/l$ 称为高跨比,高跨比是影响拱的受力性能的重要的几何参数。

### 2)三铰拱的内力计算

现以如图9.22(a)所示的三铰拱为例说明内力计算过程。该拱的两支座在同一水平线上,且只承受竖向荷载。

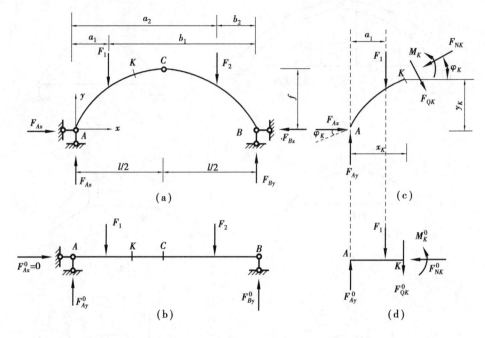

图9.22

（1）支座反力的计算

取拱整体为隔离体,由平衡方程 $\sum M_B = 0$,得

$$F_{Ay} = \frac{1}{l}(F_1 b_1 + F_2 b_2) \tag{a}$$

由 $\sum M_A = 0$,得

$$F_{By} = \frac{1}{l}(F_1 a_1 + F_2 a_2) \tag{b}$$

由 $\sum F_y = 0$,得

$$F_{Ax} = F_{Bx} = F_x \tag{c}$$

再取左半个拱为隔离体,由平衡方程 $\sum M_C = 0$,得

$$F_{Ax} = \frac{1}{f}\left[ F_{Ay} \times \frac{l}{2} - F_1 \times \left( \frac{l}{2} - a_1 \right) \right] \tag{d}$$

与三铰拱同跨度同荷载的相应简支梁如图9.22(b)所示,其支座反力为

$$\left. \begin{array}{l} F_{Ay}^0 = \dfrac{1}{l}(F_1 b_1 + F_2 b_2) \\[2mm] F_{By}^0 = \dfrac{1}{l}(F_1 a_1 + F_2 a_2) \\[2mm] F_{Ax}^0 = 0 \end{array} \right\} \tag{e}$$

同时,可以计算出相应简支梁 $C$ 截面上的弯矩为

$$M_C^0 = F_{Ay}^0 \times \frac{l}{2} - F_1 \times \left( \frac{l}{2} - a_1 \right) \tag{f}$$

比较以上各式,可得三铰拱的支座反力与相应简支梁的支座反力之间的关系为

$$\left. \begin{array}{l} F_{Ay} = F_{Ay}^0 \\[2mm] F_{By} = F_{By}^0 \\[2mm] F_{Ax} = F_{Bx} = F_x = \dfrac{M_C^0}{f} \end{array} \right\} \tag{9.2}$$

利用上式,可以借助相应简支梁的支座反力和内力的计算结果来求三铰拱的支座反力。

由式(9.2)可以看出,只受竖向荷载作用的三铰拱,两固定铰支座的竖向反力与相应简支梁的相同,水平反力 $F_x$ 等于相应简支梁截面 $C$ 处的弯矩 $M_C^0$ 与拱高 $f$ 的比值。当荷载与跨度不变时,$M_C^0$ 为定值,水平反力与拱高 $f$ 成反比。若 $f \to 0$,则 $F_x \to \infty$,此时三个铰共线,成为瞬变体系。

(2)任意截面 $K$ 上内力的计算

由于拱轴线为曲线,使得三铰拱的内力计算较为复杂,但也可以借助其相应简支梁的内力计算结果,来求拱的任一截面 $K$ 上的内力。具体分析如下:

取三铰拱的 $K$ 截面以左部分为隔离体如图 9.22(c)所示。设 $K$ 截面形心的坐标分别为 $x_K$、$y_K$,$K$ 截面的法线与 $x$ 轴的夹角为 $\varphi_K$。$K$ 截面上的内力有弯矩 $M_K$、剪力 $F_{QK}$ 和轴力 $F_{NK}$。规定:弯矩以使拱内侧纤维受拉为正,反之为负;剪力以使隔离体产生顺时针转动趋势时为正,反之为负;轴力以压力为正,拉力为负(在隔离体图上将内力均按正向画出)。利用平衡方程,可以求出拱的任意截面 $K$ 上的内力为

$$\left. \begin{array}{l} M_K = \left[ F_{Ay} x_K - F_1 (x_K - a_1) \right] - F_{Ax} y_K \\[2mm] F_{QK} = (F_{Ay} - F_1) \cos \varphi_K - F_{Ax} \sin \varphi_K \\[2mm] F_{NK} = (F_{Ay} - F_1) \sin \varphi_K + F_{Ax} \cos \varphi_K \end{array} \right\} \tag{g}$$

在相应简支梁上取图 9.22(d)所示隔离体,利用平衡方程,可以求出相应简支梁 $K$ 截面上的内力为

$$\left. \begin{array}{l} M_K^0 = F_{Ay}^0 x_K - F_1 (x_K - a_1) \\[2mm] F_{QK}^0 = F_{Ay}^0 - F_1 \\[2mm] F_{NK}^0 = 0 \end{array} \right\} \tag{h}$$

利用上式与式(9.2),式(g)可写为

$$\left. \begin{array}{l} M_K = M_K^0 - F_{Ax} y_K \\[2mm] F_{QK} = F_{QK}^0 \cos \varphi_K - F_{Ax} \sin \varphi_K \\[2mm] F_{NK} = F_{QK}^0 \sin \varphi_K + F_{Ax} \cos \varphi_K \end{array} \right\} \tag{9.3}$$

式(9.3)即为三铰拱任意截面 $K$ 上的内力计算公式。计算时要注意内力的正负号规定。

由式(9.3)可以看出,由于水平支座反力 $F_x$ 的存在,三铰拱任意截面 $K$ 上的弯矩和剪力均小于其相应简支梁的弯矩和剪力,并且存在着使截面受压的轴力。通常轴力较大,为主要内力。

（3）内力图的绘制

一般情况下，三铰拱的内力图均为曲线图形。为了简便起见，在绘制三铰拱的内力图时，通常沿跨长或沿拱轴线选取若干个截面，求出这些截面上的内力值。然后以拱轴线的水平投影为基线，在基线上把所求截面上的内力值按比例标出，用曲线相连，绘出内力图。

【例9.7】　求如图9.23（a）所示的三铰拱截面 $D$ 和 $E$ 上的内力。已知拱轴线方程为 $y = \dfrac{4f}{l^2}x(l-x)$。

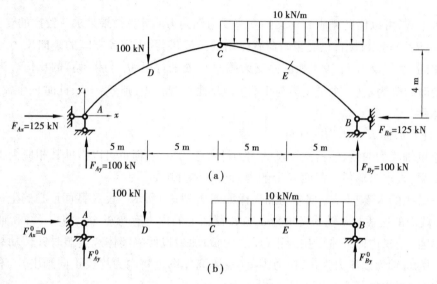

图9.23

【解】　①计算三铰拱的支座反力。三铰拱的相应简支梁如图9.23（b）所示，其支座反力为

$$F^0_{Ax} = 0, \quad F^0_{Ay} = F^0_{By} = 100 \text{ kN}$$

相应简支梁截面 $C$ 处的弯矩为

$$M^0_C = 500 \text{ kN} \cdot \text{m}$$

由式（9.2），三铰拱的支座反力为

$$F_{Ay} = F^0_{Ay} = 100 \text{ kN}$$

$$F_{By} = F^0_{By} = 100 \text{ kN}$$

$$F_{Ax} = F_{Bx} = F_x = \frac{M^0_C}{f} = 125 \text{ kN}$$

②计算 $D$ 截面上的内力。计算所需有关数据为

$$x_D = 5 \text{ m}, y_D = \frac{4f}{l^2}x_D(l-x_D) = 3 \text{ m}$$

$$\tan \varphi_D = \frac{\mathrm{d}y}{\mathrm{d}x}\bigg|_{x=5 \text{ m}} = 0.400, \sin \varphi_D = 0.371, \cos \varphi_D = 0.928$$

$$F^0_{QDA} = F^0_{Ay} = 100 \text{ kN}, F^0_{QDC} = F^0_{Ay} - 100 \text{ kN} = 0, M^0_D = 500 \text{ kN} \cdot \text{m}$$

由式（9.3），算得三铰拱 $D$ 截面上的内力为

$$M_D = M^0_D - F_x y_D = 125 \text{ kN} \cdot \text{m}$$

$$F_{QDA} = F_{QDA}^0 \cos \varphi_D - F_x \sin \varphi_D = 46.4 \text{ kN}$$

$$F_{QDC} = F_{QDC}^0 \cos \varphi_D - F_x \sin \varphi_D = -46.4 \text{ kN}$$

$$F_{NDA} = F_{QDA}^0 \sin \varphi_D + F_x \cos \varphi_D = 153 \text{ kN}$$

$$F_{NDC} = F_{QDC}^0 \sin \varphi_D + F_x \cos \varphi_D = 116 \text{ kN}$$

必须指出,因为截面 $D$ 处受集中荷载作用,所以该处左、右两侧截面上的剪力和轴力不同,要分别加以计算。

③计算 $E$ 截面上的内力。计算所需有关数据为

$$x_E = 15 \text{ m}, y_E = \frac{4f}{l^2} x_E (l - x_E) = 3 \text{ m}$$

$$\tan \varphi_E = \frac{\mathrm{d}y}{\mathrm{d}x} \Big|_{x=15 \text{ m}} = -0.400, \sin \varphi_E = -0.371, \cos \varphi_E = 0.928$$

$$F_{QE}^0 = -50 \text{ kN}, M_E^0 = 375 \text{ kN} \cdot \text{m}$$

由式(9.3),算得三铰拱 $E$ 截面上的内力为

$$M_E = M_E^0 - F_x y_E = 0$$

$$F_{QE} = F_{QE}^0 \cos \varphi_E - F_x \sin \varphi_E = -0.025 \text{ kN} \approx 0$$

$$F_{NE} = F_{QE}^0 \sin \varphi_E + F_x \cos \varphi_E = 134 \text{ kN}$$

### 3) 合理拱轴的概念

在一般情况下,三铰拱任意截面上受弯矩、剪力和轴力的作用,截面上的正应力分布是不均匀的。若能使拱的所有截面上的弯矩都为零(剪力也为零),则截面上仅受轴向压力的作用,各截面都处于均匀受压状态,材料能得到充分的利用,设计成这样的拱是最经济的。由式(9.3)可以看出,在给定荷载作用下,可以通过调整拱轴线的形状来达到这一目的。若拱的所有截面上的弯矩都为零,则这样的拱轴线就称为在该荷载作用下的合理拱轴。

下面讨论合理拱轴的确定。由式(9.3),三铰拱任意截面上的弯矩为 $M_K = M_K^0 - F_x y_K$,令其等于0,得

$$y_K = \frac{M_K^0}{F_x} \tag{9.4}$$

当拱所受的荷载为已知时,只要求出相应简支梁的弯矩方程 $M_K^0$,然后除以水平推力(水平支座反力)$F_x$,便可得到合理拱轴方程。

【例9.8】　求如图9.24(a)所示的三铰拱在竖向均布荷载 $q$ 作用下的合理拱轴。

【解】　绘出拱的相应简支梁,如图9.24(b)所示,其弯矩方程为

$$M^0(x) = \frac{1}{2} qlx - \frac{1}{2} qx^2 = \frac{1}{2} qx(l - x)$$

由式(9.2),拱的水平推力(水平支座反力)为

$$F_x = \frac{M_C^0}{f} = \frac{\dfrac{ql^2}{8}}{f} = \frac{ql^2}{8f}$$

利用式(9.4),可求得合理拱轴的方程为

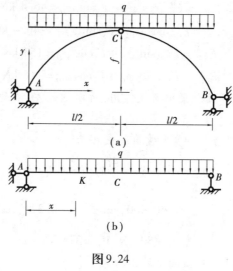

图 9.24

$$y(x) = \frac{M^0(x)}{F_x} = \frac{\dfrac{qx(l-x)}{2}}{\dfrac{ql^2}{8f}} = \frac{4f}{l^2}x(l-x)$$

由此可见,在满跨的竖向均布荷载作用下,对称三铰拱的合理拱轴为二次抛物线。这就是工程中拱轴线常采用抛物线的原因。

需要指出,三铰拱的合理拱轴只是对一种给定荷载而言的,在不同的荷载作用下有不同的合理拱轴。例如,对称三铰拱在径向均布荷载的作用下,其合理拱轴为圆弧线〔图 9.25 (a)〕;在拱上填土(填土表面为水平)的重力作用下,其合理拱轴为悬链线〔图 9.25(b)〕。

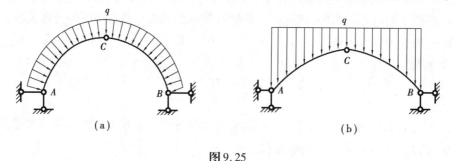

图 9.25

# 9.5  静定结构的特性

静定结构包括静定梁、静定刚架、静定桁架、静定组合结构和三铰拱等,虽然这些结构的形式各异,但都具有共同的特性。主要有以下几点:

(1)静定结构解的唯一性

静定结构是无多余约束的几何不变体系。由于没有多余约束,其所有的支座反力和内力都可以由静力平衡方程完全确定,并且解答只与荷载及结构的几何形状、尺寸有关,而与构件所用的材料及构件截面的形状、尺寸无关。另外,当静定结构受到支座移动、温度改变和制造误差等非荷载因素作用时,只能使静定结构产生变位,不会产生支座反力和内力。例如图9.26(a)所示的简支梁 $AB$,在支座 $B$ 发生下沉时,仅产生了绕 $A$ 点的转动,而不产生反力和内力。又如图9.26(b)所示简支梁 $AB$ 在温度改变时,也仅产生了如图中虚线所示的形状改变,而不产生反力和内力。因此,当静定结构和荷载一定时,其反力和内力的解答是唯一的确定值。

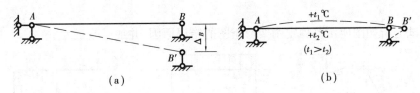

(a)　　　　　　　　　　　　　　(b)

图9.26

(2)静定结构的局部平衡性

静定结构在平衡力系作用下,其影响的范围只限于受该力系作用的最小几何不变部分,而不致影响到此范围以外。即仅在该部分产生内力,在其余部分均不产生内力和反力。如图9.27所示的受平衡力系作用的桁架,仅在 $CDEF$ 部分的杆件中产生内力,而其他杆件的内力以及支座反力都为零。

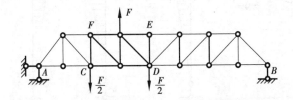

图9.27

(3)静定结构的荷载等效性

若两组荷载的合力相同,则对受力体的运动效应相等,故称为等效荷载。把一组荷载变换成另一组与之等效的荷载,称为荷载的等效变换。

当对静定结构的一个内部几何不变部分上的荷载进行等效变换时,其余部分的内力和反力不变。如图9.28(a)、(b)所示的简支梁在两组等效荷载的作用下,除 $CD$ 部分的内力有所变化外,其余部分的内力和支座反力均保持不变。

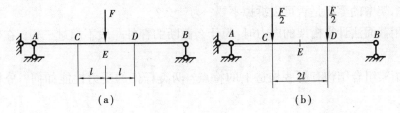

(a)　　　　　　　　　　　　　　(b)

图9.28

# 思考题

9.1 刚结点和铰结点在受力和变形方面各有什么特点?

9.2 如何根据刚架的弯矩图作出它的剪力图?又如何根据刚架的剪力图作出它的轴力图?

9.3 试分析如图所示各静定刚架弯矩图的错误原因,并加以改正。

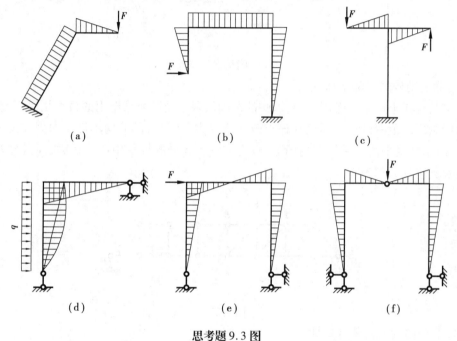

思考题9.3图

9.4 为什么三铰拱可以用砖、石等抗拉性能差而等抗压性能好的材料建造,而梁却很少用这些材料建造?

9.5 什么叫合理拱轴线?如何确定三铰拱的合理拱轴线?在什么情况下三铰拱的合理拱轴才是二次抛物线?

9.6 为什么能采用理想桁架作为实际桁架的计算简图?对理想桁架作了哪些假定?

9.7 桁架中的零杆是否可以拆掉不要?为什么?

9.8 用截面法计算桁架的内力时,为什么截断的杆件一般不超过三根?在什么情况下可以例外?

9.9 桁梁组合结构有哪些构造上的特点?两类杆件的受力性能如何?分析时应注意什么?

9.10 在计算桁梁组合结构的内力时,为什么要先计算链杆的内力再计算梁式杆的内力?

9.11 静定刚架、三铰拱、静定桁架以及静定组合结构的力学性能有何不同?其内力计算的原理、方法以及步骤有何异同?

9.12 静定结构有哪些静力特性?

# 习 题

9.1 试作如图所示刚架的内力图。

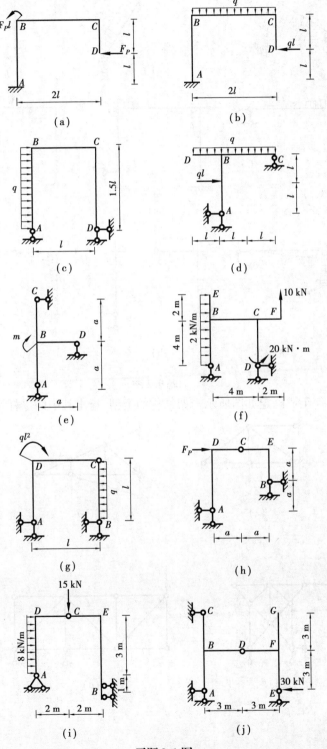

习题 9.1 图

9.2 试定性地分析如图所示各静定刚架弯矩图的错误原因,并加以改正。

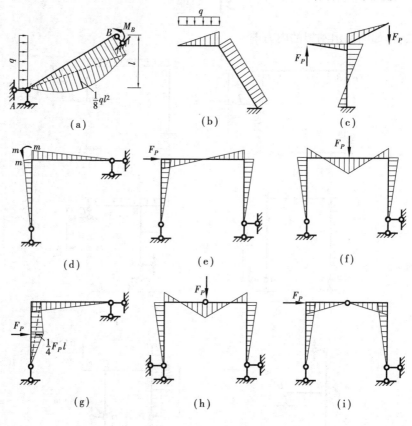

习题9.2图

9.3 试按几何组成确定如图所示桁架结构的类型,指出其中的零杆及数量。

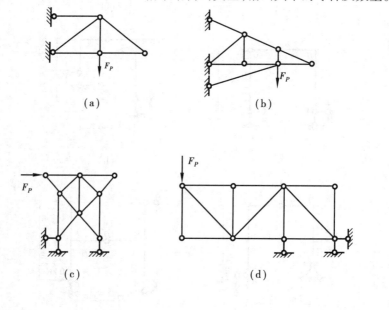

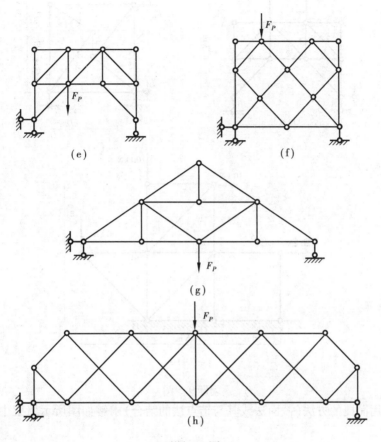

（e）　　　　　　　　　　（f）

（g）

（h）

习题9.3图

9.4　试用结点法求如图所示桁架结构各杆的内力。

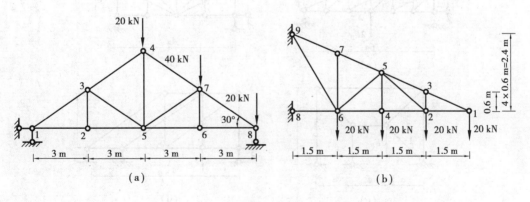

（a）　　　　　　　　　　　　（b）

习题9.4图

9.5 试用截面法或更简捷的方法求解如图所示桁架中指定杆件 1,2,3 的内力。

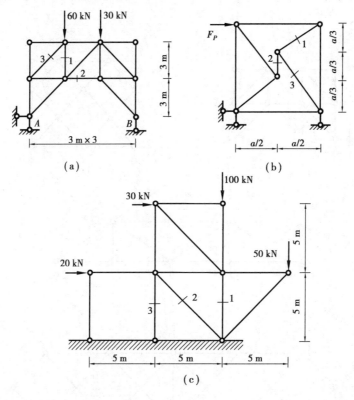

（a）

（b）

（c）

**习题 9.5 图**

9.6 试用简捷的方法（截面法或其与结点法的结合）求解如图所示桁架中指定的 1,2,3 杆件的内力。

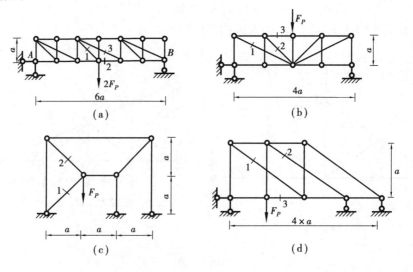

（a）

（b）

（c）

（d）

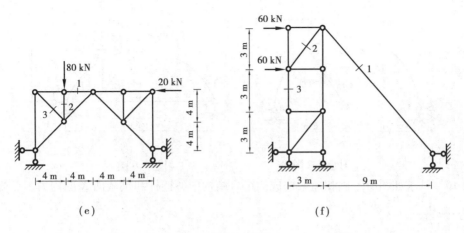

(e)　　　　　　　　　　　(f)

**习题 9.6 图**

9.7　试计算如图所示组合结构的内力。在图中标出链杆的轴力,并作梁式杆的弯矩图。

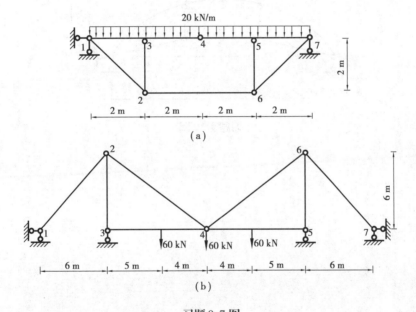

(a)

(b)

**习题 9.7 图**

9.8　计算如图所示半圆三铰拱 $K$ 截面的内力 $M_K$, $F_{QK}$, $F_{NK}$。已知: $q = 10$ kN/m, $M = 120$ kN·m。

9.9　如图所示抛物线三铰拱的拱轴方程为 $y = \dfrac{4f}{l^2}x(l - x)$,其中 $l = 20$ m, $f = 4$ m。

试求:

①求截面 $D$, $E$ 的 $M$, $F_Q$, $F_N$ 值。

②如果改变拱高为 $f = 6$ m,支座反力和弯矩有何变化?

③如果拱高和跨度同时变化,但高跨比不变,支座反力和弯矩如何变化?

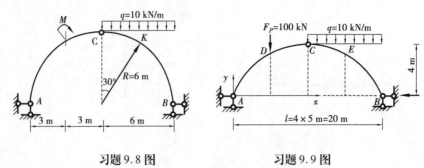

习题9.8图　　　　　　习题9.9图

9.10　试求如图所示拱和桁架构成的组合结构中各链杆和拱截面 $K$ 的内力。已知拱轴方程为 $y = \dfrac{4f}{l^2}x(l-x)$。

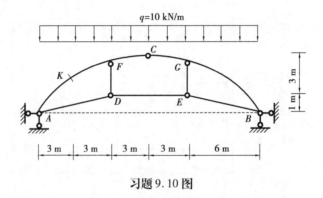

习题9.10图

# 第 10 章

## 梁的应力及强度计算

## 10.1　梁弯曲时的正应力

对梁进行强度计算,判断其是否会被破坏时,仅仅知道内力的大小是不够的,还必须进一步分析内力在横截面上的分布规律,即应力的情况。本章的任务就是讨论梁弯曲时截面上的应力计算,并建立梁的强度条件。为此,我们首先讨论最简单的纯弯曲。

### 1)纯弯曲的概念

对于平面弯曲梁,根据其横截面上的内力状况可以分为两种情况。如图 10.1(a)所示的简支梁,承受两个集中荷载作用,其剪力图和弯矩图如图 10.1(b)、(c)所示。在梁的 $CD$ 段的各个横截面上只有常量弯矩,没有剪力。我们把这种横截面上只有常量弯矩而无剪力的梁段,称为纯弯曲梁段。而在梁的 $AC$ 段和 $DB$ 段的各个横截面上,既有弯矩 $M$ 又有剪力 $F_Q$,将这种梁段称为横力弯曲梁段,或称为剪力弯曲梁段。

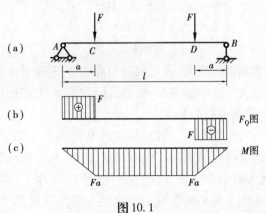

图 10.1

### 2) 梁纯弯曲时横截上的正应力计算公式

为了使所研究的问题简单,以矩形截面梁为例,先讨论梁纯弯曲时横截面上的正应力计算,然后再推广到梁的一般情况。研究梁纯弯曲时横截面上的正应力计算,要综合考虑变形的几何关系、物理关系和静力学关系三个方面。

（1）变形的几何关系

梁纯弯曲时,横截面上的正应力是如何分布的? 怎样计算正应力的大小? 要回答这些问题,就应先研究该截面上任一点处的变形,而梁内部的变形是无法直接观察到的,可以通过观察表面变形的现象来推测内部的变形。为此,取一段矩形截面等直梁,受力之前在其表面画上一系列代表纵向纤维的纵向线和一系列代表横截面边缘的横向线。纵向线与轴线平行,横向线与轴线垂直,这样纵向线与横向线就在梁的表面形成了一系列矩形小方格,如图10.2(a)所示。当在梁的两端施加一对大小相等、转向相反、作用面与横截面垂直的力偶,梁将产生纯弯曲变形,这时可以明显地观察到如图10.2(b)所示的变形现象:

①所有纵向线均变成了曲线,并仍然与变形后的梁轴线(挠曲线)平行;而且靠近梁凸边(下边缘)的纵向线伸长了,而靠近梁凹边(上边缘)的纵向线缩短了。

②所有的横向线仍为直线,只不过相互倾斜了一个角度,但仍然与变形后的纵向线垂直,即原来各矩形方格的直角在梁变形后仍然为直角。

③横截面的高度没有发生变化,但矩形截面梁的凸边(下部)宽度变窄,而凹边(上部)宽度变宽,如图10.2(c)所示。

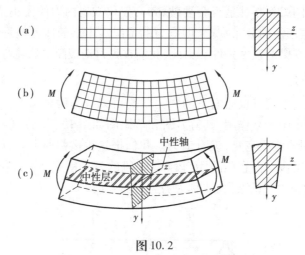

图10.2

根据上面观察到的表面变形现象,通过判断和推理,可对纯弯曲梁作如下假设:

①平面假设。变形前为平面的横截面,变形后仍为平面,它像刚性平面一样绕某轴旋转了一个角度,但仍垂直于梁变形后的轴线。

②单向受力假设。可将梁视为由无数根纵向纤维所组成,由于横截面的高度没有发生变化,因此可认为,各纵向纤维之间无挤压变形现象;同时,由于纵向线与横向线之间的直角在变形前后没有改变,便没有剪切变形,因此各纵向纤维只发生了单向拉伸或压缩变形。

③各纵向纤维的变形大小与其所在横截面宽度方向的位置无关,只与其在高度方向位置有关,即在梁横截面上位于同一高度的纵向纤维变形均相同。

　　根据现象③和单向受力假设,梁下部的纵向线伸长,截面变窄,表示梁下部各纤维受到伸长变形;梁上部的纵向线缩短,截面变宽,表示梁上部各纤维受到压缩变形。从下部各层纤维伸长到上部各层纤维缩短的连续变形中,必有一层纤维既不伸长也不缩短,这层纤维称为中性层,中性层与横截面的交线称为中性轴,如图 10.2(c)所示。中性轴将截面分为两个区:凸边一侧为受拉区,凹边一侧为受压区。根据平面假设可知,纵向纤维伸长或缩短是由于横截面绕中性轴转动的结果。由于平面弯曲梁的外力作用在梁的纵向对称平面内,故梁的变形也对称于此平面。因此,中性轴应垂直于截面的对称轴 $y$,如图 10.2(c)所示。

　　根据上述假设和推理,通过几何关系便可求出横截面上任一点处纵向纤维的线应变,从而找出纵向线应变的变化规律。为此,用相邻的两截面 $m$—$m$,$n$—$n$ 从梁上截取一微段梁 $dx$ 进行分析[图 10.3(a)],$O_1O_2$ 为中性层。以中性轴为 $z$ 轴,以截面的纵向对称轴为 $y$ 轴,向下为正。现讨论距中性层 $y$ 处的纵向纤维 $\overline{ab}$ 的线应变[图 10.3(b)]。

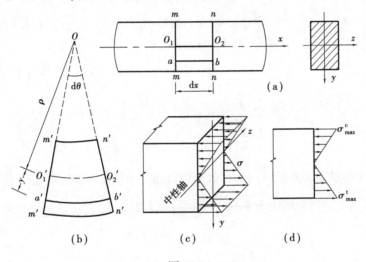

图 10.3

　　如图 10.3(b)所示,梁变形后截面 $m$—$m$,$n$—$n$ 间相对转角为 $d\theta$,纤维 $\overline{ab}$ 由直线变成弧线 $\overset{\frown}{a'b'}$,$O$ 为中性层的曲率中心,曲率半径用 $\rho$ 表示。纤维 $\overline{ab}$ 的原长 $\overline{ab} = \overline{O_1O_2} = \overline{O'_1O'_2} = dx$,因此,纤维 $\overline{ab}$ 的纵向变形为

$$\Delta = \overset{\frown}{a'b'} - \overline{ab} = \overset{\frown}{a'b'} - \overline{O_1O_2} = \overset{\frown}{a'b'} - \overset{\frown}{O'_1O'_2}$$
$$= (\rho + y)d\theta - \rho d\theta = yd\theta$$

其线应变为

$$\varepsilon = \frac{\Delta}{dx} = \frac{yd\theta}{\rho d\theta} = \frac{y}{\rho} \tag{a}$$

该式表明,横截面上各点处的纵向线应变 $\varepsilon$ 与该点到中性轴的距离 $y$ 成正比。

　　(2)物理关系

　　因为纵向纤维之间无挤压,每根纵向纤维均是单向拉伸或压缩,分别与轴向拉压杆的纵向纤维类似。由此可知纯弯曲梁横截面上各点只有正应力。当正应力不超过材料的比例极限 $\sigma_p$ 时,由胡克定律可知

$$\sigma = E\varepsilon \tag{b}$$

将(a)式代入(b)式得

$$\sigma = E\varepsilon = E\frac{y}{\rho} \qquad\qquad (c)$$

(c)式表明,横截面上任意点的正应力与该点到中性轴的距离成正比。综合前面的分析,可以得出梁纯弯曲时横截面上正应力的分布规律:正应力沿横截面的高度呈线性变化,并以中性轴为界,一侧为拉应力,另一侧为压应力;中性轴上各点处的正应力为零,到中性轴等距离各点处的正应力相等;距中性轴最远点处将产生最大拉应力或最大压应力,如图 10.3(c)、(d)所示。

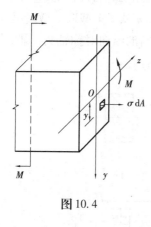

图 10.4

（3）静力学关系

如图 10.4 所示,在梁的横截面上取微面积 $\mathrm{d}A$,其上的法向微内力为 $\sigma\mathrm{d}A$,此微内力沿梁轴线方向的合力为 $\int_A \sigma\mathrm{d}A$,它应等于该横截面上的轴力 $F_\mathrm{N}$。而梁纯弯曲时,横截面上并没有轴力,即 $F_\mathrm{N}=0$,于是有

$$F_\mathrm{N} = \int_A \sigma\mathrm{d}A = \int_A E\frac{y}{\rho}\mathrm{d}A = \frac{E}{\rho}\int_A y\mathrm{d}A = 0$$

式中,$\dfrac{E}{\rho}$ = 常量,且不等于零,则有

$$\int_A y\mathrm{d}A = S_z = 0 \qquad\qquad (d)$$

$S_z$ 是横截面对中性轴 $z$ 的面积矩,$S_z=0$ 说明横截面的中性轴 $z$ 必定通过截面的形心。

同时,横截面上的所有微内力 $\sigma\mathrm{d}A$ 对 $z$ 轴的合力偶矩为 $\int_A \sigma\mathrm{d}A \cdot y$,并等于该横截面上的弯矩 $M$,于是有

$$M = \int_A y\sigma\mathrm{d}A = \int_A yE\frac{y}{\rho}\mathrm{d}A = \frac{E}{\rho}\int_A y^2\mathrm{d}A$$

式中积分

$$\int_A y^2\mathrm{d}A = I_z$$

是横截面对 $z$ 轴(中性轴)的惯性矩。因此可得

$$M = \frac{E}{\rho}I_z$$

即

$$\frac{1}{\rho} = \frac{M}{EI_z} \qquad\qquad (10.1)$$

式中,$\dfrac{1}{\rho}$ 是梁变形后轴线的曲率。该式表明,$EI_z$ 越大,曲率 $\dfrac{1}{\rho}$ 就越小,那么梁的变形也就越小,说明梁抵抗弯曲变形的能力就越强,故 $EI_z$ 称为梁的抗弯刚度。将式(10.1)代入式(c)可得纯弯曲梁横截面上任意点正应力计算公式:

$$\sigma = E\frac{y}{\rho} = Ey\frac{M}{EI_z} = \frac{My}{I_z} \qquad\qquad (10.2)$$

式中，$M$ 为横截面上的弯矩；$y$ 为所求正应力点到中性轴的距离；$I_z$ 为横截面对中性轴 $z$ 的惯性矩，只与横截面的形状、尺寸有关，常用单位为 $m^4$ 或 $mm^4$，是横截面的几何特征之一（详见附录 I）。

应用公式（10.2）计算正应力时，通常不考虑式中 $M$ 和 $y$ 的正负号，而以其绝对值代入，正应力 $\sigma$ 的正负号可根据梁的变形情况直接判断。以中性轴为界，梁凸出的一侧为拉应力，凹进的一侧为压应力。

由正应力计算公式的推导过程可知，它们的适用条件是：处于线弹性范围内（$\sigma_{max} \leqslant \sigma_p$）的纯弯曲梁。式（10.2）虽然是由矩形截面梁推导出来的，但在推导过程中并没有用到矩形的几何性质。因此，只要梁有一纵向对称面，且荷载作用在该平面内，如图 10.5 所示的圆形、圆环形、工字形、T 形等截面梁，公式均适用。

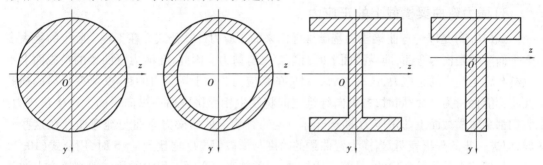

**图 10.5**

【例 10.1】 矩形截面简支梁的截面尺寸如图 10.6 所示，在对称位置承受两集中力作用。试求梁跨中截面 $a,b,c$ 三点处的正应力。

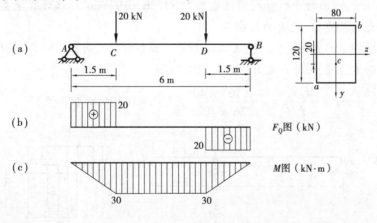

**图 10.6**

【解】 ①绘制梁的内力图，如图 10.6（b）、（c）所示。由内力图知，梁的跨中截面位于梁的 $CD$ 段，该段剪力 $F_Q = 0$，弯矩 $M = 30\ kN \cdot m$，是纯弯曲梁段。

②计算正应力。根据图中所示尺寸，计算矩形截面的惯性矩

$$I_z = \frac{1}{12}bh^3 = \frac{1}{12} \times 80 \times 120^3 = 1.152 \times 10^7 (mm^4)$$

由式（10.2）计算跨中截面各点的正应力：

$a$ 点处的正应力

$$\sigma_a = \frac{My_a}{I_z} = \frac{30 \times 10^6 \times 60}{1.152 \times 10^7} = 156.25(\text{MPa})(拉应力)$$

$b$ 点处的正应力

$$\sigma_b = \frac{My_b}{I_z} = \frac{30 \times 10^6 \times (-60)}{1.152 \times 10^7} = -156.25(\text{MPa})(压应力)$$

$c$ 点处的正应力

$$\sigma_c = \frac{My_c}{I_z} = \frac{30 \times 10^6 \times 20}{1.152 \times 10^7} = 50.08(\text{MPa})(拉应力)$$

三点处正应力的正负也可由变形直接判定，$a,c$ 两点在受拉一侧，其应力为拉应力，而 $b$ 点在受压一侧，则其应力为压应力。

### 3)横力弯曲梁横截上的正应力

式(10.2)是以纯弯曲梁段为基础推导出来的正应力计算公式。在工程实际中的绝大多数平面弯曲是横力弯曲，即横截面上既有弯矩又有剪力。因此，在横力弯曲梁的横截面上不仅有与弯矩对应的正应力，还有与剪力对应的切应力。由于切应力的存在，梁变形后的横截面将不能保持为平面；同时，各纵向纤维之间将发生相互挤压而在纵向平面上产生正应力。它们都会对横截面上的正应力的分布有一定的影响。虽然横力弯曲与纯弯曲存在这些差异，但进一步的分析表明，当横力弯曲梁的跨度与横截面高度之比 $l/h > 5$ 时，用公式(10.2)计算的正应力是足够精确的，且跨高比越大，误差越小。实际工程中的梁一般都符合上述条件，因此，上述公式广泛应用于实际计算中。

【例 10.2】 如图 10.7(a)所示的 T 形横截面悬臂梁，截面尺寸如图所示，形心到上边缘距离为 $y_C = 30$ mm，截面对中性轴的惯性矩为 $I_z = 1.36 \times 10^6$ mm$^4$。试计算梁截面 $B$ 上 $K$ 点的正应力和最大的拉应力、最大的压应力。

【解】 ①绘制梁的弯矩图，如图 10.7(b)所示。由图可得截面 $B$ 上的弯矩 $M_B = 4$ kN·m。

②计算截面 $B$ 上 $K$ 点的正应力。由式(10.2)得

$$\sigma_K = \frac{M_B y_K}{I_z} = \frac{4 \times 10^6 \times 40}{1.36 \times 10^6} = 117.65(\text{MPa})(压应力)$$

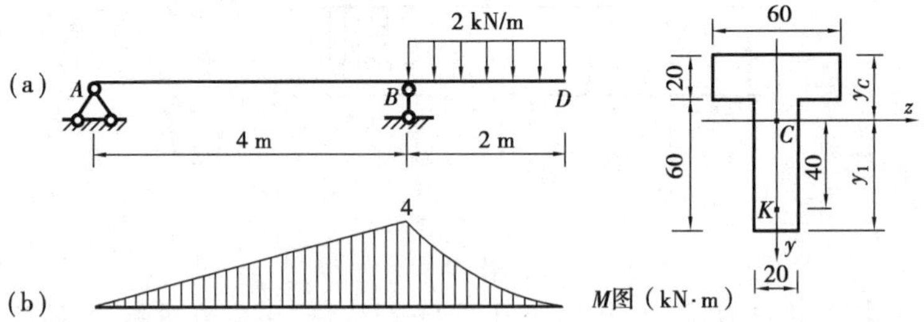

图 10.7

③计算截面 $B$ 上的最大拉应力和最大压应力。由弯矩图可知，该梁在截面 $B$ 处是上侧受拉、下侧受压。因此，最大拉应力发生在截面的上边缘，最大压应力发生在截面的下边缘。由截面的几何尺寸可知，上边缘到中性轴距离为 $y_C = 30$ mm，下边缘到中性轴的距离为 $y_1 = 50$ mm，可求得：

截面 $B$ 上的最大拉应力为

$$\sigma_{max}^t = \frac{M_B y_C}{I_z} = \frac{4 \times 10^6 \times 30}{1.36 \times 10^6} = 88.24(\text{MPa})$$

截面 $B$ 上的最大压应力为

$$\sigma_{max}^c = \frac{M_B y_1}{I_z} = \frac{4 \times 10^6 \times 50}{1.36 \times 10^6} = 147.06 (\text{MPa})$$

## 10.2 梁正应力强度计算

### 1)横截面上的最大正应力

对于横截面关于中性轴对称的梁,如矩形、圆形、工字形等截面梁,由式(10.2)可知,距离中性轴最远点(即 $y = y_{max}$)处的正应力达到最大值 $\sigma_{max}$,且最大拉应力和最大压应力相等,如图 10.8 所示,其大小为

$$\sigma_{max} = \frac{M y_{max}}{I_z} = \frac{M}{I_z / y_{max}} \tag{10.3}$$

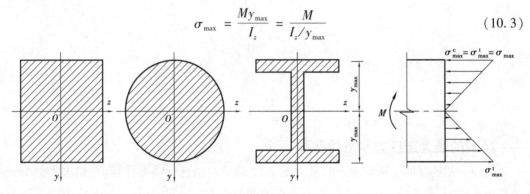

图 10.8

令

$$W_z = \frac{I_z}{y_{max}} \tag{10.4}$$

则

$$\sigma_{max} = \frac{M}{W_z} \tag{10.5}$$

式中,$W_z$ 称为抗弯截面系数,它与横截面的形状、尺寸有关,常用单位为 $m^3$ 或 $mm^3$,是截面的几何性质之一。如图 10.9(a)所示的矩形截面的抗弯截面系数为

$$W_z = \frac{I_z}{y_{max}} = \frac{bh^3/12}{h/2} = \frac{bh^2}{6} \tag{10.6}$$

如图 10.9(b)所示的圆形截面的抗弯截面系数为

$$W_z = \frac{I_z}{y_{max}} = \frac{\pi d^4/64}{d/2} = \frac{\pi d^3}{32} \tag{10.7}$$

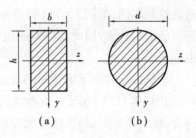

图 10.9

型钢的截面几何性质参数,可从相应的型钢表中查出。

而对于不对称于中性轴的截面梁,如图 10.10 所示的 T 形截面梁,如果截面上的弯矩为正弯矩,梁的下边缘各点产生最大拉应力 $\sigma_{\max}^{\mathrm{t}}$,上边缘各点产生最大的压应力 $\sigma_{\max}^{\mathrm{c}}$。其大小分别为

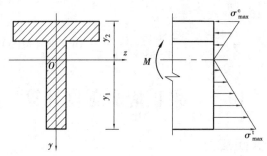

图 10.10

$$\sigma_{\max}^{\mathrm{t}} = \frac{My_1}{I_z}, \sigma_{\max}^{\mathrm{c}} = \frac{My_2}{I_z}$$

令

$$W_{z1} = \frac{I_z}{y_1}, W_{z2} = \frac{I_z}{y_2} \qquad (10.8)$$

则有

$$\sigma_{\max}^{\mathrm{t}} = \frac{M}{W_{z1}}, \sigma_{\max}^{\mathrm{c}} = \frac{M}{W_{z2}} \qquad (10.9)$$

### 2) 梁的最大正应力和危险截面

上面介绍的是同一横截面上的最大正应力,而要对梁进行强度计算,必须求出整个梁上的最大正应力,我们将梁的最大正应力所在的截面称为危险截面,发生最大应力的点称为危险点。对于等直梁,截面的抗弯截面系数为常数,危险截面的位置和最大正应力有以下几种情形:

①截面关于中性轴对称的等直梁,弯矩值最大的截面就是危险截面,其最大应力为

$$\sigma_{\max}^{\mathrm{t}} = \sigma_{\max}^{\mathrm{c}} = \sigma_{\max} = \frac{M_{\max}}{W_z} \qquad (10.10)$$

②截面不对称于中性轴的等直梁,如果全梁上的弯矩均为正弯矩或均为负弯矩,即全梁的受拉侧相同,如图 10.11(a)所示。最大拉应力与最大压应力虽然不相等,但都发生在弯矩值最大的截面,因此危险截面也是弯矩最大的截面。最大应力应按式(10.9)类似方法分别计算。

③截面不对称于中性轴的等直梁,如果梁上的弯矩有正有负,即不同梁段的受拉侧不相同,如图 10.11(b)所示。此种情况,应分别计算最大正弯矩和最大负弯矩截面上的最大拉应力、最大压应力,然后通过对比确定危险截面的位置。此时,可能有两个危险截面,即最大拉应力所在的截面和最大压应力所在的截面。

### 3) 梁正应力的强度条件

为了保证梁能安全正常的工作,必须使梁内的最大工作正应力 $\sigma_{\max}$,不得超过材料的许

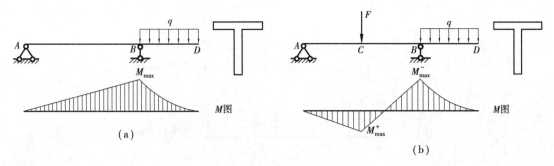

图 10.11

用正应力 $[\sigma]$，此即为梁的正应力强度条件。根据制造梁材料性质的不同，梁的正应力强度条件可表达成以下两种情况：

①对于由塑性材料制成的梁，由于抗拉和抗压能力相同，其正应力条件为

$$\sigma_{max} = \frac{M_{max}}{W_z} \leqslant [\sigma] \tag{10.11}$$

②对于由脆性材料制成的梁，由于抗拉能力和抗压能力不同，应分别对最大拉应力和最大压应力建立强度条件

$$\sigma_{max}^{t} = \frac{M_{max}}{W_z} \leqslant [\sigma_t], \sigma_{max}^{c} = \frac{M_{max}}{W_z} \leqslant [\sigma_c] \tag{10.12}$$

### 4) 梁正应力的强度计算

利用强度条件可进行强度校核、截面设计和确定许可荷载三类强度计算问题。

（1）强度校核

已知梁的横截面形状和尺寸、材料及作用在梁上的荷载，判断式（10.11）是否成立，以校核梁是否具有足够的正应力强度。

（2）设计截面尺寸

已知作用在梁上的荷载和制造梁的材料，根据强度条件，先计算出所需的最小抗弯截面系数

$$W_z \geqslant \frac{M_{max}}{[\sigma]} \tag{10.13}$$

然后根据梁的截面形状，由 $W_z$ 值确定截面的具体尺寸或型钢型号。

（3）确定许用荷载

已知梁的材料、横截面形状和尺寸，根据强度条件计算出梁所能承受的最大弯矩

$$M_{max} \leqslant W_z[\sigma] \tag{10.14}$$

然后根据 $M_{max}$ 与荷载的关系，计算出梁所能承受的最大荷载。

【例 10.3】　一矩形截面悬臂梁在自由端受集中力作用，截面尺寸如图 10.12（a）所示。已知材料的许用应力 $[\sigma] = 160$ MPa。试校核梁的正应力强度。

【解】　①绘制弯矩图，如图 10.12（b）所示。由 M 图可知最大弯矩发生在固定端截面 A 上，截面 A 为危险截面，最大弯矩值 $M_{max} = 72$ kN·m。

②计算抗弯截面系数：

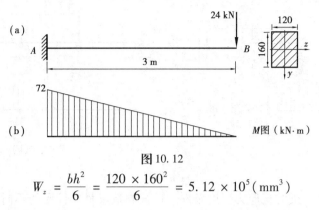

图 10.12

$$W_z = \frac{bh^2}{6} = \frac{120 \times 160^2}{6} = 5.12 \times 10^5 (\text{mm}^3)$$

③校核正应力强度：

$$\sigma_{max} = \frac{M_{max}}{W_z} = \frac{72 \times 10^6}{5.12 \times 10^5} = 140.625 \text{ MPa} < [\sigma] = 160(\text{MPa})$$

所以，该悬臂梁满足正应力强度条件，具有足够的强度。

【例 10.4】 如图 10.13(a)所示的 T 形截面外伸梁，已知材料的许用拉应力 $[\sigma_t] = 32$ MPa，许用压应力 $[\sigma_c] = 70$ MPa。试按正应力强度条件校核梁的强度。

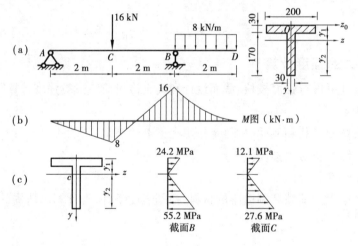

图 10.13

【解】 ①绘制梁的弯矩图，如图 10.13(b)所示。由 $M$ 图可知，截面 $B$ 上最大负弯矩 $M_B = 16$ kN·m，截面 $C$ 上有最大正弯矩 $M_C = 8$ kN·m。

②计算截面的几何特征值。首先确定截面的形心位置，以 $yOz_0$ 为参考坐标系，由形心的坐标公式可得

$$y_1 = y_C = \frac{\sum A_i y_i}{\sum A_i} = \frac{30 \times 200 \times 15 + 170 \times 30 \times 115}{30 \times 200 + 170 \times 30} = 61(\text{mm})$$

由 T 形截面的几何尺寸可知

$$y_2 = 200 - y_1 = 200 - 61 = 139(\text{mm})$$

计算截面对中性轴的惯性矩

$$I_z = \sum_{i=1}^{2}\left(I_{zi} + a_i^2 A_i\right)$$

$$= \frac{200 \times 30^3}{12} + (61 - 15)^2 \times 30 \times 200 + \frac{30 \times 170^3}{12} + (115 - 61)^2 \times 170 \times 30$$

$$= 4.03 \times 10^7 (\text{mm}^4)$$

计算抗弯截面系数

$$W_{1z} = \frac{I_z}{y_1} = \frac{4.03 \times 10^7}{61} = 6.61 \times 10^5 (\text{mm}^3)$$

$$W_{2z} = \frac{I_z}{y_2} = \frac{4.03 \times 10^7}{139} = 2.90 \times 10^5 (\text{mm}^3)$$

③校核强度。图中所示梁的许用拉压应力不相等,截面又不对称于中性轴,因此,对该梁的最大正弯矩和最大负弯矩所在截面均应进行强度校核。

校核截面 $B$ 的强度:截面 $B$ 上有最大的负弯矩,最大拉应力 $\sigma_{B\max}^{t}$ 发生在截面上边缘各点,最大压应力 $\sigma_{B\max}^{c}$ 发生在截面下边缘各点,其值为

$$\sigma_{B\max}^{t} = \frac{M_B}{W_{1z}} = \frac{16 \times 10^6}{6.61 \times 10^5} = 24.2(\text{MPa}) < [\sigma_t]$$

$$\sigma_{B\max}^{c} = \frac{M_B}{W_{2z}} = \frac{16 \times 10^6}{2.90 \times 10^5} = 55.2(\text{MPa}) < [\sigma_c]$$

校核截面 $C$ 的强度:截面 $C$ 上有最大的正弯矩,最大拉应力 $\sigma_{C\max}^{t}$ 发生在截面下边缘各点,最大压应力 $\sigma_{C\max}^{c}$ 发生在截面上边缘各点,其值为

$$\sigma_{C\max}^{t} = \frac{M_C}{W_{2z}} = \frac{8 \times 10^6}{2.90 \times 10^5} = 27.6(\text{MPa}) < [\sigma_t]$$

$$\sigma_{C\max}^{c} = \frac{M_C}{W_{1z}} = \frac{8 \times 10^6}{6.61 \times 10^5} = 12.1(\text{MPa}) < [\sigma_c]$$

正应力分布情况如图 10.13(c)所示。

计算结果表明,最大拉压应力均没有超过相应的许用应力,因此该梁的强度足够。

在本例中,最大拉应力发生在截面 $C$ 的下边缘各点,而最大压应力发生在截面 $B$ 的上边缘各点。梁的材料拉压极限应力不同,因此该梁有两个危险截面,即截面 $B$ 是压应力的危险截面,截面 $C$ 是拉应力的危险截面。

【例 10.5】　如图 10.14(a)所示悬臂梁,采用热轧工字钢制成。已知材料的许用应力 $[\sigma] = 160$ MPa。试选择工字钢的型号。

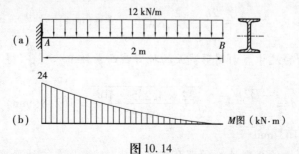

图 10.14

【解】 ①绘制弯矩图,如图10.14(b)所示。由 $M$ 图可知,最大弯矩值 $M_{max} = 24$ kN·m。

②计算工字钢所需要的抗弯截面系数。由强度条件可得

$$W_z \geq \frac{M_{max}}{[\sigma]} = \frac{24 \times 10^6}{160} = 1.5 \times 10^5 (\text{mm}^3) = 150 \text{ cm}^3$$

③选择工字钢型号。查型钢表,16 号工字钢的抗弯截面系数 $W_z = 185$ cm³,比所需的 $W_z$ 略大,因此该梁采用 16 号工字钢。

【例10.6】 某简支梁的计算简图如图 10.15(a)所示。材料的许用应力 $[\sigma] =$ 170 MPa。若该梁分别采用热轧工字钢、矩形(设 $b/h = 2/3$)和圆形截面制成。试分别设计三种截面的尺寸,并比较三种截面梁的合理性。

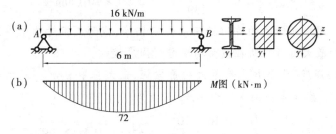

图 10.15

【解】 ①绘制梁的弯矩图,如图 10.15(b)所示,最大弯矩值 $M_{max} = \dfrac{ql^2}{8} = 72$ kN·m。

②计算梁所需要的抗弯截面系数 $W_z$。

$$W_z \geq \frac{M_{max}}{[\sigma]} = \frac{72 \times 10^6}{170} = 4.235 \times 10^5 (\text{mm}^3) = 423.5 \text{ cm}^3$$

③分别计算三种横截面的截面尺寸。

a. 热轧工字钢的型号。由型钢表,查得 25b 号工字钢的 $W_z = 422.7$ cm³,虽小于所需的抗弯截面系数,但相差甚微,显然没有超过 5%,能满足强度要求,故可采用选用 25b 号工字钢。

b. 计算矩形截面的尺寸。由矩形截面的抗弯截面系数

$$W_z = \frac{bh^2}{6} = \frac{1}{6} \times \frac{2h}{3} \times h^2 = \frac{1}{9}h^3$$

得

$$h = \sqrt[3]{9W_z} \geq \sqrt[3]{9 \times 4.235 \times 10^5} = 156.2 (\text{mm})$$

取截面的高度 $h = 156$ mm,则截面的宽度为

$$b = \frac{2h}{3} = \frac{2}{3} \times 156 = 104 (\text{mm})$$

c. 计算圆形截面的尺寸。由圆形截面的抗弯截面系数 $W_z = \dfrac{\pi d^3}{32}$,得

$$d = \sqrt[3]{\frac{32W_z}{\pi}} \geq \sqrt[3]{\frac{32 \times 4.235 \times 10^5}{3.14}} = 162.8 (\text{mm})$$

取圆截面的直径 $d = 163$ mm。

④比较三种截面梁的合理性。所谓合理性的比较,就是在梁的跨度和所受荷载相同的

情况下,哪种截面所用的材料越少就越合理。由于是同种材料,所以材料用量之比就是体积之比,而梁的跨度相同,体积之比就等于截面面积之比。为此,先计算三种截面的面积。

a. 工字形截面:查得 25b 号工字钢截面的面积 $A_工 = 53.5 \text{ cm}^2 = 5350 \text{ mm}^2$。

b. 矩形截面的面积:$A_矩 = bh = 156 \times 104 = 16\,224 (\text{mm}^2)$。

c. 圆形截面的面积:$A_圆 = \dfrac{\pi d^2}{4} = \dfrac{3.14 \times 163^2}{4} = 20\,856 (\text{mm}^2)$。

三种截面梁的材料用量之比为

$$A_工 : A_矩 : A_圆 = 5\,350 : 16\,224 : 20\,856 = 1 : 3.03 : 3.90$$

即矩形截面梁所用材料是工字形截面梁的 3.03 倍,而圆形截面梁所用材料是工字形截面梁的 3.90 倍。显然,这三种形式的截面梁中,工字形截面梁最合理,圆形截面梁最不合理。

【例 10.7】 如图 10.16(a)所示外伸梁,采用箱形截面,尺寸如图所示。材料的许用应力 $[\sigma] = 160$ MPa。试确定梁的许用荷载 $[F]$。

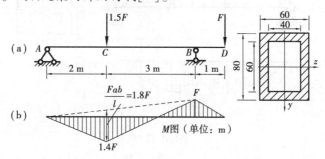

图 10.16

【解】 ①绘制梁的弯矩图,如图 10.16(b)所示。由 $M$ 图可知,最大弯矩发生在截面 $C$ 上,即

$$M_{max} = M_C = \frac{Fab}{l} - \frac{2}{5}F = \frac{1.5F \times 2 \times 3}{5} - \frac{2}{5}F = 1.4F$$

②计算抗弯截面系数:

截面对中性轴的惯性矩为

$$I_z = \frac{BH^3}{12} - \frac{bh^3}{12} = \frac{60 \times 80^3}{12} - \frac{40 \times 60^3}{12} = 1.84 \times 10^6 (\text{mm}^4)$$

抗弯截面系数为

$$W_z = \frac{I_z}{H/2} = \frac{1.84 \times 10^6}{40} = 4.6 \times 10^4 (\text{mm}^3)$$

③计算该梁所能承受的最大弯矩。

由强度条件得

$$M_{max} \leqslant W_z [\sigma] = 4.6 \times 10^4 \times 160 = 7.36 \times 10^6 (\text{N} \cdot \text{mm}) = 7.36 \text{ kN} \cdot \text{m}$$

④确定许可荷载。由①可得

$$F = \frac{M_{max}}{1.4} \leqslant \frac{7.36}{1.4} = 5.11 (\text{kN})$$

取

$$[F] = 5 \text{ kN}$$

【例10.8】 如图10.17所示木质简支梁,材料的许用应力$[\sigma] = 10$ MPa,截面为矩形,尺寸如图所示。试确定:

①当截面按如图10.17(a)所示方式竖放时,梁的许可荷载$[q_1]$;

②当截面按如图10.17(b)所示方式横放时,梁的许可荷载$[q_2]$。

【解】 ①绘制梁的弯矩图,如图10.17(c)所示。由$M$图可知,跨中截面的弯矩最大。

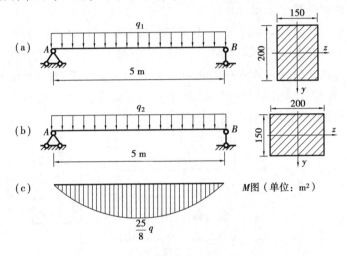

图10.17

$$M_{\max} = \frac{ql^2}{8} = \frac{25}{8}q$$

②确定截面按如图10.17(a)所示方式竖放时的许可荷载。由强度条件可得

$$M_{\max} = \frac{25}{8}q_1 \leqslant W_z[\sigma] = \frac{bh^2}{6}[\sigma]$$

于是有

$$q_1 \leqslant \frac{\dfrac{150 \times 200^2}{6} \times 10}{\dfrac{25}{8} \times 10^6} \text{ N/mm} = 3.2 \text{ kN/m}$$

取

$$[q_1] = 3.2 \text{ kN/m}$$

③确定截面按如图10.17(b)所示方式竖放时的许可荷载。由强度条件可得

$$q_2 \leqslant \frac{\dfrac{200 \times 150^2}{6} \times 10}{\dfrac{25}{8} \times 10^6} \text{ N/mm} = 2.4 \text{ kN/m}$$

取

$$[q_2] = 2.4 \text{ kN/m}$$

通过以上的计算可以发现,相同的矩形截面梁,截面竖向时的承载能力比横竖时提高了25%。因此,矩形截面梁应竖放(即高度大于宽度),而不适宜横放。

## 10.3 梁切应力强度计算

横力弯曲梁横截面上的剪力,使梁纵向纤维产生倾斜,其在横截面上的分布为切应力。

### 1)梁横截面的切应力计算公式

(1)矩形截面梁的切应力

对于高度 $h$ 大于宽度 $b$ 的矩形截面梁,其横截面上的剪力 $F_Q$ 沿 $y$ 轴方向,如图 10.18(a)所示。为了简化讨论,假设切应力的分布规律如下:

①横截面上各点处的切应力 $\tau$ 都与剪力 $F_Q$ 方向一致;

②横截面上距中性轴等距离各点处切应力大小相等,即沿截面宽度为均匀分布,如图 10.18(b)所示。

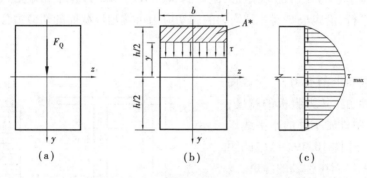

图 10.18

根据以上假设,可以推导出矩形横截面上距中性轴 $y$ 处的切应力计算公式:

$$\tau = \frac{F_Q S_z^*}{I_z b} \tag{10.15}$$

式中,$F_Q$ 为横截面上的剪力,$I_z$ 为截面对中性轴的惯性矩,$b$ 为截面宽度,$S_z^*$ 为截面上距中性轴 $y$ 处的水平线以上(或以下)部分的面积 $A^*$ 对中性轴的静矩。

对于同一截面,$F_Q$,$I_z$ 及 $b$ 都为常量。因此,横截面上的切应力 $\tau$ 是随静矩 $S_z^*$ 的变化而变化的。由附录 I(截面的几何性质部分)可知,$S_z^*$ 等于中性轴 $y$ 处的水平线以上(或以下)部分的面积 $A^*$ 与该部分形心到中性轴距离的乘积,即

$$S_z^* = A^* y_C^* = b\left(\frac{h}{2} - y\right)\left[y + \frac{1}{2}\left(\frac{h}{2} - y\right)\right] = \frac{b}{2}\left(\frac{h^2}{4} - y^2\right)$$

因此,切应力的计算公式可写成

$$\tau = \frac{F_Q}{2I_z}\left(\frac{h^2}{4} - y^2\right) \tag{10.16}$$

该式表明,切应力沿截面高度按二次抛物线规律分布,如图 10.18(c)所示。在上、下边缘各点处,$y = \pm\frac{h}{2}$,切应力为零;在中性轴上的各点,$y = 0$,切应力最大,其值为

$$\tau_{max} = \frac{F_Q h^2}{8I_z}$$

将 $I_z = \dfrac{bh^3}{12}$ 代入上式,可得

$$\tau_{\max} = \frac{3}{2} \frac{F_Q}{bh} \tag{10.17}$$

由此可见,矩形截面上的最大切应力是平均切应力 $\dfrac{F_Q}{bh}$ 的 1.5 倍。

(2)工字形截面梁的切应力

工字形截面梁由两块翼缘和一块腹板组成,如图 10.19(a)所示。工字形截面的翼缘和腹板上都有切应力。翼缘上的切应力分布较为复杂,除了有平行于 $y$ 轴方向的切应力,还有平行于 $z$ 轴方向的切应力。与腹板所承担的切应力相比,翼缘所承担的切应力是极其微小的,因此,一般不计算翼缘上的切应力。

腹板是连接上、下翼缘的狭长矩形,因此腹板部分的切应力分布和矩形截面一样,切应力方向与 $y$ 轴平行,沿腹板厚度 $d$ 是均匀的。切应力可按矩形截面的切应力公式计算,即

$$\tau = \frac{F_Q S_z^*}{I_z d}$$

式中,$F_Q$ 为横截面上的剪力,$I_z$ 为截面对中性轴的惯性矩,$d$ 为腹板的宽度,$S_z^*$ 为截面上距中性轴 $y$ 处的水平线以上(或以下)部分〔图 10.19(a)中的阴影部分〕的面积 $A^*$ 对中性轴的静矩。

由上式可求得切应力 $\tau$ 沿腹板高度按抛物线规律变化,如图 10.19(b)所示。最大切应力发生在中性轴上,其值为

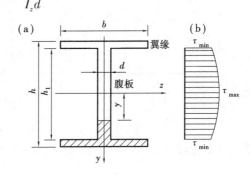

图 10.19

$$\tau_{\max} = \frac{F_Q S_{z\,\max}^*}{I_z d} = \frac{F_Q}{(I_z / S_{z\,\max}^*) d} \tag{10.18}$$

式中,$S_{z\,\max}^*$ 为工字形截面中性轴以下(或以上)面积对中性轴的静矩,其大小为

$$S_{z\,\max}^* = \frac{bh^2}{8} - (b - d) \frac{h_1^2}{8}$$

对于热轧工字钢,$I_z / S_{z\,\max}^*$ 可由型钢表中查得。

在与翼缘交接处各点的切应力最小,且

$$\tau_{\min} = \frac{F_Q S_{z\,\min}^*}{I_z d}$$

式中,$S_{z\,\min}^*$ 为上翼缘(或下翼缘)部分的面积对中性轴的静矩,其大小为

$$S_{z\,\min}^* = \frac{bh^2}{8} - \frac{bh_1^2}{8}$$

由于腹板的宽度 $d$ 远小于翼缘的宽度,对 $\tau_{\max}$ 和 $\tau_{\min}$ 的计算式进行比较,可以看出,腹板上的切应力 $\tau_{\max}$ 和 $\tau_{\min}$ 相差很小,可以认为在腹板上切应力大致是均匀分布的。因此,腹板上的最大切应力也可以近似地用下面的公式计算,即

$$\tau_{max} = \frac{F_Q}{dh_1} \tag{10.19}$$

此式就是工字形截面最大切应力的实用计算公式,在工程设计中偏安全的。

（3）圆形和圆环形截面梁的最大切应力

圆形和圆环形截面梁的切应力情况比较复杂,但可以证明,其竖向切应力 $\tau$ 也是沿截面高度按二次抛物线规律分布的,并且最大切应力同样发生在中性轴上的各点,如图 10.20 所示。

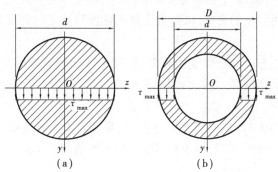

**图** 10.20

圆形截面的最大切应力

$$\tau_{max} = \frac{4F_Q}{3A} = \frac{4}{3}\bar{\tau} \tag{10.20}$$

式中,$F_Q$ 为横截面上的剪力,$A$ 为圆形截面的面积。可见,圆形截面梁横截面上的最大切应力为其平均切应力的 $\frac{4}{3}$ 倍。

圆环形截面的最大切应力

$$\tau_{max} = 2\frac{F_Q}{A} = 2\bar{\tau} \tag{10.21}$$

式中,$A$ 为圆环形截面的面积。薄壁圆环形截面梁横截面上的最大切应力为其平均切应力 $\bar{\tau}$ 的 2 倍。

### 2）梁的切应力强度条件

要使梁在剪力作用下能安全正常地工作,应满足最大工作切应力 $\tau_{max}$ 不得超过材料的许用切应力 $[\tau]$。对于等直梁,其最大工作切应力发生在剪力最大截面的中性轴上,因此其切应力强度条件是

$$\tau_{max} = \frac{F_{Q\,max}S_{z\,max}^*}{I_z b} \leqslant [\tau] \tag{10.22}$$

式中,$F_{Q\,max}$ 为梁的最大剪力,$b$ 为梁横截面中性轴处的宽度。

校核梁的强度或设计截面尺寸时,必须同时满足梁的正应力强度条件和切应力强度条件。工程实际中,梁的强度主要由正应力强度条件控制。因此,在设计梁的截面时,通常先按正应力强度条件设计截面尺寸,再用切应力强度条件进行校核。一般情况下,由弯矩按正应力强度条件所设计的梁截面,其剪力产生的最大切应力常常远小于材料的许用切应力。

因此,对于一般比较细长的梁,只需要按正应力强度条件设计截面,而不需要进行切应力强度校核。但当遇到下列几种特殊情况时,梁的切应力可能很大反而起控制作用,必须进行切应力强度校核:

①梁的跨度较短且受到很大的集中荷载作用,或有较大的集中荷载作用在支座附近。这两种情况的梁,最大弯矩可能较小,而最大剪力却很大。

②在铆接或焊接的组合截面(例如工字形)钢梁中,如果其横截面的腹板宽度与高度之比小于型钢截面的相应比值时,在腹板与翼缘连接处的正应力和切应力都较大,此时应综合考虑正应力和切应力对强度的影响,可按更先进的强度理论进行强度计算(本书限于学时略去)。

③由于木材沿顺纹方向的抗剪能力较差,在横力弯曲时可能因中性轴上的切应力过大而使梁沿中性层发生剪切破坏。因此,木梁需要按其木材顺纹方向的许用切应力进行切应力强度校核。

【例10.9】 如图10.21(a)所示的外伸梁,采用22a工字钢制成。已知材料的许用正应力$[\sigma]=170$ MPa,许用切应力$[\tau]=100$ MPa。检查此梁是否安全。

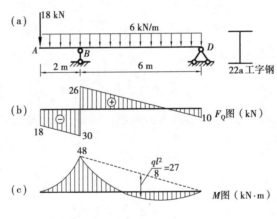

图10.21

【解】 ①绘制梁剪力图、弯矩图,如图10.21(b)、(c)所示。由内力图可得
$$M_{max}=48 \text{ kN} \cdot \text{m}, F_{Q max}=30 \text{ kN}$$

②由型钢表,查得22a工字钢的$W_z=309$ cm$^3$,$d=7.5$ mm,$I_z/S_{z max}^*=18.9$ cm。

③校核正应力强度及剪应力强度
$$\sigma_{max}=\frac{M_{max}}{W_z}=\frac{48 \times 10^6}{309 \times 10^3}=155.8 \text{ MPa} < [\sigma]=170 \text{ MPa}$$

正应力强度满足。

④校核切应力强度
$$\tau_{max}=\frac{F_{Q max}}{(I_z/S_{z max}^*)d}=\frac{30 \times 10^3}{18.9 \times 10 \times 7.5}=21.2 \text{ MPa} < [\tau]=100 \text{ MPa}$$

切应力强度满足。

由以上计算可知,该梁的正应力和切应力均满足强度要求,所以该梁是安全的。

【例10.10】 如图10.22(a)所示,矩形截面松木梁两端搁在墙上,承受由楼板传下来的荷载作用。墙的间距 $l = 6$ m，梁的间距 $a = 1.5$ m，楼板的面荷载 $p = 3$ kN/m²，松木的弯曲许用应力 $[\sigma] = 10$ MPa，许用切应力 $[\tau] = 1$ MPa。试按 $b = 0.6h$ 的要求选择梁的截面尺寸。

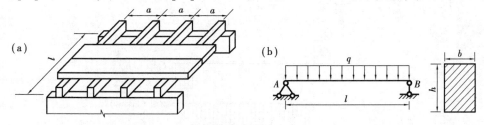

图 10.22

【解】　①画出木梁的计算简图，如图 10.22(b) 所示。作用在每根梁上的荷载集度为

$$q = pa = 3 \times 1.5 = 4.5 (\text{kN/m})$$

跨中截面的弯矩最大，其值为

$$M_{max} = \frac{1}{8}ql^2 = \frac{1}{8} \times 4.5 \times 6^2 = 20.25 (\text{kN} \cdot \text{m})$$

②按正应力强度条件选择截面尺寸。由正应力强度条件可得

$$\sigma_{max} = \frac{M_{max}}{W_z} = \frac{M_{max}}{bh^2/6} = \frac{M_{max}}{0.6h \cdot h^2/6} = \frac{10M_{max}}{h^3} \leqslant [\sigma]$$

$$h \geqslant \sqrt[3]{\frac{10M_{max}}{[\sigma]}} = \sqrt[3]{\frac{10 \times 20.25 \times 10^6}{10}} = 272.6 (\text{mm})$$

取 $h = 275$ mm，则 $b = 0.6h = 165$ mm。

③该梁为木梁，需校核切应力强度。在邻近支座的截面上有最大的剪力

$$F_{Q\,max} = \frac{1}{2}ql = \frac{1}{2} \times 4.5 \times 6 = 13.5 (\text{kN})$$

矩形截面梁

$$\tau_{max} = \frac{3}{2} \cdot \frac{F_{Q\,max}}{bh} = \frac{3}{2} \times \frac{13.5 \times 10^3}{165 \times 275} = 0.45 (\text{MPa}) < [\tau] = 1 \text{MPa}$$

剪切强度足够。因此，该梁的截面尺寸选定为 $b = 165$ mm，$h = 275$ mm。

【例 10.11】　如图 10.23 所示简支梁，由普通热扎工字钢制成，梁上作用有两个集中荷载，钢材的许用正应力 $[\sigma] = 170$ MPa，许用切应力 $[\tau] = 100$ MPa。试选择工字钢型号。

【解】　①绘制梁的剪力图、弯矩图，如图 10.23(b)、(c) 所示。由内力图可知

$$F_{Q\,max} = 141 \text{ kN}, M_{max} = 28.2 \text{ kN} \cdot \text{m}$$

②按正应力条件选择截面。由正应力强度条件可得

$$W_z \geqslant \frac{M_{max}}{[\sigma]} = \frac{28.2 \times 10^6}{160} = 1.763 \times 10^5 (\text{mm}^3) = 176.3 \text{ cm}^3$$

查型钢表，选 18 号工字钢，其弯曲截面系数 $W_z = 185$ cm³，比计算所需 $W_z = 176.3$ cm³ 略大，能满足正应力强度要求。

③校核该梁的切应力强度条件。查型钢表得，18 号工字钢的腹板厚度 $d = 6.5$ mm，$I_z/S_{z\,max}^* = 15.4$ cm。

梁内的最大切应力

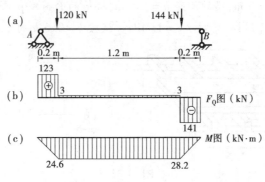

图 10.23

$$\tau_{\max} = \frac{F_{Q\,\max}}{(I_z/S_{z\,\max}^*)d} = \frac{141 \times 10^3}{15.4 \times 10 \times 6.5} = 140.9(\text{MPa}) > [\tau] = 100 \text{ MPa}$$

$\tau_{\max}$ 超过 $[\tau]$ 很多,应重新选择更大的截面。现以 22a 号工字钢试算。由型钢表可查得,22a 号工字钢的腹板厚度 $d = 7.5$ mm,$I_z/S_{z\,\max}^* = 18.9$ cm。再次校核切应力强度

$$\tau_{\max} = \frac{F_{Q\,\max}}{(I_z/S_{z\,\max}^*)d} = \frac{141 \times 10^3}{18.9 \times 10 \times 7.5} = 99.5(\text{MPa}) < [\tau] = 100 \text{ MPa}$$

满足切应力强度条件。22a 号工字钢的抗弯截面系数 $W_z = 309$ cm³,远大于正应力强度条件所需要的 $W_z = 176.3$ cm³,所以选择 22a 工字钢肯定能满足正应力强度条件。故该梁选用 22a 工字钢。

# 10.4　提高梁弯曲强度的措施

弯曲正应力是控制梁弯曲强度的主要因素。因此,弯曲正应力强度条件

$$\sigma_{\max} = \frac{M_{\max}}{W_z} \leqslant [\sigma]$$

是设计梁的主要依据。所谓提高梁的弯曲强度,就是设法减小梁内的最大工作正应力 $\sigma_{\max}$,以提高梁的承载能力。为此,可以从两个方面来考虑:一方面是改善梁的受力情况,以降低最大弯矩 $M_{\max}$ 的值;另一方面是采用合理的截面形状,以提高 $W_z$ 的数值,使材料得到充分利用。下面分别加以讨论。

## 1)降低最大弯矩 $M_{max}$ 的措施

(1)合理布置荷载作用位置及方式

在结构条件允许的情况下,适当考虑把荷载安排得靠近支座,或把集中荷载分散成多个较小的荷载,均可达到减小截面上最大弯矩值 $M_{\max}$ 的目的。

如图 12.24(a)所示简支梁的 $M_{\max} = \dfrac{Fl}{4} = 0.25Fl$;若采用如图 10.24(b)所示形式,则 $M_{\max} = \dfrac{Fl}{8}$,仅为原来的 1/2;若将荷载均匀分布在梁上,如图 10.24(c)所示,$M_{\max}$ 也明显减小。

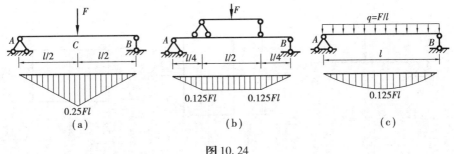

图 10.24

（2）合理设置支座位置或增加支座

采用合理设置支座位置和增加支座等措施，以减小跨度，从而降低 $M_{max}$。如图 10.25（a）所示简支梁的 $M_{max} = \dfrac{ql^2}{8} = 0.125ql^2$，若把它变成如图 10.25（b）、（c）所示的形式，则最大弯矩将分别比原来减小 80%，75%。

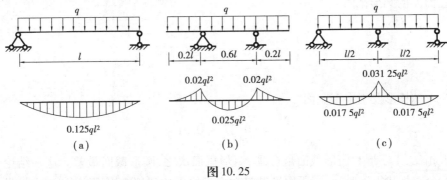

图 10.25

### 2) 采用合理的截面形状

所谓合理截面形状是指用较少材料获得最大的 $W_z$ 值。

由 $W_z = I_z / y_{max}$ 知，一般情况下，$W_z$ 与截面高度的平方成正比，所以要增加 $W_z$，就应尽可能地增加截面的高度。此外，从正应力分布情况来看，梁横截面上距中性轴最远各点处分别有 $\sigma_{l\,max}$ 和 $\sigma_{y\,max}$。为了充分发挥材料的力学性能，应使它们同时达到相应的许用应力值。合理截面形状就是根据上述分析确定的，于是：

①当截面面积和形状相同时，采用合理的放置方式。如图 10.26 所示矩形截面梁，竖放时 $W_z(b)$ 与横放时 $W_z(c)$ 之比为

$$\frac{W_z(b)}{W_z(c)} = \frac{\dfrac{bh^2}{6}}{\dfrac{hb^2}{6}} = \frac{h}{b} > 1$$

显然，就静载作用下梁的强度而言，矩形截面梁竖放比平放合理。

②对截面面积相同而形状不同的截面，可用 $W/A$ 的值来衡量截面形状的合理性。$W/A$ 的值越大，说明在消耗材料相同的情况下，抵抗弯曲破坏的能力越大，截面形状就越合理。例如：

高为 $h$ 宽为 $b$ 的矩形截面

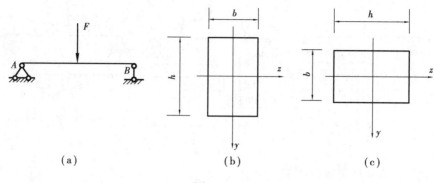

（a） （b） （c）

图 10.26

$$\frac{W}{A} = \frac{\frac{1}{6}bh^2}{bh} = \frac{h}{6} = 0.167h$$

直径为 $h$ 的圆形截面

$$\frac{W}{A} = \frac{\frac{\pi h^3}{32}}{\frac{\pi h^2}{4}} = \frac{h}{8} = 0.125h$$

高为 $h$ 的槽形及工字钢截面

$$\frac{W}{A} = (0.27 \sim 0.31)h$$

三者相比,工字形和槽形截面最合理,矩形截面次之,圆形截面最差。这一结论也可从正应力的分布规律得到解释:当距中性轴最远点处应力达到相应许用应力时,中性轴上或附近的应力分别为零或较小,这部分材料没有充分发挥作用。故应把这部分材料移至远离中性轴的位置。工字形截面符合这一要求,而圆形截面的材料比较集中在中性轴附近,所以圆形截面的合理性较工字形截面差些。

一般情况下,在截面面积相同的情况下,截面高度较大,靠近中性轴附近的截面宽度较小,截面就较合理。

③截面形状应与材料的力学性能相适应。对于用抗拉和抗压强度相同的塑性材料制成的梁,宜选用对称于中性轴的截面,如工字形、矩形、圆形和圆环形截面。

对于由脆性材料制成的梁,由于抗拉强度小于抗压强度,宜采用中性轴不是对称轴的截面,且应使中性轴靠近材料强度较低的一侧,如铸铁等脆性材料制成的梁常采用 T 形、非对称的工字形和箱形截面(图 10.27),并应使 $y_2$ 和 $y_1$ 之比等于或接近于 $[\sigma_y]$ 与 $[\sigma_l]$ 之比,即

$$\frac{\sigma_{max}^c}{\sigma_{max}^t} = \frac{\frac{My_2}{I_z}}{\frac{My_1}{I_z}} = \frac{y_2}{y_1} = \frac{[\sigma_c]}{[\sigma_t]}$$

木梁材料的拉、压强度不同,但根据制造工艺的要求仍采用矩形截面。

总之,在选择梁的截面形状时应综合考虑横截面的应力分布情况、材料的力学性能及梁的使用条件及制造工艺等。

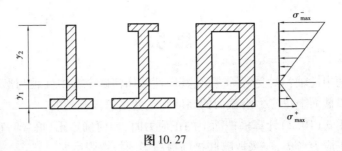

**图** 10.27

### 3) 采用等强度梁

一般情况下,梁各截面上的弯矩随截面的位置不同而变化,即 $M = M(x)$。按正应力强度设计梁的截面,是以 $M_{max}$ 为依据的。对于等截面梁,除 $M_{max}$ 所在截面的危险点的 $\sigma_{max}$ 达到或接近 $[\sigma]$ 外,其余弯矩小的截面上的材料均未得到充分利用。为了节约材料,减轻梁的自重,可采用弯矩大的截面用较大的截面尺寸,弯矩较小的截面用较小的截面尺寸。这种梁称为变截面梁。当梁的各截面上的最大应力 $\sigma_{max}$ 都等于材料的许用应力时,称为等强度梁。即

$$\sigma_{max} = \frac{M(x)}{W(x)} = [\sigma] \quad \text{或} \quad W(x) = \frac{M(x)}{[\sigma]}$$

如图 10.28(a) 所示简支梁,当梁的宽度不变时,按等强度梁设计出的截面高度 $h(x)$ 描出的构造形式如图 10.28(b) 所示。为了施工方便,常将它做成接近等强度梁的变截面梁。如土建工程中的鱼腹式梁〔图 10.28(c)〕、机械工程中的阶梯形轴〔图 10.28(d)〕等。

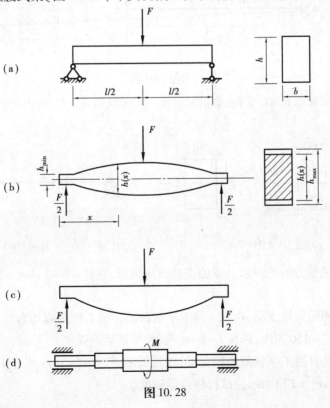

**图** 10.28

# 思考题

10.1 何谓中性轴? 对受弯等直梁,其中性轴如何确定? 中性轴与形心轴有何关系?

10.2 梁横截面上正应力沿截面的高度和宽度是怎样分布的?

10.3 应用式(10.2)计算横截面上的正应力时,如何确定正、负号? 它是怎样分布的?

10.4 以正应力考虑,应采取哪些措施提高梁的抗弯强度?

10.5 如果矩形截面梁其他条件不变,只是截面高度 $h$ 或宽度 $b$ 分别增加 1 倍,梁的承载能力各增加多少?

10.6 梁横截面上的切应力沿高度如何分布? 最大切应力计算公式(10.18)中各符号含义是什么?

10.7 对中性轴不是横截面对称轴,材料的抗拉、抗压强度也不相同的梁,强度条件如何表示?

# 习　题

10.1 长为 $l$ 的矩形截面悬臂梁,在自由端处作用一集中力 $F$,如图所示。已知 $F = 3$ kN, $b = 120$ mm, $y = 60$ mm, $l = 3$ m, $a = 2$ m,求截面 $C$ 上 $K$ 点的正应力。

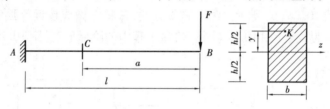

习题 10.1 图

10.2 矩形截面悬臂梁,受荷载如图所示。试求截面 Ⅰ—Ⅰ 和固定端截面上 $A,B,C,D$ 四点处的正应力。

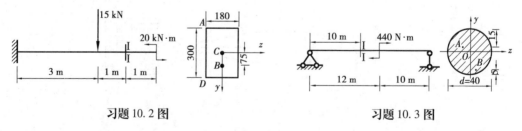

习题 10.2 图　　　　　　　　习题 10.3 图

10.3 简支梁受力如图所示。梁的横截面为圆形,直径 $d = 40$ mm。求截面 Ⅰ—Ⅰ 上 $A$, $B$ 两点处正应力。

10.4 如图所示一简支梁,由 32a 号工字钢制成。梁上作用有均布荷载 $q = 22$ kN/m,材料的许用应力 $[\sigma] = 150$ MPa,跨长 $l = 6$ m。试校核该梁的强度。

10.5 一热轧普通工字钢截面简支梁,如图所示,已知: $l = 6$ m, $F_1 = 15$ kN, $F_2 = 21$ kN,钢材的许用应力 $[\sigma] = 170$ MPa。试校核该梁强度。

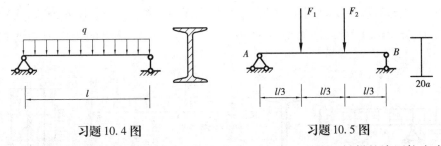

习题 10.4 图　　　　　　　　　　习题 10.5 图

10.6　T 形截面铸铁梁如图所示。已知 $F_1 = 1$ kN，$F_2 = 2.5$ kN，材料的许用拉应力$[\sigma_t] = 30$ MPa，许用压应力$[\sigma_c] = 60$ MPa，试校核该梁的强度。

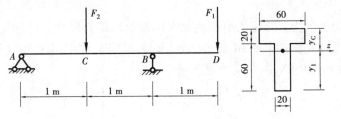

习题 10.6 图

10.7　矩形截面简支梁跨度 $l = 2$ m，$a = 0.4$ m，受 $F = 100$ kN 作用。梁由木材制成，截面尺寸如图所示，材料许用应力为$[\sigma] = 80$ MPa，$[\tau] = 10$ MPa。试校核该梁的强度。

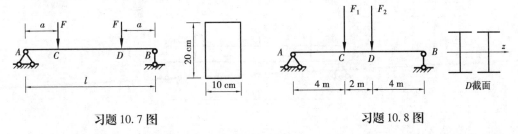

习题 10.7 图　　　　　　　　　　习题 10.8 图

10.8　一简支梁受两个集中力作用，如图所示。已知 $F_1 = 20$ kN，$F_2 = 60$ kN。梁由两根工字钢组成，其材料的许用应力$[\sigma] = 170$ MPa，试选择普通热轧工字钢的型号。

10.9　由两根槽钢组成的外伸梁，受力如图所示。已知 $F = 20$ kN，材料的许用应力$[\sigma] = 170$ MPa。试选择槽钢的型号。

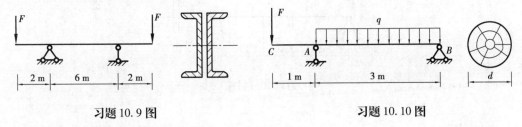

习题 10.9 图　　　　　　　　　　习题 10.10 图

10.10　一圆形截面木梁受力如图所示。已知 $F = 3$ kN，$q = 2$ kN/m，材料的许用应力$[\sigma] = 10$ MPa。试选择截面直径 $d$。

10.11　外伸梁由 28a 工字钢制成。梁的跨长 $l = 6$ m，全梁上作用均布荷载，如图所示。当支座 $A$，$B$ 及跨中截面 $C$ 的最大正应力均为 $\sigma = 170$ MPa 时，问外伸段长度 $a$ 及荷载 $q$ 各等于多少？

10.12　矩形截面简支梁,由松木制成,如图所示,已知 $q = 1.6$ kN/m,$F = 1$ kN,木材的许用正应力 $[\sigma] = 10$ MPa,许用切应力 $[\tau] = 2$ MPa。试校核梁的正应力强度和切应力强度。

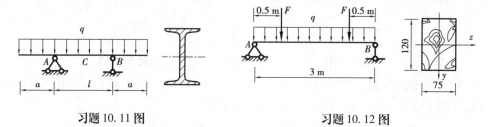

**习题 10.11 图**　　　　　**习题 10.12 图**

10.13　试为如图所示的施工用钢轨枕木选择矩形截面尺寸。已知矩形截面尺寸的比例为 $b : h = 3 : 4$,枕木弯曲时其许用正应力 $[\sigma] = 15.6$ MPa,许用切应力 $[\tau] = 1.7$ MPa,钢轨传给枕木的压力 $F = 49$ kN,其余尺寸见图示。

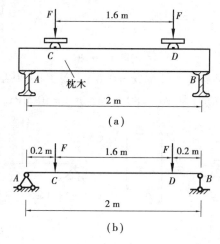

**习题 10.13 图**

10.14　20a 工字钢梁的受力情况如图所示。若材料的许用应力 $[\sigma] = 160$ MPa,试求许可荷载 $[F]$。

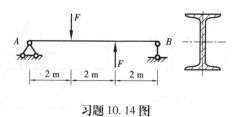

**习题 10.14 图**

# 第 11 章

## 组合变形杆件的强度

## 11.1 概　述

前述各章分别讨论了杆件产生轴向拉压、剪切、扭转或平面弯曲等基本变形时的强度计算。但工程实际中，有许多杆件所受的力比较复杂，这类杆件产生的变形就不是某种单一的基本变形。如果将这类杆件所受的力分解为基本变形的受力情况，将得到两种或两种以上的组合。这种由两种或两种以上基本变形组合而成的变形称为组合变形。例如，图 11.1(a)所示屋架上檩条的变形，可以分解为在 $y,z$ 方向的两个相互垂直的平面弯曲变形的组合；图 11.1(b)表示一悬臂吊车，当起吊重物时，梁 $AB$ 中不仅有弯矩作用，而且还有轴向压力作用，从而使梁产生压缩和弯曲的组合变形；图 11.1(c)所示的厂房排架柱，在屋顶和吊车梁传来的偏心力 $F_1,F_2$ 作用下，上下段都会发生压缩和弯曲的组合变形；图 11.1(d)所示机械齿轮传动轴的变形，可以分解为扭转变形及在水平平面和垂直平面内的弯曲变形。

实验表明，对于小变形并服从胡克定律的组合变形杆件，可以认为其每一种基本变形都各自独立、互不影响。因此可以用叠加法来求解组合变形问题。即首先将组合变形分解为几个基本变形。然后分别计算出杆件在每一种基本变形情况下的应力和变形。最后叠加各基本变形的应力和变形，就得到组合变形的应力和变形值，以确定构件的危险截面、危险点的位置，并据此进行强度计算。而对于大变形的构件，必须要考虑各基本变形之间的相互影响，例如大挠度的压弯杆，叠加法就不能适用。

本章介绍工程中常见的斜弯曲、拉伸(压缩)与弯曲组合以及偏心压缩(拉伸)等组合变形。

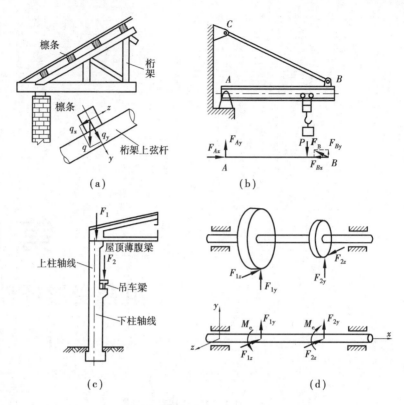

图 11.1

## 11.2 斜弯曲梁的应力和强度计算

矩形截面悬臂梁的自由端处作用一个垂直于梁轴线并通过截面形心的集中荷载 **F**, **F** 与横截面对称轴 $y$ 成 $\varphi$ 角, 如图 11.2(a)所示。由于外力不在纵向对称平面内, 梁在弯曲过程中, 轴线不能始终保持在力与轴线所确定的平面内, 而是不断向平面外倾斜翘出。故称为斜弯曲。现以该梁为例, 分析斜弯曲时的应力和强度计算问题。

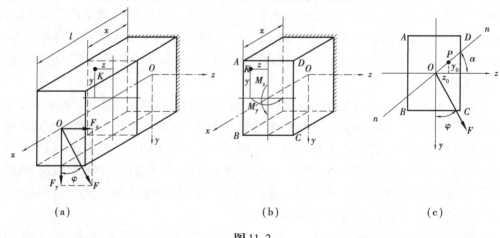

(a)            (b)            (c)

图 11.2

（1）荷载分解

将荷载 $F$ 沿截面的两个对称轴 $y$、$z$ 分解为两个分量：

$$F_y = F \cos \varphi, F_z = F \sin \varphi$$

由图 11.2(a)可知，$F_y$ 将使梁在 $Oxy$ 纵向对称面内发生平面弯曲，$z$ 轴为中性轴；$F_z$ 将使梁在 $Oxz$ 纵向对称面内发生平面弯曲，$y$ 轴为中性轴。由此可见，斜弯曲可以分解为两个相互垂直的平面弯曲的组合。图 11.1(a)中的檩条也产生这种斜弯曲变形。

（2）内力分析

与平面弯曲问题一样，梁的横截面上虽然存在着剪力和弯矩两种内力，但由剪力所产生的切应力影响很小，其强度是由弯矩所引起的正应力来控制的。所以，在此忽略剪力，只计算弯矩。

如图 11.2(b)所示，$F_y$ 和 $F_z$ 在距固定端为 $x$ 处任意横截面上引起的弯矩分别为：

$$M_z = F_y(l - x) = F(l - x)\cos \varphi = M \cos \varphi$$

$$M_y = F_z(l - x) = F(l - x)\sin \varphi = M \sin \varphi$$

式中，$M = F(l-x)$ 为力 $F$ 引起的截面上的总弯矩。弯矩 $M_z$、$M_y$ 分别作用在梁的纵向对称面 $Oxy$，$Oxz$ 内。

（3）应力分析

利用弯曲正应力公式，可求得由 $M_z$ 和 $M_y$ 引起的 $K(y,z)$ 点处的正应力分别为：

$$\sigma_{M_z} = \frac{M_z y}{I_z} \qquad \sigma_{M_y} = \frac{M_y z}{I_y}$$

由叠加原理，任意点 $K$ 的总正应力为：

$$\sigma_K = \sigma_{M_z} + \sigma_{M_y} = \frac{M_z y}{I_z} + \frac{M_y z}{I_y} \tag{11.1a}$$

代入总弯矩 $M = F(l-x)$，可得

$$\sigma_K = M\left(\frac{\cos \varphi}{I_z}y + \frac{\sin \varphi}{I_y}z\right) \tag{11.1b}$$

式中 $I_z$ 和 $I_y$ 为横截面对形心主轴 $z$ 和 $y$ 的惯性矩；$y$ 和 $z$ 为 $K$ 点坐标。具体计算时，$M$、$y$、$z$ 均以绝对值代入，而 $\sigma_K$ 的正负号，可通过 $K$ 点所在位置直观判断，如图 11.2 所示。

（4）最大正应力

梁在斜弯曲情况下的强度仍由最大正应力来控制。因此，为了进行强度计算，必须求出梁内的最大正应力。横截面上的最大正应力发生在离中性轴最远处，故要求得最大正应力，必须先确定中性轴的位置。由于在中性轴上各点的正应力都等于零，为此令点 $P(y_0, z_0)$ 代表中性轴上的任一点，将它的坐标值代入式(11.1b)，即可得中性轴方程：

$$\frac{z_0}{I_y}\sin \varphi + \frac{y_0}{I_z}\cos \varphi = 0 \tag{11.2}$$

由式(11.2)可知，中性轴是一条通过截面形心的直线。设中性轴 $n$—$n$ 与 $z$ 轴间的夹角为 $\alpha$〔图11.2(c)〕，则

$$\tan \alpha = \left|\frac{y_0}{z_0}\right| = \frac{I_z}{I_y}\tan \varphi \tag{11.3}$$

在一般情况下，$I_y \neq I_z$，故 $\alpha \neq \varphi$，即中性轴不垂直于荷载作用平面。只有当 $\varphi = 0°$，

$\varphi = 90°$或$I_y = I_z$时,才有$\alpha = \varphi$,中性轴才垂直于荷载作用平面。显而易见,$\varphi = 0°$或$\varphi = 90°$的情况就是平面弯曲情况,相应的中性轴就是$z$轴或$y$轴。对于正方形、圆形等截面以及某些特殊组合截面,其$I_y = I_z$,故$\alpha = \varphi$,因而,正应力可用合成弯矩$M$进行计算。

梁横截面上的最大正应力发生在截面上离中性轴最远的点处,例如图11.2(c)中的$A$、$C$两点处,且点$A$处的正应力为最大拉应力,点$C$处的正应力为最大压应力。将$A$、$C$两点的坐标$(y_A, z_A)$,$(y_C, z_C)$代入式(11.1b),并因$|y_A| = |y_C| = y_{max}$,$|z_A| = |z_C| = z_{max}$,$\sigma_{max} = |\sigma_{min}|$,可以得到:

$$\sigma_{t\,max} = \sigma_{c\,max} = \frac{M_y}{I_y}z_{max} + \frac{M_z}{I_z}y_{max} = \frac{M_y}{W_y} + \frac{M_z}{W_z} = M\left(\frac{\sin\varphi}{W_y} + \frac{\cos\varphi}{W_z}\right) \tag{11.4}$$

式(11.4)对于具有凸角而又有两条对称轴的截面(如矩形、工字形截面等)均适用。

(5)强度计算

梁内的最大正应力发生在最大弯矩为$M_{max}$的截面(危险截面)上,如果$M_{max}$的两个分量为$M_{z\,max}$和$M_{y\,max}$,代入式(11.4)即可得整个梁的最大正应力$\sigma_{max}$。当梁的材料抗拉压能力相同,则斜弯曲梁的强度条件为

$$\sigma_{max} = \frac{M_{z\,max}}{W_z} + \frac{M_{y\,max}}{W_y} \leqslant [\sigma] \tag{11.5}$$

当材料的抗拉、压强度不同,则须分别对拉、压强度进行计算。

【例11.1】 如图11.3(a)所示为一房屋的桁架结构。已知:屋面坡度为1:2,两榀桁架之间的距离为4 m,木檩条的间距为1.5 m,屋面重(包括檩条)为1.6 kN/m²。若木檩条采用120 mm×180 mm的矩形截面,所用松木的许用应力为$[\sigma] = 10$ MPa。试校核木檩条的强度。

【解】 ①确定计算简图。屋面的重量是通过檩条传给桁架的。檩条简支在桁架上,其计算跨度等于二桁架间的距离$l = 4$ m,檩条上承受的均布荷载$q = 1.6 \times 1.5 = 2.4$ kN/m,其计算简图如图11.3(b)和(c)所示。

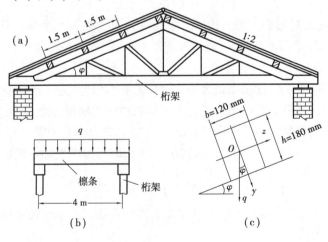

图11.3

②内力及有关数据的计算。

$$M_{max} = \frac{ql^2}{8} = \frac{2.4 \times 10^3 \times 4^2}{8} = 4\ 800(\text{N} \cdot \text{m}) = 4.8\ \text{kN} \cdot \text{m}$$

屋面坡度为 $1:2$，即 $\tan \varphi = \frac{1}{2}$ 或 $\varphi = 26°34'$，故

$$\sin \varphi = 0.447\ 2, \cos \varphi = 0.894\ 4$$

另外算出

$$W_z = \frac{bh^2}{6} = \frac{120 \times 180^2}{6} = 6.48 \times 10^5 (\text{mm}^3)$$

$$W_y = \frac{hb^2}{6} = \frac{180 \times 120^2}{6} = 4.32 \times 10^5 (\text{mm}^3)$$

③强度校核。

由强度条件式(11.5)，可得

$$\sigma_{max} = \frac{M_{z\,max}}{W_z} + \frac{M_{y\,max}}{W_y} = \frac{M_{max} \sin \varphi}{W_y} + \frac{M_{max} \cos \varphi}{W_z}$$

$$= M_{max}\left(\frac{\sin \varphi}{W_y} + \frac{\cos \varphi}{W_z}\right) = 4.8 \times 10^6 \times \left(\frac{0.447\ 2}{4.32 \times 10^5} + \frac{0.894\ 4}{6.48 \times 10^5}\right) = 11.59(\text{MPa})$$

$\sigma_{max} > [\sigma] = 10\ \text{MPa}$，而且超过的数值大于 $[\sigma]$ 的 $5\%$，故不能满足强度要求。

【例 11.2】 一长 2 m 的矩形截面木制悬臂梁，弹性模量 $E = 1.0 \times 10^4\ \text{MPa}$，梁上作用有两个集中荷载 $F_1 = 1.3\ \text{kN}$ 和 $F_2 = 2.5\ \text{kN}$，如图 11.4(a)所示，设截面 $b = 0.6h$，$[\sigma] = 10\ \text{MPa}$。试选择梁的截面尺寸。

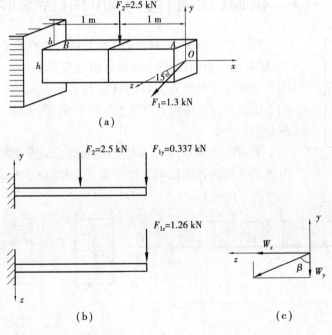

图 11.4

【解】 将自由端的作用荷载 $F_1$ 分解

$$F_{1y} = F_1 \sin 15° = 0.336 \text{ kN}$$

$$F_{1z} = F_1 \cos 15° = 1.256 \text{ kN}$$

此梁的斜弯曲可分解为在 $xOy$ 平面内及 $xOz$ 平面内的两个平面弯曲,如图 11.4(c)所示。由图 11.4 可知 $M_z$ 和 $M_y$ 在固定端的截面上达到最大值,故危险截面上的弯矩

$$M_z = 2.5 \times 1 + 0.336 \times 2 = 3.172 (\text{kN} \cdot \text{m})$$

$$M_y = 1.256 \times 2 = 2.215 (\text{kN} \cdot \text{m})$$

$$W_z = \frac{1}{6} bh^2 = \frac{1}{6} \times 0.6hh^2 = 0.1h^3$$

$$W_y = \frac{1}{6} hb^2 = \frac{1}{6} \times h(0.6)h^2 = 0.06h^3$$

上式中 $M_z$ 与 $M_y$ 只取绝对值,且截面上的最大拉压应力相等,故

$$\sigma_{\max} = \frac{M_z}{W_z} + \frac{M_y}{W_y} = \frac{3.172 \times 10^6}{0.1h^3} + \frac{2.512 \times 10^6}{0.06h^3}$$

$$= \frac{73.587 \times 10^6}{h^3} \leqslant [\sigma]$$

即

$$h \geqslant \sqrt[3]{\frac{73.587 \times 10^6}{10}} = 194.5 (\text{mm})$$

可取 $h = 200$ mm,$b = 120$ mm。

# 11.3 拉伸(压缩)与弯曲的组合变形

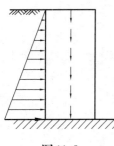

图 11.5

如果杆件同时在沿轴线的外力和与轴线垂直的外力共同作用下,杆将发生拉伸(压缩)和弯曲组合变形。如图 11.5 所示为挡土墙。它同时受到竖直方向的自重和水平方向的土压力作用。显然挡土墙在其自重作用下会发生压缩变形,而土压力又会使它发生弯曲变形。

下面以如图 11.6 所示矩形截面简支梁受横均布荷载 $q$ 和轴向力 $F$ 的作用为例来说明怎样计算杆在拉伸(或压缩)与弯曲组合变形情况下的应力。

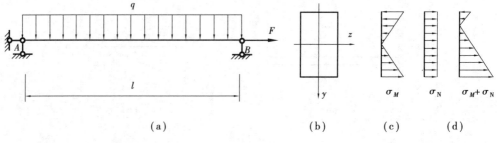

(a)　　　　　(b)　　(c)　　(d)

图 11.6

梁在横向力作用下发生弯曲变形,弯曲正应力 $\sigma_M$ 为

$$\sigma_M = \pm \frac{My}{I_z}$$

其分布规律如图 11.6(c)所示,最大应力为

$$\sigma_{M\,max} = \frac{M_{max}}{W_z}$$

梁在轴向力 $F$ 作用下发生轴向拉伸变形,应力均匀分布,如图 11.6(d)所示,大小为

$$\sigma_N = \frac{F_N}{A}$$

总应力为两项应力的叠加

$$\sigma = \sigma_M + \sigma_N = \pm \frac{M}{I_z}y + \frac{F_N}{A}$$

其分布规律如图 11.6(e)所示(设 $\sigma_{M\,max} > \sigma_N$),最大应力为

$$\sigma_{max} = \frac{F_N}{A} + \frac{M_{max}}{W_z} \tag{11.6}$$

强度条件为

$$\sigma_{max} = \frac{F_N}{A} + \frac{M_{max}}{W_z} \leqslant [\sigma] \tag{11.7}$$

【例 11.3】　如图 11.7(a)所示的简易起重机,其最大起吊重量 $F = 15.5$ kN,横梁 $AB$ 为工字钢,许用应力 $[\sigma] = 170$ MPa,若不计横梁的自重,试选择工字钢的型号。

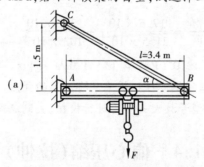

(a)

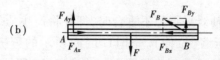

(b)

(c)

17.6 kN

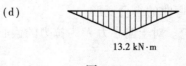

(d)

13.2 kN·m

**图** 11.7

【解】 ①确定横梁 $AB$ 危险截面上的内力分量。将横梁简化为简支梁,当起吊重物的电机移动到横梁 $AB$ 的中点时,中点截面上的弯矩为最大。画出横梁的受力图,并将拉杆 $BC$ 的拉力 $F_B$ 分解为 $F_{Bx}$ 和 $F_{By}$〔图 11.7(b)〕,由平衡方程解得

$$F_{By} = F_{Ay} = \frac{F}{2} = 7.75 \text{ kN}$$

$$F_{Bx} = F_{Ax} = F_{By}\cot\alpha = 7.75 \times 10^3 \times \frac{3.4}{1.5} = 17.6 \times 10^3 (\text{N}) = 17.6 \text{ kN}$$

外力 $F_{Ay}$、$F$ 与 $F_{By}$ 沿梁 $AB$ 横向作用,使梁发生弯曲变形;而外力 $F_{Ax}$ 与 $F_{Bx}$ 沿梁 $AB$ 轴向作用,使梁发生轴向压缩变形。显然,梁 $AB$ 产生压缩与弯曲的组合变形。绘出横梁 $AB$ 的轴力图〔图 11.7(c)〕和弯矩图〔图 11.7(d)〕,从图中可以看出,横梁 $AB$ 的中点横截面为危险截面,其上轴力和弯矩分别为

$$F_N = F_{Ax} = 17.6 \text{ kN}$$

$$M_{max} = \frac{Fl}{4} = \frac{15.5 \times 10^3 \times 3.4}{4} = 13.2 \times 10^3 (\text{N} \cdot \text{m}) = 13.2 \text{ kN} \cdot \text{m}$$

②初选工字钢型号。由梁弯曲时的正应力弯曲强度条件,得弯曲截面系数为

$$W_z \geqslant \frac{M_{max}}{[\sigma]} = \frac{13.2 \times 10^3}{170 \times 10^6} = 77.6 \times 10^{-6}(\text{m}^3) = 77.6 \text{ cm}^3$$

查型钢规格表,初选 14 号工字钢,其弯曲截面系数 $W_z = 102 \text{ cm}^3$,截面面积 $A = 21.5 \text{ cm}^2$。

③校核横梁组合变形时的正应力强度。最大压应力发生在横梁 $AB$ 的危险截面的上边缘各点处。由式(11.7)得

$$\sigma_{max} = \frac{F_N}{A} + \frac{M}{W_z} = \frac{17.6 \times 10^3}{21.5 \times 10^{-4}} + \frac{13.2 \times 10^3}{102 \times 10^{-6}}$$

$$= 137.6 \times 10^6(\text{Pa}) = 137.6 \text{ MPa} < [\sigma] = 170 \text{ MPa}$$

计算表明,初选的 14 号工字钢能保证横梁具有足够的强度。若计算结果不符合强度要求,则可在此基础上将工字钢型号放大一号再进行校核,直到满足强度条件为止。

# 11.4 偏心压缩(拉伸)

当外荷载作用线与杆轴线平行但不重合时,杆件将产生压缩(拉伸)和弯曲两种基本变形,这类问题称为偏心压缩(拉伸)。图 11.1(c)所示的厂房排架柱就是偏心受压杆。偏心受压杆的受力情况一般可抽象为如图 11.8(a)和(b)所示的两种偏心受压情况。如图 11.8(a)所示,当偏心压力 $F$ 作用在杆件横截面对称轴上时,称为单向偏心压缩,其只有一个方向偏心距 $e$,产生轴向压缩和单向平面弯曲的组合变形。如图 11.8(b)所示,当偏心压力 $F$ 作用在横截面的任意点上,称为双向偏心压缩,其有两个方向偏心距 $e_y$、$e_z$,则产生轴向压缩和两个方向平面弯曲的组合变形。

下面以偏心压缩为例来讨论。对于偏心力 $F$ 为拉力的偏心拉伸情况,可按相同的方法计算。

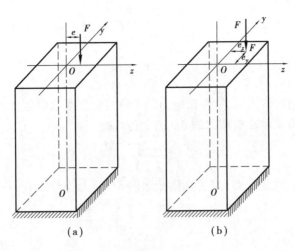

图 11.8

## 1) 单向偏心压缩

### (1) 荷载简化与内力分析

图 11.9(a) 所示的单向偏心受压矩形截面柱,首先将偏心压力 $F$ 向截面的形心简化,得到一个通过轴线的压力 $F$ 和一个力偶矩 $M$〔图 11.9(b)〕。由截面法可求得任意横截面上的内力为轴力 $F_N = -F$,弯矩 $M_y = M = Fe$。显然,各横截面上的内力相同。

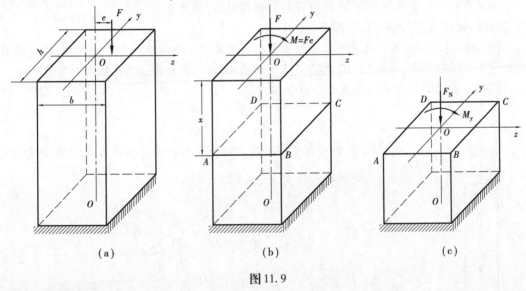

图 11.9

### (2) 应力分析

由于柱各个横截面上的轴力 $F_N$ 和弯矩 $M_y$ 都是相同的,它又是等直杆,所以各个横截面上的应力也相同。因此,可取任一个横截面作为危险截面进行强度计算。

任意横截面上任一点的正应力,可看成由轴力 $F_N$ 引起的正应力 $\sigma_N = \dfrac{F_N}{A}$ 和由弯矩 $M_y$ 引起的正应力 $\sigma_M = \dfrac{M_y z}{I_y}$ 的叠加,即

$$\sigma = \sigma_N + \sigma_M = \frac{F_N}{A} + \frac{M_y z}{I_y}$$

$$\sigma = -\frac{F}{A} + \frac{Fe}{I_y} z \qquad (11.8)$$

式中的 $M_y$、$z$、$e$ 均以绝对值代入，弯曲正应力的正负号由观察弯矩 $M_y$ 的转向来确定。

显然，最大正应力发生在横截面的 $AD$ 边上各点处

$$\sigma_{max} = -\frac{F}{A} + \frac{M_y}{W_y} \qquad (11.9a)$$

最小正应力（即最大压应力）发生在横截面的 $BC$ 边上各点处

$$\sigma_{min} = \sigma^c_{max} = -\frac{F}{A} - \frac{M_y}{W_y} \qquad (11.9b)$$

（3）强度计算

如果杆件材料的抗拉、抗压强度不相等，且横截面上拉、压应力同时出现时，则应分别计算拉、压强度，其强度条件为

$$\sigma^t_{max} = -\frac{F}{A} + \frac{M_z}{W_z} \leqslant [\sigma_t] \qquad (11.10a)$$

$$\sigma^c_{max} = \left| -\frac{F}{A} - \frac{M_y}{W_y} \right| \leqslant [\sigma_c] \qquad (11.10b)$$

如果横截面上不出现拉应力，或杆件材料抗拉、抗压强度相等，按式（11.10b）进行强度计算即可。

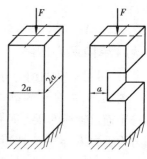

图 11.10

【例 11.4】 横截面为正方形的短柱承受轴向荷载 $F$。若在短柱中开一切槽，使其横截面积为原面积的一半，如图 11.10 所示。试问切槽后，柱内最大压应力是原来的几倍？

【解】 原来的压应力为全截面均匀分布

$$\sigma_N = \left| \frac{F_N}{A} \right| = \frac{F}{2a \times 2a} = \frac{F}{4a^2}$$

切槽后为偏心压缩，即弯、压组合变形。最大压应力在切槽处横截面右边缘：此处横截面积 $A' = \frac{1}{2}A = 2a^2$，可求得

$$\sigma^c_{max} = \left| -\frac{F}{A'} - \frac{M_y}{W_y} \right| = \frac{F}{2a^2} + \frac{\left( F \times \frac{a}{2} \right)}{\frac{1}{6} \times 2a \times a^2} = 2\frac{F}{a^2}$$

所以

$$\frac{\sigma^c_{max}}{\sigma_N} = \frac{2\dfrac{F}{a^2}}{\dfrac{F}{4a^2}} = 8$$

即切槽后的最大压应力为原来的 8 倍。

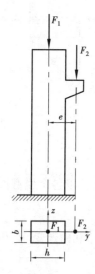

图 11.11

【例 11.5】 图 11.11 所示矩形截面柱，柱顶有屋架传来的压力 $F_1 = 100$ kN，牛腿上承受吊车梁传来的压力 $F_2 = 45$ kN，$F_2$ 与柱轴线的偏心距 $e = 0.2$ m。已知柱宽 $b = 200$ mm，求：

①若 $h = 300\ \text{mm}$,则柱截面中的最大应力和最大压应力各为多少?

②要使柱截面不产生拉应力,截面高度 $h$ 应为多少? 在所选的 $h$ 尺寸下,柱截面中的最大压应力为多少?

【解】①求 $\sigma_{max}$ 和 $\sigma_{max}^{c}$。将荷载 $F_2$ 向截面形心平移,得柱的最大轴心压力在柱下段,为

$$F = F_1 + F_2 = 145\ \text{kN}$$

下段柱横截面的弯矩为

$$M_z = F_2 e = 45 \times 0.2 = 9(\text{kN} \cdot \text{m})$$

所以,柱横截面最大应力为

$$\sigma_{max} = -\frac{F}{A} + \frac{M_z}{W_z} = -\frac{145 \times 10^3}{200 \times 300} + \frac{9 \times 10^6}{\dfrac{200 \times 300^2}{6}} = 0.58(\text{MPa})$$

所得应力为正,说明最大应力为拉应力,即为最大拉应力 $\sigma_{max}^{t}$。

最小应力即为最大压应力

$$\sigma_{min} = \sigma_{max}^{c} = -\frac{F}{A} - \frac{M_z}{W_z} = -5.42\ \text{MPa}$$

②求 $h$ 及 $\sigma_{max}^{c}$。要使截面不产生拉应力,应满足

$$\sigma_{max} = -\frac{F}{A} + \frac{M_z}{W_z} \leq 0$$

即

$$-\frac{145 \times 10^3}{200h} + \frac{9 \times 10^6}{\dfrac{200h^2}{6}} \leq 0$$

解得 $\qquad\qquad\qquad\qquad\qquad h \geqslant 372\ \text{mm}$

取 $\qquad\qquad\qquad\qquad\qquad h = 380\ \text{mm}$

当 $h = 380\ \text{mm}$ 时,截面的最大压应力为

$$\sigma_{max}^{c} = -\frac{F}{A} - \frac{M_z}{W_z} = -\frac{145 \times 10^3}{200 \times 380} - \frac{9 \times 10^6}{\dfrac{200 \times 380^2}{6}} = -3.78(\text{MPa})$$

【例 11.6】 最大起吊重量 $F_1 = 80\ \text{kN}$ 的起重机,安装在混凝土基础上(图 11.12),起重机支架的轴线通过基础的中心,平衡锤重 $F_2 = 50\ \text{kN}$。起重机自重 $F_3 = 180\ \text{kN}$(不包含 $F_1$ 和 $F_2$),其作用线通过基础底面的轴 $y$,且偏心距 $e = 0.6\ \text{m}$。已知混凝土的容重为 $22\ \text{kN/m}^3$,混凝土基础的高为 $2.4\ \text{m}$,基础截面的尺寸 $b = 3\ \text{m}$。求:①基础截面的尺寸 $h$ 应为多少才能使基础底部截面上不产生拉应力;②若地基的许用压应力 $[\sigma_c] = 0.2\ \text{MPa}$,在所选的 $h$ 值下,试校核地基的强度。

【解】 ①求尺寸 $h$。将各力向基础截面中心简化,得到轴向压力 $F$ 及对 $z$ 轴的力矩 $M_z$。设基础自重为 $F_4$,则基础底部截面上的轴力和弯矩分别为

$$F_N = -F = -(F_1 + F_2 + F_3 + F_4)$$
$$= -(80 + 50 + 180 + 2.4 \times 3 \times h \times 22)$$
$$= -(310 + 158.4h)(\text{kN})$$

$$M_z = -50 \times 4 + 180 \times 0.6 + 80 \times 8$$
$$= 548 (\text{kN} \cdot \text{m})$$

根据式(11.9a),要使基础底部截面上不产生拉应力,必须满 $\sigma_{t\,max} = -\dfrac{F}{A} + \dfrac{M_z}{W_z} \leqslant 0$,将

$A = 3h, W_z = \dfrac{3h^2}{6}$ 及有关数据代入,可得

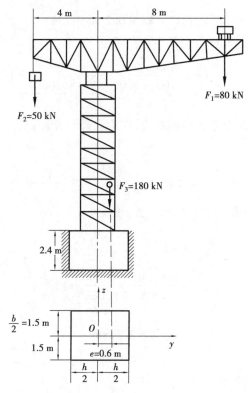

图 11.12

$$\sigma_{t\,max} = -\frac{310 + 158.4h}{3h} + \frac{548}{\dfrac{3h^2}{6}} \leqslant 0$$

解得 $h \geqslant 3.68$ m,取 $h = 3.7$ m。

②校核地基的强度。当取 $h = 3.7$ m 时,由式(11.9b),与地基接触的基础底部截面上的最大压应力为

$$\sigma_{c\,max} = \left| -\frac{F}{A} - \frac{M_z}{W_z} \right|$$

$$= \left| -\frac{(310 + 158.4 \times 3.7) \times 10^3}{3 \times 3.7} - \frac{548 \times 10^3}{\dfrac{3 \times 3.7^2}{6}} \right|$$

$$= 161 \times 10^3 (\text{Pa}) = 0.161 \text{ MPa} < [\sigma_c] = 0.2 \text{ MPa}$$

由此可见地基的强度是足够的。

## 2）双向偏心压缩

（1）荷载简化

如图 11.13（a）所示,已知 $F$ 至 $z$ 轴的偏心距为 $e_y$,至 $y$ 轴的偏心距为 $e_z$。

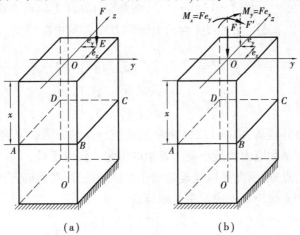

图 11.13

首先将偏心压力 $F$ 平移至 $z$ 轴上（$F'$）,附加力偶矩为 $M_z = Fe_y$。再将压力 $F'$ 从 $z$ 轴上平移至与杆件轴线重合,附加力偶矩为 $M_y = Fe_z$。如图 11.13（b）所示,力 $F$ 经过两次平移后,得到轴向压力 $F$ 和两个力偶矩 $M_z$,$M_y$,所以双向偏心压缩实际上就是轴向压缩和两个相互垂直的平面弯曲的组合。

（2）内力计算

由截面法截取任一横截面 $ABCD$,其内力为

$$F_N = -F, \quad M_z = Fe_y, \quad M_y = Fe_z$$

（3）应力计算

横截面 $ABCD$ 上坐标为（$y,z$）的任意一点 $K$ 的应力计算如下:

由轴力 $F$ 引起 $K$ 点的压应力为

$$\sigma_N = -\frac{F}{A}$$

由弯矩 $M_z$ 引起 $K$ 点的应力为

$$\sigma_{M_z} = \pm \frac{M_z y}{I_z}$$

由弯矩 $M_y$ 引起 $K$ 点的应力为

$$\sigma_{M_y} = \pm \frac{M_y z}{I_y}$$

所以,$K$ 点的总应力为

$$\sigma = \sigma_N + \sigma_{M_z} + \sigma_{M_y}$$

$$\sigma = -\frac{F}{A} \pm \frac{M_z y}{I_z} \pm \frac{M_y z}{I_y} \tag{11.11}$$

计算时,上式中 $F, M_z, M_y, y, z$ 都可用绝对值代入,式中第二项和第三项前的正负号由观察弯

曲变形的情况来确定。

（4）最大正应力

对于具有外棱角的横截面如矩形截面，处于双向偏心压缩时的最大应力和最小应力产生的位置可以直观判断。由图 11.13（b）可见，横截面 $ABCD$ 上的最大正应力（可能为拉、压或零）$\sigma_{\max}$ 发生在 $A$ 点，而最小正应力（为最大压应力）$\sigma_{\min}$ 发生在 $C$ 点，其值为

$$\left.\begin{aligned} \sigma_{\max} &= -\frac{F}{A} + \frac{M_z}{W_z} + \frac{M_y}{W_y} \\ \sigma_{\min} &= -\frac{F}{A} - \frac{M_z}{W_z} - \frac{M_y}{W_y} \end{aligned}\right\} \tag{11.12}$$

如果横截面没有外棱角，如图 11.14 所示的截面，$y$、$z$ 轴为形心主轴。对于这类截面，显然无法通过观察确定最大应力和最小应力发生的位置。但由于最大应力和最小应力必定发生在距中性轴最远的点处，因此可以先确定出中性轴的位置，然后确定出最大应力和最小应力发生的位置。下面来讨论如何确定中性轴位置。

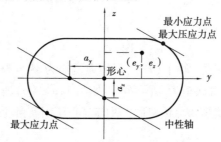

**图** 11.14

根据式（11.11），横截面上得任意点的应力可表示为

$$\sigma = -\frac{F}{A} - \frac{M_z y}{I_z} - \frac{M_y z}{I_y}$$

设 $y_0$，$z_0$ 为中性轴上任一点的坐标，根据中性轴上各点的正应力等于零，则有

$$\sigma = -\frac{F}{A} - \frac{M_z y_0}{I_z} - \frac{M_y z_0}{I_y} = 0$$

即

$$1 + \frac{e_y}{i_z^2} y_0 + \frac{e_z}{i_y^2} z_0 = 0 \tag{11.13}$$

式中 $i_z^2 = \dfrac{I_z}{A}$，$i_y^2 = \dfrac{I_y}{A}$ 分别称为截面对 $z$，$y$ 轴的惯性半径，也是截面的几何参数。式（11.13）称为中性轴方程，可见中性轴是一条不通过横截面形心的直线。

中性轴在 $y$、$z$ 轴上的截距分别为

$$a_y = y_0\big|_{z_0=0} = -\frac{i_z^2}{e_y}, a_z = z_0\big|_{y_0=0} = -\frac{i_y^2}{e_z} \tag{11.14}$$

由此可以确定中性轴位置。由于中性轴截距 $a_y$，$a_z$ 和偏心距 $e_y$，$e_z$ 符号相反，所以中性轴必与偏心力的作用点位于截面形心的相对两侧，如图 11.14 所示。如果中性轴把截面分为两部分，一部分为拉应力区，另一部分为压应力区。显然偏心压力作用点所在侧的区域为

受压区,另一侧的区域为受拉区。

中性轴的位置确定后,作与中性轴平行并与截面周边相切的直线,受拉区切线的切点就是产生最大拉应力的位置,受压区切线的切点是产生最大压应力的位置,如图 11.14 所示。将两个切点的坐标分别代入式(11.11),即可求得最大的拉应力和最大的压应力。

当然,如果中性轴位于横截面之外,则全截面都为压应力区域,不会出现拉应力,其最大应力就是最小压应力。

(5)强度条件

根据上述的分析可知,双向偏心压缩(拉伸)杆件横截面上的所有点都只有正应力,处于单向应力状态,所以可类似于单向偏心压缩的情况建立相应的强度条件。

当杆件材料抗拉、抗压强度不相等且横截面同时出现拉压应力时,其强度条件为

$$\sigma^t_{max} \leqslant [\sigma_t], \sigma^c_{max} \leqslant [\sigma_c]$$

对于如图 11.13 所示的矩形截面柱,其强度条件则为

$$\left.\begin{array}{l} \sigma^t_{max} = -\dfrac{F}{A} + \dfrac{M_z}{W_z} + \dfrac{M_y}{W_y} \leqslant [\sigma_t] \\[4mm] \sigma^c_{max} = \left| -\dfrac{F}{A} - \dfrac{M_z}{W_z} - \dfrac{M_y}{W_y} \right| \leqslant [\sigma_c] \end{array}\right\} \tag{11.15}$$

如果横截面不出现拉应力或材料抗拉、抗压强度相等,则只需按强度条件的第二个式子进行压应力强度计算即可。

【例 11.7】  试求图 11.15(a)所示偏心受压杆的最大拉应力和最大压应力。

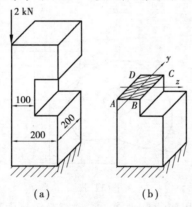

(a)                    (b)

图 11.15

【解】  此杆切槽处的截面[图 11.15(b)]是危险截面。将力 $F$ 向切槽截面的形心处简化,得

$$F_N = -2 \text{ kN}$$
$$M_z = 2 \times 100 \times 10^{-3} = 0.2(\text{kN} \cdot \text{m})$$
$$M_y = 2 \times 50 \times 10^{-3} = 0.1(\text{kN} \cdot \text{m})$$

显然截面上 $C$ 点产生最大的拉应力,而在截面 $A$ 点产生最大的压应力,由式(11.12)可得

$$\sigma^t_{max} = \sigma_C = \frac{F_N}{A} + \frac{M_z}{W_z} + \frac{M_y}{W_y}$$

$$= \frac{-2 \times 10^3}{200 \times 100} + \frac{0.2 \times 10^6}{100 \times 200^2/6} + \frac{0.1 \times 10^6}{200 \times 100^2/6} = 0.5(\text{MPa})$$

$$\sigma_{max}^c = \sigma_A = \frac{F_N}{A} - \frac{M_z}{W_z} - \frac{M_y}{W_y}$$

$$= \frac{-2 \times 10^3}{200 \times 100} - \frac{0.2 \times 10^6}{100 \times 200^2/6} - \frac{0.1 \times 10^6}{200 \times 100^2/6} = -0.7(\text{MPa})$$

### 3)受压杆的截面核心

工程中,有许多材料抗拉性能差,但抗压性能好且价格比较便宜,如砖、石、混凝土、铸铁等。在这类构件的设计计算中,往往认为其拉伸强度为零。这就要求构件在偏心压力作用下,其横截面上不出现拉应力。

由式(11.14)可知,中性轴在 $y,z$ 轴上的截距与偏心力的偏心距成反比,由此说明,对于给定的截面,$e_y,e_z$ 值越小,$a_y,a_z$ 值就越大,即外力作用点离形心越近,中性轴距形心就越远。因此,当外力作用点位于截面形心附近的一个区域内时,就可保证中性轴不与横截面相交,这个区域称为截面核心。当外力作用在截面核心的边界上时,与此相对应的中性轴就正好与截面的周边相切,如图11.16所示。利用这一关系就可确定截面核心的边界。

为确定任意形状截面(图11.16)的截面核心边界,可将与截面周边相切的任一直线①看作是中性轴,其在 $y,z$ 两个形心主惯性轴上的截距分别为 $a_{y1}$ 和 $a_{z1}$。由式(11.14)确定与该中性轴对应的外力作用点1,即截面核心边界上一个点的坐标($e_{y1},e_{z1}$):

$$e_{y1} = -\frac{i_z^2}{a_{y1}}, \quad e_{z1} = -\frac{i_y^2}{a_{z1}}$$

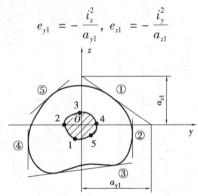

图11.16

同样,分别将与截面周边相切的直线②,③,…等看作是中性轴,并按上述方法求得与其对应的截面核心边界上点2,3,…的坐标。连接这些点所得到的一条封闭曲线,即为所求截面核心的边界,而该边界曲线所包围的带阴影线的面积,即为截面核心(图11.16),下面举例说明截面核心的具体作法。

【例11.8】 一矩形截面如图11.17所示,已知两边长度分别为 $b$ 和 $h$,求作截面核心。

【解】 先作与矩形四边重合的中性轴①,②,③和④,利用式(11.14)得

$$e_y = -\frac{i_z^2}{a_y}, \quad e_z = -\frac{i_y^2}{a_z}$$

式中 $i_y^2 = \frac{I_y}{A} = \frac{\frac{bh^3}{12}}{bh} = \frac{h^2}{12}$, $i_z^2 = \frac{I_z}{A} = \frac{\frac{hb^3}{12}}{bh} = \frac{b^2}{12}$, $a_y$ 和 $a_z$ 为中性轴的截距,$e_y$ 和 $e_z$ 为相应的

外力作用点的坐标。

对中性轴①,有 $a_y = \dfrac{b}{2}, a_z = \infty$,代入式(11.14),得

$$e_{y1} = -\frac{i_z^2}{a_y} = -\frac{\dfrac{b^2}{12}}{\dfrac{b}{2}} = -\frac{b}{6}, \quad e_{z1} = -\frac{i_y^2}{a_z} = -\frac{\dfrac{h^2}{12}}{\infty} = 0$$

即相应的外力作用点为图 11.17 上的点 1。

对中性轴②,有 $a_y = \infty, a_z = -\dfrac{h}{2}$,代入式(11.14),得

$$e_{y2} = -\frac{i_z^2}{a_y} = -\frac{\dfrac{b^2}{12}}{\infty} = 0, \quad e_{z2} = -\frac{i_y^2}{a_z} = -\frac{\dfrac{h^2}{12}}{-\dfrac{h}{2}} = \frac{h}{6}$$

即相应的外力作用点为图 11.17 上的点 2。

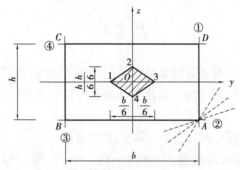

**图** 11.17

同理,可得相应于中性轴③和④的外力作用点的位置如图上的点 3 和点 4。

至于由点 1 到点 2,外力作用点的移动规律如何,我们可以从中性轴①开始,绕截面点 A 作一系列中性轴(图中虚线),一直转到中性轴②,求出这些中性轴所对应的外力作用点的位置,就可得到外力作用点从点 1 到点 2 的移动轨迹。根据中性轴方程式(11.13),设 $e_y$ 和 $e_z$ 为常数,$y_0$ 和 $z_0$ 为流动坐标,中性轴的轨迹是一条直线。反之,若设 $y_0$ 和 $z_0$ 为常数,$e_y$ 和 $e_z$ 为流动坐标,则力作用点的轨迹也是一条直线。现在,过角点 A 的所有中性轴有一个公共点,其坐标 $\left(\dfrac{b}{2}, -\dfrac{h}{2}\right)$ 为常数,相当于中性轴方程式(11.13)中的 $y_0$ 和 $z_0$,而需求的外力作用点的轨迹,则相当于流动坐标 $e_y$ 和 $e_z$。于是可知,截面上从点 1 到点 2 的轨迹是一条直线。同理可知,当中性轴由②绕角点 B 转到③、由③绕角点 C 转到④时,外力作用点由点 2 到点 3、由点 3 到点 4 的轨迹都是直线。最后得到一个菱形(图中的阴影区),即矩形截面的截面核心为一菱形,其对角线的长度为截面边长的 1/3。

对于具有棱角的截面,均可按上述方法确定截面核心。对于周边有凹进部分的截面(例如槽形或工字形截面等),在确定截面核心的边界时,应该注意不能取与凹进部分的周边相切的直线作为中性轴,因为这种直线显然与横截面相交。

【**例** 11.9】 一圆形截面如图 11.18 所示,直径为 $d$,试作截面核心。

【**解**】 由于圆截面对于圆心 $O$ 是极对称的,因而,截面核心的边界对于圆心也是极对

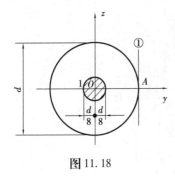

**图** 11.18

称的,即为一圆心为 $O$ 的圆。在截面周边上任取一点 $A$,过该点作切线①作为中性轴,该中性轴在 $y,z$ 两轴上的截距分别为

$$a_{y1} = \frac{d}{2}, \quad a_{z1} = \infty$$

而圆形截面的 $i_y^2 = i_z^2 = \dfrac{d^2}{16}$,将以上各值代入式(11.14),即可得

$$e_{y1} = -\frac{i_z^2}{a_{y1}} = -\frac{\dfrac{d^2}{16}}{\dfrac{d}{2}} = -\frac{d}{8}, \quad e_{z1} = -\frac{i_y^2}{a_{z1}} = 0$$

从而可知,截面核心边界是一个以 $O$ 为圆心、以 $\dfrac{d}{8}$ 为半径的圆,即图中带阴影的区域。

# 思考题

11.1 计算组合变形的基本假设是什么? 用什么方法进行计算?

11.2 举例说明哪些截面受通过截面图形的形心的斜荷载作用产生的弯曲以后挠曲线仍在荷载作用平面内。

11.3 举例说明截面核心的概念在工程中的应用。

11.4 对工程结构的构件来说,当其他条件一致时,偏心拉伸与偏心压缩各有什么利弊?

# 习 题

11.1 矩形截面杆受力如图所示。已知 $F_1 = 0.8$ kN,$F_2 = 1.65$ kN,$b = 90$ mm,$h = 180$ mm,材料的许用应力 $[\sigma] = 10$ MPa,试校核此梁的强度。

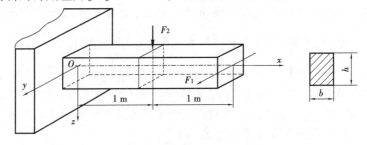

习题 11.1 图

11.2 受集度为 $q$ 的均布载荷作用的矩形截面简支梁,其载荷作用面与梁的纵向对称面间的夹角为 $\alpha = 30°$,如图所示。已知该梁材料的弹性模量 $E = 10$ GPa;梁的尺寸为 $l = 4$ m,$h = 160$ mm,$b = 120$ mm;许用应力 $[\sigma] = 12$ MPa。试校核梁的强度。

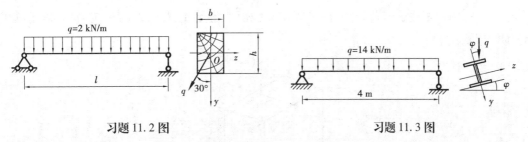

习题11.2图　　　　　　　　　习题11.3图

11.3　简支于屋架上的檩条承受均布载荷 $q = 14\ \mathrm{kN/m}, \varphi = 30°$,如图所示。檩条跨长 $l = 4\ \mathrm{m}$,采用工字钢制造,其许用应力 $[\sigma] = 160\ \mathrm{MPa}$,试选择工字钢型号。

11.4　图示构架的立柱 $AB$ 用25号工字钢制成,已知 $F = 20\ \mathrm{kN}, [\sigma] = 160\ \mathrm{MPa}$,试校核立柱的强度。

11.5　图示一混凝土挡水墙,浇筑于牢固的基础上。墙高为2 m,墙厚为0.5 m,试求:①当水位达到墙顶时,墙底处的最大拉应力和最大压应力(混凝土重力密度 $\gamma = 24\ \mathrm{kN/m^3}$)。②如果要求混凝土中不出现拉应力,试求最大允许水深 $h$ 为多少?

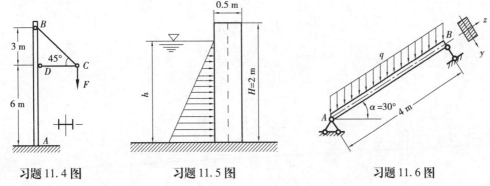

习题11.4图　　　　　习题11.5图　　　　　习题11.6图

11.6　图示一楼梯木斜梁的长度为 $l = 4\ \mathrm{m}$,截面为 $0.2\ \mathrm{m} \times 0.1\ \mathrm{m}$ 的矩形,受均布载荷作用, $q = 2\ \mathrm{kN/m}$。试作梁的轴力图和弯矩图,并求横截面上的最大拉应力和最大压应力。

11.7　图示一悬臂滑车架,杆 $AB$ 为18号工字钢,其长度为 $l = 2.6\ \mathrm{m}$。试求当载荷 $F = 25\ \mathrm{kN}$ 作用在 $AB$ 的中点 $D$ 处时,杆内的最大正应力。设工字钢的自重可略去不计。

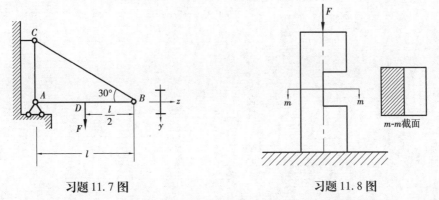

习题11.7图　　　　　　　　　习题11.8图

11.8　若图示边长为 $a$ 的正方形截面短柱,受到轴向压力 $F$ 作用,若在中间开一切槽,其面积为原面积的一半,试问最大压应力是不开槽的几倍?

11.9 图示短柱受载荷如图,试求固定端截面上角点 $A,B,C,D$ 的正应力,并确定其中性轴的位置。

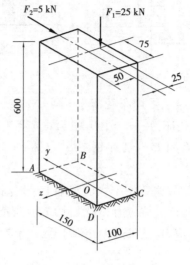

习题 11.9 图

# 第 12 章

## 压杆稳定

### 12.1 压杆稳定的概念

工程实际中把承受轴向压力的直杆称为压杆。在第 5 章讨论轴向拉伸和压缩变形的强度计算时,认为只要压杆横截面上的应力不超过材料的极限应力,压杆就能安全正常工作。这一结论对于粗短压杆(杆的横向尺寸较大,纵向尺寸较小)是正确的。而对于细长压杆(杆的横向尺寸较小,纵向尺寸较大)情况却完全不同,它在应力远低于材料的极限应力时,就会突然产生显著的弯曲变形而失去承载能力。取一根长为 300 mm 的钢板尺做一个简单的实验,其横截面尺寸为 20 mm ×1 mm。若钢的许用应力为$[\sigma] = 196$ MPa,则按强度条件,钢尺能够承受的轴向压力为

$$F = A[\sigma] = 20 \times 1 \times 10^{-6} \mathrm{m}^2 \times 196 \times 10^6 \mathrm{Pa} = 3\ 920\ \mathrm{N}$$

但若将钢尺竖立在桌面上,用手压其上端,则当压力还不到 40 N 时,钢尺就会明显被压弯而失去承载能力。该钢尺的承载能力远远低于按强度条件确定的承载能力。这个实验说明:细长压杆的破坏并不是由于其强度不够,而是由于其突然产生显著的弯曲变形、轴线不能保持原有直线形状的平衡状态所造成的。压杆能否保持其原有直线平衡状态的问题称为压杆的稳定问题。

下面讨论理想压杆的稳定性概念。所谓理想压杆是指材料均匀,压杆轴线为理想直线,压力作用线与杆轴线重合的等截面直杆。

设一等直杆下端固定,上端自由,并在上端作用一轴向压力 $F$,如图 12.1(a)所示。当力 $F$ 比较小时,压杆处于直线平衡状态。逐渐增大轴向力 $F$,并给杆一个横向的微小干扰力,使杆离开原来的直线平衡位置而发生微小弯曲。随着 $F$ 的逐渐增大,我们会发现下列现象:

①在压杆所受的压力 $F$ 不大时,若给杆一个微小的横向干扰,使杆发生微小的弯曲变形,在干扰撤去后,杆经若干次振动后仍会回到原来的直线形状的平衡状态〔图 12.1(a)〕,

说明此时压杆原有直线形状的平衡状态是稳定的。将压杆保持其原有直线平衡状态的能力称为压杆的稳定性。

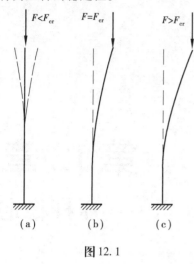

图 12.1

②增大压力 $F$ 至某一极限值 $F_{cr}$ 时,若再给杆一个微小的横向干扰,使杆发生微小的弯曲变形,则在干扰撤去后,杆不再恢复到原来直线形状的平衡状态,而是仍处于微弯形状的平衡状态〔图 12.1(b)〕,说明此时压杆原有直线形状的平衡状态不是稳定的,而是临界的平衡状态,此时的压力 $F_{cr}$ 称为压杆的临界力。临界平衡状态实质上是一种不稳定的平衡状态,因为此时杆一经干扰后就不能维持原有直线形状的平衡状态了。由此可见,当压力 $F$ 达到临界力 $F_{cr}$ 时,压杆原有的直线平衡状态就从稳定转变为不稳定的临界状态,这种现象称为压杆的平衡丧失了稳定性,简称压杆失稳。

③当压力 $F$ 超过 $F_{cr}$,杆的弯曲变形将急剧增大,甚至最后造成弯折破坏〔图 12.1(c)〕。

临界力 $F_{cr}$ 是压杆保持直线形状平衡状态所能承受的最大压力,因而压杆在开始失稳时杆的应力仍可按轴向拉、压杆的应力公式计算,即

$$\sigma_{cr} = \frac{F_{cr}}{A} \tag{12.1}$$

式中　$A$——压杆的横截面面积;

$\sigma_{cr}$——压杆的临界应力。

显然,为了保证压杆能够安全地工作,应使压杆承受的压力或杆的应力小于压杆的临界力 $F_{cr}$ 或临界应力 $\sigma_{cr}$。由以上分析可知,压杆稳定性的强弱是由其临界力大小确定的。临界力 $F_{cr}$ 越大,压杆的稳定性就越强;临界力 $F_{cr}$ 越小,压杆的稳定性就越弱。因此,确定压杆的临界力和临界应力是研究压杆稳定问题的核心内容。

由于杆件失稳是在远低于强度许用承载能力的情况下骤然发生的,所以往往造成严重的事故。例如,1907 年加拿大长达 548 m 的魁北克大桥在施工中突然倒塌,就是由于两根受压杆件的失稳引起的。因此,在设计杆件(特别是受压杆件)时,除了进行强度计算外,还必须进行稳定计算,以满足其稳定性方面的要求。

## 12.2　压杆的临界力与临界应力

### 1)细长压杆临界力的欧拉公式

工程实际中,压杆两端约束有四种不同情况:两端铰支,一端固定一端铰支,两端固定,和一端固定一端自由,如表 12.1 所示,图中曲线为压杆处于临界状态时干扰力使其弯曲的形状,称为失稳曲线。

瑞士科学家欧拉(L. Euler)最早研究了两端铰支弹性压杆的稳定性。通过理论推导(本书从略),得出了其临界力的计算公式,即著名的欧拉公式。在此基础上可推广到各种杆端约束下细长压杆临界力的计算公式为:

$$F_{cr} = \frac{\pi^2 EI}{(\mu l)^2} \tag{12.2}$$

式(12.2)统称为欧拉公式。式中 $EI$ 是压杆在其失稳平面内的抗弯刚度。式中的 $\mu$ 称为压杆的长度因数,它与杆端约束有关,杆端约束越强, $\mu$ 值越小; $\mu l$ 称为压杆的相当长度,它是压杆的挠曲线为半个正弦波(相当于两端铰支细长压杆的挠曲线形状)所对应的杆长度。表12.1列出了4种典型的杆端约束下细长压杆的临界力,以备查用。

表 12.1　4 种典型细长压杆的临界力

| 杆端约束 | 两端铰支 | 一端铰支<br>一端固定 | 两端固定 | 一端固定<br>一端自由 |
|---|---|---|---|---|
| 失稳时挠<br>曲线形状 | | | | |
| 临界力 | $F_{cr} = \dfrac{\pi^2 EI}{l^2}$ | $F_{cr} = \dfrac{\pi^2 EI}{(0.7l)^2}$ | $F_{cr} = \dfrac{\pi^2 EI}{(0.5l)^2}$ | $F_{cr} = \dfrac{\pi^2 EI}{(2l)^2}$ |
| 长度因数 | $\mu = 1$ | $\mu = 0.7$ | $\mu = 0.5$ | $\mu = 2$ |

应当指出,工程实际中压杆的杆端约束情况往往比较复杂,应对杆端支承情况作具体分析,或查阅有关的设计规范,定出合适的长度因数。

【例 12.1】　一个长 $l = 4$ m,直径 $d = 100$ mm 的细长钢压杆,支承情况如图 12.2 所示,在 $xOy$ 平面内为两端铰支,在 $xOz$ 平面内为一端铰支、一端固定。已知钢的弹性模量 $E = 200$ GPa,求此压杆的临界力。

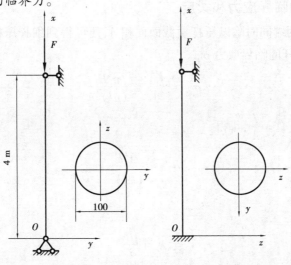

图 12.2

【解】 钢压杆的横截面是圆形,圆形截面对其任一形心轴的惯性矩都相同,均为

$$I = \frac{\pi d^4}{64} = \frac{\pi \times 100^4 \times 10^{-12}}{64} = 0.049 \times 10^{-4} (\mathrm{m}^4)$$

因为临界力是使压杆产生失稳所需的最小压力,而钢压杆在各纵向平面内的弯曲刚度 $EI$ 相同,所以式(12.2)中的 $\mu$ 应取较大的值,即失稳发生在杆端约束最弱的纵向平面内。由已知条件,钢压杆在 $xOy$ 平面内的杆端约束为两端铰支〔图12.2(a)〕, $\mu = 1$;在 $xOz$ 平面内杆端约束为一端铰支、一端固定〔图12.2(b)〕, $\mu = 0.7$。故失稳将发生在 $xOy$ 平面内,应取 $\mu = 1$ 进行计算。临界力为

$$F_{cr} = \frac{\pi^2 EI}{(\mu l)^2} = \frac{\pi^2 \times 200 \times 10^9 \times 0.049 \times 10^{-4}}{(1 \times 4)^2} = 0.6 \times 10^6 (\mathrm{N}) = 600 \text{ kN}$$

【例 12.2】 有一个两端铰支的细长木柱(图12.3),已知柱长 $l = 3$ m,横截面为 $80$ mm $\times 140$ mm 的矩形,木材的弹性模量 $E = 10$ GPa。求此木柱的临界力。

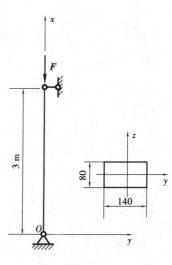

【解】 由于木柱两端约束为球形铰支,故木柱两端在各个方向的约束都相同(都是铰支)。因为临界力是使压杆产生失稳所需的最小压力,所以式(12.2)中的 $I$ 应取 $I_{\min}$。由图 12.3 可知, $I_{\min} = I_y$,其值为

$$I_y = \frac{140 \times 80^3}{12} = 597.3 \times 10^4 (\mathrm{mm}^4)$$

故临界力为

$$F_{cr} = \frac{\pi^2 EI_y}{(\mu l)^2} = \frac{\pi^2 \times 10 \times 10^9 \times 597.3 \times 10^4 \times 10^{-12}}{(1 \times 3)^2}$$

$$= 655 \times 10^2 (\mathrm{N}) = 65.5 \text{ kN}$$

图 12.3

在临界力 $F_{cr}$ 作用下,木柱将在弯曲刚度最小的 $xOz$ 平面内发生失稳。

### 2)细长压杆的临界应力和柔度

将式(12.2)的两端同时除以压杆横截面面积 $A$,便可得到细长压杆处于临界状态时横截面上的应力,即压杆的临界应力 $\sigma_{cr}$。

$$\sigma_{cr} = \frac{F_{cr}}{A} = \frac{\pi^2 EI}{(\mu l)^2 A}$$

引入截面的惯性半径 $i^2 = \dfrac{I}{A}$,可得

$$\sigma_{cr} = \frac{\pi^2 E}{\left(\dfrac{\mu l}{i}\right)^2}$$

若令

$$\lambda = \frac{\mu l}{i} \tag{12.3}$$

则有

$$\sigma_{cr} = \frac{\pi^2 E}{\lambda^2} \qquad (12.4)$$

式(12.4)就是计算压杆临界应力的公式,是欧拉公式的另一表达形式。式中,$\lambda = \frac{\mu l}{i}$ 称为压杆的柔度或长细比,它综合反映了压杆的长度、约束条件、截面尺寸和形状等因素对临界应力的影响。从式(12.4)可以看出,压杆的临界应力与柔度的平方成反比,柔度越大,则压杆的临界应力越低,压杆越容易失稳。因此,在压杆稳定问题中,柔度 $\lambda$ 是一个很重要的参数。

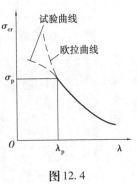

图 12.4

### 3) 欧拉公式的适用范围

在推导欧拉公式时,要用到弯曲时挠曲线近似微分方程式,而这个方程是建立在材料服从胡克定律基础上的。试验已证实,当临界应力不超过材料比例极限 $\sigma_p$ 时,由欧拉公式得到的理论曲线与试验曲线十分相符,而当临界应力超过 $\sigma_p$ 时,两条曲线随着柔度减小相差得越来越大(图 12.4)。这说明欧拉公式只有在临界应力不超过材料比例极限时才适用,即

$$\sigma_{cr} = \frac{\pi^2 E}{\lambda^2} \leqslant \sigma_p \quad 或 \quad \lambda \geqslant \pi \sqrt{\frac{E}{\sigma_p}}$$

若用 $\lambda_p$ 表示对应于临界应力等于比例极限 $\sigma_p$ 时的柔度值,则

$$\lambda_p = \pi \sqrt{\frac{E}{\sigma_p}} \qquad (12.5)$$

$\lambda_p$ 仅与压杆材料的弹性模量 $E$ 和比例极限 $\sigma_p$ 有关。例如,对于常用的 Q235 钢,$E = 200\ \text{GPa}$,$\sigma_p = 200\ \text{MPa}$,代入式(12.5),得

$$\lambda_p = \pi \sqrt{\frac{200 \times 10^9}{200 \times 10^6}} = 99.3$$

从以上分析可以看出:当 $\lambda \geqslant \lambda_p$ 时,$\sigma_{cr} \leqslant \sigma_p$,这时才能应用欧拉公式来计算压杆的临界力或临界应力。满足 $\lambda \geqslant \lambda_p$ 的压杆称为细长杆或大柔度杆。

### 4) 中柔度压杆的临界应力公式

在工程中常用的压杆,其柔度往往小于 $\lambda_p$。实验结果表明,这种压杆丧失承载能力的原因仍然是失稳。但此时临界应力 $\sigma_{cr}$ 已大于材料的比例极限 $\sigma_p$,欧拉公式已不适用,这是超过材料比例极限压杆的稳定问题。对于这类失稳问题,曾进行过许多理论和实验研究工作,得出理论分析的结果。但工程中对这类压杆的计算,一般使用以试验结果为依据的经验公式。一般有两种经常使用的经验公式:直线公式和抛物线公式。本书只介绍直线经验公式。

把临界应力与压杆的柔度表示成如下的线性关系:

$$\sigma_{cr} = a - b\lambda \qquad (12.6)$$

式中 $a,b$ 是与材料性质有关的系数,可以查相关手册得到。表 12.2 给出了几种常用材料的 $a,b$ 值。由式(12.6)可见,临界应力 $\sigma_{cr}$ 随着柔度 $\lambda$ 的减小而增大。

表 12.2 直线公式的系数 $a$ 和 $b$

| 材料($\sigma_b$,$\sigma_s$ 的单位为 MPa) | | $a$/MPa | $b$/MPa |
|---|---|---|---|
| Q235 钢 | $\sigma_b \geqslant 372$ | 304 | 1.12 |
| | $\sigma_s = 235$ | | |
| 优质碳钢 | $\sigma_b \geqslant 471$ | 461 | 2.568 |
| | $\sigma_s = 306$ | | |
| 硅钢 | $\sigma_b \geqslant 510$ | 578 | 3.744 |
| | $\sigma_s = 353$ | | |
| 铬钼钢 | | 9 807 | 5.296 |
| 铸铁 | | 332.2 | 1.454 |
| 强铝 | | 373 | 2.15 |
| 松木 | | 28.7 | 0.19 |

必须指出,直线公式虽然是以 $\lambda < \lambda_p$ 的压杆建立的,但绝不能认为凡是 $\lambda < \lambda_p$ 的压杆都可以应用直线公式。因为当 $\lambda$ 值很小时,按直线公式求得的临界应力较高,可能早已超过了材料的屈服强度 $\sigma_s$ 或抗压强度 $\sigma_b$,这是杆件强度条件所不允许的。因此,只有在临界应力 $\sigma_{cr}$ 不超过屈服强度 $\sigma_s$(或抗压强度 $\sigma_b$)时,直线公式才能适用。若以塑性材料为例,它的应用条件可表示为

$$\sigma_{cr} = a - b\lambda \leqslant \sigma_s \text{ 或 } \lambda \geqslant \frac{a - \sigma_s}{b}$$

若用 $\lambda_s$ 表示对应于 $\sigma_s$ 时的柔度值,则

$$\lambda_s = \frac{a - \sigma_s}{b} \tag{12.7}$$

这里,柔度值 $\lambda_s$ 是直线公式成立时压杆柔度 $\lambda$ 的最小值,它仅与材料有关。对 Q235 钢来说, $\sigma_s = 235$ MPa,$a = 304$ MPa,$b = 1.12$ MPa。将这些数值代入式(12.6),得 $\lambda_s = \dfrac{304 - 235}{1.12} = 61.6$,当压杆的柔度 $\lambda$ 值满足 $\lambda_s \leqslant \lambda < \lambda_p$ 条件时,临界应力用直线公式计算,这样的压杆被称为中柔度杆或中长杆。

### 5)小柔度压杆

当压杆的柔度 $\lambda$ 满足 $\lambda < \lambda_s$ 条件时,这样的压杆称为小柔度杆或短粗杆。实验证明,小柔度杆主要是由于应力达到材料的屈服强度 $\sigma_s$(或抗压强度 $\sigma_b$)而发生破坏,破坏时很难观察到失稳现象。这说明小柔度杆是由于强度不足而引起破坏的,应当以材料的屈服强度或抗压强度作为极限应力,这属于第 5 章所研究的受压直杆的强度计算问题。若形式上也作为稳定问题来考虑,则可将材料的屈服强度 $\sigma_s$(或抗压强度 $\sigma_b$)看作临界应力 $\sigma_{cr}$,即

$$\sigma_{cr} = \sigma_s(\text{或 } \sigma_b)$$

### 6)临界应力总图

综上所述,压杆的临界应力随着压杆柔度变化情况可用图 12.5 的曲线表示,该曲线是

采用直线公式的临界应力总图,总图说明如下:

①当 $\lambda \geqslant \lambda_p$ 时,是细长杆,存在材料比例极限内的稳定性问题,临界应力用欧拉公式计算。

②当 $\lambda_s$(或 $\lambda_b$)$\leqslant \lambda < \lambda_p$ 时,是中长杆,存在超过比例极限的稳定问题,临界应力用直线公式计算。

③当 $\lambda < \lambda_s$(或 $\lambda_b$)时,是短粗杆,不存在稳定性问题,只有强度问题,临界应力就是屈服强度 $\sigma_s$ 或抗压强度 $\sigma_b$。

由图 12.5 还可以看到,随着柔度的增大,压杆的破坏性质由强度破坏逐渐向失稳破坏转化。

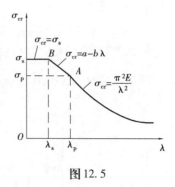

图 12.5

【例 12.3】 如图 12.6 所示为两端铰支的圆形截面受压杆,用 Q235 钢制成,材料的弹性模量 $E = 200$ GPa,屈服强度 $\sigma_s = 235$ MPa,直径 $d = 40$ mm,试分别计算下面三种情况压杆的临界力:①杆长 $l = 1.5$ m;②杆长 $l = 0.8$ m;③杆长 $l = 0.5$ m。

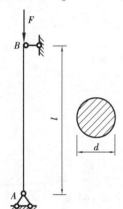

图 12.6

【解】 ①计算杆长 $l = 1.5$ m 时的临界力,两端铰支,因此 $\mu = 1$。

惯性半径:$i = \sqrt{\dfrac{I}{A}} = \sqrt{\dfrac{\pi d^4/64}{\pi d^2/4}} = \dfrac{d}{4} = \dfrac{40}{4} = 10$(mm)。

柔度:$\lambda = \dfrac{\mu l}{i} = \dfrac{1 \times 1\,500}{10} = 150 > \lambda_p = 100$,所以是大柔度杆,

可以用欧拉公式计算。则

$$\sigma_{cr} = \frac{\pi^2 E}{\lambda^2} = \frac{3.14^2 \times 2 \times 10^5}{150^2} = 87.64 \text{(MPa)}$$

$$F_{cr} = \sigma_{cr} A = \sigma_{cr} \times \frac{\pi d^2}{4} = 87.64 \times \frac{3.14 \times 40^2}{4} = 110.08 \times 10^3 \text{(N)} \approx 110 \text{ kN}$$

②计算杆长 $l = 0.8$ m 时的临界力

$$\lambda = \frac{\mu l}{i} = \frac{1 \times 800}{10} = 80$$

查表得 $\lambda_s = 62$,因为 $\lambda_s < \lambda < \lambda_p$,所以该杆为中长杆,应用直线应验公式计算临界力,查表得 $a = 304$ MPa,$b = 1.12$ MPa。

$$F_{cr} = (a - b\lambda) \frac{\pi d^2}{4} = (304 - 1.12 \times 80) \times \frac{\pi \times 40^2}{4} = 269.3 \times 10^3 \text{(N)} = 269.3 \text{ kN}$$

③计算杆长 $l = 0.5$ m 时的临界力

$$\lambda = \frac{\mu l}{i} = \frac{1 \times 500}{10} = 50 < \lambda_s = 62$$

压杆为短粗杆,其临界力为

$$F_{cr} = \sigma_s A = \sigma_s \times \frac{\pi d^2}{4} = 235 \times \frac{3.14 \times 40^2}{4} = 295.2 \times 10^3 \text{(N)} = 295.2 \text{ kN}$$

【例 12.4】 如图 12.7 所示的木柱,截面为 120 mm × 200 mm,$l = 7$ m,$E = 10$ GPa,$\lambda_p = 110$。试求木柱的临界力和临界应力。

【解】 ①计算最大刚度平面的临界力和临界应力,如图 12.7(a)所示。

截面的惯性矩为：$I_z = \dfrac{120 \times 200^3}{12} = 8 \times 10^7 (\text{mm}^4)$。

惯性半径为：$i_z = \sqrt{\dfrac{I_z}{A}} = \sqrt{\dfrac{8 \times 10^7}{120 \times 200}} = 57.7 (\text{mm})$。

两端铰接时长度系数为：$\mu = 1$。

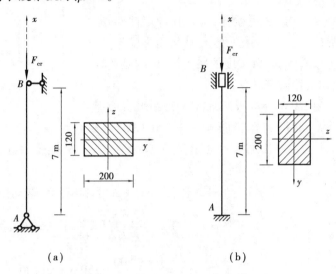

（a）　　　　　　　　　　　（b）

**图** 12.7

其柔度为：$\lambda = \dfrac{\mu l}{i_z} = \dfrac{1 \times 7\,000}{57.7} = 121 > \lambda_p = 110$。

因此可用欧拉公式计算，则

$$F_{cr} = \dfrac{\pi^2 E I_z}{(\mu l)^2} = \dfrac{3.14^2 \times 10 \times 10^3 \times 8 \times 10^7}{(1 \times 7\,000)^2} = 161 \times 10^3 (\text{N}) = 161 \text{ kN}$$

$$\sigma_{cr} = \dfrac{\pi^2 E}{\lambda^2} = \dfrac{3.14^2 \times 10 \times 10^3}{121^2} = 6.73 (\text{MPa})$$

②计算最小刚度平面内的临界力和临界应力，如图 12.7（b）所示。

截面的惯性矩为：$I_y = \dfrac{200 \times 120^3}{12} = 288 \times 10^5 (\text{mm}^4)$。

惯性半径为：$i_y = \sqrt{\dfrac{I_y}{A}} = \sqrt{\dfrac{288 \times 10^5}{120 \times 200}} = 34.6 (\text{mm})$。

两端固定时长度系数为：$\mu = 0.5$。

柔度为：$\lambda = \dfrac{\mu l}{i_y} = \dfrac{0.5 \times 7\,000}{34.6} = 101 < \lambda_p = 110$。

因此应用直线应验公式计算查表有 $a = 28.7 \text{ MPa}, b = 0.19 \text{ MPa}$，则

$$\sigma_{cr} = a - b\lambda = 28.7 - 0.19 \times 101 = 9.51 (\text{MPa})$$

临界力

$$F_{cr} = \sigma_{cr} A = 9.51 \times (120 \times 200) = 228.2 \times 10^3 (\text{N}) = 228.2 \text{ kN}$$

## 12.3　压杆的稳定计算

### 1) 安全系数法

为了保证压杆能够安全地工作,要求压杆承受的压力 $F$ 应满足下面的条件:

$$F \leqslant \frac{F_{cr}}{n_{st}} = [F]_{st} \tag{12.8}$$

或者将上式两边同时除以横截面面积 $A$,得到压杆横截面上的应力 $\sigma$ 应满足的条件:

$$\sigma = \frac{F}{A} \leqslant \frac{\sigma_{cr}}{n_{st}} = [\sigma]_{st} \tag{12.9}$$

式中　$n_{st}$——考虑安全储备而取的大于 1 的稳定安全系数;

　　　$[F]_{st}$——稳定许用压力;

　　　$[\sigma]_{st}$——稳定许用应力。

上两式称为压杆的稳定条件。

稳定安全系数 $n_{st}$ 的取值除考虑在确定强度安全系数时的因素外,还应考虑实际压杆不可避免地存在杆轴线的初曲率、压力的偏心和材料的不均匀等因素。这些因素将使压杆的临界力显著降低,对压杆稳定的影响较大,并且压杆的柔度越大,影响也越大。但是,这些因素对压杆强度的影响就不那么显著。因此,稳定安全系数 $n_{st}$ 的取值一般大于强度安全系数 $n$,并且随柔度 $\lambda$ 而变化。例如,钢压杆的强度安全系数 $n = 1.4 \sim 1.7$,而稳定安全系数 $n_{st} = 1.8 \sim 3.0$,甚至更大。常用材料制成的压杆,在不同工作条件下的稳定安全系数 $n_{st}$ 的值,可在有关的国家或行业标准中查到。

利用稳定条件式(12.8)或式(12.9),可以解决压杆的稳定校核、设计截面尺寸和确定许用荷载等三类稳定计算问题。这样进行压杆稳定计算的方法称为安全系数法。

### 2) 折减系数法

在工程中,对压杆的稳定计算还常采用折减系数法。这种方法是将稳定条件式(12.9)中的稳定许用应力 $[\sigma]_{st}$ 换算成材料的强度许用应力 $[\sigma]$ 乘以一个随压杆柔度 $\lambda$ 而改变且小于 1 的系数 $\varphi = \varphi(\lambda)$,即

$$[\sigma]_{st} = \varphi[\sigma] \tag{12.10}$$

$\varphi$ 称为压杆的稳定折减系数。于是得到压杆的稳定条件为

$$\sigma = \frac{F}{A} \leqslant \varphi[\sigma] \tag{12.11}$$

式(12.11)就是按折减系数法进行压杆稳定计算的稳定条件。式中 $\varphi$ 是随 $\lambda$ 值变化而变化的,即给定一个 $\lambda$ 值,就对应一个 $\varphi$ 值。工程上为了应用方便,在有关结构设计规范中都列出了常用建筑材料随 $\lambda$ 变化而变化的 $\varphi$ 值,表 12.3 列出了几种常见材料的折减系数。

表 12.3  几种常见材料的折减系数 $\varphi$

| $\lambda$ | 折减系数 $\varphi$ | | |
| --- | --- | --- | --- |
| | Q235 钢 | 16 锰钢 | 木材 |
| 20 | 0.981 | 0.973 | 0.932 |
| 40 | 0.927 | 0.895 | 0.822 |
| 60 | 0.842 | 0.776 | 0.658 |
| 70 | 0.789 | 0.705 | 0.575 |
| 80 | 0.731 | 0.627 | 0.460 |
| 90 | 0.669 | 0.546 | 0.371 |
| 100 | 0.604 | 0.462 | 0.300 |
| 110 | 0.536 | 0.384 | 0.248 |
| 120 | 0.466 | 0.325 | 0.209 |
| 130 | 0.401 | 0.279 | 0.178 |
| 140 | 0.349 | 0.242 | 0.153 |
| 150 | 0.306 | 0.213 | 0.134 |
| 160 | 0.272 | 0.188 | 0.117 |
| 170 | 0.243 | 0.168 | 0.102 |
| 180 | 0.218 | 0.151 | 0.093 |
| 190 | 0.197 | 0.136 | 0.083 |
| 200 | 0.180 | 0.124 | 0.075 |

### 3)压杆稳定条件的应用

下面只讨论折减系数法的稳定条件应用,将式(12.11)改写为:

$$\frac{F}{\varphi A} \leqslant [\sigma] \tag{12.12}$$

式中  $F$——实际作用在压杆上的轴向压力;

$A$——截面的横截面面积;

$\varphi$——压杆的折减系数。

应用稳定条件,可对压杆进行三个方面的计算:

①稳定校核:即已知压杆的几何尺寸、所用材料、支承条件以及承受的压力,验算是否满足式(12.12)的稳定条件。

这类问题一般应首先计算出压杆的长细比 $\lambda$,根据 $\lambda$ 查出相应的折减系数 $\varphi$,再按照式(12.12)进行校核。

②计算稳定时的许用荷载:即已知压杆的几何尺寸、所用材料及支承条件,按稳定条件计算其能够承受的许用荷载 $F$ 值。

这类问题一般也要首先计算出压杆的长细比 $\lambda$，根据 $\lambda$ 查出相应的折减系数 $\varphi$，再按照式 $[F] \leqslant A\varphi[\sigma]$ 进行计算。

③进行截面设计：即已知压杆的长度、所用材料、支承条件以及承受的压力 $F$，按照稳定条件计算压杆所需的截面尺寸。

这类问题一般采用"试算法"。这是因为在稳定条件(12.12)中，折减系数 $\varphi$ 是根据压杆的长细比 $\lambda$ 查表得到的，而在压杆的截面尺寸尚未确定之前，压杆的长细比 $\lambda$ 不能确定，所以也就不能确定折减系数 $\varphi$。因此，只能采用试算法。首先假定一折减系数 $\varphi$ 值（0 ~ 1），由稳定条件计算所需要的截面面积 $A$，然后计算出压杆的长细比 $\lambda$，根据压杆的长细比 $\lambda$ 查表得到折减系数 $\varphi$，再按照式(12.12)验算是否满足稳定条件。如果不满足稳定条件，则应重新假定折减系数 $\varphi$ 值，重复上述过程，直到满足稳定条件为止。

【例 12.5】 如图 12.8 所示，构架由两根直径相同的圆杆构成，杆的材料为 Q235 钢，直径 $d = 20$ mm，材料的许用应力 $[\sigma] = 170$ MPa，已知 $h = 0.4$ m，作用力 $F = 15$ kN，试在计算平面内校核两杆的稳定性。

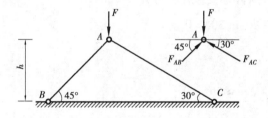

图 12.8

【解】 ①计算各杆承受的压力。取结点 $A$ 为研究对象，根据平衡条件列方程有

$$\sum F_x = 0: \quad F_{AB}\cos 45° - F_{AC}\cos 30° = 0$$

$$\sum F_y = 0: \quad F_{AB}\sin 45° + F_{AC}\sin 30° - F = 0$$

解得

$$F_{AB} = 13.44 \text{ kN} \qquad F_{AC} = 10.98 \text{ kN}$$

②计算两杆的长细比。

各杆的长度分别为

$$l_{AB} = \sqrt{2}h = \sqrt{2} \times 0.4 = 0.566(\text{m})$$

$$l_{AC} = 2h = 2 \times 0.4 = 0.8(\text{m})$$

则两杆的长细比分别为

$$\lambda_{AB} = \frac{\mu l_{AB}}{i} = \frac{\mu l_{AB}}{\dfrac{d}{4}} = \frac{4 \times 1 \times 0.566}{0.02} = 113$$

$$\lambda_{AC} = \frac{\mu l_{AC}}{i} = \frac{\mu l_{AC}}{\dfrac{d}{4}} = \frac{4 \times 1 \times 0.8}{0.02} = 160$$

③查表得知折减系数

$$\varphi_{AB} = 0.536 - (0.536 - 0.466) \times \frac{3}{10} = 0.515$$

$$\varphi_{AC} = 0.272$$

④按照稳定条件进行验算。

AB 杆：

$$\frac{F_{AB}}{A\varphi_{AB}} = \frac{13.44 \times 10^3}{\pi\left(\frac{20}{2}\right)^2 \times 0.515} = 83.1(\text{MPa}) < [\sigma] = 170 \text{ MPa}$$

AC 杆：

$$\frac{F_{AC}}{A\varphi_{AC}} = \frac{10.98 \times 10^3}{\pi\left(\frac{20}{2}\right)^2 \times 0.272} = 128.5(\text{MPa}) < [\sigma] = 170 \text{ MPa}$$

【例 12.6】 如图 12.9 所示三铰支架，已知 AB 杆和
BC 杆都为圆形截面，直径 d = 50 mm。材料为 Q235 钢，
材料的许用应力 [σ] = 160 MPa。在结点 B 处作用一竖
向荷载 F，AB 杆的长为 l = 1.5 m，按稳定条件考虑计算
该三铰支架的许用荷载 [F]。

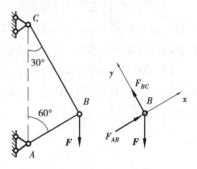

图 12.9

【解】 ①取点 B 为隔离体求各杆的内力。

$$\sum F_x = 0 \qquad F_{BA} - F\sin 30° = 0$$

则 $F_{BA} = \dfrac{F}{2}$（压杆）。

$$\sum F_y = 0 \qquad F_{BC} - F\cos 30° = 0$$

则 $F_{BC} = \dfrac{\sqrt{3}}{2}F$（拉杆）。

由此可知 AB 杆为压杆，受到的压力为 F/2。

②计算长细比。

$$\lambda = \frac{\mu l}{i} = \frac{1 \times 1.5}{\dfrac{d}{4}} = \frac{1 \times 1.5}{\dfrac{0.05}{4}} = 120$$

③查表得知折减系数 φ = 0.466。

④计算许用荷载 [F]。将 AB 杆的压力 F/2 代入式 [F] ≤ Aφ[σ] 中，得

$$[F] \leqslant 2\varphi A[\sigma] = 2 \times 0.466 \times \frac{\pi}{4}d^2 \times 160 = 292.6(\text{kN})$$

从压杆的稳定性考虑，其许用荷载 [F] = 292 kN。

【例 12.7】 如图 12.10 所示，一端固定一端铰支的压杆为工字钢，材料为 Q235 钢。已
知杆长 l = 5 m，F = 300 kN，材料的许用应力 [σ] = 160 MPa，试选择工字钢的型号。

【解】 先假设 φ = 0.5，试选择截面尺寸、型号，算出 λ 后在查 φ'。若 φ' 与假定的 φ 值
相差较大，则再选二者的中间值重新计算，直至二者相差不大，最后再进行稳定校核。

①第一次试算，设 $\varphi_1 = 0.5$，则

$$A_1 = \frac{F}{\varphi_1[\sigma]} = \frac{300 \times 10^3}{0.5 \times 160} = 3\,750(\text{mm}^2) = 37.5 \text{ cm}^2$$

查型钢表，初选 20b 工字钢。该工字钢的截面面积 $A_1' = 39.5$ cm²，最小惯性半径 $i_{\min} = 2.06$ cm，压杆柔度为

$$\lambda_1 = \frac{0.7 \times 5}{2.06 \times 10^{-2}} = 170$$

查表得折减系数 $\varphi'_1 = 0.243$，与 $\varphi_1 = 0.5$ 相差较大，故需进一步计算。

②第二次试算，设 $\varphi_2 = \frac{\varphi_1 + \varphi'_1}{2} = \frac{0.5 + 0.243}{2} = 0.372$，则

$$A_2 = \frac{F}{\varphi_2[\sigma]} = \frac{300 \times 10^3}{0.372 \times 160} = 5\ 040(\text{mm}^2) = 50.4\ \text{cm}^2$$

查型钢表，选 25a 工字钢，其横截面面积 $A'_2 = 48.5\ \text{cm}^2$，$i_{\min} = 2.4\ \text{cm}$，压杆的柔度为

$$\lambda_2 = \frac{0.7 \times 5}{2.4 \times 10^{-2}} = 146$$

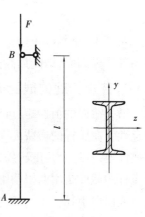

图 12.10

查表得折减系数 $\varphi'_2 = 0.323$，与 $\varphi_2 = 0.372$ 相差仍较大，故需再进一步计算。

③第三次试算，设 $\varphi_3 = \frac{\varphi_2 + \varphi'_2}{2} = \frac{0.372 + 0.323}{2} = 0.348$，则

$$A_3 = \frac{F}{\varphi_3[\sigma]} = \frac{300 \times 10^3}{0.348 \times 160} = 5\ 388(\text{mm}^2) = 53.88\ \text{cm}^2$$

查型钢表，选 28a 工字钢，其截面面积 $A'_3 = 55.45\ \text{cm}^2$，$i_{\min} = 2.495\ \text{cm}$，压杆的柔度为

$$\lambda_3 = \frac{0.7 \times 5}{2.495 \times 10^{-2}} = 140$$

查表的折减系数 $\varphi'_3 = 0.349$，与 $\varphi_3 = 0.348$ 比较接近，故选用 28a 工字钢。

④稳定性校核。

$$\frac{F}{\varphi'_3 A'_3} = \frac{300 \times 10^3}{0.349 \times 55.45 \times 10^2} = 155(\text{MPa}) < [\sigma] = 160\ \text{MPa}$$

因此选用 28a 工字钢满足稳定性要求。

在稳定计算中，当遇到压杆局部截面被削弱的情况（例如有钻孔、开槽等）时，仍按没有被削弱的截面尺寸进行计算。这是因为压杆的临界力是由压杆整体的弯曲变形决定的，局部截面的削弱对整体弯曲变形的影响很小，也就是说对压杆临界力的影响很小，故可以忽略。但是，对这类压杆，除了进行稳定计算外，还应针对削弱了的横截面进行强度校核。

# 12.4　提高压杆稳定性的措施

要提高压杆的稳定性，关键在于提高压杆的临界力或临界应力。而压杆的临界力和临界应力，与压杆的长度、横截面形状及大小、支承条件以及压杆所用材料等有关。因此，可以从以下几个方面考虑：

## 1）合理选择材料

对于大柔度压杆，临界应力 $\sigma_{cr} = \frac{\pi^2 E}{\lambda^2}$，故采用 $E$ 值较大的材料能够增大其临界应力，也就能提高其稳定性。由于各种钢材的 $E$ 值大致相同，所以对大柔度钢压杆不宜选用优质钢

材,以避免造成浪费。

对于中、小柔度压杆,从计算临界应力的经验公式可以看出,采用强度较高的材料能够提高其临界应力,即能提高其稳定性。

### 2) 选择合理的截面形状

增大截面的惯性矩,可以增大截面的惯性半径,降低压杆的柔度,从而可以提高压杆的稳定性。在压杆的横截面面积相同的条件下,应尽可能使材料远离截面形心轴,以取得较大的惯性矩,从这个角度出发,空心截面要比实心截面合理,如图 12.11 所示。在工程实际中,若压杆的截面是用两根槽钢组成,则应采用如图 12.12 所示的布置方式,可以取得较大的惯性矩或惯性半径。

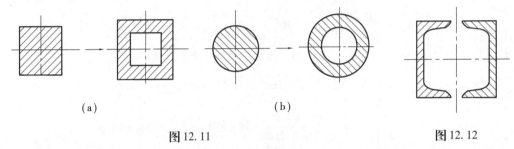

(a)        (b)

图 12.11          图 12.12

另外,由于压杆总是在柔度较大的纵向平面内首先失稳,所以应使压杆在两个纵向对称平面内的柔度大致相等,使其抵抗失稳的能力得以充分发挥。当压杆在各纵向平面内的约束相同时,宜采用圆形、圆环形、正方形等截面,这一类截面对任一形心轴的惯性半径相等,从而使压杆在各纵向平面内的柔度相等。当压杆在两个纵向对称面内的约束不同时,宜采用矩形、工字形一类截面,并在确定截面尺寸时,尽量使 $\lambda_y = \lambda_z$。

### 3) 改善约束条件、减小压杆长度

改变压杆的约束条件直接影响临界力的大小。例如长为 $l$ 两端铰支的压杆,其 $\mu = 1$,$F_{cr} = \dfrac{\pi^2 EI}{l^2}$。若在这一压杆的中点增加一个中间支座或者把两端改为固定端(图 12.13)。则相当于长度变为 $\mu l = \dfrac{1}{2}$,临界力变为

$$F_{cr} = \frac{\pi^2 EI}{(l/2)^2} = \frac{4\pi^2 EI}{l^2}$$

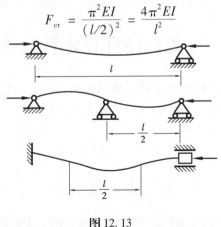

图 12.13

可见临界力变为原来的 4 倍。一般来说增加压杆的约束,使其更不容易发生弯曲变形,都可以提高压杆的稳定性。

根据欧拉公式可知,压杆的临界力与其计算长度的平方成反比。因此,在结构允许的情况下,应尽可能减小压杆的长度;甚至可改变结构布局,将压杆改为拉杆等,如图 12.14(a)所示的托架改成如图 12.14(b)的形式。

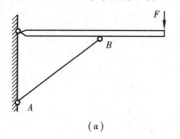 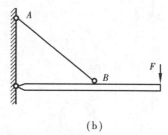

图 12.14

# 思考题

12.1　如何区别压杆的稳定平衡与不稳定平衡?

12.2　什么叫临界力? 计算临界力的欧拉公式的应用条件是什么?

12.3　由塑性材料制成的小柔度压杆,在临界力作用下是否仍处于弹性状态?

12.4　实心截面改为空心截面能增大截面的惯性矩,从而能提高压杆的稳定性,是否可以把材料无限制地加工使其远离截面形心,以提高压杆稳定性?

12.5　只要保证压杆的稳定就能够保证其承载能力,这种说法是否正确?

# 习　题

12.1　如图所示,截面形状都是圆形,直径 $d = 80$ mm,材料为 Q235 钢,弹性模量 $E = 200$ GPa,试分别计算各杆的临界力。

12.2　如图(a)所示两端铰支的细长压杆,材料为 Q235 钢,采用如图(b)所示 4 种截面形状,截面面积均为 $4.0 \times 10^3$ mm²,试比较它们的临界力。其中 $d = 0.7D$。

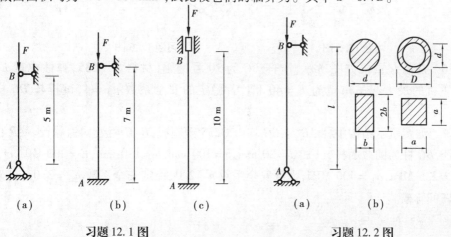

习题 12.1 图　　　　习题 12.2 图

12.3 如图所示,外径 $D = 50$ mm,内径 $d = 40$ mm 的钢管,两端铰支,材料为 Q235 钢,弹性模量 $E = 200$ GPa,承受轴向压力。试求:①能应用欧拉公式时,压杆的最小长度。②当压杆长度为上述最小长度的 3/4 时,求压杆的临界压力。

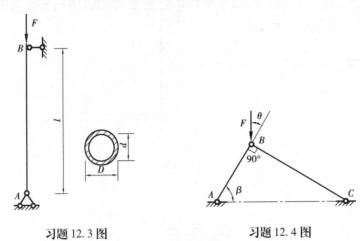

习题 12.3 图                习题 12.4 图

12.4 如图所示铰接杆系 $ABC$ 由两根具有相同截面和同样材料的细长杆所组成。若由于杆件在平面 $ABC$ 内失稳而引起毁坏,试确定荷载 $F$ 为最大时的 $\theta$ 角(假设 $0 < \theta < \dfrac{\pi}{2}$)。

12.5 如图所示结构由钢曲杆 $AB$ 和强度等级为 TC13 的木杆 $BC$ 组成。已知结构所有的连接均为铰连接,在 $B$ 点处承受竖直荷载 $F = 1.3$ kN,木材的强度许用应力 $[\sigma] = 100$ MPa。试校核 $BC$ 杆的稳定性。

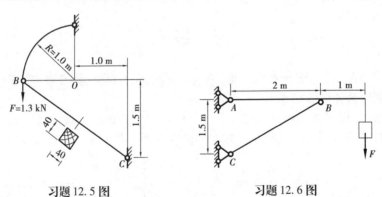

习题 12.5 图                习题 12.6 图

12.6 简易起重机如图所示,压杆 $BC$ 为 20 号槽钢,材料为 Q235,弹性模量 $E = 200$ GPa,起重机的最大起吊重量为 $F = 40$ kN,若稳定的安全系数 $n_{st} = 4$,试校核 $BC$ 杆的稳定性。

12.7 如图所示结构中杆 $AB$ 与 $BC$ 均由 Q235 钢制成,$B$,$C$ 两处均为球铰。$AB$ 杆为矩形截面杆,$BC$ 杆为圆截面杆,已知 $d = 20$ mm,$b = 100$ mm,$h = 180$ mm,$E = 200$ GPa,$\sigma_p = 200$ MPa,$\sigma_s = 235$ MPa,$\sigma_b = 400$ MPa,强度安全系数 $n = 2.0$,稳定安全系数 $n_{st} = 3.0$。试确定该结构的许可荷载。

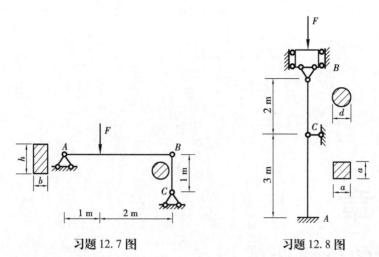

习题 12.7 图　　　　　　习题 12.8 图

**12.8** 如图所示结构中,$BC$ 为圆截面杆,其直径 $d = 80$ mm;$AC$ 为边长 $a = 70$ mm 的正方形截面杆。已知该结构的约束情况为 $A$ 端固定,$B$,$C$ 端为球形铰。两杆的材料均为 Q235 钢,弹性模量 $E = 210$ GPa,可各自独立发生弯曲互不影响。若结构的稳定安全系数 $n_{st} = 2.5$,试求所能承受的许可压力。

**12.9** 如图所示一简单托架,其撑杆 $AB$ 为圆截面木杆,强度等级为 TC15。若架上受集度为 $q = 50$ kN/m 的均布荷载作用,$AB$ 两端为柱形铰,材料的强度许用应力 $[\sigma] = 11$ MPa,试求撑杆所需的直径 $d$。

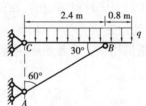

习题 12.9 图

# 第 13 章
## 静定结构的位移计算

### 13.1 结构位移的概念

所有的工程实际结构都是由变形固体材料制成的,在荷载作用下将产生内力,同时也会发生变形。由于变形,结构上的各处位置会产生移动,即发生位移。所谓变形是指结构(或其一部分)形状的改变,位移则是指结构某点或某截面位置的改变。

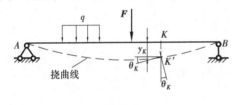

**图** 13.1

如图 13.1 所示的简支梁在荷载作用下,梁发生变形后其轴线由直线变为曲线,将这种曲线称为挠曲线。梁的横截面 $K$ 由原来的位置移动到新的位置 $K'$,其形心位置的改变量 $KK'$ 称为截面 $K$ 的形心的线位移,由于梁沿轴线方向的变形很小可以忽略,因此可以认为横截面形心的线位移与梁变形前的轴线垂直,将梁沿垂直于轴线方向的线位移称为挠度,用 $y_K$ 表示。同时,横截面 $K$ 还转动了一个角度 $\theta_K$,称为横截面 $K$ 的角位移,也称为转角。

对于如图 13.2(a) 所示的刚架,在荷载作用下结构发生了如图中虚线所示的变形,使截面 $A$ 的形心从 $A$ 点移到了 $A'$ 点,线段 $\overline{AA'}$ 称为 $A$ 点的线位移,用 $\Delta_A$ 表示。它也可用水平线位移 $\Delta_{Ax}$ 和竖向线位移 $\Delta_{Ay}$ 两个位移分量来表示,如图 13.2(b) 所示。同时截面 $A$ 还转动了一个角度,称为截面 $A$ 的角位移,用 $\varphi_A$ 表示。

如图 13.3 所示的水槽在水压力作用下发生如图中虚线所示的变形,截面 $C$ 的角位移为 $\varphi_C$(顺时针转向),截面 $D$ 的角位移为 $\varphi_D$(逆时针转向),两转向相反的角位移之和称为截面 $C,D$ 的相对角位移,即 $\varphi_{CD} = \varphi_C + \varphi_D$。而 $A,B$ 两点的水平线位移分别为 $\Delta_A$(向右)和 $\Delta_B$(向左),将两指向相反的水平位移之和称为 $A,B$ 两点的相对线位移,即 $\Delta_{AB} = \Delta_A + \Delta_B$。

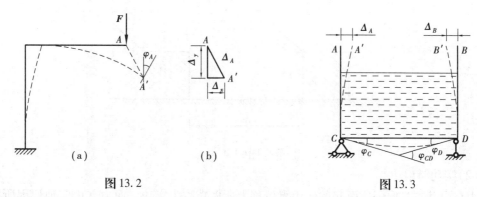

图13.2　　　　　　　　　　　　　　　　图13.3

使结构产生位移的原因除了荷载作用外,还有温度变化使材料膨胀或收缩、结构构件尺寸的制造误差、支座移动等也会引起结构产生位移。

位移计算是结构设计中常常会遇到的问题。对结构位移计算的目的有:

①校核结构的刚度。即验算在荷载作用下,结构的位移是否能够满足结构正常运行的要求。结构在荷载作用下如果产生过大的变形,不满足刚度条件,即使不破坏也不能正常使用。如梁或楼板的变形过大会造成楼面不平整甚至开裂,桥梁的变形太大,会使车辆无法正常行驶。所以,在各种结构相应的规范中,都对结构规定了必须满足的刚度要求。

②为结构施工提供位移数据。例如在跨度较大的结构中,为了避免建成后发生显著下垂,可预置拱度,先将结构做成与挠度相反的拱形,称为起拱,起拱高度须根据结构位移计算确定。

③为计算超静定结构打下基础。实际结构除静定结构外,更多的是超静定结构。进行超静定结构的受力分析时,需要同时考虑结构的平衡条件和变形协调条件,因此要进行超静定结构计算,必须会进行静定结构位移计算。

# 13.2　结构位移计算的一般公式

结构位移可以采用不同的方法来计算,本书采用根据变形体的虚功原理推导出来的结构位移计算一般公式来计算。

## 1)实功和虚功

### (1)功的概念

力在其作用点位移上的积累效应称为力的功。恒力做的功等于力的大小与作用点位移的乘积。如图13.4所示,设物体上 $A$ 点受到恒力 $F$ 的作用时,从 $A$ 点移到 $A'$ 点,发生了 $\Delta$ 的线位移,则力 $F$ 在发生位移 $\Delta$ 的过程中所做的功为

$$W = F\Delta \cos \theta \tag{13.1}$$

式中,$\theta$ 为力 $F$ 与线位移 $\Delta$ 之间的夹角。功是标量,它的量纲为力乘以长度,其单位用 N·m 或 kN·m 表示。当力与其作用点的位移方向相同时,力做正功,反之则做负功。

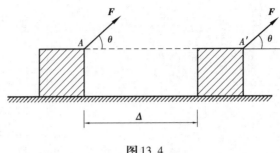

图 13.4

（2）实功与虚功

力在由其本身原因所引起的作用点位移上所做功称为实功。而力在由其他原因所起的位移上所做的功称为虚功。

如图 13.5（a）所示简支梁，在静力荷载 $F_1$ 的作用下发生了如图中虚线所示的变形，达到平衡状态。当 $F_1$ 由零逐渐缓慢地加到其最终值时，其作用点沿 $F_1$ 方向产生了位移 $\Delta_{11}$，由于 $\Delta_{11}$ 是由 $F_1$ 所引起的位移，所以 $F_1$ 沿 $\Delta_{11}$ 所做的功是实功，用 $W_{11}$ 表示。

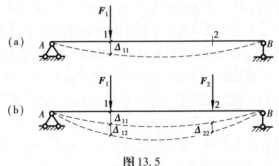

图 13.5

弹性结构受外力作用而发生变形。在变形过程中，外力所做的功将转变为储存在弹性结构内的能量。当外力逐渐减小时，变形也逐渐减小，弹性结构又将释放出能量而做功。例如图 13.5（a）所示的简支梁，在外力 $F_1$ 作用下发生弯曲变形而储存能量，当外力 $F_1$ 卸除后简支梁的变形将完全消失，然后又释放能量而恢复到原来的形状。弹性结构在外力作用下，因变形而储存的能量称为应变能。从另一角度来看，弹性结构在外力作用下将产生内力和变形，那么内力也将在其相应的变形上做功。结构的应变能可用内力所做的功来量度，即应变能等于内力所做的功。

与外力实功的定义类似，我们将内力在由其本身所引起的变形上所做的功称为内力实功。因为我们讨论的是静力平衡过程，所以结构的动能并没有变化。如果略去其他微小能量的损耗（如摩擦发生的热量），那么根据能量守恒定律，在加载过程中外力所做的实功将全部转化为结构的弹性应变能，也即外力所做的实功等于内力所做的实功。用 $U_{11}$ 表示图 13.5（a）所示简支梁因外力 $F_1$ 作用所产生的内力在其相应变形上做的内力实功即应变能，于是有 $W_{11} = U_{11}$。

若在 $F_1$ 作用的基础上，在梁上又施加另外一个静力荷载 $F_2$，梁就会达到新的平衡状态，如图 13.5（b）所示。$F_1$ 的作用点沿 $F_1$ 方向又将产生位移 $\Delta_{12}$，$F_2$ 的作用点沿 $F_2$ 方向产生了位移 $\Delta_{22}$。由于 $\Delta_{12}$ 不是由 $F_1$ 所引起的位移，所以 $F_1$ 沿 $\Delta_{12}$ 所做的功便是外力虚功，用 $W_{12}$ 表示。显然，$F_2$ 沿 $\Delta_{22}$ 所做的功 $W_{22}$ 是实功。当然，$F_2$ 所引起的内力也在将由它本身所引的相应变形上做内力实功,用 $W_{22}$ 表示,同样有 $W_{22} = U_{22}$。

将内力在由其他原因所引起的变形上所做的功称为内力虚功,那么,在 $F_2$ 的加载过程中,由 $F_1$ 所引起的内力在由 $F_2$ 所引起的相应变形上所做的功,是内力虚功,用 $U_{12}$ 表示。

在这里要强调,虚功之所以用"虚"字,只是强调做功的力与做功的位移无关,以示与实功的区别。同时还要注意,功和位移的表达符号都出现了两个脚标,第一个脚标表示位移发生的位置,第二个脚标表示引起位移的原因。因为实功是外力(或内力)在由其本身原因所引起的位移(或变形)上所做的功,其位移(变形)的方向始终与外力(内力)的方向相同,所以实功恒为正。而虚功则可能为正,可能为负,也可能等于零。

### 2) 变形体的虚功原理

如图 13.5 所示的简支梁,先在 $F_1$ 作用下,然后再加上 $F_2$ 达到如图 13.5(b) 所示的变形状态,在整个过程中,外力总功为

$$W = W_{11} + W_{12} + W_{22}$$

内力总功为

$$U = U_{11} + U_{12} + U_{22}$$

根据能量守恒定律,$W = U$,即

$$W_{11} + W_{12} + W_{22} = U_{11} + U_{12} + U_{22}$$

由于 $W_{11} = U_{11}$,$W_{22} = U_{22}$,于是有

$$W_{12} = U_{12} \tag{13.2}$$

上式称为虚功原理:第一组外力在第二组外力所引起的位移上所做的外力虚功,等于第一组内力在第二组内力所引起的变形上所做的内力虚功,即外力虚功等于内力虚功。式(13.2)称为虚功方程。

如图 13.5 所示的两组外力 $F_1$,$F_2$ 是彼此独立的。为清晰起见,通常用 $F_1$,$F_2$ 分别单独作用的两种状态来研究,如图 13.6 所示。将 $F_1$ 作用下的平衡状态称为第一状态(或称为力状态),如图 13.6(a) 所示;而将 $F_2$ 作用下的平衡状态称为第二状态(或称为位移状态),如图 13.6(b) 所示。为此,虚功原理可表述为:第一状态的外力在第二状态的位移上所做的虚功,等于第一状态的内力在第二状态的变形上所做的虚功。做功的外力和内力都是第一状态的,而相应的位移和变形则都是第二状态的。

由于如图 13.6 所示的两个状态是彼此独立无关的,因此,无论结构处于什么样的两个状态,只要力状态是平衡的,位移状态的位移和变形是微小的,并且为结构的约束条件和变形条件所允许,则虚功原理都是适用的。而且在位移状态中,引起位移的原因可能是荷载,也可能是温度变化、支座移动等,不论是由什么原因引起的位移,虚功原理都是适用的。这样,变形体的虚功原理可表述为:变形体处于平衡的必要和充分条件是:对于任何虚位移外力所做的虚功总和等于变形体各微段截面上的内力在其变形上所做的虚功总和。

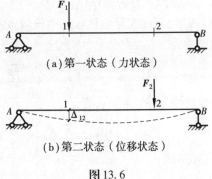

(a)第一状态(力状态)

(b)第二状态(位移状态)

图 13.6

前面讨论时,未涉及材料的物理性质,这就说明在小变形范围内,对于弹性、非弹性、线性、非线性的变形体,虚功原理都能适用。当然虚功原理也适用于刚体结构,只不过由于刚体不产生变形。因此,虚功原理应用于刚体结构时可表述为:刚体结构处于平衡的充分和必要条件是:对于任何虚位移,所有外力所做的虚功总和等于零。

在具体应用变形体的虚功原理时,需要两个状态(力状态和位移状态),因而虚功原理有两种表达方式:

①对于给定的力状态,另虚设一个位移状态,利用虚功方程来求解力状态中的未知力,这时的虚功原理可称为虚位移原理。此时的虚功方程实际上就是平衡方程。

②对于给定的位移状态,另虚设一个力状态,利用虚功方程来求解实际位移状态中的位移,这时的虚功原理则称为虚力原理。本章就是讨论用这种方法来计算结构的位移。

### 3)结构位移计算的一般公式

如图 13.7(a)所示的平面杆系结构,由于荷载、支座移动等因素作用,产生了如图中虚线所示的变形和位移,这是结构的实际状态,现求某一指定点 $K$ 沿某一指定方向 $K—K'$ 上的位移 $\Delta_K$。根据前面的讲述,我们可以利用虚力原理来解决这一问题。

现在要求的位移是由给定的荷载、温度变化以及支座移动等因素引起的,故应以此作为结构的位移状态,并称为实际状态。此外,还需要根据拟求位移建立力状态。由于力状态与位移状态是彼此独立无关的,因此力状态可以根据计算的需要来假设。为了使力状态中的外力能在位移状态中的所求位移 $\Delta_K$ 上做虚功,就在 $K$ 点沿 $K—K'$ 方向加一个集中荷载 $F$,其箭头的指向可随意假设。为了计算方便,令 $\overline{F}=1$,如图 13.7(b)所示,以此作为结构的力状态。这个力状态并不是原有的,而是虚设的,因此称为虚拟状态。

现在来讨论虚拟力状态的外力和内力在实际位移状态相应位移和变形上所做的虚功。外力虚功包括荷载和支座反力所做的虚功。设在虚拟力状态中,由单位荷载 $\overline{F}=1$ 引起的支座反力为 $\overline{F}_{R1}$,$\overline{F}_{R2}$,$\overline{F}_{R3}$,如图 13.7(b)所示。而在实际位移状态中相应的支座位移为 $c_1$,$c_2$,$c_3$,如图 13.7(a)所示。则外力虚功为

$$W_{外} = \overline{F} \cdot \Delta_K + \overline{F}_{R1} \cdot c_1 + \overline{F}_{R2} \cdot c_2 + \overline{F}_{R3} \cdot c_3 = 1 \cdot \Delta_K + \sum \overline{F}_{Ri} \cdot c_i$$

显然,单位荷载 $\overline{F}=1$ 所做的虚功在数值上正好等于所要求的位移 $\Delta_K$。

设虚拟状态中由单位荷载 $\overline{F}=1$ 作用在某微段上所产生的内力为 $\overline{F}_N$,$\overline{M}$,$\overline{F}_Q$,如图 13.7(d)所示,而在实际位移状态中该微段相应的变形为 $du$,$d\varphi$,$\gamma ds$,如图 13.7(c)所示。则内力虚功为

$$W_{内} = \sum \int \overline{F}_N du + \sum \int \overline{M} d\varphi + \sum \int \overline{F}_Q \gamma ds$$

由虚功原理 $W_{外}=W_{内}$,有

$$1 \cdot \Delta_K + \sum \overline{F}_{Ri} \cdot c_i = \sum \int \overline{F}_N du + \sum \int \overline{M} d\varphi + \sum \int \overline{F}_Q \gamma ds$$

于是可得

$$\Delta_K = \sum \int \overline{F}_N du + \sum \int \overline{M} d\varphi + \sum \int \overline{F}_Q \gamma ds - \sum \overline{F}_{Ri} c_i \qquad (13.3)$$

式(13.3)就是平面杆件结构位移计算的一般公式。若确定了虚拟状态的支座反力 $\overline{F}_{R1}$，$\overline{F}_{R2}$，$\overline{F}_{R3}$ 和微段内力 $\overline{F}_N$，$\overline{M}$，$\overline{F}_Q$，同时已知实际位移状态中的支座位移 $c_1$，$c_2$，$c_3$，并求得了实际位移状态中该微段的变形 $du$，$d\varphi$，$\gamma ds$，则可由式(13.3)计算出位移 $\Delta_K$。如果计算结果为正，表示单位荷载所做的虚功为正，则所求位移 $\Delta_K$ 的实际指向与所假设的单位荷载 $\overline{F}=1$ 的指向相同，为负则相反。

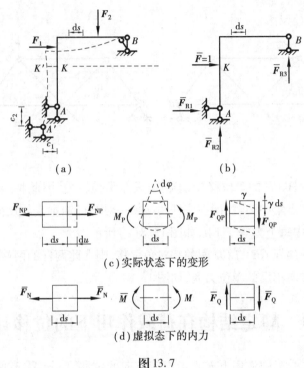

（c）实际状态下的变形

（d）虚拟态下的内力

图 13.7

由以上分析可知，用虚功原理计算结构的位移，关键在于建立恰当的虚拟力状态，而此方法的好处在于虚拟状态中只在所求位移处沿所求位移方向加一个单位荷载，以使荷载虚功刚好等于所求位移。这种计算位移的方法称为单位荷载法。

#### 4）虚拟单位荷载的施加方法

在实际计算中，除了计算线位移外，还常需要计算角位移、相对位移等。显然所求位移的类型不同，要建立的虚拟状态也必然不相同。下面以如图 13.8 所示的几种情况来说明如何按照所求的位移设置相应的虚拟状态。

①如图 13.8(a)所示，若要求结构上某一点沿某个方向的线位移，则在该点所求位移方向加一个单位集中力。

②如图 13.8(b)所示，若要求结构上某一截面的角位移，则在该截面处加一单位集中力偶。

③如图 13.8(c)所示，若要求结构上两点 $C$，$D$ 间的相对线位移，则在此两点连线上加一对方向相反的单位集中力。

④如图 13.8(d)所示，若要求结构上两截面 $E$，$F$ 间的相对角位移，则在此两截面处加一对转向相反的单位力偶。

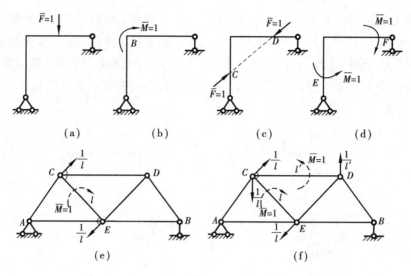

图 13.8

⑤若要求桁架中杆 $CE$ 的角位移,由于桁架只能承受轴力,因此将应加在杆上的单位集中力偶换为等效的结点集中荷载,即在该杆两端加一对与杆轴垂直的反向平行力,使其构成一个单位力偶,力偶中每个力等于 $1/l$,如图 13.8(e)所示。

⑥若要求桁架中两杆 $CE$ 与 $CD$ 间的相对角位移,则在此两杆的两端分别加上与其垂直的力使其构成两个转向相反的单位力偶,如图 13.8(f)所示。

# 13.3  静定结构在荷载作用下的位移计算

如果要求结构只受荷载作用下 $K$ 点沿指定方向的位移 $\Delta_{KP}$。$\Delta_{KP}$ 有两个下标:第一个下标 $K$ 表示该位移的位置和方向,即 $K$ 点沿指定方向的位移;第二个下标 P 表示引起该位移的原因,即是由荷载引起的。此时由于支座没有移动,式(13.3)中的 $(-\sum \overline{F}_R \cdot c)$ 为零,则其位移计算的一般公式为

$$\Delta_{KP} = \sum \int \overline{F}_N \mathrm{d}u + \sum \int \overline{M} \mathrm{d}\varphi + \sum \int \overline{F}_Q \gamma \mathrm{d}s \qquad (13.4)$$

在讨论结构在荷载作用下的位移计算时,仅限于研究线弹性结构,即结构的位移与荷载成正比,因而荷载对位移的影响就可以叠加,而且当荷载全部卸除后位移也完全消失。这样的结构,位移应是微小的,应力与应变的关系符合胡克定律。因此,如图 13.7(b)所示,实际状态下各微段由内力 $F_{NP}$ 和 $M_P$ 分别引起的轴向变形和弯曲变形分别为

$$\mathrm{d}u = \frac{F_{NP} \mathrm{d}s}{EA}, \mathrm{d}\varphi = \frac{M_P \mathrm{d}s}{EI}$$

式中,$E$ 为材料的弹性模量,$A$ 和 $I$ 分别为杆件截面的面积和惯性矩。实际状态下各微段由内力 $F_{QP}$ 引起的剪切变形为

$$\gamma \mathrm{d}s = \frac{k F_{QP} \mathrm{d}s}{GA}$$

式中,$G$ 为剪切弹性模量;$k$ 为切应力沿截面不均匀分布而引入的修正系数,其值也与截面形状有关,对于矩形截面 $k = 1.2$,对于圆形截面 $k = 1.11$。

将微段变形代入式(13.4),得

$$\Delta_{KP} = \sum \int \frac{\overline{F}_N F_{NP}}{EA} ds + \sum \int \frac{\overline{M} M_P}{EI} ds + \sum \int k \frac{\overline{F}_Q F_{QP}}{GA} ds \tag{13.5}$$

式(13.5)就是杆系结构在荷载作用下的位移计算公式。式(13.5)右边三项分别代表结构的轴向变形、弯曲变形和剪切变形对所求位移的影响。在实际计算中,根据结构的具体情况,常常可以只考虑其中的一项(或两项),以进一步简化位移计算。

(1)梁和刚架在荷载作用下的位移计算

对于梁和刚架,其位移主要由弯矩引起,轴力和剪力的影响很小,可以略去,因此梁和刚架的位移计算公式可简化为

$$\Delta_{KP} = \sum \int \frac{\overline{M} M_P}{EI} ds \tag{13.6}$$

(2)桁架在荷载作用下的位移计算

理想桁架只受结点荷载作用,桁架中的每一根杆件只有轴力作用,没有剪力和弯矩,而且同杆件的轴力 $\overline{F}_N$,$F_{NP}$ 以及轴向刚度 $EA$ 沿杆长 $l$ 均为常数,因此桁架在荷载作用下的位移计算可以简化为

$$\Delta_{KP} = \sum \int \frac{\overline{F}_N F_{NP}}{EA} ds = \sum \frac{\overline{F}_N F_{NP}}{EA} \int ds = \sum \frac{\overline{F}_N F_{NP} l}{EA} \tag{13.7}$$

(3)组合结构在荷载作用下的位移计算

组合结构由梁式杆和桁架杆组成,对于其中的梁式杆只考虑弯矩 $M$ 的影响,桁架杆只考虑轴力 $F_N$ 影响,因此组合结构在荷载作用下的位移计算可简化为

$$\Delta_{KP} = \sum \int \frac{\overline{M} M_P}{EI} ds + \sum \frac{\overline{F}_N F_{NP} l}{EA} \tag{13.8}$$

【例 13.1】 如图 13.9(a)所示的简支梁,受均布载 $q$ 作用,抗弯刚度为 $EI$。试求截面 $B$ 的转角 $\theta_B$。

【解】 ①因为拟求的位移是截面 $B$ 的转角,因此在梁的 $B$ 点加一单位集中力偶 $\overline{M} = 1$ 作为虚拟状态,如图 13.9(b)所示。

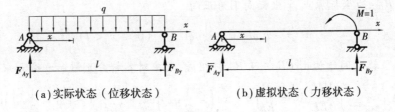

(a)实际状态(位移状态)　　　　(b)虚拟状态(力移状态)

图13.9

②分别列出实际状态和虚拟状态的弯矩方程 $M_P(x)$,$\overline{M}(x)$。由静力平衡条件分别求出两种状态下的支反力。

$$F_{Ay} = F_{By} = \frac{1}{2}ql$$

$$\overline{F}_{Ay} = \frac{1}{l}(\uparrow), \overline{F}_{By} = -\frac{1}{l}(\downarrow)$$

建立如图所示的 $x$ 坐标,则有

$$M_P(x) = F_{Ay} \cdot x - \frac{1}{2}qx^2 = \frac{1}{2}qlx - \frac{1}{2}qx^2 \qquad (0 \leqslant x \leqslant l)$$

$$\overline{M}(x) = \overline{F}_{Ay} \cdot x = \frac{x}{l} \qquad (0 \leqslant x < l)$$

③将 $M_P(x), \overline{M}(x)$ 代入式(13.6),得

$$\theta_B = \sum \int \frac{\overline{M}(x) M_P(x)}{EI} dx = \frac{1}{EI} \int_0^l \frac{x}{l} \cdot \left( \frac{1}{2}qlx - \frac{1}{2}qx^2 \right) dx = \frac{ql^3}{24EI}$$

【例 13.2】 一静定平面刚架各杆的抗弯刚度和所受荷载如图 13.10(a) 所示,试求刚架上 $C$ 点的竖向位移 $\Delta_{Cy}$。

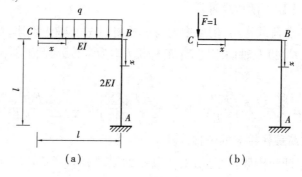

(a)                  (b)

图 13.10

【解】 ①因需求 $C$ 点的竖向位移 $\Delta_{Cy}$,故在 $C$ 点加竖向单位荷载 $\overline{F} = 1$ 作为虚拟状态,如图 13.10(b) 所示。

②分别列出各杆的 $\overline{M}, M_P$ 方程。

$CB$ 杆:以 $C$ 点为坐标原点,$x$ 坐标向右为正向。

$$\overline{M} = -x, M_P = -\frac{1}{2}qx^2 \qquad (0 \leqslant x \leqslant l)$$

$BA$:以 $B$ 点为坐标原点,$x$ 坐标向下为正向。

$$\overline{M} = -l, M_P = -\frac{1}{2}ql^2 \qquad (0 \leqslant x < l)$$

③计算位移。因结构由 $CB$ 杆及 $BA$ 杆组成,故应对各杆分别进行积分再求和。

$$\Delta_{Cy} = \sum \int \frac{\overline{M} M_P}{EI} ds = \frac{1}{EI} \int_0^l (-x) \left( -\frac{1}{2}qx^2 \right) dx + \frac{1}{2EI} \int_0^l (-l) \left( -\frac{1}{2}ql^2 \right) dx$$

$$= \frac{1}{EI} \left( \frac{1}{8}ql^4 \right) + \frac{1}{2EI} \left( \frac{1}{2}ql^4 \right) = \frac{3ql^4}{8EI} (\downarrow)$$

【例 13.3】 如图 13.11(a) 所示桁架,各杆件的截面面积均为 $A = 1 \text{ cm}^2$,弹性模量 $E = 210 \text{ GPa}$。试求结点 $C$ 的竖向位移 $\Delta_{Cy}$。

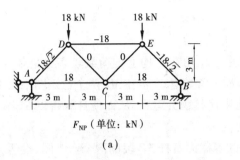 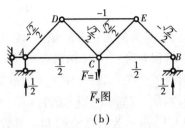

图13.11

**【解】** ①为求 $C$ 点的竖向位移,在 $C$ 点加一竖向单位力,并求出 $\overline{F}=1$ 引起的各杆轴力 $\overline{F}_N$,如图13.11(b)所示。

②求出实际状态下各杆的轴力 $F_{NP}$,如图13.11(a)所示。

③将各杆轴力 $\overline{F}_N$,$F_{NP}$ 及其长度列入表13.1中,再运用公式进行运算。

表13.1　桁架位移计算

| 杆件 | $\overline{F}_N$ | $F_{NP}/kN$ | $l/m$ | $\overline{F}_N F_{NP} l/(kN \cdot m)$ |
|---|---|---|---|---|
| $AD$ | $-\sqrt{2}/2$ | $-18\sqrt{2}$ | $3\sqrt{2}$ | $54\sqrt{2}$ |
| $EB$ | $-\sqrt{2}/2$ | $-18\sqrt{2}$ | $3\sqrt{2}$ | $54\sqrt{2}$ |
| $AC$ | $1/2$ | $18$ | $6$ | $54$ |
| $BC$ | $1/2$ | $18$ | $6$ | $54$ |
| $DE$ | $-1$ | $-18$ | $6$ | $108$ |
| $DC,EC$ | $\sqrt{2}/2$ | $0$ | $3\sqrt{2}$ | $0$ |
| 合　计 | | | | $108(2+\sqrt{2})$ |

因为该桁架是对称的,所以由式(13.7)得

$$\Delta_{Cy} = \sum \frac{\overline{F}_N F_{NP} l}{EA} = \frac{108}{EA}(2+\sqrt{2})$$

$$= \frac{108 \times (2+\sqrt{2}) \times 10^3}{210 \times 10^9 \times 1 \times 10^{-4}}$$

$$= 17.6 \times 10^{-3}(m) = 17.6\ mm(\downarrow)$$

计算结果为正,说明 $C$ 点的竖向位移与假设的单位力方向相同,即竖直向下。

如果桁架中有较多的杆件内力为零计算较为简单时,不用列表,可直接代入公式进行计算。

# 13.4　图乘法

## 1)图乘法原理

由上节内容可知,在计算梁和刚架在荷载作用下的位移时,要先写出实际状态和虚拟状态下的 $\overline{M}$ 和 $M_P$ 方程,然后再代入公式

$$\Delta_{KP} = \sum \int \frac{\overline{M}M_P}{EI} ds$$

进行积分运算,这显然是比较麻烦的,尤其是当作用在结构上的荷载较多更是如此。但是,若结构的各杆段符合:(a)杆轴为直线、(b)$EI$ = 常数、(c)$\overline{M}$ 和 $M_P$ 两个弯矩图中至少有一个是直线图形这三个条件,就可用下述图乘法来代替积分运算,从而使计算得以简化。在工程实际中,梁、刚架大都满足这些条件。

如图 13.12 所示为抗弯刚度 $EI$ = 常数的等截面直杆 $AB$ 段的两个弯矩图,设两弯矩图中任意形状的图形为 $M_P$ 图,而由直线段构成的弯矩图形为 $\overline{M}$ 图。以杆轴线为 $x$ 轴,以直线弯矩图 $\overline{M}$ 图的延长线与 $x$ 轴的交点 $O$ 为原点,并设置 $y$ 轴,上述积分公式中的 $ds$ 可用 $dx$ 代替。

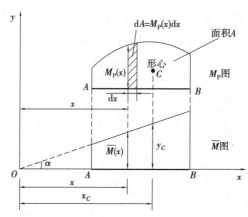

图 13.12

在 $AB$ 杆段任取一 $x$ 截面,设该截面在实际状态和虚拟状态下的弯矩分别为 $M_P(x)$,$\overline{M}(x)$。令 $\overline{M}$ 图的直线与 $x$ 轴夹角为 $\alpha$,当拟求位移确定了,虚拟状态就是确定的,虚拟状态的弯矩图即 $\overline{M}$ 图便是确定的,那么 $\overline{M}$ 图的直线与 $x$ 轴夹角 $\alpha$ 就是常数。由图可知,$\overline{M}(x) = x \tan \alpha$,且 $\tan \alpha$ 为常数。因此有

$$\int \frac{\overline{M}M_P}{EI} ds = \frac{1}{EI} \int \overline{M}(x) M_P(x) dx = \frac{1}{EI} \int x \tan \alpha M_P(x) dx = \frac{\tan \alpha}{EI} \int_A x dA$$

式中,$dA = M_P(x)dx$,为 $M_P$ 图中阴影部分的微段面积,故 $xdA$ 为微面积 $dA$ 对 $y$ 轴的面积矩。积分 $\int x dA$ 即为 $AB$ 段上整个 $M_P$ 图的面积对 $y$ 轴的面积矩。根据面积矩的定义,它应等于 $AB$ 段上 $M_P$ 图的面积 $A$ 乘以其形心 $C$ 到 $y$ 轴的距离 $x_C$,即

$$\int_A x dA = A x_C$$

将其代入上式,并由 $x_C \tan \alpha = y_C$,则有

$$\int \frac{\overline{M}M_P}{EI} ds = \frac{\tan \alpha}{EI} \int_A x dA = \frac{\tan \alpha}{EI} A x_C = \frac{A y_C}{EI}$$

式中,$y_C$ 为 $M_P$ 图的形心 $C$ 对应的 $\overline{M}$ 图的竖标。由此可见,上述积分式等于一个弯矩图的面积 $A$ 乘以其形心处所对应的另一个直线弯矩图上的竖标 $y_C$,再除以 $EI$,即两个弯矩图的几何量相乘,因此称为图乘法。

如果结构上所有杆段均可图乘,则位移计算公式(13.6)可写为

$$\Delta_{KP} = \sum \int \frac{\overline{M}M_P}{EI}ds = \sum \frac{Ay_C}{EI} \tag{13.9}$$

由以上的分析过程可知,在应用图乘法计算结构位移时应注意下列几点:

①必须符合前述的三个应用条件;

②面积 $A$ 和竖标 $y_C$ 分别取自不同的弯矩图,而且 $y_C$ 只能取自直线图形;

③计算面积 $A$ 的弯矩图与竖标 $y_C$ 若在基线的同侧,则乘积 $Ay_C$ 取正号,异侧取负号。

### 2) 常用简单图形的面积及形心位置

如图 13.13 所示是几种常用简单图形的面积及形心位置。在各抛物线图形中,顶点是指其切线平行于基线的点,而顶点在中点或端点者称为标准抛物线图形。

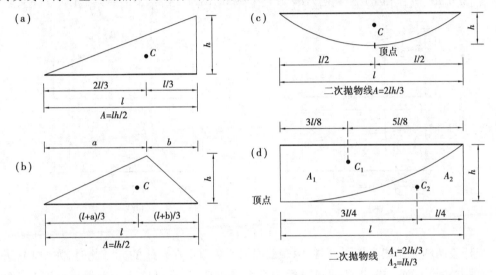

图 13.13

下面以例题来说明用图乘法计算位移的步骤。

【例 13.4】 试用图乘法计算如图 13.14 所示的简支梁在均布载 $q$ 作用下截面 $B$ 的转角 $\theta_B$。

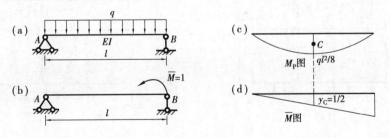

图 13.14

【解】 ①根据拟求位移,建立相应的虚拟状态,如图 13.14(b)所示。

②分别作出实际状态的 $M_P$ 图和虚拟状态的 $\overline{M}$ 图,如图 13.14(c)、(d)所示。

③代入图乘公式(13.9)计算位移。

$$\theta_B = \sum \frac{Ay_C}{EI} = \frac{1}{EI}\left(\frac{2}{3} \times \frac{ql^2}{8} \times l \times \frac{1}{2}\right) = \frac{ql^3}{24EI}$$

计算结果与例 13.1 完全相同,但显然采用图乘法计算比前面用积分法计算要简便得多。

### 3)图形分解方法

在用图乘法计算位移时,会经常遇到图形的面积或形心位置不方便确定,此时,可以将其分解为几个简单的图形,用简单的图形分别与另一图形相乘,然后把所得结果叠加。

①如图 13.15 所示两个梯形弯矩图图乘时,梯形的形心位置不易确定,可将其分解成两个三角形,如图 13.15(a)所示,也可分为一个矩形与一个三角形,如图 13.15(b)所示。此时,$M_P = M_{P1} + M_{P2}$,因此有

$$\frac{1}{EI}\int \overline{M}M_P\mathrm{d}x = \frac{1}{EI}\int \overline{M}(M_{P1} + M_{P2})\mathrm{d}x = \frac{1}{EI}\left(\int \overline{M}M_{P1}\mathrm{d}x + \int \overline{M}M_{P2}\mathrm{d}x\right) = \frac{1}{EI}(A_1y_2 + A_2y_2)$$

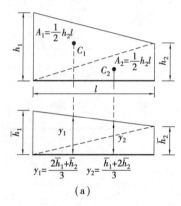 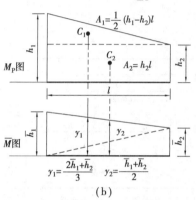

图 13.15

当杆段两端受拉侧不相同,即杆两端截面的弯矩值不在基线的同一侧时,如图 13.16 所示,处理方法与上面一样,即仍然可分解为两个三角形,只不过这两个三角形分别在基线的两侧,按上述方法分别图乘,然后叠加。

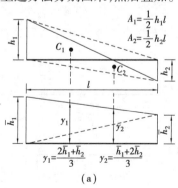 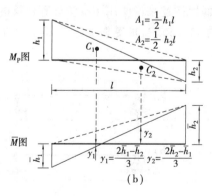

图 13.16

如果是如图 13.16(a)所示的两个弯矩图相乘,$A_1$ 和与其对应的 $y_1$ 均位于基线的上侧;而 $A_2$ 位于基线的下侧,与其对应的 $y_2$ 却位于基线的上侧,即 $A_2$ 与 $y_2$ 位于基线的异侧,因此有

$$\frac{1}{EI}\int \overline{M}M_P\mathrm{d}x = \frac{1}{EI}(A_1y_1 - A_2y_2)$$

如果是如图 13.16(b)所示的两个弯矩图相乘,$A_1$ 位于基线的上侧,与其对应的 $y_1$ 位于基线的下侧;$A_2$ 位于基线的下侧,与其对应的 $y_2$ 位于基线的上侧,因此有

$$\frac{1}{EI}\int \overline{M}M_P \mathrm{d}x = \frac{1}{EI}(-A_1y_1 - A_2y_2)$$

②如图 13.17(a)所示,某直杆的 $AB$ 段受均布荷载作用,根据叠加原理可将其弯矩图看成一个梯形与一个标准二次抛物线图形的叠加。这是因为 $AB$ 段的弯矩图,与如图 13.17(b)所示的简支梁在两端弯矩 $M_A$,$M_B$ 和均布荷载 $q$ 作用下的弯矩图相同。而图 13.17(b)可视为简支梁只受两端弯矩 $M_A$,$M_B$ 的作用,与简支梁只受均布荷载 $q$ 作用的作用叠加,如图13.17(c)、(d)所示。因此可将其分解为两个简单图形:一个梯形与一个标准二次抛物线。经过如此分解,就能方便地与另一个图形进行图乘。

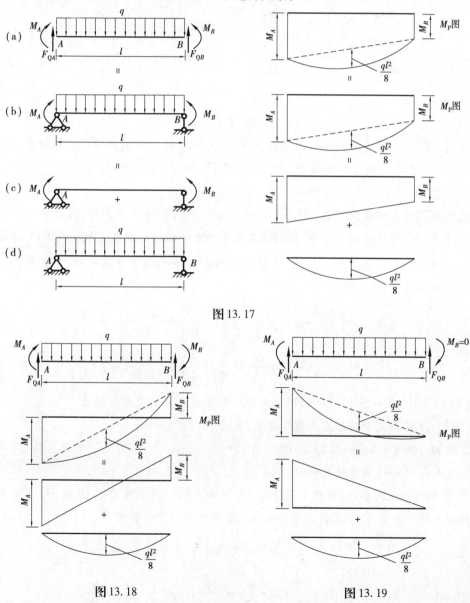

图 13.17

图 13.18

图 13.19

当承受均布荷载杆段两端截面受拉侧不相同时,如图13.18所示,其弯矩图可按图中相应的方法进行分解。而当其中一个杆端截面弯矩等于零时,则可将其弯矩图视为一个三角形和一个标准二次抛物线的叠加,如图13.19所示。

此外,在应用图乘法时,如果直线图形是由若干段直线段组成的,即是折线形图形;或当各杆段的截面不相等,即不是同等截面直杆而是阶梯状直杆,均应分段图乘,然后进行叠加。

【例13.5】 如图13.20(a)所示,简支梁受均布荷载 $q$ 作用。试用图乘法计算跨中截面形心的竖向位移。

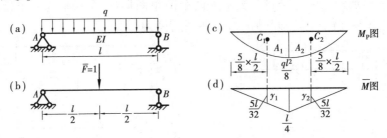

图13.20

【解】 ①欲求跨中截面形心的竖向位移,建立如图13.20(b)所示的虚拟状态。

②分别作出实际状态的弯矩 $M_P$,$\overline{M}$ 图,如图13.20(c)、(d)所示。

③用图乘公式(13.9)计算位移。

虽然 $\overline{M}$ 图是直线形弯矩图,但它是由两段直线所组成的折线图形,因此应分段进行图乘。为此,将 $M_P$ 图从中点处分开,得到两条关于中点对称的标准二次抛物线图形,每条抛物线对应于 $\overline{M}$ 图中的一条直线。由于 $\overline{M}$ 图中的两条直线也关于中点对称,于是有: $A_1 = A_2$, $y_1 = y_2$,代入图乘公式,可得

$$\Delta_{max} = \int \frac{\overline{M} M_P}{EI} dx = \sum \frac{A \cdot y_C}{EI} = \frac{A_1 y_1}{EI} + \frac{A_2 y_2}{EI} = 2 \times \frac{Ay}{EI}$$

$$= \frac{2}{EI} \left( \frac{2}{3} \times \frac{l}{2} \times \frac{ql^2}{8} \times \frac{5}{8} \times \frac{l}{4} \right) = \frac{5ql^4}{384EI} (\downarrow)$$

【例13.6】 求如图13.21(a)所示外伸梁悬臂端 $C$ 点的竖向位移 $\Delta_{Cy}$。

【解】 ①根据需求位移建立虚拟状态,如图13.21(c)所示。

②作 $M_P$,$\overline{M}$ 弯矩图,如图13.21(b)、(c)所示。

③代入式(13.9)图乘计算位移。

因 $\overline{M}$ 图包括两段直线,故整个梁分为 $AB$ 和 $BC$ 两段,分别图乘。$AB$ 段 $M_P$ 图又可分解成基线以上的三角形 $A_1$ 和基线以下的标准二次抛物线 $A_2$,于是有

$$AB \text{ 段} \begin{cases} A_1 = \frac{1}{2} \cdot 2l \cdot ql^2 = ql^3, & y_1 = \frac{2}{3} \cdot \frac{l}{2} = \frac{l}{3} \\ A_2 = \frac{2}{3} \cdot 2l \cdot \frac{ql^2}{2} = \frac{2ql^3}{3}, & y_2 = \frac{1}{2} \cdot \frac{l}{2} = \frac{l}{4} \end{cases}$$

$$BC \text{ 段}: A_3 = \frac{1}{2} \cdot \frac{l}{2} \cdot ql^2 = \frac{ql^3}{4}, y_3 = \frac{2}{3} \cdot \frac{l}{2} = \frac{l}{3}$$

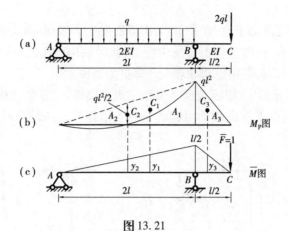

图 13.21

由图乘公式得

$$\boldsymbol{\Delta}_{Cy} = \sum \frac{Ay_C}{EI} = \frac{1}{2EI}\left(\underbrace{\underbrace{ql^3 \times \frac{l}{3}}_{A_1y_1} - \underbrace{\frac{2ql^3}{3} \times \frac{l}{4}}_{A_2y_2}}_{AB段}\right) + \frac{1}{EI}\left(\underbrace{\frac{ql^3}{4} \times \frac{l}{3}}_{\substack{A_3y_3 \\ BC段}}\right) = \frac{ql^4}{6EI}(\downarrow)$$

【例 13.7】　试求如图 13.22(a)所示刚架 $D$ 截面形心的水平位移 $\boldsymbol{\Delta}_{Dx}$,已知各杆的 $EI =$ 常数。

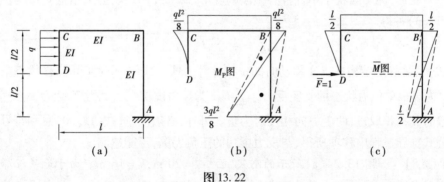

图 13.22

【解】　①根据需求位移,在点 $D$ 处加一水平单位集中力,建立如图 13.22(c)所示的虚拟状态。

②作 $M_p$、$\overline{M}$ 弯矩图,如图 13.22(b)、(c)所示。

③代入式(13.9)图乘计算位移。

$$\boldsymbol{\Delta}_{Dx} = \sum \frac{Ay_C}{EI} = \frac{1}{EI}\left[\underbrace{\left(\underbrace{\frac{1}{2} \times \frac{ql^2}{8} \times l \times \frac{l}{6} + \frac{1}{2} \times \frac{3ql^2}{8} \times l \times \frac{l}{6}}_{A \cdot y_C}\right)}_{AB段} + \underbrace{\underbrace{\frac{ql^2}{8} \times l}_{A} \times \underbrace{\frac{l}{2}}_{y_C}}_{BC段} + \underbrace{\frac{1}{3} \times \underbrace{\frac{ql^2}{8} \times \frac{l}{2}}_{A} \times \underbrace{\frac{3}{4} \times \frac{l}{2}}_{y_C}}_{CD段}\right]$$

$$= \frac{43ql^4}{384EI}(\rightarrow)$$

## 13.5　静定结构支座移动时的位移计算

如果静定结构的支座由于地基的不均匀沉降而发生了移动,当没有其他外因影响时,静定结构并不会产生内力,杆件也就不会发生变形,此时结构产生的位移属于刚体位移,这种位移不难由几何关系求得,但用虚功原理来计算更为简便。

如图13.23(a)所示静定结构,支座 $A$ 发生了水平位移 $c_1$、竖向位移 $c_2$,支座 $B$ 发生了竖向位移 $c_3$,现要求结构由于支座移动引起的任一点沿任一方向的位移,如求 $K$ 点的水平位移 $\Delta_{Kc}$。

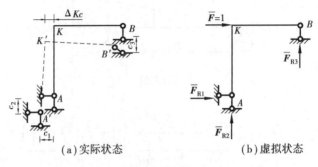

（a）实际状态　　　　　　　　　（b）虚拟状态

图13.23

实际状态和虚拟状态分别如图13.23(a)、(b)所示,应用前述的虚功原理,因结构各杆件没有产生变形,即实际状态中杆件各微段的变形 $du,d\varphi,\gamma ds$ 均为零,由静定结构位移的一般公式(13.3)可得

$$\Delta_{Kc} = -\sum \overline{F}_R \cdot c \tag{13.10}$$

式(13.10)就是静定结构在支座移动时的位移计算公式。式中,$c$ 为实际位移状态中的支座位移,$\overline{F}_R$ 为虚拟单位力状态的支座反力,$\sum \overline{F}_R c$ 为反力虚功。当反力 $\overline{F}_R$ 与实际支座位移 $c$ 方向一致时其乘积取正,两者方向相反时为负。另外,必须注意,式(13.10)总和符号前的负号是原公式推导过程中移项所得,与反力虚功的正负无关,不能遗漏。

【例13.8】　如图13.24(a)所示的刚架,已知 $l=20$ m,$h=16$ m。由于地基沉降使支座 $A$ 下沉了 $a=10$ cm,同时向左移动了 $b=4$ cm;支座 $B$ 下沉了 $c=18$ cm。试求 $C$ 点的水平位移 $\Delta_{Cx}$。

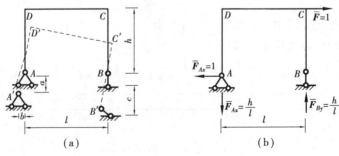

（a）　　　　　　　　　　　　　（b）

图13.24

【解】　建立如图 13.24(b)所示的虚拟状态,并求出支座 $A,B$ 的反力。由式(13.10)得

$$\Delta_{Cx} = -\sum \overline{F}_R \cdot c = -\left[\frac{h}{l} \cdot a + 1 \cdot b + \left(-\frac{h}{l} \cdot c\right)\right] = -\left(\frac{16}{20} \times 10 + 1 \times 4 - \frac{16}{20} \times 18\right)$$

$$= 2.4(\text{cm})(\rightarrow)$$

【例 13.9】　如图 13.25(a)所示的两跨静定梁,支座 $A,B,C$ 分别发生了如图中所示的位移。试求杆件 $AB$ 与 $BC$ 间的相对转角 $\varphi$。

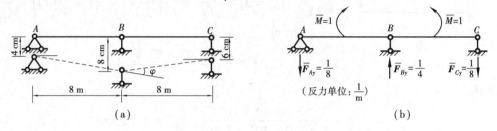

（反力单位：$\frac{1}{\text{m}}$）

(a)　　　　　　　　　　　　　　　(b)

图 13.25

【解】　建立如图 13.25(b)所示的虚拟状态,并求出支座反力。由式(13.10)可得

$$\varphi = -\sum \overline{F}_R \cdot c = -\left(\frac{1}{8} \times 4 \times 10^{-2} - \frac{1}{4} \times 8 \times 10^{-2} + \frac{1}{8} \times 6 \times 10^{-2}\right) = 0.007\,5(\text{rad})$$

# 13.6　梁的刚度校核

## 1)梁的刚度条件

结构在荷载作用下会产生内力和变形,第 10 章介绍的强度条件是保证梁的内力不能超过一定的限度,使梁具有足够的强度而不至于破坏。但是,只考虑强度一方面是不够的,因为如果梁的变形过大,将会影响到梁的正常使用。因此,对梁除了必须满足强度条件外,还必须满足刚度条件,使其变形在容许的范围之内,以此来限制梁的变形。梁的刚度校核是为了检查梁的变形是否在设计条件所允许的范围内。在建筑工程实际中,一般只校核在荷载作用下梁的挠度,要求梁的最大相对挠度 $\frac{y_{\max}}{l}$ 不得超过容许相对挠度 $\left[\frac{f}{l}\right]$,因此梁的刚度条件为:

$$\frac{y_{\max}}{l} \leqslant \left[\frac{f}{l}\right] \tag{13.11}$$

式中,$y_{\max}$ 表示梁的最大挠度,$l$ 表示梁的跨度。根据梁的不同用途,相对容许挠度可从有关结构设计规范查出,一般钢筋混凝土梁的 $\left[\frac{f}{l}\right] = \frac{1}{300} \sim \frac{1}{200}$;钢筋混凝土吊车梁的 $\left[\frac{f}{l}\right] = \frac{1}{600} \sim \frac{1}{500}$。

土建工程中的梁,一般都是先按强度条件选择梁的截面尺寸,然后再按刚度条件进行验算,梁的转角可不必校核。若强度条件选择的截面尺寸不能满足刚度条件,则应按刚度条件重新选择截面。

【例 13.10】　如图 13.26(a)所示的矩形截面悬臂梁,长度 $l = 2$ m,承受 $q = 1$ kN/m 的均布荷载作用,材料的弹性模量 $E = 210$ GPa,梁的容许相对挠度 $\left[\frac{f}{l}\right] = \frac{1}{400}$。

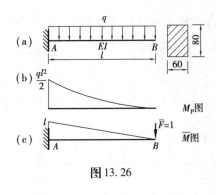

图 13.26

试校核梁的刚度。

【解】 ①计算梁的最大挠度。该悬臂梁的最大挠度发生在自由端截面 $B$ 处，其值可由图乘法求得。

建立虚拟状态，并绘出 $M_P$，$\overline{M}$ 图，如图 13.26(b)、(c)所示。由图乘公式(13.9)可得

$$y_{max} = \Delta_{By} = \frac{Ay_C}{EI} = \frac{1}{EI}\left(\frac{1}{3} \times \frac{ql^2}{2} \times l \times \frac{3}{4} \times l\right) = \frac{ql^4}{8EI}$$

其中

$$I = \frac{bh^3}{12} = \frac{60 \times 80^3}{12} = 2.56 \times 10^6 (mm^4)$$

于是有

$$y_{max} = \frac{ql^4}{8EI} = \frac{1 \times (2 \times 10^3)^4}{8 \times 210 \times 10^3 \times 2.56 \times 10^6} = 3.72 (mm)$$

②校核梁的刚度。

$$\frac{y_{max}}{l} = \frac{3.72}{2\,000} = \frac{1}{537} < \frac{1}{400}$$

满足刚度要求。

【例 13.11】 如图 13.27 所示的简支梁，梁长 $l = 9$ m，在梁中点受力 $F = 20$ kN。采用热轧工字钢，材料的许用应力 $[\sigma] = 160$ MPa，弹性模量 $E = 210$ GPa，梁的相对容许挠度 $\left[\frac{f}{l}\right] = \frac{1}{500}$。试选择工字钢的型号。

【解】 ①计算梁的最大弯矩。

$$M_{max} = \frac{Fl}{4} = \frac{20 \times 9}{4} = 45 (kN \cdot m)$$

②按强度条件选择截面。由强度条件 $\sigma_{max} = \frac{M_{max}}{W_z} \leq [\sigma]$，得该梁需要的抗弯截面系数

$$W_z \geq \frac{M_{max}}{[\sigma]} = \frac{45 \times 10^6}{160} = 2.81 \times 10^5 (mm^3) = 281\ cm^3$$

查型钢表，可选择 22a 工字钢，其几何特征值 $W_z = 309\ cm^3$，$I_z = 3\,400\ cm^4$。

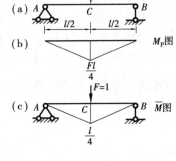

图 13.27

③刚度校核。图中简支梁的最大挠度 $y_{max}$ 发生梁的中点 $C$ 处，由图乘法可求得其值为

$$y_{max} = \Delta_{Cy} = \frac{2}{EI}\left(\frac{1}{2} \times \frac{l}{2} \times \frac{Fl}{4} \times \frac{2}{3} \times \frac{l}{4}\right) = \frac{Fl^3}{48EI} = \frac{20 \times 10^3 \times (9 \times 10^3)^3}{48 \times 210 \times 10^3 \times 3\,400 \times 10^4} = 42.5 (mm)$$

最大相对挠度

$$\frac{y_{max}}{l} = \frac{42.5}{9\,000} = \frac{1}{212} > \left[\frac{f}{l}\right] = \frac{1}{500}$$

不能满足刚度条件。

④按刚度条件重新选择截面。由

$$\frac{y_{\max}}{l} = \frac{Fl^2}{48EI} < \left[\frac{f}{l}\right]$$

得

$$I \geqslant \frac{Fl^2}{48E\left[\dfrac{f}{l}\right]} = \frac{20 \times 10^3 \times (9 \times 10^3)^2}{48 \times 210 \times 10^3 \times \dfrac{1}{500}} = 8.036 \times 10^7 (\text{mm}^4) = 8\ 036\ \text{cm}^4$$

查型钢表,选择 32a 工字钢,其几何特征值 $I_z = 11\ 075\ \text{cm}^4$。同时,其 $W_z = 692\ \text{cm}^3 > 281\ \text{cm}^3$。既满足了刚度条件又满足了强度条件。

### 2)提高梁刚度的措施

根据梁的挠度计算可知,梁的最大挠度与梁的荷载、跨度 $l$ 及抗弯刚度 $EI$ 等情况有关。因此,要减小梁的变形、提高梁的刚度,需从以下几方面考虑。

(1)提高梁的抗弯刚度 $EI$

梁的变形与 $EI$ 成反比,增大梁的 $EI$ 将会使梁的变形减小。同类材料的弹性模 $E$ 值是不变的,因而只能设法增大梁横截面的惯性矩 $I$。在面积不变的情况下,采用合理的截面形状,例如采用工字形、箱形及圆环等截面,可提高惯性矩 $I$,从而也就提高了抗弯刚度 $EI$。

(2)减小梁的跨度

由梁的位移计算知,梁的变形与梁的跨长 $l$ 的 $n$ 次幂成正比。设法减小梁的跨度,将会有效地减小梁的变形。例如条件允许的话,将简支梁的支座向中间适当移动变成外伸梁,或在简支梁的中间增加支座,这都是减小梁变形的有效措施。

(3)改善荷载的分布情况

在结构允许的条件下,合理地改变荷载的作用位置及分布情况,可降低最大弯矩,从而减小梁的变形。例如将一个较大集中荷载分散成几个较小集中荷载作用,或改为分布荷载,都可起到减小变形的作用。

# 13.7　线弹性结构的互等定理

根据变形体的虚功原理可以推导出线弹性结构的互等定理。其中最基本的定理是功的互等定理,而反力互等定理和位移互等定理等均可由功的互等定理推导出来。这些定理将会在分析计算超静定结构时得到应用。

### 1)功的互等定理

设有两组外力 $F_1$ 和 $F_2$ 分别作用于同一线弹性结构上,如图 13.28(a)、(b)所示,分别称为结构的第一状态和第二状态。第一状态在荷载 $F_1$ 作用下,某微段 $\mathrm{d}s$ 的内力为 $F_{N1}$,$M_1$,$F_{Q1}$,相应的变形为 $\mathrm{d}u_1$,$\mathrm{d}\varphi_1$,$\gamma_1\mathrm{d}s$;第二状态在荷载 $F_2$ 作用下,某微段 $\mathrm{d}s$ 的内力为 $F_{N2}$,$M_2$,$F_{Q2}$,相应的变形为 $\mathrm{d}u_2$,$\mathrm{d}\varphi_2$,$\gamma_2\mathrm{d}s$。

图 13.28

①将第一状态视为力状态,第二状态视为位移状态。第一状态的外力在第二状态相应的位移上所做的虚功为

$$W_{\text{外}} = F_1 \Delta_{12}$$

第一状态的内力在第二状态相应变形上所做的虚功为

$$W_{\text{外}} = \sum \int F_{N1} \mathrm{d}u_2 + \sum \int M_1 \mathrm{d}\varphi_2 + \sum \int F_{Q1} \gamma_2 \mathrm{d}s$$

$$= \sum \int F_{N1} \frac{F_{N2}}{EA} \mathrm{d}s + \sum \int M_1 \frac{M_2}{EI} \mathrm{d}s + \sum \int F_{Q1} \frac{kF_{Q2}}{GA} \mathrm{d}s$$

根据虚功原理:一种状态下的外力在另一种状态的位移上所做的外力虚功,等于一种状态下的内力在另一种状态的变形上所做的内力虚功,即 $W_{\text{外}} = W_{\text{内}}$,于是有

$$F_1 \Delta_{12} = \sum \int F_{N1} \frac{F_{N2}}{EA} \mathrm{d}s + \sum \int M_1 \frac{M_2}{EI} \mathrm{d}s + \sum \int F_{Q1} \frac{kF_{Q2}}{GA} \mathrm{d}s \qquad (\text{a})$$

②如果我们把两个状态的性质交换一下,即将第二状态视为力状态,第一状态视为位移状态。则第二状态的外力在第一状态相应的位移上所做的虚功为

$$W_{\text{外}} = F_2 \Delta_{21}$$

第二状态的内力在第一状态相应变形上所做的虚功为

$$W_{\text{外}} = \sum \int F_{N2} \mathrm{d}u_1 + \sum \int M_2 \mathrm{d}\varphi_1 + \sum \int F_{Q2} \gamma_1 \mathrm{d}s$$

$$= \sum \int F_{N2} \frac{F_{N1}}{EA} \mathrm{d}s + \sum \int M_2 \frac{M_1}{EI} \mathrm{d}s + \sum \int F_{Q2} \frac{kF_{Q1}}{GA} \gamma_1 \mathrm{d}s$$

同样根据虚功原理,于是有

$$F_2 \Delta_{21} = \sum \int F_{N2} \frac{F_{N1}}{EA} \mathrm{d}s + \sum \int M_2 \frac{M_1}{EI} \mathrm{d}s + \sum \int F_{Q2} \frac{kF_{Q1}}{GA} \mathrm{d}s \qquad (\text{b})$$

显然(a)、(b)两式等号右边完全相等,因此有

$$F_1 \Delta_{12} = F_2 \Delta_{21} \qquad (13.12)$$

式中,$\Delta_{12}$ 表示 $F_1$ 作用点位置由于 $F_2$ 作用产生的位移,$\Delta_{21}$ 表示 $F_2$ 作用点位置由于 $F_1$ 作用产生的位移。两位移符号的第一个下标表示位移的地点和方向,第二个下标表示产生位移的原因。式(13.12)可写为

$$W_{12} = W_{21} \qquad (13.13)$$

它表明,第一状态的外力在第二状态相应位移上所做的虚功,等于第二状态的外力在第一状态相应位移上所做的虚功。这就是功的互等定理。

### 2)位移互等定理

应用上述功的互等定理,我们来研究一种特殊情况。如图 13.29 所示,假设两个状态中的荷载都是单位力,即 $F_1 = 1$,$F_2 = 1$,则由功的互等定理,即式(13.12)有

$$1 \cdot \Delta_{12} = 1 \cdot \Delta_{21}$$
$$\Delta_{12} = \Delta_{21}$$

此处 $\Delta_{12}$ 和 $\Delta_{21}$ 都是由单位力所引起的位移,为了与一般力引起的位移相区别,将单位力引起的位移用小写字母 $\delta_{12}$ 和 $\delta_{21}$ 表示,于是上式写成

$$\delta_{12} = \delta_{21} \qquad (13.14)$$

这就是位移互等定理。它表明,第二个单位力在第一个单位力作用点沿其方向引起的位移,等于第一个单位力在第二个单位力作用点沿其方向引起的位移。

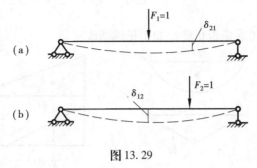

图 13.29

### 3)反力互等定理

反力互等定理也是功的互等定理的一种特殊情况。它反映了在超静定结构中假设两个支座分别产生位移时,两个状态中反力的互等关系。如图 13.30(a)所示,支座 1 发生单位位移 $\Delta_1 = 1$ 的状态,此时使支座 2 产生的反力为 $r_{21}$;如图 13.30(b)所示,支座 2 发生单位位移 $\Delta_2 = 1$ 的状态,使支座 1 产生的反力为 $r_{12}$。根据功的互等定理,有

$$r_{21} \cdot \Delta_2 = r_{12} \cdot \Delta_1$$

令 $\Delta_1 = \Delta_2 = 1$,则有

$$r_{21} = r_{12} \tag{13.15}$$

这就是反力互等定理。它表示,支座 1 发生单位位移时,在支座 2 产生的反力,等于支座 2 发生单位位移时,在支座 1 产生的反力。

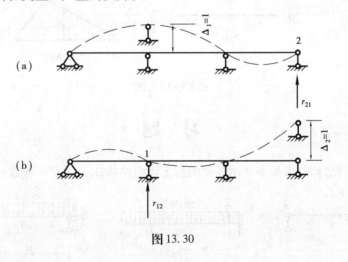

图 13.30

# 思考题

13.1　何谓结构的位移?为什么要计算结构的位移?

13.2　何谓单位荷载法?单位荷载应怎样添加?

13.3　试写出静定梁、静定平面刚架和静定平面桁架在荷载作用下的位移计算公式,并说明每个符号的意义。

13.4 试写出图乘法求梁、刚架的位移计算公式,并说明每个符号的意义。

13.5 利用图乘法求梁、刚架位移的条件是什么? 注意事项是什么? 应用图乘法图乘时,正负号如何确定?

13.6 如图所示的图乘是否正确? 如不正确请改正。

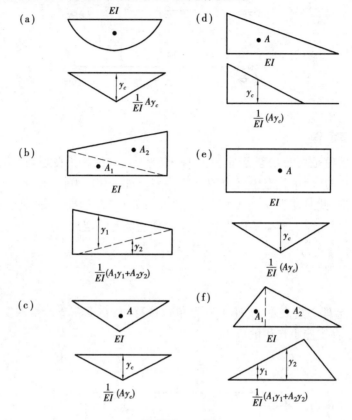

思考题 13.6 图

# 习 题

13.1 试用积分法,求如图所示各梁的指定竖向位移 $\Delta_{Cy}$。($EI$ = 常数)

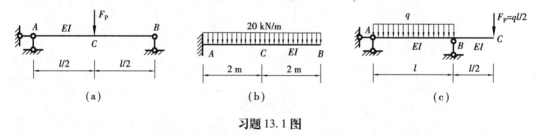

习题 13.1 图

13.2 试用识分法计算如图所示刚架 $A$ 点的竖向位移 $\Delta_{Ay}$。(各杆的抗弯 $EI$ = 常数)

13.3 试用积分法求如图所示刚架 $C$ 点的水平位移 $\Delta_{Cy}$。(各杆的抗弯 $EI$ = 常数)

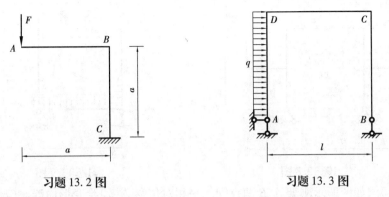

习题 13.2 图                习题 13.3 图

13.4 试求如图所示桁架 $D$ 点的水平位移 $\Delta_{Dx}$。(各杆 $EA$ = 常数)

13.5 在如图所示桁架中,各杆的截面积均为 $A = 1\ 000\ \text{mm}^2$,$E = 200\ \text{kN/mm}^2$,$F = 10\ \text{kN}$,试求 $D$ 点的水平线位移 $\Delta_{Dx}$。

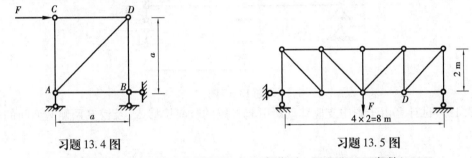

习题 13.4 图                习题 13.5 图

13.6 试用图乘法求如图所示各梁的指定竖向位移 $\Delta_{Cy}$。($EI$ = 常数)

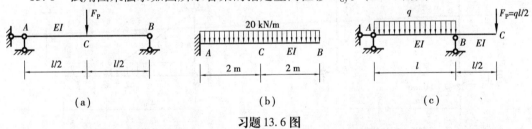

(a)                (b)                (c)

习题 13.6 图

13.7 用图乘法求如图所示各刚架的指定位移。($EI$ 为常数)

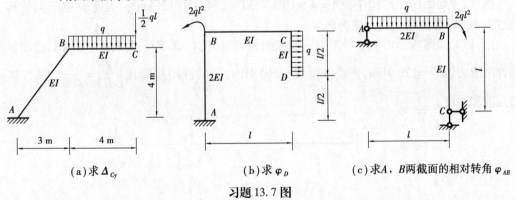

(a)求 $\Delta_{Cy}$        (b)求 $\varphi_D$        (c)求 $A$,$B$ 两截面的相对转角 $\varphi_{AB}$

习题 13.7 图

13.8 求 $C$,$D$ 两点间的相对线位移 $\Delta_{CD}$ 及铰 $C$ 左右两侧截面 $C_1$,$C_2$ 之间的相对转角 $\varphi_{C_1 C_2}$。

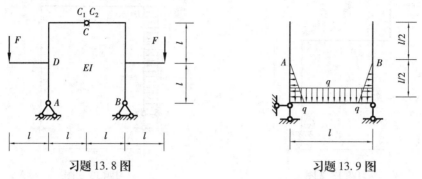

| 习题 13.8 图 | 习题 13.9 图 |

13.9 求如图所示刚架 $A$、$B$ 两点间水平相对位移,并勾绘变形曲线。($EI =$ 常数)

13.10 如图所示两跨静定梁,$l = 16$ m,支座 $A,B,C$ 的沉降分别为 $a = 4$ cm,$b = 10$ cm,$c = 8$ cm。试求铰 $B$ 左右两侧截面的相对角位移 $\varphi$。

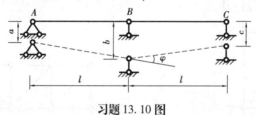

习题 13.10 图

13.11 试计算由于图中支座移动所引起 $C$ 点的竖向位移 $\Delta_{Cy}$ 及铰 $B$ 两侧截面间的相对转角 $\varphi_{B_1 B_2}$。

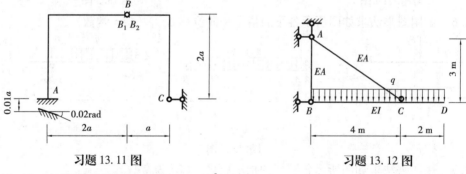

| 习题 13.11 图 | 习题 13.12 图 |

13.12 如图所示结构中,$EA = 4 \times 10^5$ kN,$EI = 2.4 \times 10^4$ kN·m$^2$。为使 $D$ 点竖向位移不超过 1 cm,所受荷载 $q$ 最大能为多少?

13.13 如图所示由 32a 号工字钢制成的悬臂梁,长 $l = 3.5$ m,荷载 $F = 12$ kN,已知材料的许用应力 $[\sigma] = 170$ MPa,弹性模量 $E = 210$ MPa,梁的许用挠跨比 $\left[\dfrac{f}{l}\right] = \dfrac{1}{400}$。试校核梁的强度和刚度。

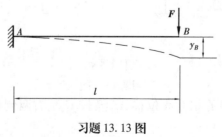

习题 13.13 图

# 第14章
## 力 法

## 14.1 超静定结构的概念

### 1) 超静定结构的概念

工程实际中除了采用前面各章介绍的静定结构外,还广泛采用超静定结构。与静定结构相比,超静定结构有如下两方面的特点:

(1) 仅凭静力平衡方程不能求出所有的支座反力和内力

静定结构中的未知力(包括支座反力和内力)数量刚好与能够列出的独立的静力平衡方程数相同,如图 14.1(a)所示的静定平面刚架,它受一平面任意力系作用,可以列出 3 个独立的静力平衡方程,其未知的支座反力也是 3 个,这 3 个未知的支座反力由静力平衡方程即可求解出来,同理其任意横截面上的内力也可以由静力平衡条件唯一确定。

如图 14.1(b)所示的刚架,仍然受一平面任意力系作用,能列出 3 个独立的静力平衡方程,但该刚架有 4 个未知的支座反力,显然仅凭 3 个静力平衡方程是不能将 4 个未知全部求解出来的,也即是说它超出了静力学的求解范畴,因此将这种结构称为超静定结构。

(2) 有多余约束的几何不变体系

从几何组成方面来分析,如图 14.1 所示两个刚架都是几何不变的。如图 14.1(a)所示刚架中的 3 个支座链杆对于维持其几何不变性来说都是必不可少的,去掉其中任何一个都将变成几何可变体系,因此静定结构是无多余约束的几何不变体系。而在如图 14.1(b)所示刚架中,即使没有竖向支座链杆 B,其仍是几何不变的,也即支座链杆 B 对于维持其几何不变性来说是多余的,将这种约束称为多余约束,因此超静定结构是有多余约束的几何不变体系。

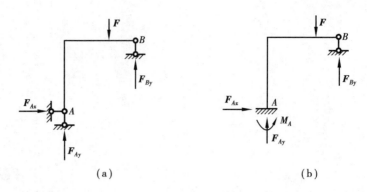

图14.1

计算超静定结构的基本方法有两种:力法和位移法。除此之外,还有以这两种方法为基础而演变而来的多种渐近和近似法,如力矩分配法、无剪力分配法等,矩阵位移法也与力法和位移法密切相关。本书主要介绍力法、位移法和力矩分配法。

本章将结合各种超静定结构讨论力法的基本原理和方法。

## 2)超静定次数的确定

我们已经知道,在超静定结构中,除了维持体系几何不变性的必要约束外,还有多余约束,将一个结构所含多余约束的数目称为结构的超静定次数。

确定一个结构的超静定次数最直观的方法就是去掉该结构的多余约束,使之变成静定结构,被去掉的多余约束的数目即为原结构的超静定次数。

去掉超静定结构中多余约束的方式通常有如下几种:

①去掉一根链杆或切断体系内部的一根链杆,相当于去掉一个约束,如图14.2所示。被去掉的多余约束用相应的多余未知力来代替。

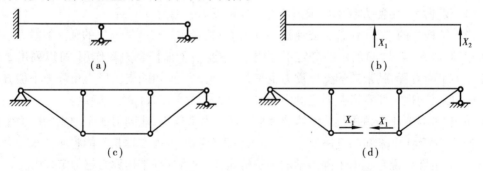

图14.2

②去掉一个固定铰支座或一个单铰,相当于去掉两个约束,如图14.3所示。

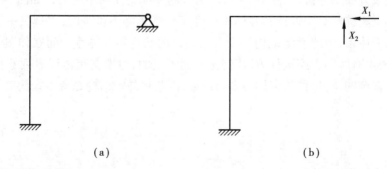

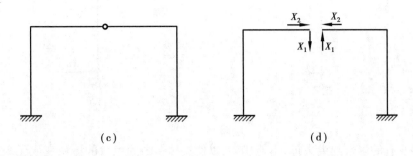

图 14.3

③去掉一个固定端支座或切断一根梁式杆,相当于去掉三个约束,如图 14.4 所示。

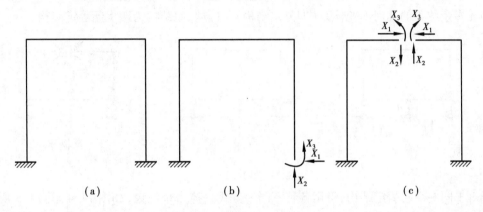

图 14.4

④将一个固定端支座改为固定铰支座或将一刚性连接改为单铰连接,相当于去掉一个约束,如图 14.5 所示。

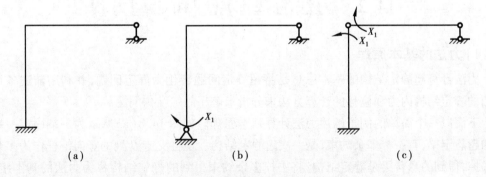

图 14.5

用上述去掉多余约束的方式确定超静定结构的超静定次数时,应特别注意:

①只能去掉多余约束,而不能将必要约束去掉,使去掉多余约束后的体系变成几何可变体系,如图 14.6(a)所示的刚架,如果去掉一根支座处的水平链杆,即变成了如图 14.6(b)所示的可变体系,这是不允许的。

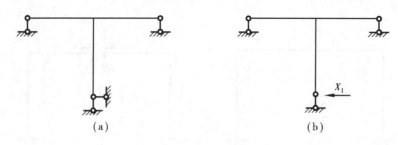

图14.6

②应将所有的多余约束去掉,不能遗漏,以使去掉多余约束后的体系变成无多余约束的几何不变体系。如图14.7(a)所示的结构,如果只拆去一个可动铰支座〔图14.7(b)〕,则其中的闭合框仍然具有三个多余约束。必须把闭合框再切开一个截面〔图14.7(c)〕,这时才成为无多余约束的几何不变体系(即静定结构)。因此,原结构为四次超静定结构。

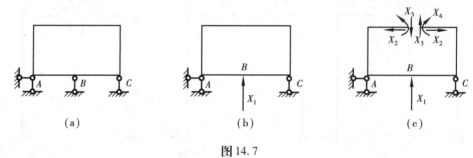

图14.7

对于同一个超静定结构,可用各种不同的方式去掉多余约束,如图14.4、图14.5所示。采用不同方式去掉多余约束,所得的静定结构也不相同,但去掉的多余约束的数目却是相等的,即超静定次数是一样的。

# 14.2 力法的基本原理和典型方程

## 1)力法的基本原理

力法计算超静定结构的基本思想是将超静定问题转化为静定问题,并利用前述各章中介绍的静定结构内力和位移的计算方法来分析求解超静定结构问题。

下面以一个简单的例子阐述力法计算基本原理。如图14.8(a)所示为一端固定一端铰支的超静定梁,有一个多余约束,是一次超静定结构。现将支座 B 处的竖向链杆作为多余约束去掉,得到的悬臂梁是静定结构,将去掉多余约束得到的静定结构称为力法的基本结构。被去掉的多余约束用相应的多余未知力 $X_1$ 代替其作用,即多余未知力与被去掉的多余约束作用完全相同,原超静定梁与基本结构在荷载和多余未知力共同作用下的体系完全等效,为此将基本结构在荷载和多余未知力共同作用下的体系称为原超静定结构的基本体系或称之为相当系统,如图14.8(b)所示。只要设法求出多余未知力 $X_1$,就可按静定结构的计算来求出如图14.8所示静定梁的内力和变形,也即是如图14.8(a)所示的原超静定结构的内力和变形,从而一个超静定问题就转化为静定问题了。这种计算方法的关键是求多余未知力,因此,多余未知力是力法计算的基本未知量,"力法"的名称也因此而来。

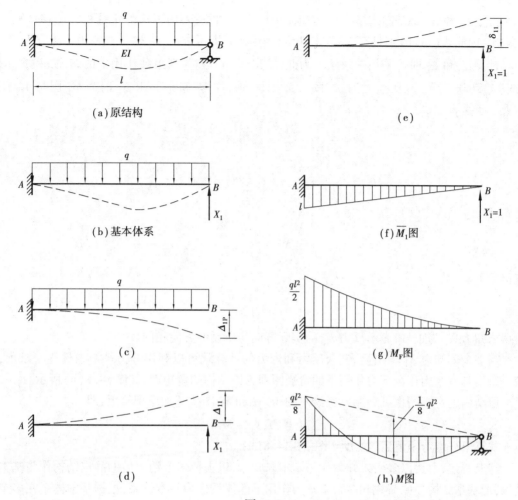

图 14.8

在如图 14.8(a)所示超静定梁或如图 14.8(b)所示的静定梁上,仅用静力平衡条件不可能求出多余未知力 $X_1$。

为了确定多余未知力 $X_1$,需进一步考虑位移条件以建立补充方程。在如图 14.8(b)所示的基本体系中,多余未知力 $X_1$ 代替了原结构中支座 $B$ 的作用,故基本体系的受力与原结构完全相同,因而基本体系的变形也应与原结构完全相同。由于在原结构〔图 14.8(a)〕中,支座 $B$ 处的竖向位移等于零,因而在基本体系〔图 14.8(b)〕中,$B$ 点由荷载与多余未知力 $X_1$ 共同作用下在 $X_1$ 方向上的位移 $\Delta_1$ 也应该为零。即

$$\Delta_1 = 0 \qquad\qquad (a)$$

设 $\Delta_{1P}$〔图 14.8(c)〕和 $\Delta_{11}$〔图 14.8(d)〕表示基本结构分别在荷载与多余未知力 $X_1$ 单独作用下,引起的 $B$ 点沿 $X_1$ 方向上的位移。由叠加原理,有

$$\Delta_1 = \Delta_{11} + \Delta_{1P} = 0 \qquad\qquad (b)$$

若以 $\delta_{11}$ 表示为 $X_1$ 单位力($\overline{X} = 1$)单独作用于基本结构上时〔图 14.8(e)〕,引起的 $B$ 点沿 $X_1$ 方向上的位移,则有 $\Delta_{11} = \delta_{11}X_1$,代入式(b),有

$$\delta_{11}X_1 + \Delta_{1P} = 0 \qquad\qquad (14.1)$$

由于 $\delta_{11}$ 和 $\Delta_{1P}$ 都是静定结构在已知荷载作用下的位移,均可用静定结构的位移计算方法求出,因此式(14.1)中只有 $X_1$ 为未知量,利用此式即可求出 $X_1$,将该式称为力法方程。

计算 $\delta_{11}$ 和 $\Delta_{1P}$ 时可采用图乘法。为此,绘出 $\overline{X}_1 = 1$ 和荷载单独作用下的 $\overline{M}_1$ 图和 $M_P$ 图〔图 14.8(f)、(g)〕。求 $\delta_{11}$ 时为 $\overline{M}_1$ 图与 $\overline{M}_1$ 图相乘,称为"自乘";求 $\Delta_{1P}$ 时为 $\overline{M}_1$ 图与 $M_P$ 图相乘。于是有

$$\delta_{11} = \frac{1}{EI} \times \frac{1}{2} \times l \times l \times \frac{2l}{3} = \frac{l^3}{3EI}$$

$$\Delta_{1P} = -\frac{1}{EI} \times \frac{1}{3} \times l \times \frac{1}{2}ql^2 \times \frac{3}{4}l = -\frac{ql^4}{8EI}$$

将 $\delta_{11}$ 和 $\Delta_{1P}$ 代入式(c),有

$$\frac{l^3}{3EI}X_1 - \frac{ql^4}{8EI} = 0$$

解得

$$X_1 = \frac{3}{8}ql$$

所得未知力 $X_1$ 为正号,表示反力 $X_1$ 的实际方向与所设的方向相同。

当多余未知力 $X_1$ 求出后,其余反力和内力的计算就可以利用静力平衡条件逐一求出,最后绘出基本结构在全部力作用下的弯矩图即为原结构的弯矩图,如图 14.8(h)所示。

原结构的弯矩图也可利用已经绘出的 $\overline{M}_1$ 图和 $M_P$ 图按叠加原理绘出,即

$$M = \overline{M}_1 X_1 + M_P$$

由上式算出杆端弯矩值后,绘出 $M$ 图〔图 14.8(h)〕。

综上所述,力法以多余未知力作为基本未知量,以去掉多余约束后的静定结构作为基本结构,把基本结构在原荷载和多余未知力作用下的体系作为基本体系,根据基本体系在多余约束处的位移与原结构完全相同的条件(称为位移条件)建立力法方程,求解出多余未知力,从而把超静定结构的计算问题转化为静定结构的计算问题。

### 2)力法的典型方程

由前述力法的基本原理可知:根据基本体系在解除多余约束处的位移与原超静定结构相应处位移一致的条件建立的力法方程,才能求出多余未知力。而求出多余未知力是将超静定问题转化为静定问题的前提。因此,在选定基本未知量并得到相应的基本体系后,建立力法方程就是求解多余未知力的关键。下面以一个三次超静定结构为例,按力法的解题思路来说明多次超静定结构的力法方程的建立过程,然后再将其推广到 $n$ 次超静定结构。

如图 14.9(a)所示为一个三次超静定刚架,去掉固定端支座 $C$ 处的多余约束,用多余未知力 $X_1, X_2, X_3$ 代替,得到如图 14.9(b)所示的基本体系(悬臂刚架)。

由于原结构 $C$ 处为固定端支座,其线位移和角位移都为零。所以,基本结构在荷载及多余未知力 $X_1, X_2, X_3$ 共同作用下,$C$ 点沿 $X_1, X_2, X_3$ 方向的位移都等于零,即基本体系应满足的位移条件为

$$\Delta_1 = 0, \Delta_2 = 0, \Delta_2 = 0$$

式中,$\Delta_1$ 是基本体系沿 $X_1$ 方向的总位移,即 $C$ 点的水平位移;$\Delta_2$ 是基本体系沿 $X_2$ 方向的总

位移,即 $C$ 点的竖向位移;$\Delta_3$ 是基本体系沿 $X_3$ 方向的总位移,即 $C$ 截面的转角。

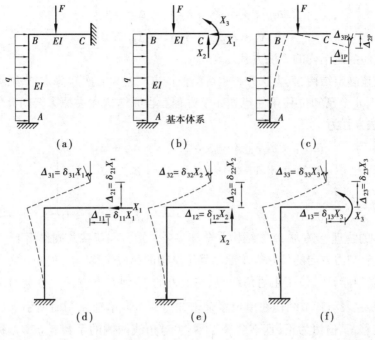

图 14.9

根据叠加原理,基本结构在荷载和所有多余未知力共同作用下产生的总位移应等于基本结构在荷载和每一个多余未知力分别单独作用下所产生的位移之和。因此,如果用 $\Delta_{11}$,$\Delta_{12}$,$\Delta_{13}$,$\Delta_{1P}$ 分别表示基本结构在多余未知力 $X_1$,$X_2$,$X_3$ 和荷载单独作用时 $C$ 点沿 $X_1$ 方向的位移;用 $\Delta_{21}$,$\Delta_{22}$,$\Delta_{23}$,$\Delta_{2P}$ 分别表示基本结构在多余未知力 $X_1$,$X_2$,$X_3$ 和荷载单独作用时 $C$ 点沿 $X_2$ 方向的位移;用 $\Delta_{31}$,$\Delta_{32}$,$\Delta_{33}$,$\Delta_{3P}$ 分别表示基本结构在多余未知力 $X_1$,$X_2$,$X_3$ 和荷载单独作用时 $C$ 点沿 $X_3$ 方向的位移,如图 14.9(c)~(e)所示。那么上述的位移条件可写为

$$\left.\begin{aligned}
\Delta_1 &= \Delta_{11} + \Delta_{12} + \Delta_{13} + \Delta_{1P} = 0 \\
\Delta_2 &= \Delta_{21} + \Delta_{22} + \Delta_{23} + \Delta_{2P} = 0 \\
\Delta_3 &= \Delta_{31} + \Delta_{32} + \Delta_{33} + \Delta_{3P} = 0
\end{aligned}\right\}$$

设基本结构在单位多余未知力 $\overline{X}_1 = 1$ 单独作用下引起的沿 $X_1$,$X_2$,$X_3$ 方向的位移分别为 $\delta_{11}$,$\delta_{21}$,$\delta_{31}$,则当 $X_1$ 单独作用时的位移为 $\Delta_{11} = \delta_{11}X_1$,$\Delta_{21} = \delta_{21}X_1$,$\Delta_{31} = \delta_{31}X_1$,如图14.9(d)所示。

设基本结构在单位多余未知力 $\overline{X}_2 = 1$ 单独作用下引起的沿 $X_1$,$X_2$,$X_3$ 方向的位移分别为 $\delta_{12}$,$\delta_{22}$,$\delta_{32}$,则当 $X_2$ 单独作用时的位移为 $\Delta_{12} = \delta_{12}X_2$,$\Delta_{22} = \delta_{22}X_2$,$\Delta_{32} = \delta_{32}X_2$,如图14.9(e)所示。

设基本结构在单位多余未知力 $\overline{X}_3 = 1$ 单独作用下引起的沿 $X_1$,$X_2$,$X_3$ 方向的位移分别为 $\delta_{13}$,$\delta_{23}$,$\delta_{33}$,则当 $X_3$ 单独作用时的位移为 $\Delta_{13} = \delta_{13}X_3$,$\Delta_{23} = \delta_{23}X_3$,$\Delta_{33} = \delta_{33}X_3$,如图 14.9(f)所示。

上述位移条件又可表示为

$$\left.\begin{array}{l} \delta_{11}X_1 + \delta_{12}X_2 + \delta_{13}X_3 + \varDelta_{1P} = 0 \\ \delta_{21}X_1 + \delta_{22}X_2 + \delta_{23}X_3 + \varDelta_{2P} = 0 \\ \delta_{31}X_1 + \delta_{32}X_2 + \delta_{33}X_3 + \varDelta_{3P} = 0 \end{array}\right\} \qquad (14.2)$$

上式就是三次超静定结构的力法方程。

对于高次超静定结构,其力法方程也可类似推出。若为 $n$ 次超静定结构,则有 $n$ 个多余未知力,可根据 $n$ 个已知位移条件建立 $n$ 个方程。当原结构在去掉多余约束处的已知位移为零时,其力法方程为

$$\left.\begin{array}{l} \delta_{11}X_1 + \delta_{12}X_2 + \cdots + \delta_{1i} + \cdots + \delta_{1n} + \varDelta_{1P} = 0 \\ \delta_{21}X_1 + \delta_{22}X_2 + \cdots + \delta_{2i} + \cdots + \delta_{2n} + \varDelta_{2P} = 0 \\ \qquad\qquad\qquad\qquad \vdots \\ \delta_{n1}X_1 + \delta_{n2}X_2 + \cdots + \delta_{ni} + \cdots + \delta_{nn} + \varDelta_{nP} = 0 \end{array}\right\} \qquad (14.3)$$

方程组(14.3)的物理意义为:基本结构在全部多余未知力和荷载共同作用下,在去掉多余约束处沿各多余未知力方向的位移等于原超静定结构的相应位移。

在方程组(14.3)中,位于主对角线(从左上方的 $\delta_{11}$ 到右下方的 $\delta_{nn}$)上的系数 $\delta_{ii}$ 称为主系数或主位移,它表示基本结构在单位多余未知力 $\overline{X}_i = 1$ 单独作用时所引起的基本结构沿 $X_i$ 方向上的位移,其值恒为正,且不会等于零;主对角线两侧的系数 $\delta_{ij}(i \neq j)$ 称为副系数或副位移,它表示基本结构在单位多余未知力 $\overline{X}_j = 1$ 单独作用时所引起的基本结构沿 $X_i$ 方向上的位移,其值可为正、负或零。根据位移互等定理可知,在关于主对角线对称位置上的两个副系数 $\delta_{ij}$ 和 $\delta_{ji}$ 相等,即

$$\delta_{ij} = \delta_{ji}$$

每个方程左边最后一项 $\varDelta_{iP}$ 称为自由项,它表示基本结构在荷载单独作用时所引起的基本结构沿 $X_i$ 方向上的位移,其值也可为正、负或零。

上述方程组在组成上有一定的规律,不论超静定结构的类型、次数及所选的基本结构如何,所得的方程都具有式(14.3)的形式,故称为力法典型方程。

典型方程中的所有系数和自由项都是基本结构在已知力作用下的位移,完全可以用计算静定结构在荷载作用下的位移的方法求得。对于平面结构,这些位移的计算式为

$$\delta_{ii} = \sum \int \frac{\overline{M}_i^2}{EI}\mathrm{d}s + \sum \int \frac{\overline{F}_{Ni}^2}{EA}\mathrm{d}s + \sum \int k\frac{\overline{F}_{Qi}^2}{GA}\mathrm{d}s$$

$$\delta_{ij} = \delta_{ji} = \sum \int \frac{\overline{M}_i\overline{M}_j}{EI}\mathrm{d}s + \sum \int \frac{\overline{F}_{Ni}\overline{F}_{Nj}}{EA}\mathrm{d}s + \sum \int k\frac{\overline{F}_{Qi}\overline{F}_{Qj}}{GA}\mathrm{d}s$$

$$\delta_{iP} = \sum \int \frac{\overline{M}_i\overline{M}_P}{EI}\mathrm{d}s + \sum \int \frac{\overline{F}_{Ni}\overline{F}_{NP}}{EA}\mathrm{d}s + \sum \int k\frac{\overline{F}_{Qi}\overline{F}_{QP}}{GA}\mathrm{d}s$$

需要说明,对于各种具体结构,常只需计算其中的一项或两项。系数和自由项求得后,将它们代入典型方程即可解出各多余未知力,然后由平衡条件即可求出其余反力和内力。

综上所述,力法典型方程中的每个系数都是基本结构在某单位多余未知力作用下的位移。显然,结构的刚度越小,这些位移的数值越大,因此这些系数又称为柔度系数;力法典型方程表示的是位移条件,故又称为柔度方程,力法又称为柔度法。

### 3)力法的计算步骤

根据以上所述,用力法计算超静定结构的步骤可归纳如下:

①选取基本结构,以与被去掉的多余约束相应的多余未知力为基本未知量,并代替被去掉的多余约束,得到基本体系。

②建立力法典型方程。根据基本体系在去掉多余约束处的位移与原结构相应位置的位移相同的条件,建立力法典型方程。

③计算力法典型方程中各系数和自由项。为此,须分别绘制出基本结构在单位多余未知力作用下的内力图和荷载作用下的内力图,或写出内力表达式,然后按求静定结构位移的方法计算各系数和自由项。

④解方程求多余未知力。将计算所得各系数和自由项代入力法典型方程,解出多余未知力。

⑤绘制原结构的内力图。

# 14.3  力法计算超静定结构在荷载作用下的内力

## 1)力法计算超静定梁和超静定刚架在荷载作用下的内力

梁和刚架是以弯曲变形为主的结构,力法典型方程中的各系数和自由项可按下列公式计算:

$$
\left.
\begin{aligned}
\delta_{ii} &= \sum \int_l \frac{\overline{M}_i^2}{EI}\mathrm{d}s \\
\delta_{ij} &= \delta_{ji} = \sum \int_l \frac{\overline{M}_i\overline{M}_j}{EI}\mathrm{d}s \\
\Delta_{iP} &= \sum \int_l \frac{\overline{M}_i\overline{M}_\mathrm{P}}{EI}\mathrm{d}s
\end{aligned}
\right\}
\tag{14.4}
$$

【例 14.1】 如图 14.10(a)所示为两端固定的超静定梁,受均布荷载 $q$ 的作用,试用力法计算内力,并绘制内力图。

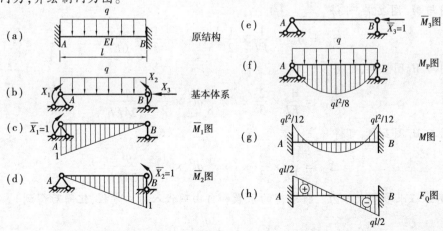

图 14.10

【解】 ①选取基本结构。这是一个三次超静定梁,可去掉 $A,B$ 端的转动约束和 $B$ 端的水平约束,代之以多余未知力 $X_1,X_2,X_3$,得到如图 14.10(b) 所示的基本体系。

②建立力法方程。

$$\left.\begin{array}{l} \delta_{11}X_1 + \delta_{12}X_2 + \delta_{13}X_3 + \Delta_{1P} = 0 \\ \delta_{21}X_1 + \delta_{22}X_2 + \delta_{23}X_3 + \Delta_{2P} = 0 \\ \delta_{31}X_1 + \delta_{32}X_2 + \delta_{33}X_3 + \Delta_{3P} = 0 \end{array}\right\}$$

基本结构的各 $\overline{M}_i$ 图和 $M_P$ 图如图 14.10(c) ~ (f)所示。由于 $\overline{M}_3 = 0,\overline{F}_{Q3} = 0,\overline{F}_{N1} = \overline{F}_{N2} = \overline{F}_{NP} = 0$,由位移计算或图乘法可知 $\delta_{13} = \delta_{31} = 0,\delta_{23} = \delta_{31} = 0,\Delta_{3P} = 0$。因此典型方程的公式变换为

$$\delta_{33}X_3 = 0$$

在计算 $\delta_{33}$ 时,若同时考虑弯矩和轴力的影响,则有

$$\delta_{33} = \sum \int \frac{\overline{M}_3^2}{EI}ds + \sum \int \frac{\overline{F}_{N3}^2}{EA}ds = 0 + \frac{1^2 \cdot l}{EA} = \frac{l}{EA} \neq 0$$

于是有

$$X_3 = 0$$

这表明两端固定的梁在垂直于梁轴线的荷载作用下并不产生水平反力,因而此超静定梁可简化为只需求解两个多余约束的问题,典型方程简化为

$$\delta_{11}X_1 + \delta_{12}X_2 + \Delta_{1P} = 0$$
$$\delta_{21}X_1 + \delta_{22}X_2 + \Delta_{2P} = 0$$

③计算系数和自由项。分别绘出基本结构在单位多余未知力 $\overline{X}_1 = 1$ 和 $\overline{X}_2 = 1$ 作用下的弯矩图,即 $\overline{M}_1$ 图,$\overline{M}_2$ 图〔图 14.10(c)、(d)〕,以及荷载作用下的弯矩图 $M_P$ 图〔图 14.10(f)〕,利用图乘法计算方程中各系数和自由项。由 $\overline{M}_1$ 图自乘,可得

$$\delta_{11} = \frac{1}{EI} \times \frac{1}{2} \times l \times 1 \times \frac{2}{3} = \frac{l}{3EI}$$

由 $\overline{M}_2$ 图自乘,可得

$$\delta_{22} = \frac{1}{EI} \times \frac{1}{2} \times l \times 1 \times \frac{2}{3} = \frac{l}{3EI}$$

由 $\overline{M}_1$ 图与 $\overline{M}_2$ 图互乘,可得

$$\delta_{12} = \delta_{21} = \frac{1}{EI} \times \frac{1}{2} \times l \times 1 \times \frac{1}{3} = \frac{l}{6EI}$$

由 $\overline{M}_1$ 图与 $M_P$ 图互乘,可得

$$\Delta_{1P} = \frac{1}{EI} \times \frac{2}{3} \times l \times \frac{1}{8}ql^2 \times \frac{1}{2} = \frac{ql^3}{24EI}$$

由 $\overline{M}_2$ 图与 $M_P$ 图互乘,可得

$$\Delta_{2P} = \frac{1}{EI} \times \frac{2}{3} \times l \times \frac{1}{8}ql^2 \times \frac{1}{2} = \frac{ql^3}{24EI}$$

④解方程求多余未知力。将求得的系数和自由项代入力法方程,化简后得到

$$2X_1 + X_2 + \frac{ql^2}{4} = 0$$

$$X_1 + 2X_2 + \frac{ql^2}{4} = 0$$

由此解得

$$X_1 = -\frac{1}{12}ql^2\,(\curvearrowright)\,, X_2 = -\frac{1}{12}ql^2\,(\curvearrowleft)$$

负号表示 $X_1$,$X_2$ 的实际方向与假设的方向相反,即 $X_1$ 逆时针转向,$X_2$ 为顺时针转向。

⑤绘制内力图。本题中由于已求出 $A$,$B$ 两端截面上的弯矩,故用区段叠加法绘出原结构的弯矩图,如图 14.10(g)所示。

绘剪力图时,可以取杆件为隔离体,利用已知杆端弯矩,由静力平衡条件,求出杆端剪力,然后绘出原结构的剪力图,如图 14.10(h)所示。

由以上计算可知,单跨超静定梁的弯矩图与同跨度、同荷载的简支梁相比较,因超静定梁两端受多余约束限制,不能产生转角位移而出现负弯矩(上侧受拉),故梁中点处的弯矩值较相应简支梁减少,降低了最大内力峰值,使整个梁上内力分布得以改善。

【例 14.2】 试用力法计算如图 14.11(a)所示超静定刚架内力,并绘制内力图。

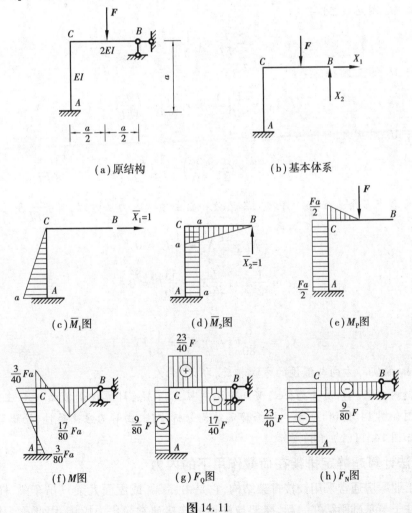

图 14.11

【解】 ①选取基本结构。此刚架为二次超静定结构,去掉 $B$ 支座处的两个约束,代之以相应的多余未知力 $X_1,X_2$,得到如图 14.11(b)所示的基本体系。

②建立力法方程。由基本结构在多余未知力 $X_1,X_2$ 及荷载共同作用下,$B$ 支座处沿 $X_1$,$X_2$ 方向上的位移分别为零的位移条件,建立力法方程为

$$\delta_{11}X_1 + \delta_{12}X_2 + \Delta_{1P} = 0$$
$$\delta_{21}X_1 + \delta_{22}X_2 + \Delta_{2P} = 0$$

③计算系数和自由项。分别绘出基本结构在单位多余未知力 $\overline{X}_1 = 1,\overline{X}_2 = 1$ 作用下的 $\overline{M}_1$ 图,$\overline{M}_2$ 图〔图 14.11(c)、(d)〕,以及在荷载作用下的 $M_P$ 图〔图 14.11(e)〕,利用图乘法计算方程中各系数和自由项。由 $\overline{M}_1$ 图自乘,可得

$$\delta_{11} = \frac{1}{EI}\left(\frac{1}{2}a^2 \times \frac{2}{3}a\right) = \frac{a^3}{3EI}$$

由 $\overline{M}_2$ 图自乘,可得

$$\delta_{22} = \frac{1}{2EI}\left(\frac{1}{2} \times a^2 \times \frac{2}{3}a\right) + \frac{1}{EI}(a^2 \times a) = \frac{7a^3}{6EI}$$

由 $\overline{M}_1$ 图与 $\overline{M}_2$ 图互乘,可得

$$\delta_{12} = \delta_{21} = -\frac{1}{EI} \times \left(\frac{1}{2}a^2 \times a\right) = -\frac{a^3}{2EI}$$

由 $\overline{M}_1$ 图与 $M_P$ 图互乘,可得

$$\Delta_{1P} = \frac{1}{EI}\left(\frac{1}{2}a^2 \times \frac{Fa}{2}\right) = \frac{Fa^3}{4EI}$$

由 $\overline{M}_2$ 图与 $M_P$ 图互乘,可得

$$\Delta_{2P} = -\frac{1}{2EI}\left(\frac{1}{2} \times \frac{Fa}{2} \times \frac{a}{2} \times \frac{5a}{6}\right) - \frac{1}{EI}\left(\frac{Fa^2}{2} \times a\right) = -\frac{53Fa^3}{96EI}$$

④解方程求多余未知力。将以上各系数和自由项代入力法方程,消去 $\dfrac{a^3}{EI}$ 后得

$$\frac{1}{3}X_1 - \frac{1}{2}X_2 + \frac{1}{4}F = 0$$

$$-\frac{1}{2}X_1 + \frac{7}{6}X_2 - \frac{53}{96}F = 0$$

联立解得

$$X_1 = -\frac{9}{80}F(\leftarrow),\quad X_2 = \frac{17}{40}F(\uparrow)$$

负号表示 $X_1$ 的实际方向与假设的方向相反,即 $X_1$ 向左。

⑤绘制内力图。利用叠加公式 $M = \overline{M}_1 X_1 + \overline{M}_2 X_2 + M_P$,计算控制截面 $A,C$ 上的弯矩值,绘出弯矩图如图 14.11(f)所示。根据静定结构分析方法,由静力平衡条件,绘出剪力图和轴力图分别如图 14.11(g)、(h)所示。

### 2)力法计算超静定排架在荷载作用下的内力

单层工业厂房通常采用铰接排架结构,它是由屋架(或屋面大梁)、吊车梁、柱子和基础所组成。柱子与基础刚结在一起,屋架与柱顶的连接通常简化为铰接,因此称为铰接排架。

在对铰接排架进行计算时,当屋面受竖向荷载作用时,屋架按两端铰支的桁架计算。柱受水平荷载和偏心荷载(如风荷载、地震荷载或吊车荷载)作用时,屋架对柱顶只起联系作用。由于屋架本身沿跨度方向的轴向变形很小,故可略去其变形的影响,而近似地将屋架看成抗拉刚度 $EA$ 为无穷大的链杆。如图 14.12(a)所示为一单跨厂房排架结构,其计算简图如图 14.12(b)所示,由于柱上需放置吊车梁,因此做成阶梯式。

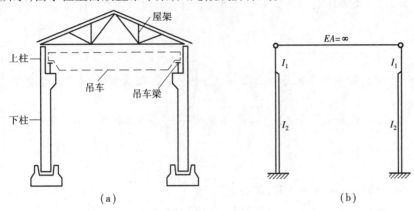

图 14.12

用力法计算铰接排架时,通常将简化成刚性链杆的屋架作为多余约束切断,代之以多余未知力,利用切口两侧相对位移为零的条件建立力法方程,下面举例说明计算过程。

【例 14.3】　如图 14.13(a)所示铰接排架,左边立柱受风荷载 $q=1$ kN/m 的作用。试用力法计算内力,并绘制弯矩图。

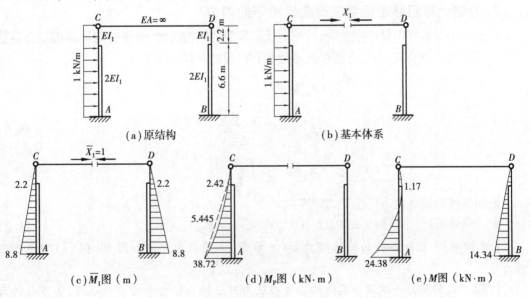

图 14.13

【解】　切断刚性"链杆"$CD$,将约束代之以多余未知轴力 $X_1$,取如图 14.13(b)所示的基本结构。由链杆切口两侧截面在荷载和多余未知力共同作用下相对水平位移应该为零的条件,建立力法方程为

$$\delta_{11}X_1 + \Delta_{1P} = 0$$

绘出基本结构在单位多余未知力 $X_1$ 作用下的弯矩图 $\overline{M}_1$ 和荷载作用下的弯矩图 $M_P$ 图，分别如图 14.13(c)、(d)所示。由图乘法计算系数和自由项为

$$\delta_{11} = \frac{1}{EI_1} \times \frac{1}{2} \times 2.2 \times 2.2 \times \frac{2}{3} \times 2.2 \times 2 + \frac{2}{2EI_1} \times$$

$$\left[ \left( \frac{1}{2} \times 2.2 \times 6.6 \right)\left( \frac{2}{3} \times 2.2 + \frac{1}{3} \times 8.8 \right) + \left( \frac{1}{2} \times 8.8 \times 6.6 \right)\left( \frac{1}{3} \times 2.2 + \frac{2}{3} \times 8.8 \right) \right]$$

$$= \frac{230.71}{EI_1}$$

$$\Delta_{1P} = \frac{1}{EI_1} \times \frac{1}{3} \times 2.42 \times 2.2 \times \frac{3}{4} \times 2.2 + \frac{1}{2EI_1}\left[ \frac{1}{2} \times 2.42 \times 6.6 \times \left( \frac{2}{3} \times 2.2 + \frac{1}{3} \times 8.8 \right) + \right.$$

$$\left. \frac{1}{2} \times 38.72 \times 6.6 \times \left( \frac{1}{3} \times 2.2 + \frac{2}{3} \times 8.8 \right) - \frac{2}{3} \times 5.445 \times 6.6 \times \frac{2.2 + 8.8}{2} \right]$$

$$= \frac{376.28}{EI_1}$$

将以上系数和自由项代入力法方程，消去 $EI_1$，得

$$230.71 X_1 + 376.28 = 0$$

解得

$$X_1 = -1.63 \text{ kN}$$

负号表示 $X_1$ 的方向与假设方向相反，即链杆 $CD$ 的轴力为压力。根据叠加公式 $M = \overline{M}_1 X_1 + M_P$，即可绘出弯矩图，如图 14.13(e)所示。

### 3) 力法计算超静定桁架在荷载作用下的内力

由于在桁架各杆中只产生轴力，故用力法计算超静定桁架时，根据静定平面桁架在荷载作用下的位移计算公式，力法方程中的系数和自由项的计算公式为

$$\left. \begin{aligned} \delta_{ii} &= \sum \frac{\overline{F}_{Ni}^2 l}{EA} \\ \delta_{ij} &= \sum \frac{\overline{F}_{Ni} \overline{F}_{Nj} l}{EA} \\ \Delta_{iP} &= \sum \frac{\overline{F}_{Ni} F_{NP} l}{EA} \end{aligned} \right\} \tag{14.5}$$

桁架各杆的最后内力可按下式计算：

$$F_N = \overline{F}_{N1} X_1 + \overline{F}_{N2} X_2 + \cdots + \overline{F}_{Nn} X_n + F_{NP} \tag{14.6}$$

【例 14.4】 已知各杆的抗拉刚度 $EA$ 为常数，试用力法计算如图 14.14(a)所示桁架内力。

【解】 此桁架为一次超静定结构。支座反力可直接由静力平衡条件求得，其多余约束在体系内部。现切断杆 $CD$，代之以多余未知力 $X_1$，得到如图 14.14(b)所示的基本体系。根据原结构中切口两侧截面沿杆轴方向的相对线位移为零的变形条件，建立力法方程为

$$\delta_{11} X_1 + \Delta_{1P} = 0$$

分别求出基本结构在 $\overline{X}_1 = 1$ 和荷载单独作用下的各杆的轴力 $\overline{F}_{N1}$ 和 $F_{NP}$，分别如图 14.14(c)、(d)所示。由式(14.4)计算系数和自由项为

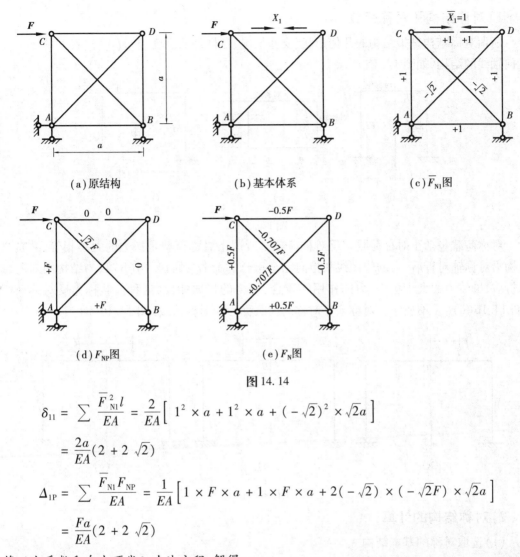

（a）原结构　　　　　　　（b）基本体系　　　　　　　（c）$\overline{F}_{N1}$图

（d）$F_{NP}$图　　　　　　　　　（e）$F_N$图

**图 14.14**

$$\delta_{11} = \sum \frac{\overline{F}_{N1}^2 l}{EA} = \frac{2}{EA}\Big[ 1^2 \times a + 1^2 \times a + (-\sqrt{2})^2 \times \sqrt{2}a \Big]$$

$$= \frac{2a}{EA}(2 + 2\sqrt{2})$$

$$\Delta_{1P} = \sum \frac{\overline{F}_{N1}F_{NP}}{EA} = \frac{1}{EA}\Big[ 1 \times F \times a + 1 \times F \times a + 2(-\sqrt{2}) \times (-\sqrt{2}F) \times \sqrt{2}a \Big]$$

$$= \frac{Fa}{EA}(2 + 2\sqrt{2})$$

将以上系数和自由项代入力法方程,解得

$$X_1 = -\frac{F}{2}$$

负号表示 $X_1$ 的方向与假设方向相反,即 $CD$ 杆的轴力为压力。

由叠加公式 $F_N = \overline{F}_{N1}X_1 + F_{NP}$ 计算出各杆轴力如图 14.14(e)所示。

# 14.4　结构对称性的利用

用力法计算超静定结构时,结构的超静定次数越高,计算工作量也就越大,而其中主要工作量又在于组成和解算典型方程,即需要计算大量的系数、自由项并求解线性方程组。在工程实际中,不少结构是对称的,利用结构的对称性,恰当地选取基本结构,可使力法典型方程中尽可能多的副系数和自有项等于零,从而使计算工作得到简化。

### 1)对称结构和对称荷载

所谓对称结构是指结构的几何形状、支座情况、各杆件的刚度（$EI$，$EA$ 等）都对称于某一几何轴线的结构，如图 14.15 所示。

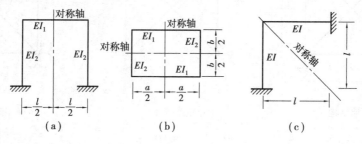

图 14.15

对称荷载包括正对称荷载和反对称荷载。所谓正对称荷载是指力的大小相等，并且当结构沿对称轴对折后，力的作用线和指向完全重合的荷载〔图 14.16(b)〕；当结构沿对称轴对折后，虽然力的大小相等，力的作用线重合，但力的指向相反，这种荷载称为反对称荷载〔图 14.16(c)〕。不属于正对称或反对称的荷载称为非对称荷载〔图 14.16(a)〕。

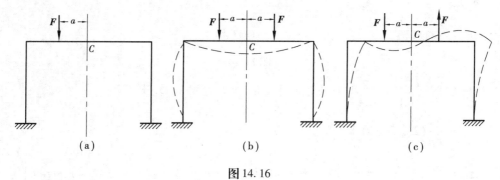

图 14.16

### 2)对称结构的计算

(1)选取对称的基本结构

计算对称结构时，应考虑选取对称的基本结构。如图 14.17(a)所示的三次超静定刚架，可从横梁中点对称轴处切开，选取如图 14.17(b)所示的基本结构。横梁的切口两侧有三对大小相等而方向相反的多余未知力，其中 $X_1$，$X_2$ 为正对称的多余未知力，$X_3$ 为反对称的多余未知力。根据基本结构在切口处相对位移为零的条件，建立力法方程为

$$\left.\begin{array}{l}\delta_{11}X_1 + \delta_{12}X_2 + \delta_{13}X_3 + \Delta_{1P} = 0 \\ \delta_{21}X_1 + \delta_{22}X_2 + \delta_{23}X_3 + \Delta_{2P} = 0 \\ \delta_{31}X_1 + \delta_{32}X_2 + \delta_{33}X_3 + \Delta_{3P} = 0\end{array}\right\}$$

显然在对称的基本结构上由正对称的单位多余未知力 $\overline{X}_1 = 1$，$\overline{X}_2 = 1$ 所产生单位弯矩 $\overline{M}_1$ 图〔图14.17(c)〕，$\overline{M}_2$ 图〔图 14.17(d)〕及相应的变形是正对称的；而基本结构由反对称的单位多余未知力 $\overline{X}_3 = 1$ 所产生的单位弯矩图 $\overline{M}_3$ 图〔图 14.17(e)〕及相应的变形是反对称的。用图乘法计算力法典型方程中的系数时，由于正、反对称的两图相乘的结果必然为零，因此有

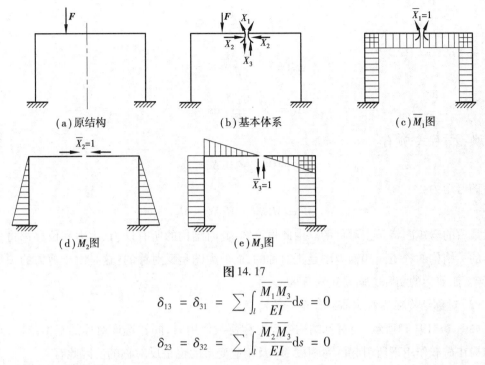

图 14.17

$$\delta_{13} = \delta_{31} = \sum \int_l \frac{\overline{M}_1 \overline{M}_3}{EI} \mathrm{d}s = 0$$

$$\delta_{23} = \delta_{32} = \sum \int_l \frac{\overline{M}_2 \overline{M}_3}{EI} \mathrm{d}s = 0$$

于是,典型方程便简化为

$$\delta_{11}X_1 + \delta_{12}X_2 + \Delta_{1P} = 0$$
$$\delta_{21}X_1 + \delta_{22}X_2 + \Delta_{2P} = 0$$
$$\delta_{33}X_3 + \Delta_{3P} = 0$$

可以看出,典型方程被分为两组:一组是只包含正对称多余未知力 $X_1$,$X_2$ 的二元一次方程组;另一组是只包含反对称多余未知力 $X_3$ 的一元一次方程。由此说明,在用力法计算对称结构时,只要选取对称的基本结构,正对称多余未知力的单位弯矩图与反对称多余未知力的单位弯矩图之间图乘所得的副系数必等于零;同时典型方程组将由高阶方程组降为两个低阶方程组,从而使计算系数和解算方程的工作得以简化。

下面进一步讨论对称结构在正对称荷载和反对称荷载作用下的简化计算。

(2)对称结构在正对称荷载作用下的特点

如图 14.18(a)所示,当对称结构受正对称荷载作用时,选取对称的基本结构,则基本结构在荷载作用下所引起的弯矩图 $M_P$ 及相应变形的也是正对称的。因此

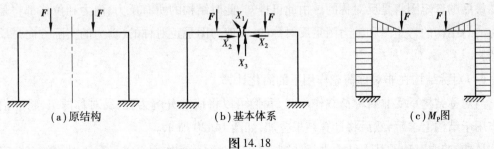

图 14.18

$$\Delta_{1P} = \sum \int \frac{\overline{M}_1 M_P}{EI} ds \neq 0$$

$$\Delta_{2P} = \sum \int \frac{\overline{M}_2 M_P}{EI} ds \neq 0$$

$$\Delta_{3P} = \sum \int \frac{\overline{M}_3 M_P}{EI} ds = 0$$

代入典型方程式,则有

$$X_1 \neq 0, X_2 \neq 0, X_3 = 0$$

最后的弯矩为

$$M = \overline{M}_1 X_1 + \overline{M}_2 X_2 + M_P$$

显然最后的弯矩图将是正对称的。由此可推知,此时结构的所有反力、内力和位移都将是正对称的。结构的弯矩图和轴力图是正对称的,而剪力图是反对称的(这是由于剪力的正负规定所致,而剪力的实际方向是正对称的)。

(3)对称结构在反对称荷载作用下的特点

如图 14.19(a)所示,当对称结构受反对称荷载作用时,同样选取对称的基本结构,则基本结构在荷载作用下所引起的弯矩图 $M_P$ 及相应变形的也是反对称的。因此有

$$\Delta_{1P} = 0, \Delta_{2P} = 0, \Delta_{3P} \neq 0$$

代入典型方程式可得

$$X_1 = X_2 = 0, X_3 \neq 0$$

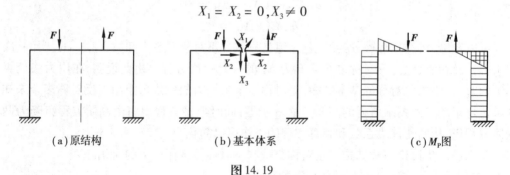

(a)原结构          (b)基本体系          (c)$M_P$图

图 14.19

最后的弯矩为

$$M = \overline{M}_3 X_3 + M_P$$

显然最后的弯矩图将是反对称的。由此可推知,此时结构的所有反力、内力和位移都将是反对称的。结构的弯矩图和轴力图是反对称的,而剪力图是正对称的(剪力的实际方向是反对称的)。

(4)对称结构在非对称荷载作用下的简化计算

当对称结构承受非对称荷载作用时,我们可以将荷载分解为正、反对称两组,将它们分别作用于结构上求解,然后将计算结果叠加,如图 14.20 所示。

显然,若取对称的基本结构进行计算,则在正对称荷载作用下将只有正对称的多余未知力,反对称荷载作用下只有反对称的多余未知力。

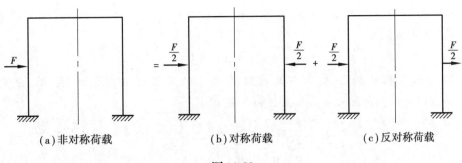

(a)非对称荷载　　　(b)对称荷载　　　(c)反对称荷载

图 14.20

【例 14.5】 利用结构的对称性,试用力法计算如图 14.21(a)所示刚架内力,并绘制弯矩图。

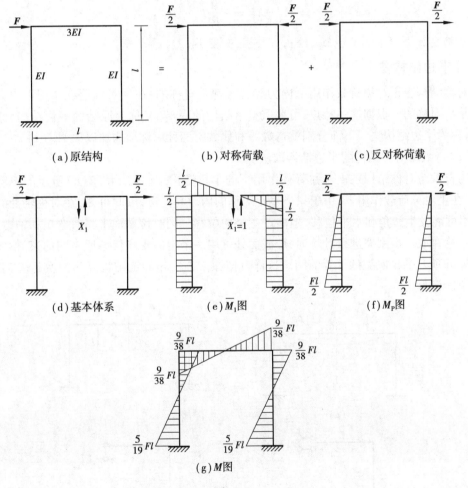

(a)原结构　　　(b)对称荷载　　　(c)反对称荷载

(d)基本体系　　　(e)$\overline{M}_1$图　　　(f)$M_P$图

(g)$M$图

图 14.21

【解】 此结构为三次超静定对称刚架,荷载是非对称的。将荷载分解为正对称荷载及反对称荷载两种情况,分别如图 14.21(b)、(c)所示。在正对称荷载作用下〔图 14.21(b)〕,如果忽略横梁的轴向变形,则只有横梁承受大小为 $F/2$ 的轴向压力,其他杆件没有内力。故原结构的弯矩都是由反对称荷载〔图 14.21(c)〕引起的,所以只需要对反对称荷载作用的情况进行计算。

选取如图 14.21(d)所示的对称基本结构,由于荷载是反对称的,只有反对称多余未知力 $X_1$,建立典型方程为

$$\delta_{11}X_1 + \Delta_{1P} = 0$$

分别绘出基本结构在 $\overline{X}_1 = 1$ 及荷载作用下的弯矩图 $\overline{M}_1$ 图和 $M_P$ 图,分别如图 14.21(e)、(f)所示。由图乘法计算系数和自由项为

$$\delta_{11} = \frac{1}{3EI} \times \frac{1}{2} \times \frac{l}{2} \times \frac{l}{2} \times \frac{2}{3} \times \frac{l}{2} \times 2 + \frac{1}{EI} \times \frac{l}{2} \times l \times \frac{l}{2} \times 2 = \frac{19l^3}{36}$$

$$\Delta_{1P} = \frac{1}{EI}\left(\frac{1}{2} \times \frac{Fl}{2} \times l \times \frac{l}{2}\right) \times 2 = \frac{Fl^3}{4EI}$$

将以上系数和自由项代入力法方程,解得

$$X_1 = -\frac{9}{19}F$$

根据叠加法 $M = \overline{M}_1X_1 + M_P$,绘出弯矩图,如图 14.21(g)所示。

### 3)半边结构法

对称结构在正对称荷载作用下内力和变形都是对称的;在反对称荷载作用下内力和变形都是反对称的。根据这一特点,可截取整个结构的一半(又称为原结的等代结构)来进行计算,称为半边结构法。下面分别就奇数跨和偶数跨两种对称结构加以说明。

(1)奇数跨对称结构的半边结构取法

①奇数跨对称结构在正对称荷载作用下的半边结构。如图 14.22(a)所示的单跨对称刚架,在正对称荷载作用下,由于只产生正对称的内力和位移,由此可知,在对称轴处的截面 $C$ 处不可能发生转角和水平位移,但能产生竖向位移。同时该截面上将有弯矩和轴力,而无剪力。故在取一半刚架进行计算时,$C$ 截面处可用一个定向支座代替原来的约束,得到如图 14.22(b)所示的半刚架的计算简图。这样就使原来三次超静定结构降为两次超静定结构,从而使计算简化。

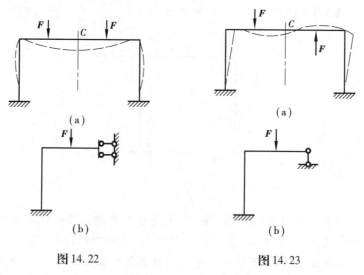

图 14.22　　　　　　　　　图 14.23

②奇数跨对称结构在反对称荷载作用下的半边结构。如图14.23(a)所示的单跨对称刚架,在反对称荷载作用下,由于只产生反对称的内力和位移,由此可知,在对称轴处的截面$C$处不可能产生竖向位移,但能发生转角和水平位移。同时该截面上将有剪力,而无弯矩和轴力。故在取一半刚架进行计算时,$C$截面处可用一个沿对称轴方向的链杆代替原来的约束,得到如图14.23(b)所示的半刚架的计算简图。这样就使原来三次超静定结构降为一次超静定结构,从而使计算简化。

(2)偶数跨对称结构的半边结构取法

①偶数跨对称结构在正对称荷载作用下的半边结构。如图14.24(a)所示的偶数跨对称刚架,在正对称荷载作用下,从变形为正对称的角度来分析,$C$截面处的转角和水平位移为零,同时由于$C$截面处还有一竖杆,当不考虑杆件的轴向变形时,$C$截面也不能产生竖向位移,即在对称轴上的刚结点$C$处将不可能产生任何位移。由于$CD$杆位于对称轴上,故无剪力和弯矩只有轴力。故$C$截面相当于受固定端支座约束。因此,取半边结构计算时,可不计算$CD$杆,取如图14.24(b)所示的计算简图。这样就使原来六次超静定结构降为三次超静定结构,从而使计算简化。

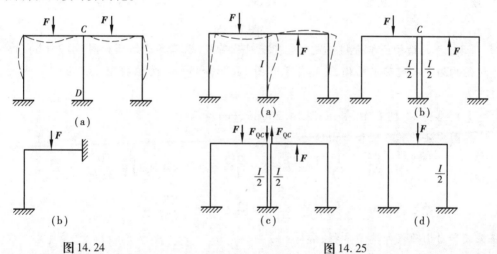

图14.24                图14.25

②偶数跨对称结构在反对称荷载作用下的半边结构。如图14.25(a)所示的偶数对称刚架,在反对称荷载作用下,其内力和变形为反对称的。取半刚架时,可将其中间立柱设想为由两根截面惯性矩为$I/2$的立柱组成的,如图14.25(b)所示。将其沿对称轴切开,由于荷载是反对称的,故$C$截面上只有反对称的一对剪力$F_{QC}$〔图14.25(c)〕。当忽略杆件的轴向变形时,这一对剪力$F_{QC}$对其他杆件均不产生内力,而仅在对称轴两侧的两根立柱中产生大小相等而性质相反的轴力,由于原有中间柱的内力是这两根立柱的内力之和,故叠加后剪力$F_{QC}$对原结构的内力和变形均无影响,于是可将其略去。而取半刚架的计算简图如图14.25(d)所示。于是把原来的六次超静定的结构降为三次超静定结构,从而使计算简化。

【例14.6】 利用结构的对称性,试用力法计算如图14.26(a)所示刚架内力,并绘制弯矩图。(已知各杆刚度$EI$为常数)

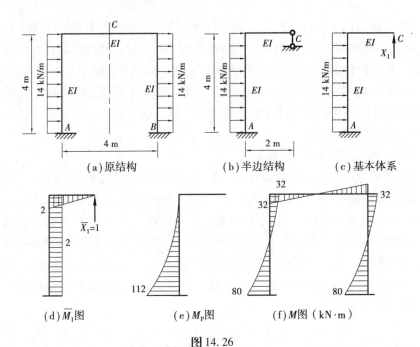

图 14.26

**【解】** 此结构为单跨超静定刚架受反对称荷载,取其半边结构如图 14.26(b)所示。该半边结构为一次超静定结构,基本体系如图 14.26(c)所示,力法典型方程为

$$\delta_{11}X_1 + \Delta_{1P} = 0$$

分别绘出 $\overline{M}_1$ 图和 $M_P$ 图,如图 14.26(d)、(e)所示。

用图乘法计算系数和自由项为

$$\delta_{11} = \frac{1}{EI}\left(\frac{1}{2} \times 2 \times 2 \times \frac{2}{3} \times 2 + 2 \times 4 \times 2\right) = \frac{56}{3EI}$$

$$\Delta_{1P} = -\frac{1}{EI}\left(\frac{1}{3} \times 4 \times 112 \times 2\right) = -\frac{896}{3EI}$$

将系数和自由项代入典型方程,解得

$$X_1 = 16 \text{ kN}$$

由叠加法 $M = \overline{M}_1 X_1 + M_P$ 求出各杆端弯矩,并用对称性给出整个结构的弯矩图,如图 14.26(f)所示。

**【例 14.7】** 试计算如图 14.27(a)所示刚架内力,并绘制弯矩图。(已知各杆刚度 $EI$ 为常数)

**【解】** 此结构为六次超静定结构,有两个对称轴,相对于竖向对称轴是两跨对称结构,相对于水平对称轴是单跨对称结构,荷载对两个对称轴都是正对称的。先取半边结构,如图 14.27(b)所示,又是对称的,再取其一半,即原结构的四分之一结构,如图 14.27(c)所示,降为两次超静定结构。选取其基本体系如图14.27(d)所示,建立力法典型方程为

$$\delta_{11}X_1 + \delta_{12}X_2 + \Delta_{1P} = 0$$
$$\delta_{21}X_1 + \delta_{22}X_2 + \Delta_{2P} = 0$$

分别绘出 $\overline{M}_1$ 图,$\overline{M}_2$ 图和 $M_P$ 图,如图 14.27(e)、(f)、(g)所示。

由图乘法计算系数和自由项为

$$\delta_{11} = \frac{1}{EI}\left(\frac{l}{2} \times 1 \times 1 + l \times 1 \times 1\right) = \frac{3l}{2EI}$$

$$\delta_{22} = \frac{1}{EI}\left(\frac{1}{2} \times l \times l \times \frac{2}{3} \times l\right) = \frac{l^3}{3EI}$$

$$\delta_{12} = \delta_{21} = -\frac{1}{EI}\left(\frac{1}{2} \times l \times l \times 1\right) = -\frac{l^2}{2EI}$$

$$\Delta_{1P} = \frac{1}{EI}\left(\frac{1}{3} \times \frac{ql^2}{2} \times l \times 1\right) = \frac{ql^3}{6EI}$$

$$\Delta_{2P} = -\frac{1}{EI}\left(\frac{1}{3} \times \frac{ql^2}{2} \times l \times \frac{3}{4} \times l\right) = -\frac{ql^4}{8EI}$$

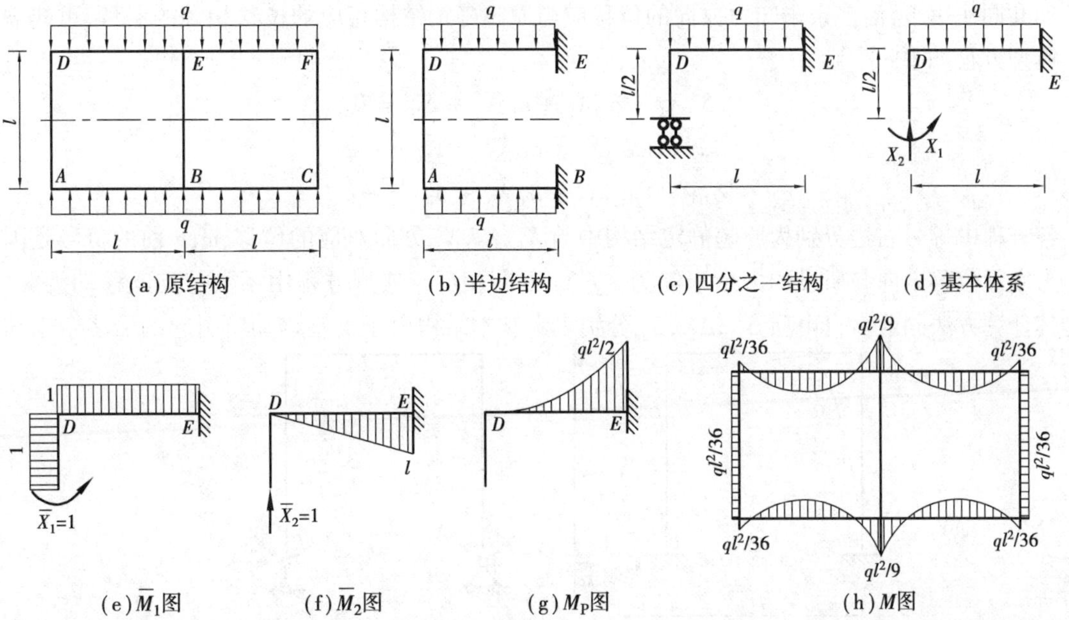
q
D
E
F
A
B
C
l
l/2
X2
X1
(a)原结构
(b)半边结构
(c)四分之一结构
(d)基本体系
X̄1=1
X̄2=1
ql²/2
ql²/9
ql²/36
(e)M̄1图
(f)M̄2图
(g)MP图
(h)M图

图 14.27

将以上系数和自由项代入力法方程，解得

$$X_1 = \frac{1}{36}ql^2, X_2 = \frac{5}{12}ql$$

由叠加公式 $M = \overline{M}_1X_1 + \overline{M}_2X_2 + M_P$ 计算各杆端弯矩值，并由对称性绘出整个结构的弯矩图如图 14.27(h)所示。

## 14.5 支座移动时超静定结构的计算

对于静定结构，支座移动时将使其产生位移而不会产生内力和反力，如图 14.28(a)所示的静定梁，支座 $B$ 有位移 $\Delta_B$，沉降到 $B_1$，此时 $AB$ 杆可绕 $A$ 端和 $B$ 端自由转动，$AB$ 杆只发生刚性位移，$AB$ 轴线保持为直线，没有产生变形，也就不会产生内力，也不会产生反力。而对于如图 14.28(b)所示的超静定梁情况就有所不同了，同样是支座 $B$ 有位移 $\Delta_B$，沉降到

$B_1$，但由于 $A$ 端是固定支座，$AB$ 杆不能绕 $A$ 支座自由转动会而产生弯曲变形，由此就会产生内力，同时也会产生支座反力。

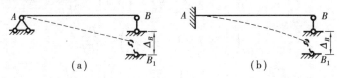

图 14.28

用力法计算支座移动时超静定结构的内力，其原理与超静定结构在荷载作用下的计算类似，唯一的区别在于典型方程中的自由项不同。

如图 14.29(a)所示超静定刚架，设支座 $B$ 由于某种原因产生了水平位移 $a$、竖向位移 $b$ 及转角 $\varphi$。选取如图 14.29(b)所示的基本结构。根据基本结构在所有多余未知力和支座移动共同作用下，沿多余未知力方向的位移应与原超静定结构相应的位移相等的条件，可建立典型方程如下

$$\delta_{11}X_1 + \delta_{12}X_2 + \delta_{13}X_3 + \Delta_{1c} = 0$$
$$\delta_{21}X_1 + \delta_{22}X_2 + \delta_{23}X_3 + \Delta_{2c} = -\varphi$$
$$\delta_{31}X_1 + \delta_{32}X_2 + \delta_{33}X_3 + \Delta_{3c} = -a$$

各方程中等号右边分别为原超静定结构中与 $X_1, X_2, X_3$ 方向对应的位移，$\varphi, a$ 前的负号是因为实际位移方向与所设的多余未知力 $X_2, X_3$ 方向相反。典型方程中系数与支座移动无关，其计算方法同前。自由项 $\Delta_{1c}, \Delta_{2c}, \Delta_{3c}$ 分别表示基本结构由于支座移动所引起的沿多余未知

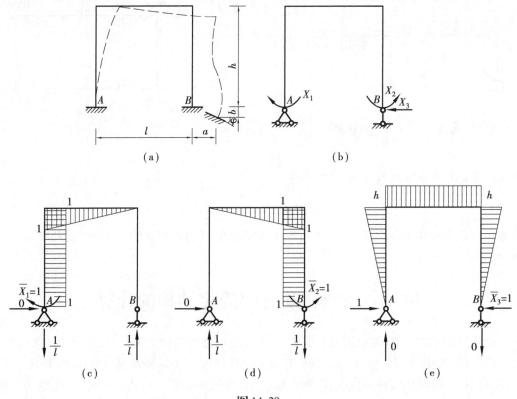

图 14.29

力 $X_1, X_2, X_3$ 方向的位移,可按静定结构由于支座移动所引起的位移计算公式计算

$$\Delta_{ic} = -\sum \overline{F}_{Ri} \cdot c$$

式中,$\overline{F}_{Ri}$ 为基本结构在单位多余未知力 $\overline{X}_i = 1$ 单独作用下所产生的支座反力;$c$ 为与 $\overline{F}_{Ri}$ 相对应的支座位移,支座位移与 $\overline{F}_{Ri}$ 方向相同乘积为正,相反则乘积为负。由如图 14.29(c)、(d)、(e)所示的虚拟反力,可得

$$\Delta_{1c} = -\left(-\frac{1}{l} \times b\right) = \frac{b}{l}$$

$$\Delta_{2c} = -\left(\frac{1}{l} \times b\right) = -\frac{b}{l}$$

$$\Delta_{3c} = 0$$

将求出的系数和自由项代入典型方程,即可求解出多余未知力 $X_1, X_2, X_3$。因为基本结构是静定结构,支座移动并不会使其产生内力,因此最后内力只是由多余未知力所引起,即

$$M = \overline{M}_1 X_1 + \overline{M}_2 X_2 + \overline{M}_3 X_3$$

【例 14.8】 如图 14.30(a)所示为两端固定的单跨超静定梁,支座 $A$ 顺时针转动了角位移 $\varphi$。试用力法计算内力,并绘制内力图。

【解】 取如图 14.30(b)所示的简支梁为基本结构,因 $X_3 = 0$（参见例 14.1）,因此只需求解两个多余未知力,典型方程为

$$\delta_{11} X_1 + \delta_{12} X_2 + \Delta_{1c} = \varphi$$
$$\delta_{21} X_1 + \delta_{22} X_2 + \Delta_{2c} = 0$$

绘出 $\overline{M}_1$ 图、$\overline{M}_2$ 图如图 14.30(c)、(d)所示。由图乘法求得各系数为

$$\delta_{11} = \frac{l}{3EI}, \delta_{22} = \frac{l}{3EI}, \delta_{12} = \delta_{21} = \frac{l}{6EI}$$

自由项 $\Delta_{1c}, \Delta_{2c}$ 代表基本结构由于支座位移引起的沿 $X_1, X_2$ 方向的位移。由于我们在取基本结构时已将发生转角的固定支座 $A$ 改为铰支座,故支座 $A$ 的转动已不再对基本结构产生任何影响,所以有

$$\Delta_{1c} = \Delta_{2c} = 0$$

如按公式 $\Delta_{ic} = -\sum \overline{F}_{Ri} \cdot c$ 可得到同样的结果。

将系数、自由项代入典型方程可解得

$$X_1 = \frac{4EI}{l}\varphi, X_2 = -\frac{2EI}{l}\varphi$$

根据叠加公式 $M = \overline{M}_1 X_1 + \overline{M}_2 X_2$ 绘出最后弯矩图,如图 14.30(e)所示。

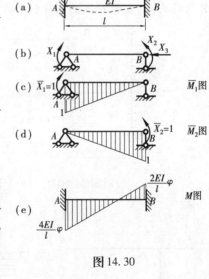

图 14.30

## 14.6 超静定结构的位移计算

计算超静定结构的位移和计算静定结构的位移一样,可采用单位荷载法。由力法计算

可知,当多余未知力解出后,原结构的内力、变形与静定的基本结构在多余未知力和荷载共同作用下的内力、变形是一致的。因此,原结构的位移计算就转化为静定的基本结构的位移计算了。

由于超静定结构的内力不随计算时所选取的基本结构不同而异,故最后的内力图可以认为是由与原结构对应的任意基本结构求得的。故在计算超静定结构的位移时,虚拟单位力可以施加在其中任何一种形式的基本结构上。这样,在计算超静定结构的位移时,可选取单位内力图较简单的基本结构来施加虚拟单位力,以使计算简便。

【例 14.9】 求如图 14.31(a)所示超静定刚架 $C$ 点的水平位移 $\Delta_{CH}$ 和横梁中点 $D$ 的竖向位移 $\Delta_{DV}$。

【解】 此超静定刚架的弯矩图先由力法求出(求解过程此略),如图 14.31(b)所示。

①求 $C$ 点的水平位移。求 $C$ 点的水平位移时,可在如图 14.31(c)所示的基本结构 $C$ 点加水平单位力 $\overline{F}=1$,绘出 $\overline{M}_1$ 图。将 $M$ 图与 $\overline{M}_1$ 图进行图乘,得

$$\Delta_{CH} = \frac{1}{EI}\Big(\frac{1}{2} \times 60 \times 4 \times \frac{2}{3} \times 4 - \frac{1}{2} \times 20 \times 4 \times \frac{1}{3} \times 4 -$$

$$\frac{2}{3} \times 20 \times 4 \times \frac{1}{2} \times 4\Big) = \frac{160}{EI}(\rightarrow)$$

计算结果为正,表示 $C$ 点的实际位移方向与所设单位力方向一致,即水平向右。

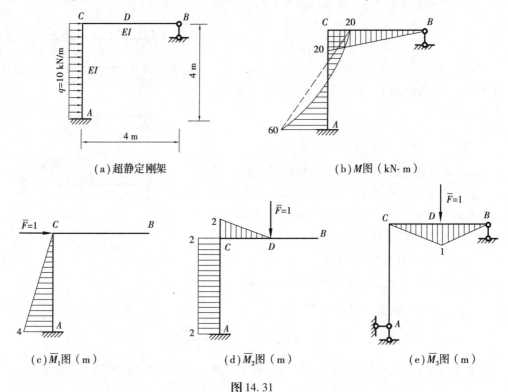

(a)超静定刚架　　　　　　　　(b)$M$图(kN·m)

(c)$\overline{M}_1$图(m)　　　　(d)$\overline{M}_2$图(m)　　　　(e)$\overline{M}_3$图(m)

图 14.31

②求 $D$ 点的竖向位移。求 $D$ 点的竖向位移时,我们分别取如图 14.31(d)、(e)所示的基本结构来虚拟力状态,用图乘法计算如下:

由图 14.31(b)、(d)计算得

$$\Delta_{DV} = \frac{1}{EI}\Big( -10 \times 2 \times \frac{1}{2} \times 2 - \frac{1}{2} \times 10 \times 2 \times \frac{2}{3} \times 2 +$$

$$\frac{1}{2} \times 60 \times 4 \times 2 - \frac{1}{2} \times 20 \times 4 \times 2 - \frac{2}{3} \times 20 \times 4 \times 2\Big) = \frac{20}{EI}(\downarrow)$$

由图 14.31(b)、(e)计算得

$$\Delta_{DV} = \frac{1}{EI}\Big( \frac{1}{2} \times 1 \times 4 \times 10 \Big) = \frac{20}{EI}(\downarrow)$$

计算结果均为正,表示 $D$ 点的实际位移方向与所设单位力方向一致,即铅直向下。

以上选取两种不同的基本结构,计算结果完全相同,但后者较为简便。

# 14.7　最后内力图的校核

最后内力图是结构设计的依据,是保证结构设计是否能够顺利进行和安全可靠的先决条件。用力法计算超静定结构,步骤多、计算烦琐(尤其是高次超静定结构),容易出错,因此要确保内力图的正确无误,应在整个计算过程中分阶段对前面的计算进行校核,还应对最后内力图进校核。正确的内力图必须同时满足平衡条件和位移条件,因而最后内力图的校核应该从这两个方面进行。

### 1) 平衡条件的校核

所谓平衡条件的校核,就是看所求得的各种内力,是否能够使结构的任何一个部分都满足静力平衡条件。校核的方法与静定结构相同,即截取结构的一个部分为脱离体,把作用于该部分的荷载以及各切口处的内力(从 $M$, $F_Q$, $F_N$ 图可以得到这些值)都看成是作用于脱离体上的已知外力,然后计算它们是否满足静力平衡条件来进行校核。对于刚架,一般是切取它的刚结点为脱离体来进行校核。

但是,即便最后内力图满足静力平衡条件,还不能说明最后内力图就是正确的。这是因为最后内力图是按求出来的多余未知力由平衡条件或叠加法作出的,而多余未知力是否正确,用平衡条件是无法检查出来的。多余未知力是根据位移条件求出来的,其正确与否应该要看是否满足于位移条件。因此,更重要的要进行位移条件的校核。

### 2) 位移条件的校核

校核位移条件,就是检查按最后内力图计算出的结构的位移是否与该处已知的实际位移相符。由于结构上已知位移处一般为:(a)沿支座约束方向的位移等于零或为一已知值;(b)在杆件任一切口左、右两侧截面的相对位移等于零。因此校核位移条件实际上就是计算出原结构的任一种基本结构沿多余方向的位移,并将所得结果与原结构的已知位移进行比较。若相等,则说明满足位移条件,计算结果正确;若不相等,则说明多余未知力计算错误。校核时可以用前面所介绍的计算超静定结构位移的方法,取任一最简单基本结构来计算。

【例 14.10】　如图 14.32(a)所示刚架,已知其弯矩图、剪力图和轴力图如图 14.32(b)、(c)、(d)所示。试校核该刚架的内力图。

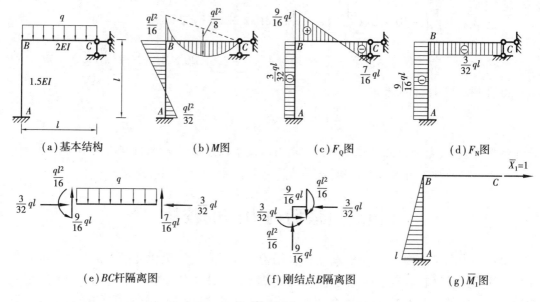

图 14.32

**【解】** ①平衡条件的校核。超静定结构的最后内力图应当满足静力平衡条件,即结构的整体或任取结构的一部分,如刚结点、任一杆件或部分杆件都应满足平衡条件。如图14.32(e)所示取 $BC$ 杆的隔离体,$BC$ 杆应满足静力平衡条件。

$$\sum F_x = \frac{3}{32}ql - \frac{3}{32}ql = 0$$

$$\sum F_y = \frac{9}{16}ql - ql + \frac{7}{16}ql = 0$$

$$\sum M_C(F) = \frac{ql^2}{16} - \frac{9}{16}ql \times l + ql \times \frac{l}{2} = 0$$

取刚结点 $B$ 的隔离体,如图 14.32(f)所示,显然刚结点 $B$ 也满足静力平衡条件。

②位移条件的校核。选取如图 14.32(g)所示基本结构,计算 $C$ 截面处的水平位移,为此作虚拟状态下的单位弯矩图,如图 14.32(g)所示的 $\overline{M}_1$ 图,将结构的最后弯矩图〔图 14.32(b)〕与单位弯矩图相乘,有

$$\Delta_{Cx} = \sum \int \frac{\overline{M}_1 M}{EI}ds = \frac{1}{1.5EI}\left(\frac{1}{2} \times \frac{ql^2}{16} \times l \times \frac{1}{3} \times l - \frac{1}{2} \times \frac{ql^2}{32} \times l \times \frac{2}{3} \times l\right) = 0$$

显然计算结果与原超静定结构在 $C$ 点处水平位移等于零是相吻合的,因此最后内力图满足位移条件。

综合上述计算可知,如图 14.32(b)、(c)、(d)所示的最后内力图既满足静力平衡条件也满足位移条件,所以是正确的。

# 思考题

14.1 怎样理解多余约束?多余约束是否为多余或为不必要的约束?

14.2 在选取力法基本结构时,应遵循什么原则?

14.3 什么是力法的基本结构和基本未知量？为什么首先要计算基本未知量？

14.4 基本结构与原结构有何异同？将基本结构再转化成原结构的条件是什么？

14.5 为什么荷载作用时各杆 $EI$ 只要知道其相对值就行,而在支座移动的情况下必须知道各杆 $EI$ 的实际值？

14.6 对称结构在正对称荷载作用下,其内力和变形有何特点？在反对称荷载作用下又有何特点？

14.7 为什么计算超静定结构位移时,可以任选一个基本结构建立虚拟力状态？

14.8 校核超静定结构的内力图时,要利用哪两个条件？

# 习 题

14.1 试确定图示各结构的超静定次数。

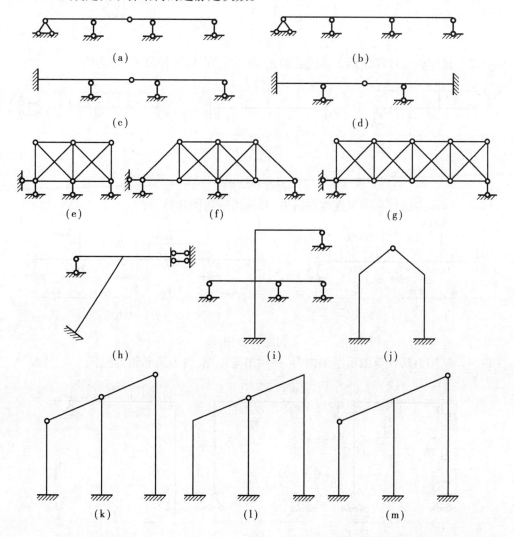

(a)　　　　　　　　　　　　　　　(b)

(c)　　　　　　　　　　　　　　　(d)

(e)　　　　　　(f)　　　　　　(g)

(h)　　　　　(i)　　　　　(j)

(k)　　　　　　(l)　　　　　　(m)

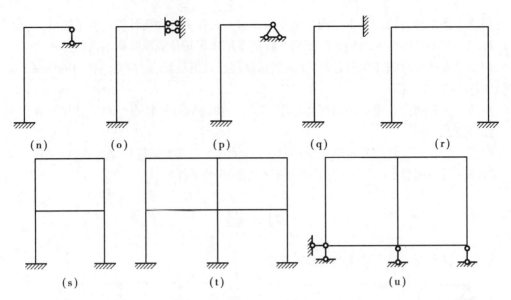

（n）　　　　（o）　　　　（p）　　　　（q）　　　　（r）

（s）　　　　　　　　　（t）　　　　　　　　　（u）

习题 14.1 图

14.2　试用力法计算图示各单跨超静定梁内力,并画出弯矩图和剪力图。

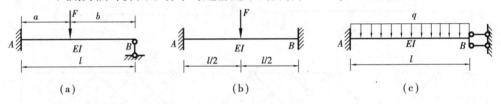

（a）　　　　　　　　（b）　　　　　　　　（c）

习题 14.2 图

14.3　试用力法计算图示连续梁内力,并画出弯矩图和剪力图。

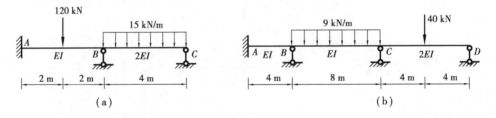

（a）　　　　　　　　　　　　（b）

习题 14.3 图

14.4　试用力法计算图示刚架内力,并画出弯矩图、剪力图和轴力图。

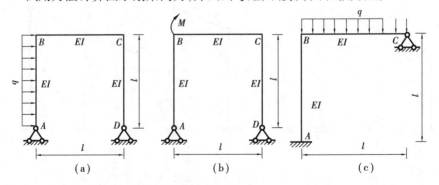

（a）　　　　　　　　（b）　　　　　　　　（c）

习题 14.4 图

14.5 试用力法计算图示刚架内力,并画出弯矩图。

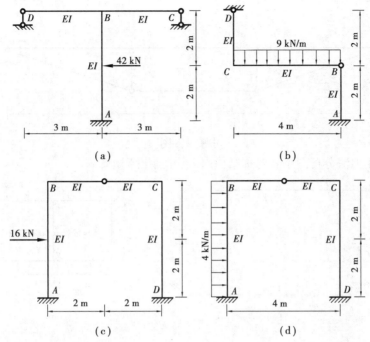

习题14.5 图

14.6 已知桁架各 $EA$ =常数,试用力法计算图示桁架内力。

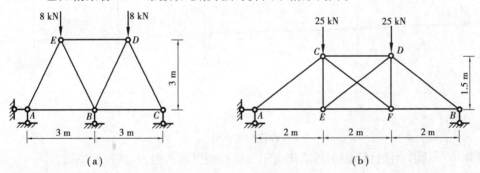

习题14.6 图

14.7 试用力法计算图示超静定排架内力,并画出弯矩图。

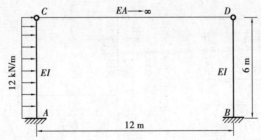

习题14.7 图

14.8 如图所示的组合结构,横梁 $AB$ 的抗弯刚度为 $EI=1\times10^4$ kN·m², 腹杆和下弦杆

的抗拉刚度均为 $EA = 2 \times 10^5$ kN。试用力法计算各杆的内力,并画出横梁的弯矩图。

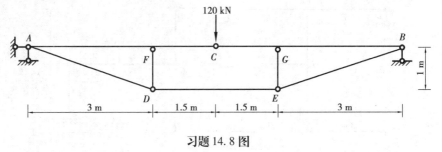

**习题 14.8 图**

14.9 试用力法分析图示各对称结构内力,并画出弯矩图。

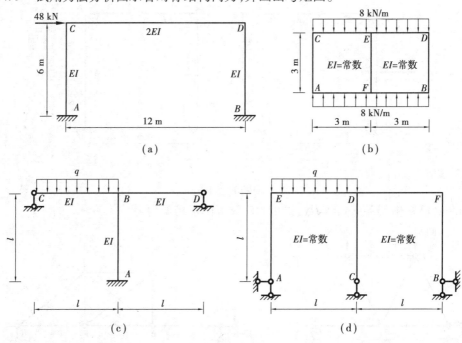

**习题 14.9 图**

14.10 试用力法计算图示各结构由于支座移动引起的内力,并绘弯矩图。

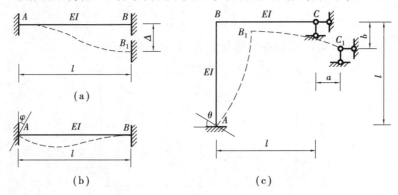

**习题 14.10 图**

14.11 如图(a)所示的超静定刚架,如画出的弯矩图如图(b)所示。试校核弯矩图正确与否,并求结构 $B$ 点的水平位移。

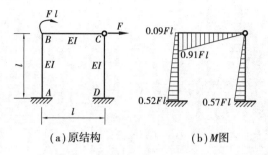

(a)原结构      (b)$M$图

习题 14.11 图

# 第 15 章
## 位移法

## 15.1 位移法的基本概念

### 1) 位移法的基本思路

力法和位移法是计算超静定结构的两种基本方法。力法在 19 世纪末就已应用于各种超静定结构的分析,它是以多余未知力为基本未知量,当结构的超静定次数较高时,用力法计算十分麻烦。于是,在 20 世纪初人们在力法的基础上建立了位移法。

结构在一定的外因作用下,其内力和位移之间具有一一对应的恒定关系,确定的内力与确定的位移相对应。因此,在分析超静定结构时,如果先能计算出内力,就可计算出与之相对应的位移,这便是力法;反过来,先计算出位移,再据此计算出与这对应的内力,这便是位移法。力法是以多余未知力作为基本未知量,位移法则是以某些结点位移为基本未知量,这就是这两种基本方法的区别。

为说明位移法的基本思路,分析如图 15.1(a)所示的刚架。该刚架在荷载作用下会产生图中虚线所示的变形,其中固定支座 A 处无任何位移,铰支座 C 处无线位移。根据变形的连续性可知,汇交在刚结点 B 处的两杆的杆端都产生相同的转角 $\theta_B$。如果不考虑轴向变形,则可以认为两杆的长度不变,因而结点 B 没有线位移。

怎样来确定每根杆的内力呢? 若将 AB 杆视作两端固定的梁,在固定端 B 处产生了转角 $\theta_B$,如图 15.1(b)所示,可以用力法中关于支座移动引起的内力计算方法可求得杆端内力与转角 $\theta_B$ 之间的关系;同样,将 BC 杆视作为 B 端固定而 C 端铰支的梁,除受到荷载的作用外,固定端 B 还发生了转角位移 $\theta_B$,如图 15.1(c)所示,这两种情况的内力都可用力法分别求出,然后叠加即可得出 BC 杆的杆端内力与转角 $\theta_B$ 之间的关系。显然,在计算该刚架时,如果以结点转角位移 $\theta_B$ 为基本未知量,并设法首先求出 $\theta_B$,则各杆端的内力也即随之而确定。

这即是位移法的基本思路。

由以上的分析可知,在位移法中需要解决如下问题:

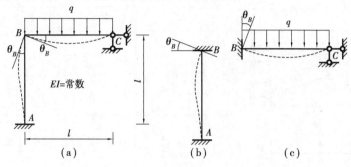

图 15.1

①用力法计算出单跨超静定梁在荷载和杆端发生各种位移时等因素作用下的内力。

②确定以结构上的哪些位移作为基本未知量。

③如何求出这些位移。

下面依次讨论这些问题。

### 2)单跨超静定梁的形常数和载常数

由位移法的基本思路可知,用位移法计算超静定结构时,每根杆均可视作是单跨超静定梁。在计算过程中,需要用到这种梁在杆端发生转动或移动时,以及在荷载作用下的杆端弯矩和剪力。为了应用方便,表 15.1 列出了等截面单跨超静定梁在各种不同情况下的杆端弯矩和剪力。

表 15.1　单跨超静定梁的形常数和载常数

| 序号 | 梁的简图 | 杆端弯矩 | | 杆端剪力 | |
|---|---|---|---|---|---|
| | | $M_{AB}$ | $M_{BA}$ | $F_{QAB}$ | $F_{QBA}$ |
| 1 | $\theta=1$　$EI$　$A$ — $B$　$l$ | $4i$ | $2i$ | $-\dfrac{6i}{l}$ | $-\dfrac{6i}{l}$ |
| 2 | $A$ — $B$　$1$　$l$ | $-\dfrac{6i}{l}$ | $-\dfrac{6i}{l}$ | $\dfrac{12i}{l^2}$ | $\dfrac{12i}{l^2}$ |
| 3 | $\theta=1$　$A$ — $B$　$l$ | $3i$ | $0$ | $-\dfrac{3i}{l}$ | $-\dfrac{3i}{l}$ |
| 4 | $A$ — $B$　$1$　$l$ | $-\dfrac{3i}{l}$ | $0$ | $\dfrac{3i}{l^2}$ | $\dfrac{3i}{l^2}$ |

续表

| 序号 | 梁的简图 | 杆端弯矩 | | 杆端剪力 | |
|---|---|---|---|---|---|
| | | $M_{AB}$ | $M_{BA}$ | $F_{QAB}$ | $F_{QBA}$ |
| 5 | | $i$ | $-i$ | $0$ | $0$ |
| 6 | | $-\dfrac{Fab^2}{l^2}$ | $\dfrac{Fa^2b}{l^2}$ | $\dfrac{Fb^2(l+2a)}{l^3}$ | $-\dfrac{Fa^2(l+2b)}{l^3}$ |
| 7 | | $-\dfrac{Fl}{8}$ | $\dfrac{Fl}{8}$ | $\dfrac{F}{2}$ | $-\dfrac{F}{2}$ |
| 8 | | $-\dfrac{ql^2}{12}$ | $\dfrac{ql^2}{12}$ | $\dfrac{ql}{2}$ | $-\dfrac{ql}{2}$ |
| 9 | | $-\dfrac{qa^2}{12l^2}\times$ $(6l^2-8la+3a^2)$ | $\dfrac{qa^3}{12l^2}\times$ $(4la-3a)$ | $\dfrac{qa}{2l^3}\times$ $(2l^3-2la^2+a^3)$ | $-\dfrac{qa^3}{2l^3}\times$ $(2l-a)$ |
| 10 | | $-\dfrac{ql^2}{20}$ | $\dfrac{ql^2}{30}$ | $\dfrac{7ql}{20}$ | $-\dfrac{3ql}{20}$ |
| 11 | | $M\dfrac{b(3a-l)}{l^2}$ | $M\dfrac{a(3b-l)}{l^2}$ | $-M\dfrac{6ab}{l^3}$ | $-M\dfrac{6ab}{l^3}$ |
| 12 | | $-\dfrac{Fab(l+b)}{2l^2}$ | $0$ | $\dfrac{Fb(3l^2-b^2)}{2l^3}$ | $-\dfrac{Fa^2(2l+b)}{2l^3}$ |
| 13 | | $-\dfrac{3Fl}{16}$ | $0$ | $\dfrac{11F}{16}$ | $-\dfrac{5F}{16}$ |
| 14 | | $-\dfrac{ql^2}{8}$ | $0$ | $\dfrac{5ql}{8}$ | $-\dfrac{3ql}{8}$ |

续表

| 序号 | 梁的简图 | 杆端弯矩 | | 杆端剪力 | |
|------|----------|----------|---|----------|---|
| | | $M_{AB}$ | $M_{BA}$ | $F_{QAB}$ | $F_{QBA}$ |
| 15 | 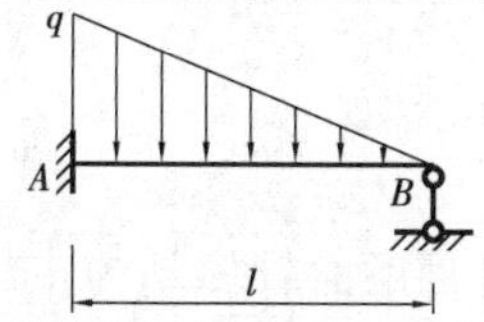 | $-\dfrac{ql^2}{15}$ | $0$ | $\dfrac{4ql}{10}$ | $-\dfrac{ql}{10}$ |
| 16 | 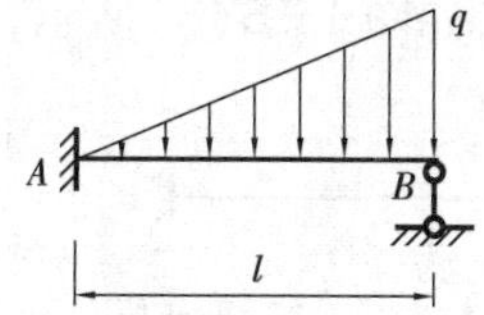 | $-\dfrac{7ql^2}{120}$ | $0$ | $\dfrac{9ql}{40}$ | $-\dfrac{11ql}{40}$ |
| 17 | 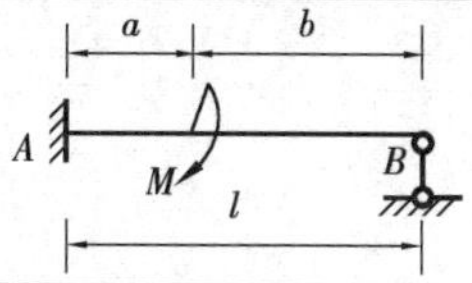 | $M\dfrac{l^2-3b^2}{2l^2}$ | $0$ | $-M\dfrac{3(l^2-b^2)}{2l^3}$ | $-M\dfrac{3(l^2-b^2)}{2l^3}$ |
| 18 | 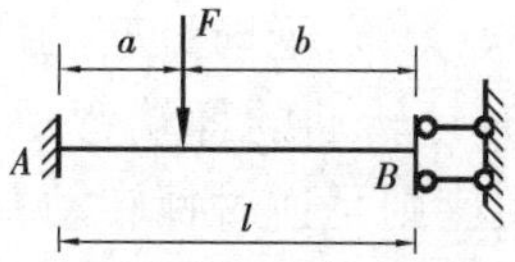 | $-\dfrac{Fa}{2l}(2l-a)$ | $-\dfrac{Fa^2}{2l}$ | $F$ | $0$ |
| 19 | 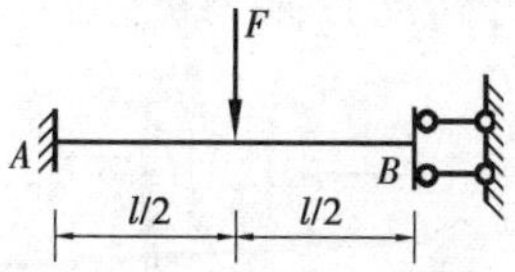 | $-\dfrac{3Fl}{8}$ | $-\dfrac{Fl}{8}$ | $F$ | $0$ |
| 20 | 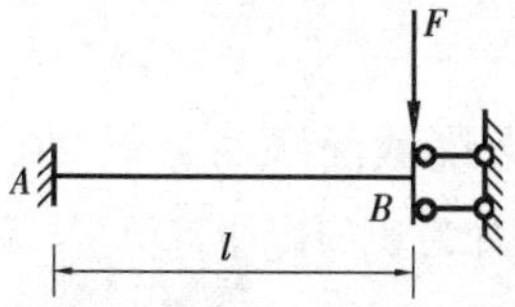 | $-\dfrac{Fl}{2}$ | $-\dfrac{Fl}{2}$ | $F$ | $F_{QB}^{L}=F$ $F_{QB}^{R}=0$ |
| 21 | 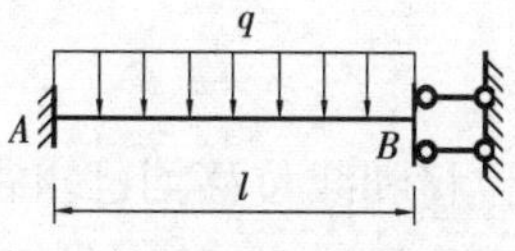 | $-\dfrac{ql^2}{3}$ | $-\dfrac{ql^2}{6}$ | $ql$ | $0$ |

在表 15.1 中,单跨超静定梁由于杆端单位位移所引起的杆端弯矩和剪力只与杆件截面尺寸、材料性质有关,常称为形常数。单跨超静定梁由于荷载引起的杆端弯矩和剪力只与杆所受荷载的作用形式和大小有关,因此常称为载常数。

在表 15.1 中, $i=\dfrac{EI}{l}$ 表示杆件单位长度的抗弯刚度,称为杆件的线刚度。

位移法中,杆端位移和杆端内力的正负号规定如下:

①杆端位移(或结点位移)正负号规定为:角位移以顺时针转动为正,反之为负。如图 15.2(a)所示,杆端 $A$,$B$ 转角 $\theta_A$,$\theta_B$ 均是顺时针转动,故均为正;如图 15.2(b)所示,杆端 $A$

转角 $\theta_A$ 逆时针转动为负,杆端 $B$ 转角 $\theta_B$ 顺时针转动为正。

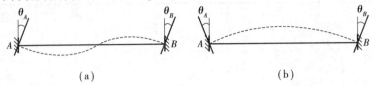

图 15.2

②杆端相对线位移正负号规定为:相对线位移使整根杆件顺时针转动为正,逆时针转动为负。如图 15.3(a)所示,$\Delta_{BA}$ 使 $AB$ 杆顺时针转动,故为正;如图 15.3(b)所示,$\Delta_{BA}$ 使 $AB$ 杆逆时针转动,则为负。

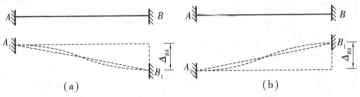

图 15.3

③杆端弯矩正负规定为:相对于杆端顺时针转动的弯矩为正,逆时针转动的弯矩为负;相对于支座或结点则是逆时针转动的杆端弯矩为正,顺时针转动的杆端弯矩为负。如图15.4所示,杆端弯矩 $M_{BA}$ 相对于杆端顺时针转动(相对于支座则是逆时针转动),故为正;而杆端弯矩 $M_{AB}$ 相于杆端逆时针转动(相对于支座则是顺时针转动),则为负。

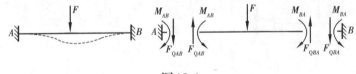

图 15.4

④杆端剪力和轴力的正负号规定与前面相同。即剪力绕截面顺时针转动为正,逆时针转动为负,如图 15.4 所示,$F_{QAB}$ 为正,$F_{QBA}$ 为负。轴力以拉力为正,压力为负。

### 3) 位移法的基本未知量和基本结构

(1)位移法基本未知量的确定

由前述的讨论可知,如果结构上的每根杆件两端的角位移和线位移均已求得,那么所有杆件的杆端内力就都可以由形常数和载常数确定。因此,在位移法中,基本未知量应该是各杆件的位移即结点位移。在应用位移计算时,应首先确定独立的结点角位移和线位移。

确定独立的结点角位移比较简单。根据刚结点的特点可知,在同一刚结点处各杆端的转角相等,因此每一个刚结点只有一个独立的结点角位移。在固定支座处,其转角等于零或者是已知的位移,不能作为结点角位移未知量;铰支座和铰结点各杆端的转角并不是独立的,在确定杆端的内力时可以不需要它们的数值,因此也不能作为结点角位移未知量。所以,确定结构独立的结点角位移时,只需要知道刚结点的数目即可。如图 15.5(a)所示刚架,有两个刚结点,因此其独立的结点角位移有 2 个。

确定独立的结点线位移数目时,一般情况下每个结点都可能有水平位移和竖向位移两个线位移。但对于受弯杆件通常略去其轴向变形,并只考虑微小的弯曲变形,因而可以认为受弯直杆两端之间的距离在变形前后保持不变,这样每一根受弯直杆就相当于一个约束,从而减少了独立的结点线位移数目。如图 15.5(a)所示的刚架,$A,B,C$ 三个固定支座均无任何位移,三根柱子的长度保持不变,因而结点 1,2,3 便都没有竖向线位移。同样由于两根水平杆的长度也保持不变,因而结点 1,2,3 的水平位移相同。由此可知,该刚架只有一个独立的结点线位移。

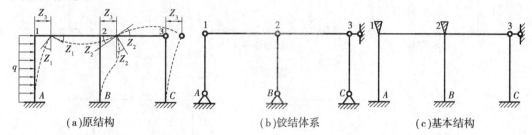

图 15.5

确定独立的结点线位移还可用如下方法:由于每根杆件都可能有水平和竖向两个线位移,而每根受弯直杆提供一个两端距离不变的约束,可以假设将原结构中的所有刚结点和固定支座都改为铰结点或铰支座,而得到一个相应的铰结体系。如果此铰结体系为几何不变体系,则原结构所有结点都没有线位移;如果相应的铰结体系为几何可变或瞬变体系,那么,我们最少需要增加几根支座链杆才能使其成为几何不变体系,所需要增加的最少链杆数目就是原结构独立的结点线位移数目。如图 15.5(a)所示刚架,其相应的铰结体系如图15.5(b)所示,显然这是一个几何可变体系,必须在某结点处增加至少一根非竖向的链杆才能成为几何不变体系,因此可知原结构有一个独立的结点线位移。

(2)位移法的基本结构

由位移法的基本思路可知,用位移法计算超静定结构时,每根杆视为一根单跨超静定梁,因而位移法的基本结构就是将每根杆件都暂时变为两端固定或一端固定一端铰支的单跨超静定梁。为此,可假想地在每个刚结点上加上一个附加刚臂,以阻止刚结点的转动(应注意:附加刚臂只能限制结点的转动而不能限制其移动),同时假想地在每一个有独立结点线位移的方向加上附加支座链杆以阻止结点线位移。

如图 15.5(a)所示的刚架,在两刚结点 1,2 处分别加上附加刚臂,并在结点 3 处加一根水平方向的附加支座杆,这样原结构中的 $A1$ 杆、$12$ 杆、$B2$ 杆就成为两端固定,而 $23$ 杆、$C3$ 杆成为一端固定一端铰支的单跨静定梁,如图 15.5(c)所示,这即是原结构的位移法基本结构,它是由单跨超静定梁形成的组合体。

如图 15.6(a)所示刚架,有 4 个刚结点,所以有 4 个独立结点角位移。将所有固定支座变成铰支座,将刚结点变成铰结点后,体系为几何可变体系,至少需要增加两根水平方向的链杆才能成为几何不变体系[图 15.6(b)],所以该刚架有 2 个独立的结点线位移。在每一个刚结点处增加附加刚臂,在结点 4、结点 5 处增加水平方向的附加链杆,即得到该刚架位移法的基本结构,如图 15.6(c)所示。

如图 15.7(a)所示的刚架,经过分析可知有 4 个独立的结点角位移(注意:其中结点 4 也是刚结点,即杆件 34 和杆件 54 在该处刚结),2 个独立的结点线位移,共有 6 个基本未知量。增加 4 个附加刚臂和 2 根附加链杆后,即可得到如图 15.7(b)所示的基本结构。

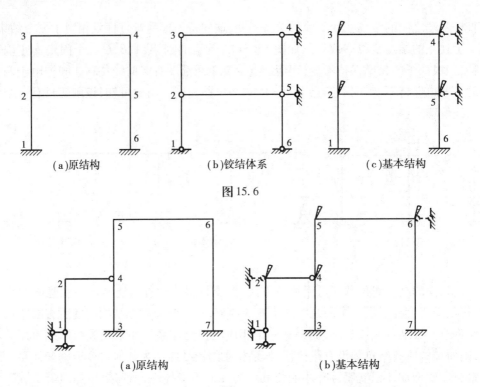

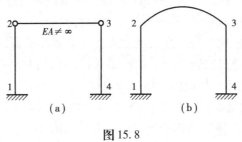

图 15.8

在确定独立的结点线位移时,必须要注意上述的确定方法是以受弯直杆变形后两端的距离保持不变为前提的。对于需要考虑轴向变形的链杆($EA \neq \infty$),如图 15.8(a)所示;或对于受弯曲杆,如图 15.8(b)所示,则其两端的距离不能视为保持不变。因此,如图 15.8(a)、(b)所示的结构,其独立的结点线位移应该是 2 个而不是 1 个。

# 15.2　位移法的典型方程及计算步骤

## 1)位移法的基本原理

下面我们以如图 15.9(a)所示的连续梁为例,来说明如何用位移法计算超静定结构的内力。此连续梁只有一个刚结点,因此只有一个独立的结点角位移 $Z_1$,同时该连续梁中的各杆均没有侧移发生,此类结构称为无侧移结构,没有结点线位移。在结点 $B$ 处增设一附加刚臂,便得到基本结构。由于附加刚臂限制了结点 $B$ 的角位移,而原结构[图 15.9(a)]中结点 $B$ 是会产生角位移的,因此当荷载作用在基本结构上时,其位移和内力将与原结构不相同。

如果令附加刚臂发生与原结构相同的角位移 $Z_1$,如图 15.9(b)所示,那么二者的位移就完全相同了。将基本结构在荷载和独立的结点位移共同作用下的体系称为位移法的基本体系。

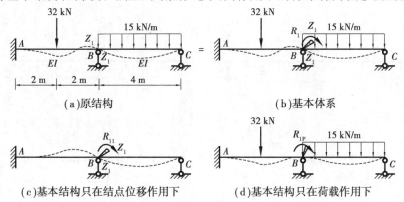

（a）原结构　　　　　　　　　　　　　（b）基本体系

（c)基本结构只在结点位移作用下　　　　　（d)基本结构只在荷载作用下

图 15.9

就受力方面来说,基本结构中由于加入了附加刚臂,刚臂上将会产生附加反力偶 $R_1$(简称反力偶)。而原结构中并没有附加刚臂,当然也就不存在该反力偶。基本体系的位移与原结构的位移既然完全一致,其反力也就应完全相同。因此,基本结构在荷载和独立结点位移 $Z_1$ 共同作用下,附加刚臂上的反力偶 $R_1$ 必等于零,即

$$R_1 = 0$$

设基本结构由 $Z_1$ 和荷载所引起的附加刚臂上的反力偶分别为 $R_{11}$ 和 $R_{1P}$,如图 15.9(c)、(d)所示,根据叠加原理,则有

$$R_1 = R_{11} + R_{1P} = 0$$

设基本结构在单位结点位移 $\overline{Z}_1 = 1$ 单独作用下所引起的附加刚臂的反力偶为 $r_{11}$,如图 15.10(a)所示,则 $R_{11} = r_{11}Z_1$,于是有

$$r_{11}Z_1 + R_{1P} = 0 \tag{15.1}$$

式(15.1)就是求解基本未知量 $Z_1$ 的位移法基本方程。

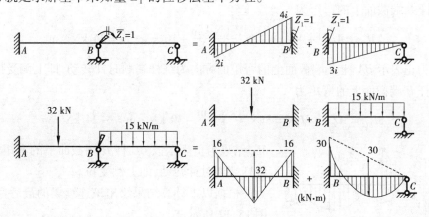

图 15.10

由式(15.1)可知,要确定 $Z_1$,应先求出 $r_{11}$ 和 $R_{1P}$,因基本体系中各杆均可视为单跨超静定梁,如图 15.10 所示。

因此,可利用表 15.1 中的第 1,3 栏计算简图的杆端弯矩,绘出基本结构在单位结点位

移 $\overline{Z}_1 = 1$ 单独作用下的弯矩图,如图 15.11(a)所示的 $\overline{M}_1$ 图;利用表 15.1 中的第 8,10 栏计算简图的杆端弯矩,绘出基本结构在荷载单独作用下的弯矩图,如图 15.11(b)所示的 $M_P$ 图。

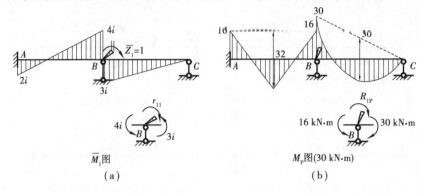

图 15.11

由 $\overline{M}_1$ 图,取结点 $B$ 为隔离体,如图 15.11(a)所示,根据力矩平衡条件 $\sum M_B = 0$,可得

$$r_{11} = 4i + 3i = 7i$$

式中,$i = i_{BA} = i_{BC} = \dfrac{EI}{4 \text{ m}}$ 是 $BA$ 杆和 $BC$ 杆的线刚度。

同样,由 $M_P$ 图,取结点 $B$ 为隔离体,如图 15.11(b)所示,根据力矩平衡条件 $\sum M_B = 0$,可得

$$R_{1P} = 16 \text{ kN} \cdot \text{m} - 30 \text{ kN} \cdot \text{m} = -14 \text{ kN} \cdot \text{m}$$

将 $r_{11}$ 和 $R_{1P}$ 的计算结果代入位移法基本方程(15.3),可解得

$$Z_1 = -\dfrac{R_{1P}}{r_{11}} = -\dfrac{-14 \text{ kN} \cdot \text{m}}{7i} = \dfrac{2 \text{ kN} \cdot \text{m}}{i}$$

$Z_1$ 的计算结果为正,表示 $Z_1$ 的方向与图 15.11(b)中所设的方向相同。

结构的最后弯矩图可由叠加法 $M = \overline{M}_1 Z_1 + M_P$ 绘制。

$BA$ 杆 $B$ 端截面上的弯矩为

$$M_{BA} = 4iZ_1 + M_{BAP} = 4i \times \dfrac{2 \text{ kN} \cdot \text{m}}{i} + 16 \text{ kN} \cdot \text{m} = 24 \text{ kN} \cdot \text{m}$$

$M_{BA}$ 结果为正表示 $BA$ 杆 $B$ 端截面上的弯矩的方向为绕杆端顺时针转动,即上侧受拉。

$BC$ 杆 $B$ 端截面上的弯矩为

$$M_{BC} = 3iZ_1 + M_{BCP} = 3i \times \dfrac{2 \text{ kN} \cdot \text{m}}{i} - 30 \text{ kN} \cdot \text{m} = -24 \text{ kN} \cdot \text{m}$$

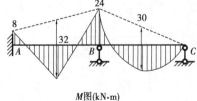

$M$ 图(kN·m)

图 15.12

$M_{BC}$ 结果为负表示该 $BC$ 杆 $B$ 端截面上的弯矩的方向为绕杆端逆时针转动,即上侧受拉。

根据以上计算结果绘出该连续梁的最后弯矩图,如图 15.12 所示。

上面以一个简单的例子讨论了位移法的基本原理,为了更进一步理解位移法的求解方法,下面用一个有侧移的刚架来说明位移法的典型方程和解题步骤。

### 2) 位移法的典型方程

如图 15.13 所示的刚架,杆件 31 和 42 有侧移发生,这类结构称为有侧移结构。经分析可知该刚架有一个独立的结点角位移 $Z_1$ 和一个独立的结点线位移 $Z_2$,共有两个基本未知量。在结点 1 处增加一附加刚臂,在结点 2 处增加一附加水平支座链杆(当然也可在结点 1 处增加一水平支座链杆),得到如图 15.13(b)所示的位移法基本结构。

令附加刚臂产生与原结构相同的转角 $Z_1$,令附加链杆产生与原结构相同的线位移 $Z_2$,再将荷载加到基本结构上,如此便得到如图 15.13(c)所示的位移法基本体系。在此必须强调,为了计算方便,所设的结点位移方向均按前述规定的正方向来假设,即结点角位移设为顺时针转向,结点线位移设为使整个杆件顺时针转动。

根据基本体系与原结构完全等效,即基本体系的变形和内力及反力与原结构完全相同。由于原结构在结点 1 和 2 处并无约束,也就没有反力偶和反力,因此基本结构在结点位移 $Z_1$,$Z_2$ 和荷载共同作用下,附加刚臂的附加反力偶 $R_1$ 和附加支座链杆的附加反力 $R_2$ 都应该等于零,如图 15.13(c)所示。

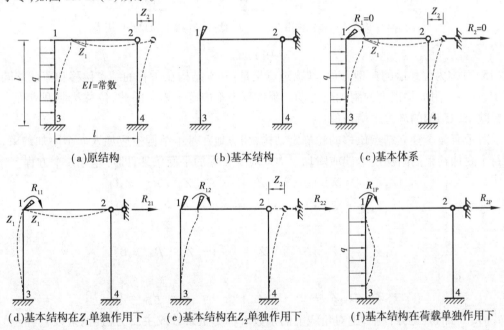

(a)原结构  (b)基本结构  (c)基本体系

(d)基本结构在 $Z_1$ 单独作用下  (e)基本结构在 $Z_2$ 单独作用下  (f)基本结构在荷载单独作用下

图 15.13

设基本结构在结点位移 $Z_1$ 单独作用下引起的附加刚臂上的附加力偶为 $R_{11}$,引起的附加支座链杆的反力为 $R_{21}$,如图 15.13(d)所示。

设基本结构在结点位移 $Z_2$ 单独作用下引起的附加刚臂上的附加力偶为 $R_{12}$,引起的附加支座链杆的反力为 $R_{22}$,如图 15.13(e)所示。

设基本结构在荷载单独作用下引起的附加刚臂上的附加力偶为 $R_{1P}$,引起的附加支座链杆的反力为 $R_{2P}$,如图 15.13(f)所示。

根据叠加原理,可得

$$R_1 = R_{11} + R_{12} + R_{1P} = 0$$

$$R_2 = R_{21} + R_{22} + R_{2P} = 0$$

再设基本结构在单位结点位移$\overline{Z}_1 = 1$、$\overline{Z}_2 = 1$分别单独作用下所引起的附加刚臂的附加反力偶分别为$r_{11}, r_{12}$,附加支座链杆的附加反力分别为$r_{21}, r_{22}$,如图15.14(a)、(b)所示。显然有

$$R_{11} = r_{11}Z_1, R_{12} = r_{12}Z_2, R_{21} = r_{21}Z_1, R_{22} = r_{22}Z_2$$

于是有

$$\left.\begin{array}{l} r_{11}Z_1 + r_{12}Z_2 + R_{1P} = 0 \\ r_{21}Z_1 + r_{22}Z_2 + R_{2P} = 0 \end{array}\right\} \tag{15.2}$$

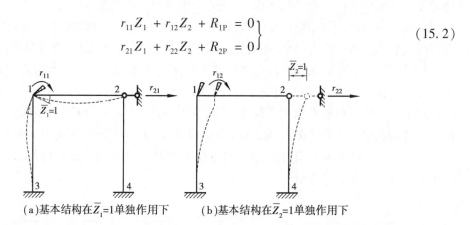

(a)基本结构在$\overline{Z}_1 = 1$单独作用下　　(b)基本结构在$\overline{Z}_2 = 1$单独作用下

**图15.14**

式(15.2)称为位移法的典型方程,其物理意义是:基本结构在所有的结点位移和荷载共同作用下,每一个附加约束上的附加反力偶和附加反力都应等于零。因此,位移法典型方程实质上反映了原结构的静力平衡条件。

对于有$n$个独立结点位移的超静定结构,相应地在基本结构中应加入$n$个附加约束,根据每个附加约束的附加反力偶或附加反力均应等于零的平衡条件,即可建立$n$个方程。

$$\left.\begin{array}{l} r_{11}Z_1 + r_{12}Z_2 + \cdots + r_{1i}Z_i + \cdots + r_{1n}Z_n + R_{1P} = 0 \\ r_{21}Z_1 + r_{22}Z_2 + \cdots + r_{2i}Z_i + \cdots + r_{2n}Z_n + R_{2P} = 0 \\ \vdots \\ r_{i1}Z_1 + r_{i2}Z_2 + \cdots + r_{ii}Z_i + \cdots + r_{in}Z_n + R_{iP} = 0 \\ \vdots \\ r_{n1}Z_1 + r_{n2}Z_2 + \cdots + r_{ni}Z_i + \cdots + r_{nn}Z_n + R_{nP} = 0 \end{array}\right\} \tag{15.3}$$

在式(15.3)的典型方程中,主对角线上的系数$r_{ii}$称为主系数或主反力,其他系数$r_{ij}(i \neq j)$称为副系数或副反力,$R_{iP}$称为自由项。系数和自由项的正负号规定是:与该附加约束所设的位移方向一致为正,相反则为负。

主系数$r_{ii}$表示基本结构在单位结点位移$\overline{Z}_i = 1$单独作用下所引起的第$i$个附加约束的附加反力偶或附加反力,由于其方向总是与所设位移的方向一致,故主系数恒为正,且不会等于零。

副系数$r_{ij}$表示基本结构在单位结点位移$\overline{Z}_j = 1$单独作用下所引起的第$i$个附加约束的附加反力偶或附加反力,其值可能为正,可能为负,也可能等于零。另外,根据反力互等定理可知,位于主对角线两侧对称位置的两个副系数$r_{ij}$与$r_{ji}$是相等的,即$r_{ij} = r_{ji}$。

自由项$R_{iP}$表示基本结构在荷载单独作用下所引起的第$i$个附加约束的附加反力偶或附加反力,其值可能为正,可能为负,也可能等于零。

在位移法的典型方程中,每个系数都是由单位结点位移所引起的附加约束的反力或反力偶。很明显,如果结构的刚度越大,那么这些反力或反力偶也就越大,因此这些系数又称为结构的刚度系数,位移法典型方程也称为结构的刚度方程,位移法也称为刚度法。

为了求典型方程中的系数和自由项,可利用表 15.1 中所列出的形常数,绘出基本结构在单位结点位移 $\overline{Z}_1 = 1$、$\overline{Z}_2 = 1$ 分别单独作用下的弯矩图,即 $\overline{M}_1$ 图、$\overline{M}_2$ 图,如图 15.15(a)、(b)所示;同样可利用表 15.1 中所列出的载常数,绘出基本结构在荷载单独作用下的弯矩图,即 $M_P$ 图,如图 15.15(c)所示。

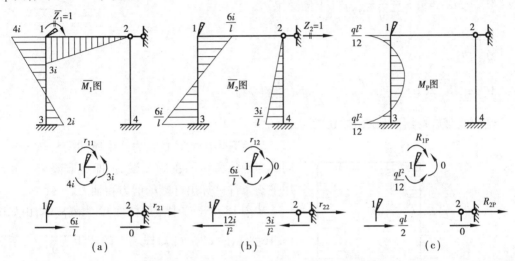

图 15.15

位移法的系数和自由项计算可分为两类:一类是附加刚臂上的附加反力偶 $r_{11}$,$r_{12}$ 和 $R_{1P}$;另一类是附加支座链杆的附加反力 $r_{21}$,$r_{22}$ 和 $R_{2P}$。对于附加刚臂上的附加反力偶,可分别在图 15.15(a)、(b)、(c)中取结点 1 为隔离体,由力矩平衡方程 $\sum M_1 = 0$,可求得

$$r_{11} = 7i, r_{12} = -\frac{6i}{l}, R_{1P} = \frac{ql^2}{12}$$

对于附加支座链杆上的附加反力,可分别在图 15.15(a)、(b)、(c)中用截面截割两柱顶端,取柱顶端以上水平杆部分为隔离体,并由表 15.1 中查出柱 13,24 的顶端截面剪力,由投影方程 $\sum F_x = 0$,可求得

$$r_{21} = -\frac{6i}{l}, r_{22} = \frac{15i}{l^2}, R_{2P} = -\frac{ql}{2}$$

将系数和自由项代入典型方程(15.3),有

$$7iZ_1 - \frac{6i}{l}Z_2 + \frac{ql^2}{12} = 0$$

$$-\frac{6i}{l}Z_1 + \frac{15i}{l^2}Z_2 - \frac{ql}{2} = 0$$

解以上两个方程可得

$$Z_1 = \frac{7ql^2}{276i}, Z_2 = \frac{ql^3}{23i}$$

所得结果为正值,说明结点 1,2 的实际位移方向与图 15.13(c)中 $Z_1$,$Z_2$ 所设的方向相同。

结构各杆端的最后弯矩可由叠加法 $M = \overline{M}_1 Z_1 + \overline{M}_2 Z_2 + M_P$ 求得。

$$M_{31} = 2iZ_1 - \frac{6i}{l}Z_2 + M_{31}^F = 2i \times \frac{7ql^2}{276i} - \frac{6i}{l} \times \frac{ql^3}{23i} - \frac{ql^2}{12} = -\frac{27}{92}ql^2 \,(\text{左侧受拉})$$

$$M_{13} = 4iZ_1 - \frac{6i}{l}Z_2 + M_{13}^F = 4i \times \frac{7ql^2}{276i} - \frac{6i}{l} \times \frac{ql^3}{23i} + \frac{ql^2}{12} = -\frac{7}{92}ql^2 \,(\text{右侧受拉})$$

$$M_{12} = 3iZ_1 = 3i \times \frac{7ql^2}{276i} = \frac{7}{92}ql^2 \,(\text{下侧受拉})$$

$$M_{21} = 0$$

$$M_{24} = 0$$

$$M_{42} = -\frac{3i}{l}Z_2 = -\frac{3i}{l} \times \frac{ql^3}{23i} = -\frac{3}{23}ql^2 \,(\text{左侧受拉})$$

结构的最后弯矩图如图 15.16 所示。

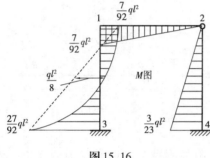

图 15.16

最后弯矩图的校核与力法中所述的校核方法相同。当确认弯矩图正确无误后,即可取隔离体并利用平衡条件计算出杆端的剪力和轴力。

从图 15.13(a)中截取杆件 12 为隔离体,由如图 15.16 所示的 $M$ 图可知杆端 1 的弯矩为 $\frac{7}{92}ql^2$,下侧受拉,杆端 2 截面的弯矩为 0。画出杆 12 隔离体的受力图,杆端的剪力按正的方向假设,如图 15.17 (a)所示。由静力平衡方程,有

$$\sum M_1 = 0, \text{即 } F_{Q21} \cdot l + \frac{7}{92}ql^2 = 0$$

$$F_{Q21} = -\frac{7}{92}ql$$

$$\sum M_2 = 0, \text{即 } F_{Q12} \cdot l + \frac{7}{92}ql^2 = 0$$

$$F_{Q12} = -\frac{7}{92}ql$$

同理,从图 15.13(a)中分别截取杆件 13,24 为隔离体,由图 15.16 得到各杆端弯矩,画出其受力图,杆端剪力均正方向假设,如图 15.17(b)、(c)所示。由各杆的静力平衡条件,对于杆件 13,有

$$\sum M_1 = 0, \text{即 } F_{Q31} \cdot l - \frac{27}{92}ql^2 - \frac{1}{2}ql^2 - \frac{7}{92}ql^2 = 0$$

$$F_{Q31} = \frac{20}{23}ql$$

$$\sum M_3 = 0, \text{即 } F_{Q13} \cdot l - \frac{7}{92}ql^2 + \frac{1}{2}ql^2 - \frac{27}{92}ql^2 = 0$$

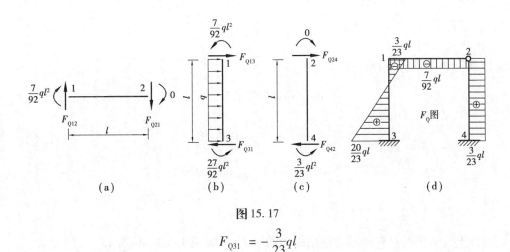

图 15.17

$$F_{Q31} = -\frac{3}{23}ql$$

对于杆件 24,有

$$\sum M_4 = 0, 即 F_{Q24} \cdot l - \frac{3}{23}ql^2 = 0$$

$$F_{Q24} = \frac{3}{23}ql$$

$$\sum M_2 = 0, 即 F_{Q42} \cdot l - \frac{3}{23}ql^2 = 0$$

$$F_{Q42} = \frac{3}{23}ql$$

由以上所求得的各杆端剪力给出结构的剪力图,如图 15.17(d)所示。

由剪力图,根据静力平衡条件可求出各杆件的轴力,并画出轴力图。从图 15.13(a)中分别截取结点 1,2,由如图 15.17(d)所示的剪力图得到各杆端的剪力,画出各结点的受力图,杆端轴力假设为正即拉力,如图 15.18(a)、(b)所示。

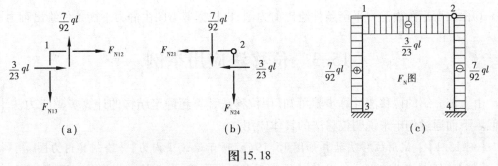

图 15.18

对于结点 1,由平衡方程,有

$$\sum F_x = 0, 即 F_{N12} + \frac{3}{23}ql = 0$$

$$F_{N12} = -\frac{3}{23}ql$$

$$\sum F_y = 0, 即 F_{N13} - \frac{7}{92}ql = 0$$

$$F_{N12} = \frac{7}{92}ql$$

对于结点2,由平衡方程,有

$$\sum F_x = 0, 即 F_{N21} + \frac{3}{23}ql = 0$$

$$F_{N21} = -\frac{3}{23}ql$$

$$\sum F_y = 0, 即 F_{N24} + \frac{7}{92}ql = 0$$

$$F_{N24} = -\frac{7}{92}ql$$

由以上计算出的各杆端轴力绘出结构的轴力图,如图15.18(d)所示。

### 3)位移法的计算步骤

由前面的分析讨论可知,位移法的计算步骤为:

①确定原超静定结构的基本未知量,即确定原超静定结构的独立结点角位移和线位移,加入附加约束得到基本结构。

②令各附加约束产生与原结构相同的结点位移,根据基本结构在所有的结点位移和荷载共同作用下,各附加约束处的附加反力偶或附加反力均应等于零,建立位移法的典型方程。

③利用表15.1提供的形常数,绘出基本结构在每个单位结点位移单独作用下的弯矩图,利用表15.1提供的载常数绘出基本结构在荷载单独作用下的弯矩图。由平衡条件求出各系数和自由项。

④求解典型方程,求出基本未知量即各结点位移。

⑤按叠加法绘制最后弯矩图。

⑥根据弯矩图由静力平衡条件绘出剪力图,再根据剪力图由静力平衡条件绘出轴力图。

# 15.3　位移法应用举例

由上节介绍的位移法计算步骤可知,用位移法计算超静定结构的计算步骤与力法十分相似。下面通过例子来说明位移法的具体应用。

【例15.1】　试用位移法计算如图15.19(a)所示连续梁内力,并绘制其内力图。

【解】　①确定基本体系。此连续梁有两个刚结点$B,C$,无结点线位移。因此,基本未知量为$B,C$两结点角位移$Z_1,Z_2$。在$B,C$两刚结点处增加附加刚臂,并令两附加刚臂分别发生角位移$Z_1,Z_2$,得到如图15.19(b)所示的基本体系。

②建立位移法典型方程。

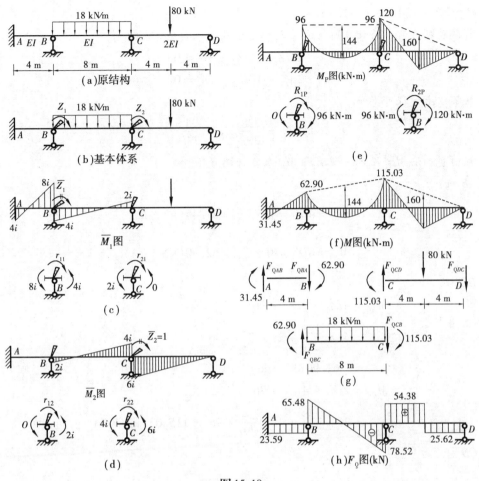

图15.19

$$r_{11}Z_1 + r_{12}Z_2 + R_{1P} = 0$$
$$r_{21}Z_1 + r_{22}Z_2 + R_{2P} = 0$$

③绘制$\overline{M}_1$图、$\overline{M}_2$图和$M_P$图。由图15.19(a)可知各杆的线刚度互不相同。为计算方便,令

$$i = \frac{EI}{8}$$

则

$$i_{BA} = \frac{EI}{4} = 2i, i_{BC} = i_{CB} = \frac{EI}{8} = i, i_{CB} = \frac{2EI}{8} = 2i$$

绘制的$\overline{M}_1$图、$\overline{M}_2$图和$M_P$图如图15.19(c)、(d)、(e)所示。

④计算系数和自由项。从$\overline{M}_1$图、$\overline{M}_2$图和$M_P$图分别截取结点$B,C$为隔离体,画出其受力图,如图15.19(c)、(d)、(e)所示。由各结点的力矩平衡方程可得

$$r_{11} = 8i + 4i = 12i, r_{22} = 4i + 6i = 10i$$
$$r_{12} = r_{21} = 2i$$
$$R_{1P} = -96 \text{ kN} \cdot \text{m},$$

$$R_{2P} = 96 - 120 = -24 \text{ kN} \cdot \text{m}$$

⑤解典型方程。将计算所得的系数和自由项代入典型方程可得

$$12iZ_1 + 2iZ_2 - 96 = 0$$
$$2iZ_1 + 10iZ_2 - 24 = 0$$

联解以上方程可得

$$Z_1 = \frac{228}{29i}, Z_2 = \frac{24}{29i}$$

⑥由叠加法 $M = \overline{M}_1 Z_1 + \overline{M}_2 Z_2 + M_P$ 求各杆端弯矩。

$AB$ 杆：

$$M_{AB} = 4iZ_1 = 4i \times \frac{228}{29i} = 31.45(\text{kN} \cdot \text{m})$$

$$M_{BA} = 8iZ_1 = 8i \times \frac{228}{29i} = 62.90(\text{kN} \cdot \text{m})$$

$BC$ 杆：

$$M_{BC} = 4iZ_1 + 2iZ_2 - 96$$
$$= 4i \times \frac{228}{29i} + 2i \times \frac{24}{29i} - 96$$
$$= -62.90(\text{kN} \cdot \text{m})$$
$$M_{CB} = 2iZ_1 + 4iZ_2 + 96$$
$$= 2i \times \frac{228}{29i} + 4i \times \frac{24}{29i} + 96 = 115.03(\text{kN} \cdot \text{m})$$

$CD$ 杆：

$$M_{CD} = 6iZ_2 - 120 = 6i \times \frac{24}{29i} - 120 = -115.03(\text{kN} \cdot \text{m})$$

根据上面计算所得的各杆端弯矩绘制弯矩图，如图 15.19(f) 所示。

从图 15.19(a) 中分别截取杆 $AB$、$BC$ 和 $CD$ 为隔离体，由弯矩图可得各杆端力矩，各杆端剪力假设为正，画出三杆件隔离体的受力图，如图 15.19(g) 所示，由静力平衡条件求各杆端剪力，有

$$F_{QAB} = F_{QBA} = \frac{1}{4}(-31.45 - 62.90) = -23.59(\text{kN})$$

$$F_{QBC} = \frac{1}{8}(62.90 + 18 \times 8 \times 4 - 115.03) = 65.48(\text{kN})$$

$$F_{QCB} = \frac{1}{8}(62.90 - 18 \times 8 \times 4 - 115.03) = -78.52(\text{kN})$$

$$F_{QCD} = \frac{1}{8}(115.03 + 80 \times 4) = 54.38(\text{kN})$$

$$F_{QDC} = \frac{1}{8}(115.03 - 80 \times 4) = -25.62(\text{kN})$$

根据上述计算结果可绘出结构的剪力图,如图15.19(h)所示。

【例15.2】 试用位移法计算如图15.20(a)所示刚架内力,并绘制弯矩图。

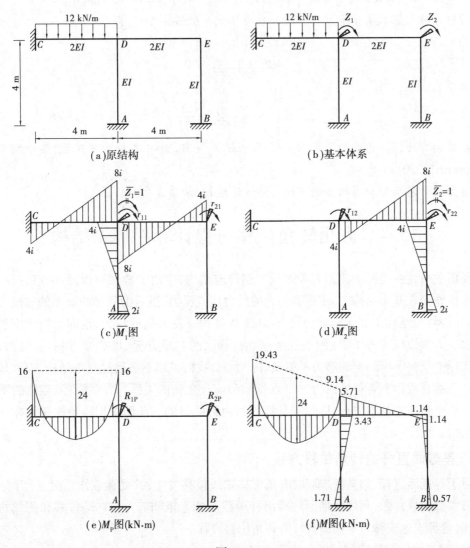

图15.20

【解】 ①确定基本体系。此刚架有两个刚结点 $D$ 和 $E$,无结点线位移。因此,基本未知量为结点 $D$ 和 $E$ 处的角位移 $Z_1$ 和 $Z_2$,基本体系如图15.20(b)所示。

②建立位移法典型方程。

$$r_{11}Z_1 + r_{12}Z_2 + R_{1P} = 0$$
$$r_{21}Z_1 + r_{22}Z_2 + R_{2P} = 0$$

③令 $i = \dfrac{EI}{4}$,绘制基本结构在单位位移 $\overline{Z}_1 = 1$,$\overline{Z}_2 = 1$ 和荷载分别单独作用下的弯矩图 $\overline{M}_1$ 图、$\overline{M}_2$ 图和 $M_P$ 图,分别如图15.20(c)、(d)、(e)所示。

④计算系数和自由项。在图15.20(c)、(d)、(e)中分别利用结点 $D,E$ 的力矩平衡条件可计算出系数和自由项。

$$r_{11} = 8i + 8i + 4i = 20i, r_{22} = 8i + 4i = 12i, r_{12} = r_{21} = 4i, R_{1P} = 16 \text{ kN} \cdot \text{m}, R_{2P} = 0$$

⑤解方程求基本未知量。将系数和自由项代入位移法方程,得

$$20iZ_1 + 4iZ_2 + 16 = 0$$
$$4iZ_1 + 12iZ_2 = 0$$

解方程得

$$Z_1 = -\frac{6}{7i}, Z_2 = \frac{2}{7i}$$

⑥绘制弯矩图。由叠加公式 $M = \overline{M}_1 Z_1 + \overline{M}_2 Z_2 + M_P$ 计算各杆端弯矩值,绘出刚架的弯矩图,如图15.20(f)所示。

剪力的计算及剪力图的绘制可按前述方法进行,请读者自行计算。

# 15.4 应用转角位移方程计算超静定结构

前面通过建立位移法典型方程来计算超静定结构,应用了叠加原理,将结点位移、荷载分别单独作用在基本结构上,求附加约束的反力偶或反力,然后由附加约束上的总反力偶或反力等于零(原结构上并无附加约束,也就无附加约束反力偶或反力,也即相当于附加约束上的总反力偶或反力等于零)的条件来建立位移法的基本方程(即典型方程)。显然,基本方程实际上反映了原结构的静力平衡条件。为此,我们可以不必通过基本结构,而直接根据形常数和载常数得到各杆端内力与结点位移和荷载之间的关系,再由结点及截面的平衡条件来建立位移法的基本方程,以达到计算杆端内力的目的。此即应用转角位移方程计算超静定结构。

**1)等截面直杆的转角位移方程**

对于等截面直杆,如果杆端同时有角位移和线位移发生,并受荷载作用时,可由表15.1中的形常数和载常数,利用叠加原理写出杆端截面的弯矩和剪力与杆端位移和荷载的关系表达式,这种表达式称为等截面直杆的转角位移方程。

(1)两端固定超静定梁的转角位移方程

如图15.21(a)所示的两端固定单跨超静定梁,除了承受荷载作用外,还发生了如图15.21(b)所示的支座位移。根据表15.1中的形常数和载常数,利用叠加原理可求得 $AB$ 杆端截面的弯矩和剪力。

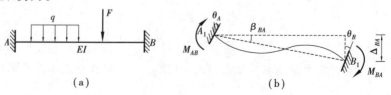

| (a) | (b) |

图15.21

$$
\left.\begin{aligned}
M_{AB} &= 4i_{AB}\theta_A + 2i_{AB}\theta_B - \frac{6i_{AB}}{l}\Delta_{BA} + M_{AB}^F \\[2mm]
M_{BA} &= 2i_{AB}\theta_A + 4i_{AB}\theta_B - \frac{6i_{AB}}{l}\Delta_{BA} + M_{BA}^F \\[2mm]
F_{QAB} &= -\frac{6i_{AB}}{l}\theta_A - \frac{6i_{AB}}{l}\theta_B + \frac{12i_{AB}}{l^2}\Delta_{BA} + F_{QAB}^F \\[2mm]
F_{QBA} &= -\frac{6i_{AB}}{l}\theta_A - \frac{6i_{AB}}{l}\theta_B + \frac{12i_{AB}}{l^2}\Delta_{BA} + F_{QBA}^F
\end{aligned}\right\}
\tag{15.4}
$$

式中，$i_{AB} = i_{BA} = \dfrac{EI}{l}$ 是 $AB$ 杆的线刚度，$M_{AB}^F$，$M_{BA}^F$，$F_{QAB}^F$，$F_{QBA}^F$ 为该两端固定的单跨超静定梁在荷载作用下的杆端弯矩和杆端剪力，即为表 15.1 中的载常数。

（2）一端固定一端铰支超静定梁的转角位移方程

如图 15.22 所示的 $A$ 端固定、$B$ 端铰支的单跨超静定梁，除了承受荷载作用外，还发生了支座位移。根据表 15.1 中的形常数和载常数，利用叠加原理可求得 $AB$ 杆两杆端截面的弯矩和剪力分别为

$$
\left.\begin{aligned}
M_{AB} &= 3i_{AB}\theta_A - \frac{3i_{AB}}{l}\Delta_{BA} + M_{AB}^F \\[2mm]
M_{BA} &= 0 \\[2mm]
F_{QAB} &= -\frac{3i_{AB}}{l}\theta_A + \frac{3i_{AB}}{l^2}\Delta_{BA} + F_{QAB}^F \\[2mm]
F_{QBA} &= -\frac{3i_{AB}}{l}\theta_A + \frac{3i_{AB}}{l^2}\Delta_{BA} + F_{QBA}^F
\end{aligned}\right\}
\tag{15.5}
$$

（3）一端固定一端定向滑动支座超静定梁的转角位移方程

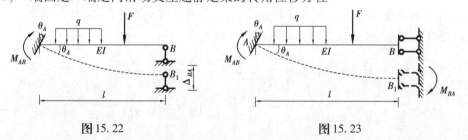

图 15.22　　　　　　　　　　　　　图 15.23

如图 15.23 所示的 $A$ 端固定、$B$ 端定向滑动的单跨超静定梁，除了承受荷载作用外，还发生了支座位移。根据表 15.1 中的形常数和载常数，利用叠加原理可求得 $AB$ 杆端截面的弯矩和剪力分别为

$$
\left.\begin{aligned}
M_{AB} &= i_{AB}\theta_A + M_{AB}^F \\[2mm]
M_{BA} &= -i_{AB}\theta_A + M_{AB}^F \\[2mm]
F_{QAB} &= F_{QAB}^F \\[2mm]
F_{QBA} &= F_{QBA}^F
\end{aligned}\right\}
\tag{15.6}
$$

### 2）应用转角位移方程计算超静定结构

下面以例题说明直接应用转角位移方程计算超静定结构的步骤。

【例 15.3】 试用转角位移方程计算如图 15.24(a)所示超静定刚架内力,并绘出弯矩图。

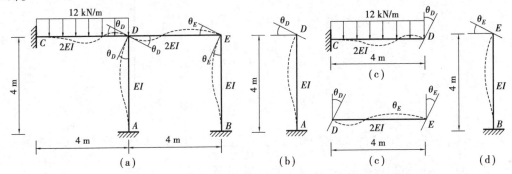

图 15.24

【解】 ①确定基本未知量。由图 15.24(a)可知,由于 $A,B,C$ 为固定支座,同时忽略杆件的轴向变形,因此该刚架有两个结点角位移:刚结点 $D$ 处的转角 $\theta_D$ 和刚结点 $E$ 处的转角 $\theta_E$,没有结点线位移。因此用位移法计算,此刚架有两个基本未知量 $\theta_D,\theta_E$。

②列各杆端弯矩的转角位移方程。分别取各杆为隔离体,写出各杆端弯矩的转角位移方程。

为计算方便,令 $i = \dfrac{EI}{4}$,于是有 $i_{DA} = i_{EB} = \dfrac{EI}{4} = i$,$i_{DC} = i_{DE} = \dfrac{2EI}{4} = 2i$。

a. $AD$ 杆相当于两端固定的单跨超静定梁,其上无荷载作用,只有 $D$ 端发生角位移 $\theta_D$,如图 15.24(b)所示,因此 $AD$ 杆两端截面的弯矩为

$$M_{AD} = 2i_{DA}\theta_D = 2i\theta_D$$
$$M_{DA} = 4i_{DA}\theta_D = 4i\theta_D$$

b. $CD$ 杆相当于两端固定的单跨超静定梁,其上作用有均布荷载,同时 $D$ 端发生角位移,如图 15.24(c)所示,因此,$CD$ 杆两端截面的弯矩为

$$M_{CD} = 2i_{DC}\theta_D - \frac{ql^2}{12} = 4i\theta_D - \frac{12 \times 4^2}{12} = 4i\theta_D - 16$$

$$M_{DC} = 4i_{DC}\theta_D + \frac{ql^2}{12} = 8i\theta_D + \frac{12 \times 4^2}{12} = 8i\theta_D + 16$$

c. $DE$ 杆相当于两端固定的单跨超静定梁,其上无荷载作用,$D$ 端和 $E$ 端分别发生角位移 $\theta_D,\theta_E$,如图 15.24(d)所示,因此 $DE$ 杆两端截面的弯矩为

$$M_{DE} = 4i_{DE}\theta_D + 2i_{DE}\theta_E = 8i\theta_D + 4i\theta_E$$
$$M_{ED} = 2i_{DE}\theta_D + 4i_{DE}\theta_E = 4i\theta_D + 8i\theta_E$$

d. $BD$ 杆相当于两端固定的单跨超静定梁,其上无荷载作用,只有 $E$ 端发生角位移 $\theta_E$,如图 15.24(e)所示,因此 $BE$ 杆两端截面的弯矩为

$$M_{BE} = 2i_{BE}\theta_E = 2i\theta_E$$
$$M_{EB} = 4i_{EB}\theta_E = 4i\theta_E$$

③建立位移法方程。

a.取刚结点 $D$ 为隔离体,如图15.25(a)所示,由静力平衡条件,有

$$\sum M_D = 0, M_{DA} + M_{DC} + M_{DE} = 0$$

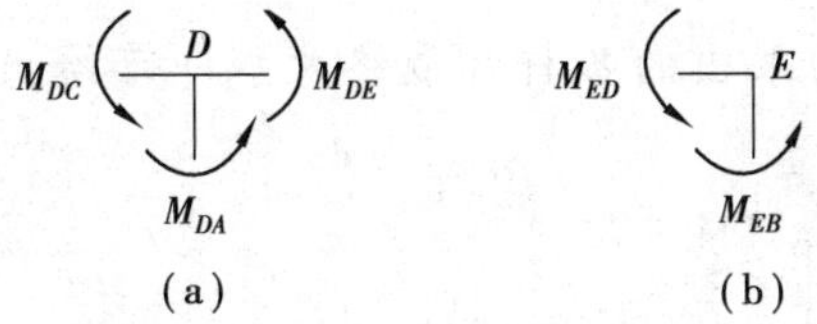

（a）　　　　　　　　（b）

图15.25

将前面求得的相应杆端弯矩代入上式,可得

$$4i\theta_D + 8i\theta_D + 16 + 8i\theta_D + 4i\theta_E = 0$$

整理可得

$$20i\theta_D + 4i\theta_E + 16 = 0$$

b.取刚结点 $E$ 为隔离体,如图15.25(b)所示,由静力平衡条件,有

$$\sum M_E = 0, M_{ED} + M_{EB} = 0$$

将前面求得的相应杆端弯矩代入上式,可得

$$4i\theta_D + 8i\theta_E + 4i\theta_E = 0$$

整理可得

$$4i\theta_D + 12i\theta_E = 0$$

归纳即可得求解 $\theta_D$ 和 $\theta_E$ 的位移法方程,即

$$20i\theta_D + 4i\theta_E + 16 = 0$$
$$4i\theta_D + 12i\theta_E = 0$$

联解上述两个方程,可得

$$\theta_D = -\frac{6}{7i}, \theta_E = \frac{2}{7i}$$

④计算各杆端的最终弯矩。将求解出的 $\theta_D$ 和 $\theta_E$ 代回到前面的杆端弯矩表达式,即可计算出各杆端的最终弯矩。

$$M_{AD} = 2i\theta_D = 2i \times \left(-\frac{6}{7i}\right) = -\frac{12}{7} = -1.71(\text{kN} \cdot \text{m})$$

$$M_{DA} = 4i\theta_D = 4i \times \left(-\frac{6}{7i}\right) = -\frac{24}{7} = -3.43(\text{kN} \cdot \text{m})$$

$$M_{CD} = 4i\theta_D - 16 = 4i \times \left(-\frac{6}{7}\right) - 16 = -\frac{136}{7} = -19.43(\text{kN} \cdot \text{m})$$

$$M_{DC} = 8i\theta_D + 16 = 8i \times \left(-\frac{6}{7}\right) + 16 = \frac{64}{7} = 9.14(\text{kN} \cdot \text{m})$$

$$M_{DE} = 8i\theta_D + 4i\theta_E = 8i \times \left(-\frac{6}{7i}\right) + 4i \times \frac{2}{7i} = -\frac{40}{7} = -5.71(\text{kN} \cdot \text{m})$$

$$M_{ED} = 4i\theta_D + 8i\theta_E = 4i \times \left(-\frac{6}{7i}\right) + 8i \times \frac{2}{7i} = -\frac{8}{7} = -1.14(\text{kN} \cdot \text{m})$$

$$M_{BE} = 2i\theta_E = 2i \times \frac{2}{7i} = \frac{4}{7} = 0.57(\text{kN} \cdot \text{m})$$

$$M_{EB} = 4i\theta_E = 4i \times \frac{2}{7i} = \frac{8}{7} = 1.14(\text{kN} \cdot \text{m})$$

⑤画弯矩图。根据上面求出的各杆端最终弯矩即可绘出刚架的弯矩图,如图 15.26 所示。

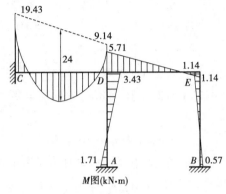

图 15.26

本刚架的剪力图,同样可以先写出各杆端剪力与结点位移及荷载之间的关系表达式,即杆端剪力的转角位移方程,然后将由位移法方程求解出的结点位移代回到杆端剪力的转角位移方程,就可求得各杆端的最终剪力,并据此就可画出剪力图。

通过比较例 15.2 与例 15.3 的解题过程可以发现,应用转角位移方程所列出的位移法方程与前面所列出的位移法典型方程实质上是完全相同的,最终的计算结果也完全相同。

# 思考题

15.1  位移法与力法的根本区别是什么?

15.2  位移法基本未知量选取的原则是什么? 如何判断超静定结构的结点角位移和结点线位移数目? 是否可以将静定部分的结点位移也选作位移法未知量?

15.3  位移法中,杆端弯矩和剪力的正负号是怎样规定的?

15.4  试说出位移法方程的物理意义,并说明位移法中是如何运用变形协调条件的。

15.5  若考虑刚架杆件的轴向变形,位移法基本未知量的数目有无变化? 如何变化?

# 习  题

15.1  试确定图示结构的位移法基本未知量数目,并绘出基本结构。

15.2  试用位移法计算图示连续梁内力,并画出弯矩图。

15.3  试用位移法作图示刚架的 $M$ 图。

15.4  试用位移法计算图示结构内力,并绘出其内力图。

15.5  试用位移法计算如图所示对称结构内力,并绘出其弯矩图。

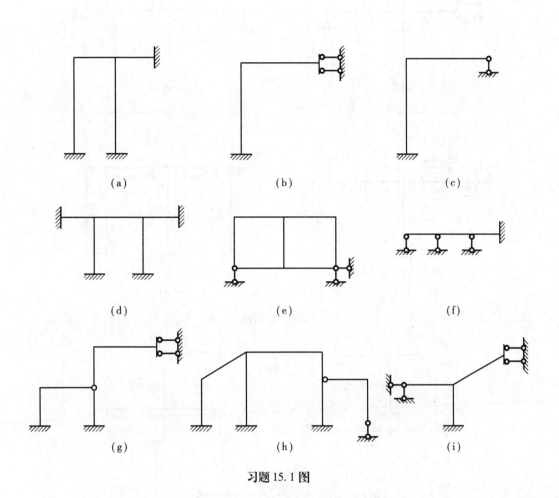

习题 15.1 图

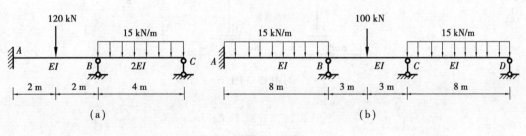

习题 15.2 图

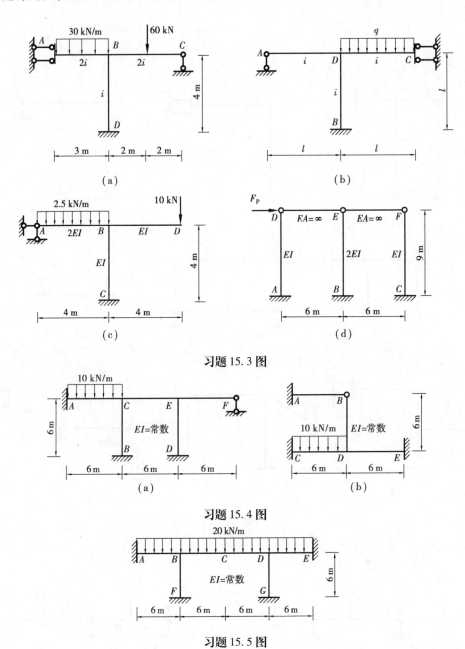

（a）

（b）

习题 15.3 图

（a）

（b）

习题 15.4 图

习题 15.5 图

# 第 16 章

## 力矩分配法

## 16.1 力矩分配法的基本概念及基本原理

力矩分配法是在位移法基础上发展起来的一种数值解法。与力法、位移法相比,力矩分配法不用建立和解算典型方程,也不必计算结点位移,而是通过代数运算直接得到杆端弯矩,计算过程较为简单直观,不容易出错,精度可以满足工程要求,因此在工程中应用广泛。力矩分配法适用于求解连续梁和无侧移刚架。

由于力矩分配法是由位移法演变而来的,因此在力矩分配法中,结点角位移、杆端内力的正负号规定与位移法一致。

### 1) 力矩分配法的基本概念

#### (1) 转动刚度

如图 16.1 所示,当杆件 $AB$ 的 $A$ 端转动单位角位移时,$A$ 端(又称为近端)的弯矩 $M_{AB}$ 称为该杆端的转动刚度,用 $S_{AB}$ 表示,它反映了该杆端抵抗转动能力的大小。显然,转动刚度的大小不仅与杆件的线刚度 $\left(i = \dfrac{EI}{l}\right)$ 有关,还与杆件的另一端(又称为远端)的支承情况有关。等截面直杆远端为不同约束时的转动刚度可以根据表 15.1 查得,如图 16.1 所示。

远端固定〔图 16.1(a)〕            $S_{AB} = 4i$

远端铰支〔图 16.1(b)〕            $S_{AB} = 3i$

远端定向支座〔图 16.1(c)〕       $S_{AB} = i$

远端自由(或轴向支杆)〔图 16.1(d)〕    $S_{AB} = 0$

#### (2) 传递系数

如图 16.1 所示,当 $A$ 端(近端)转动时,$B$ 端(远端)也可能产生一定的弯矩,这就好比将近端的弯矩按一定的比例传递到了远端一样。因此将 $B$ 端的弯矩 $M_{BA}$ 与 $A$ 端的弯矩 $M_{AB}$ 之

比称为由 $A$ 端向 $B$ 端的传递系数,用 $C_{AB}$ 表示,即

$$C_{AB} = \frac{M_{BA}}{M_{AB}} = \frac{远端弯矩}{近端弯矩} \tag{16.1}$$

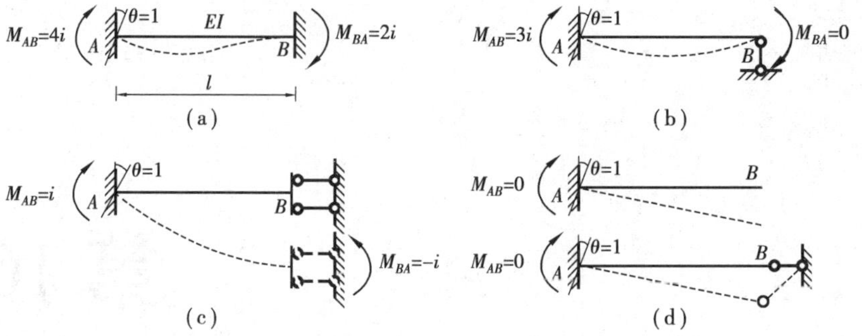

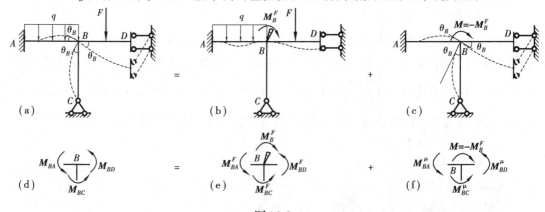

图 16.1

由图 16.1 可知,等截面直杆的传递系数与远端的支承情况有关。

远端固定〔图 16.1(a)〕 $\qquad\qquad$ $C_{AB} = 0.5$

远端铰支〔图 16.1(b)〕 $\qquad\qquad$ $C_{AB} = 0$

远端定向支座〔图 16.1(c)〕 $\qquad\qquad$ $C_{AB} = -1$

远端自由(或轴向支杆)〔图 16.1(d)〕 $\qquad$ $C_{AB} = 0$

(3)分配系数

如图 16.2(a)所示刚架,在均布荷载和集中力作用下刚结点 $B$ 产生角位移 $\theta_B$。假设在刚结点 $B$ 处假想增设一附加刚臂,使刚结点 $B$ 不能发生转动,我们把这一状态称为固定状态,如图 16.2(b)所示。在固定状态下,由于各杆被约束隔离,可以独立分离出来研究,其内力可以直接查表 15.1 中载常数而计算得到,称为固端弯矩,用 $M^F$ 表示。同时结点 $B$ 满足平衡条件,如图 16.2(e)所示,据此可以求得附加刚臂的约束力矩 $M_B^F$,即

$$M_B^F = M_{BA}^F + M_{BC}^F + M_{BD}^F = \sum M_{Bj}^F \tag{16.2}$$

显然 $M_B^F$ 是各固端弯矩所不能平衡的差值,所以又称为结点上的不平衡力矩。

图 16.2

为了保持结构受力不改变,在刚结点 $B$ 处施加一个与 $M_B^F$ 大小相等转向相反的力矩 $M = -M_B^F$,我们把这个状态称为放松状态,如图 16.2(c)所示。根据叠加原理可知,该刚架的实际受力状态〔图 16.2(a)〕等于固定状态〔图 16.2(b)〕与放松状态〔图 16.2(c)〕的叠加。

在放松状态下,刚结点 $B$ 产生角位移 $\theta_B$,相当于各杆的 $B$ 端都发生了转角位移 $\theta_B$。因此,在放松状态上各杆端弯矩为

$$
\left.\begin{array}{l}
M^{\mu}_{BA} = 4i_{BA}\theta_B = S_{BA}\theta_B \\
M^{\mu}_{BC} = 3i_{BC}\theta_B = S_{BC}\theta_B \\
M^{\mu}_{BD} = i_{BD}\theta_B = S_{BD}\theta_B
\end{array}\right\} \tag{16.3}
$$

同样,在放松状态下结点 $B$ 也满足平衡条件,如图 16.2(f) 所示。

$$
M = M^{\mu}_{BA} + M^{\mu}_{BC} + M^{\mu}_{BD} = -M^F_B = -\sum M^F_{Bj} \tag{16.4}
$$

将式(16.3)代入式(16.4),有

$$
S_{BA}\theta_B + S_{BC}\theta_B + S_{BD}\theta_B = -\sum M^F_{Bj}
$$

于是有

$$
\theta_B = \frac{-\sum M^F_{Bj}}{S_{BA} + S_{BC} + S_{BD}} = \frac{-\sum M^F_{Bj}}{\sum S_{Bj}}
$$

式中, $\sum S_{Bj}$ 表示相交于结点 $B$ 处所有杆端的转动刚度之和。

将 $\theta_B$ 代回到式(16.3)中,可得

$$
\left.\begin{array}{l}
M^{\mu}_{BA} = S_{BA}\theta_B = \dfrac{S_{BA}}{\sum S_{Bj}}\left(-\sum M^F_{Bj}\right) \\[3mm]
M^{\mu}_{BC} = S_{BC}\theta_B = \dfrac{S_{BC}}{\sum S_{Bj}}\left(-\sum M^F_{Bj}\right) \\[3mm]
M^{\mu}_{BD} = S_{BD}\theta_B = \dfrac{S_{BD}}{\sum S_{Bj}}\left(-\sum M^F_{Bj}\right)
\end{array}\right\} \tag{16.5}
$$

从式(16.5)可以看出,在放松状态下,作用在结点 $B$ 上的反号不平衡力矩 $\left(-\sum M^F_{Bj}\right)$ 按各杆端的转动刚度($S_{Bj}$)占结点 $B$ 处所有杆端转动刚度之和 $\left(\sum S_{Bj}\right)$ 的比例 $\left(\dfrac{S_{Bj}}{\sum S_{Bj}}\right)$ 分配给了汇交于结点 $B$ 处的各杆端。我们把这个比例 $\dfrac{S_{Bj}}{\sum S_{Bj}}$ 称为分配系数,用 $\mu_{Bj}$ 表示,即

$$
\mu_{Bj} = \frac{S_{Bj}}{\sum S_{Bj}} \tag{16.6}
$$

分配系数 $\mu_{Bj}$ 表示将作用在结点 $B$ 处的外力偶矩分配到各杆 $B$ 端弯矩的比例,其中 $j$ 可以是 $A,C,D$ 等。

同一刚结点各杆端分配系数之间存在如下关系:

$$
\sum \mu_{Bj} = \mu_{BA} + \mu_{BC} + \mu_{BD} = \frac{S_{BA}}{\sum S_{Bj}} + \frac{S_{BC}}{\sum S_{Bj}} + \frac{S_{BD}}{\sum S_{Bj}} = \frac{S_{BA} + S_{BC} + S_{BD}}{\sum S_{Bj}}
$$

即

$$
\sum \mu_{Bj} = \mu_{BA} + \mu_{BC} + \mu_{BD} = 1 \tag{16.7}
$$

因此,同一结点处各杆端的分配系数之和等于 1。

式(16.5)中的 $M_{Bj}^{\mu}$ 是将作用在结点 $B$ 处的外力偶矩按各杆端的分配系数 $\mu_{Bj}$ 分配给各杆端得到的弯矩,因此将其称为分配力矩,于是有

$$M_{Bj}^{\mu} = \mu_{Bj}\left(-\sum M_{Bj}^{F}\right) \tag{16.8}$$

于是式(16.5)可以改写为

$$\left.\begin{array}{l} M_{BA}^{\mu} = \mu_{BA}\left(-\sum M_{Bj}^{F}\right) \\[2mm] M_{BC}^{\mu} = \mu_{BC}\left(-\sum M_{Bj}^{F}\right) \\[2mm] M_{BD}^{\mu} = \mu_{BD}\left(-\sum M_{Bj}^{F}\right) \end{array}\right\} \tag{16.9}$$

由式(16.9)可得到放松状态下各杆的近端力矩,而近端力矩将按各杆的传递系数传递给远端,于是有

$$\left.\begin{array}{l} M_{AB}^{C} = C_{BA}M_{BA}^{\mu} \\[2mm] M_{CB}^{C} = C_{BC}M_{BC}^{\mu} \\[2mm] M_{DB}^{C} = C_{BD}M_{BD}^{\mu} \end{array}\right\} \tag{16.10}$$

以上过程简称为"近端分配,远端传递"。

### 2) 力矩分配法的基本原理

根据上面的推导可知,原状态可以视为固定状态和放松状态的叠加。在固定状态下只考虑荷载的作用,可以求出各杆端的固端弯矩 $M_{ij}^{F}$,在放松状态下只考虑转角 $\theta_{B}$ 的作用,可以求出各杆近端的分配弯矩 $M_{Bj}^{\mu}$ 和远端的传递弯矩 $M_{jB}^{C}$。然后将同一杆端的弯矩叠加即得到原结构的杆端的最终弯矩,即

$$M_{Bj} = M_{Bj}^{F} + M_{Bj}^{\mu} \tag{16.11}$$

$$M_{jB} = M_{jB}^{F} + M_{jB}^{C} \tag{16.12}$$

以上的分析过程是用力矩分配和传递的方式来计算超静定结构问题,因此称之为力矩分配法。

### 3) 力矩分配法的计算步骤

根据前面的讲述,力矩分配法计算超静定结构的步骤可归纳为:

①固定结点。在各独立刚结点处加入附加刚臂,求出各杆端的固端弯矩,并由此求得结点处的不平衡力矩,该不平衡力矩暂时由附加刚臂承担。

②计算各杆端的分配系数。根据各杆的线刚度、转动刚度,按式(16.6)计算各杆端的分配系数。

③放松结点,计算分配弯矩和传递弯矩。取消附加刚臂,让结点转动。这相当于在结点上加入一个反号的不平衡力矩,于是原来暂时由附加刚臂承担的不平衡力矩被消除而结点获得平衡。此反号的不平衡力矩按各杆端的分配系数分配给近端,于是各近端得到分配弯矩,同时各近端的分配弯矩向其远端进行传递,各远端得到传递弯矩。

④叠加得各杆端最终弯矩。由式(16.11)、式(16.12)叠加计算出各杆端的最终弯矩。

⑤根据杆端的最终弯矩的大小正负,绘制结构的弯矩图。

## 16.2 力矩分配法计算连续梁及无侧移刚架

### 1) 力矩分配法计算单结点连续梁和无侧移刚架

【例16.1】 试用力矩分配法计算如图16.3(a)所示连续梁内力,绘出其弯矩图。

【解】 ①计算刚结点处各杆端的分配系数。

$$S_{BA} = 4i_{AB} = \frac{4 \times EI}{4} = EI$$

$$S_{BC} = 3i_{AB} = \frac{3 \times 2EI}{4} = 1.5EI$$

$$\mu_{BA} = \frac{S_{BA}}{S_{BA} + S_{BC}} = 0.4$$

$$\mu_{BC} = \frac{S_{BC}}{S_{BA} + S_{BC}} = 0.6$$

②计算固端弯矩和不平衡力矩。各杆端的固端弯矩为:

$$M_{AB}^F = -\frac{Fl}{8} = -\frac{120 \times 4}{8} = -60(\text{kN} \cdot \text{m})$$

$$M_{BA}^F = \frac{Fl}{8} = \frac{120 \times 4}{8} = 60(\text{kN} \cdot \text{m})$$

$$M_{BC}^F = -\frac{ql^2}{8} = -\frac{15 \times 4^2}{8} = -30(\text{kN} \cdot \text{m})$$

$$M_{CB}^F = 0$$

不平衡力矩为

$$M_B^F = \sum M_{Bj}^F = M_{BA}^F + M_{BC}^F = 60 - 30 = 30(\text{kN} \cdot \text{m})$$

③计算分配弯矩和传递弯矩。结点B处各杆的近端分配弯矩为

$$M_{BA}^\mu = \mu_{BA}(-\sum M_{Bj}^F) = 0.4 \times (-30) = -12(\text{kN} \cdot \text{m})$$

$$M_{BC}^\mu = \mu_{BC}(-\sum M_{Bj}^F) = 0.6 \times (-30) = -18(\text{kN} \cdot \text{m})$$

各杆远端的传递弯矩为

$$M_{AB}^C = C_{BA}M_{AB}^\mu = 0.5 \times (-12) = -6(\text{kN} \cdot \text{m})$$

$$M_{CB}^C = C_{BC}M_{BC}^\mu = 0 \times (-18) = 0$$

④叠加计算各杆端的最终弯矩。

$$M_{AB} = M_{AB}^F + M_{AB}^C = -60 - 6 = -66(\text{kN} \cdot \text{m})$$

$$M_{BA} = M_{BA}^F + M_{BA}^\mu = 60 - 12 = 48(\text{kN} \cdot \text{m})$$

$$M_{BC} = M_{BC}^F + M_{BC}^\mu = -30 - 18 = -48(\text{kN} \cdot \text{m})$$

$$M_{CB} = M_{CB}^F + M_{CB}^C = 0 + 0 = 0$$

为了使计算过程表达得更加紧凑、直观,避免罗列大量的算式,整个计算过程可直接在

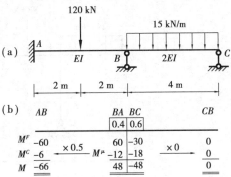

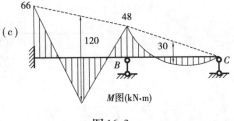

图16.3

图上进行(或列表计算),如图 16.3(b)所示。这样计算过程简单清晰,叠加求最终弯矩时的线路清晰简便,只要叠加上下对齐的各项即可。显然刚结点 $B$ 满足平衡条件:$\sum M_B = 0$,据此可以验证分配计算是否正确。

⑤根据计算所得的各杆端最终弯矩绘出弯矩图,如图 16.3(c)所示。

【例 16.2】 用力矩分配法计算如图 16.4(a)所示刚架内力,并绘出弯矩图。

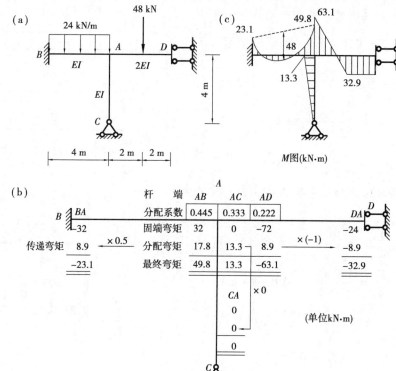

图 16.4

【解】 ①计算各杆端分配系数。为了计算方便,令 $i_{AB} = i_{AC} = \dfrac{EI}{4} = i$,则 $i_{AD} = \dfrac{2EI}{4} = 2i$,于是有

$$S_{AB} = 4i_{AB} = 4i, S_{AC} = 3i_{AC} = 3i, S_{AD} = i_{AD} = 2i$$

$$\mu_{AB} = \frac{S_{AB}}{S_{AB} + S_{AC} + S_{AD}} = \frac{4i}{4i + 3i + 2i} = \frac{4i}{9i} = 0.445$$

$$\mu_{AB} = \frac{S_{AC}}{S_{AB} + S_{AC} + S_{AD}} = \frac{3i}{4i + 3i + 2i} = \frac{3i}{9i} = 0.333$$

$$\mu_{AB} = \frac{S_{AD}}{S_{AB} + S_{AC} + S_{AD}} = \frac{2i}{4i + 3i + 2i} = \frac{2i}{9i} = 0.222$$

②计算固端弯矩。由表 15.1 有

$$M_{BA}^F = -\frac{ql^2}{12} = -\frac{24 \times 4^2}{12} = -32(\text{kN} \cdot \text{m})$$

$$M_{AB}^F = \frac{ql^2}{12} = \frac{24 \times 4^2}{8} = 32(\text{kN} \cdot \text{m})$$

$$M_{AD}^F = -\frac{3Fl}{8} = -\frac{3 \times 48 \times 4}{8} = -72(\text{kN} \cdot \text{m})$$

$$M_{DA}^F = -\frac{Fl}{8} = -\frac{48 \times 4}{8} = -24(\text{kN} \cdot \text{m})$$

$$M_{AC}^F = 0$$

$$M_{CA}^F = 0$$

③列表计算分配弯矩、传递弯矩,叠加得最终弯矩,如图 16.4(b)所示。

④根据计算结果画弯矩图,如图 16.4(c)所示。

### 2)力矩分配法计算多结点连续梁和无侧移刚架

用力矩分配法计算只有一个刚结点的连续梁和无侧移的刚架时,只需进行一次分配、一次传递,再进行叠加即可求出各杆端弯矩,并且得到的是精确解答。用力矩分配法计算具有多个刚结点的连续梁和无侧移的刚架时,由于各个结点之间有相互传递弯矩的影响,一次分配计算就不能保证所有结点的平衡,而需要多次重复计算,将相互间的传递弯矩再进行分配计算。经过几轮循环重复计算,传递弯矩会越来越小,最后趋近于零,此时结点就接近于平衡。最后把各杆端每次分配计算得到的分配弯矩、传递弯矩及原先的固端弯矩叠加,即可得到各杆端的最终弯矩。

下面以如图 16.5(a)所示的三跨连续梁为例,来说明力矩分配法计算多结点连续梁和无侧移刚架的过程。连续梁在荷载作用下,其实际变形曲线如图 16.5(a)中的虚线所示。为计算梁的弯矩,可按以下步骤进行。

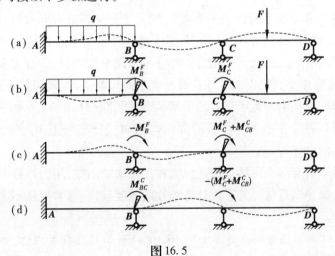

图 16.5

在结点 $B,C$ 处增设附加刚臂以限制结点 $B,C$ 的转动。加上荷载,显然该梁在此种情形下仅在荷载作用下有变形,如图 16.5(b)所示。此时,结点 $B,C$ 的不平衡力矩分别为 $M_B^F = M_{BA}^F + M_{BC}^F, M_C^F = M_{CB}^F + M_{CD}^F$。

为了消除结点 $B,C$ 处的两个不平衡力矩,在位移法中是令结点 $B,C$ 同时产生与原结构相同的转角,也即同时放松两个结点,让它们一次就转到实际的平衡位置,如此就需要建立联立方程并求解它们,这是位移法的计算思路。在力矩分配法中则不是同时放松两个结点,而是逐次将各个结点轮流放松来达到同样的目的。

首先,放松结点 $B$,此时结点 $C$ 的附加刚臂仍然固锁,如图 16.5(c) 所示。显然这与前面介绍的单结点的情况完全相同,因此可按前述的方法来消除结点 $B$ 处的不平衡力矩 $M_B^F$。为此,需要先求出结点 $B$ 处各杆端的分配系数。

$$\mu_{BA} = \frac{S_{BA}}{S_{BA} + S_{BC}}, \quad \mu_{BC} = \frac{S_{BC}}{S_{BA} + S_{BC}} \quad (\mu_{BA} + \mu_{BC} = 1)$$

式中,$S_{BA} = 4i_{BA}$,$S_{BC} = 4i_{BC}$〔在图 16.5(c) 中,结点 $C$ 被固锁了,因此杆 $BC$ 的 $C$ 端是固定端〕。

将结点 $B$ 处的不平衡力矩 $M_B^F$ 反号进行力矩分配、传递。这样,结点 $B$ 处便暂时获得了平衡。此时结点 $C$ 上的不平衡力矩又新增加了 $M_{CB}^C$,它是由结点 $B$ 的分配弯矩 $M_{BC}^\mu$ 传递而来的传递力矩。因而结点 $C$ 上的不平衡力矩为 $M_C^F + M_{CB}^C = M_{CB}^F + M_{CD}^F + M_{CB}^C$。

其次,放松结点 $C$,而将结点 $B$ 固锁,如图 16.5(d) 所示。同样可按前述的方式来消除结点 $C$ 处的不平衡力矩 $M_C^F + M_{CB}^C$。结点 $B$ 处各杆端的分配系数

$$\mu_{CB} = \frac{S_{CB}}{S_{CB} + S_{CD}}, \quad \mu_{CD} = \frac{S_{CD}}{S_{CB} + S_{CD}} \quad (\mu_{CB} + \mu_{CD} = 1)$$

式中,$S_{CB} = 4i_{CB}$〔在图 16.5(d) 中,结点 $B$ 被固锁了,因此杆 $BC$ 的 $B$ 端是固定端〕,$S_{CD} = 3i_{CD}$。

将结点 $C$ 处的不平衡力矩 $M_C^F + M_{CB}^C$ 反号进行力矩分配、传递。这样结点 $C$ 处也暂时获得了平衡,但此时,由于结点 $C$ 的放松,$CB$ 杆的 $C$ 端分配来的弯矩 $M_{CB}^\mu$ 将向其远端即 $B$ 端传递,于是结点 $B$ 处又重新产生了一个不平衡力矩 $M_{BC}^C$。

再次,由于结点 $B$ 处有了新的不平衡力矩 $M_{BC}^C$,于是又将结点 $B$ 放松,而将结点 $C$ 固锁,按上述相同的方法进行分配、传递。如此循环往复地将各个结点轮流放松、固定,不断重复地进行力矩的分配和传递,那么不平衡力矩将会越来越小(这是因为分配系数和传递系数均小于1),直到传递弯矩小到足以满足计算精度要求而可略去时,即可停止计算。此时,经过各结点的逐次转动,就逐渐逼近了最后的平衡状态,即如图 16.5(a) 所示的情形。

最后,把以上计算过程中各杆杆端的固端弯矩 $M_{ij}^F$、分配弯矩 $M_{ij}^\mu$、传递弯矩 $M_{ij}^C$ 对应叠加,就得到该杆端的最终弯矩。

综上所述,对于具有多个刚结点的连续梁和无侧移的刚架,用力矩分配法所得的结果是渐近解,因而该法属于渐近法。为了使计算的收敛速度较快,通常可从不平衡力矩较大的刚结点开始计算。

【例 16.3】 试用力矩分配法计算如图 16.6(a) 所示的连续梁内力,并绘制弯矩图。已知各杆的抗弯刚度 $EI$ 为常数。

【解】 ①计算力矩分配系数。设 $i = \dfrac{EI}{8}$,则 $i_{BA} = i_{CD} = \dfrac{EI}{8} = i$,$i_{BC} = \dfrac{EI}{6} = \dfrac{4}{3}i$。

刚结点 $B$ 处:

$$S_{BA} = 4i_{BA} = 4i, \quad S_{BC} = 4i_{BC} = \frac{16}{3}i$$

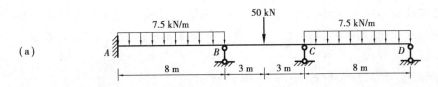

(a)

| 杆　　端 | AB | | BA | BC | | CB | CD | | DC |
|---|---|---|---|---|---|---|---|---|---|
| 分配系数 μ | | | 0.429 | 0.571 | | 0.64 | 0.36 | | |
| 固端弯矩 $M^F$ | −40 | | 40 | −37.5 | | 37.5 | −60 | | 0 |
| 结点C分配传递 | | | | 7.2 ← | | 14.4 | 8.1 | → | 0 |
| 结点B分配传递 | −2.08 ← | | −4.16 | −5.54 → | | −2.77 | | | 0 |
| 结点C分配传递 | | | | 0.89 | | 1.77 | 1.0 | | 0 |
| 结点B分配传递 | −0.19 | | −0.38 | −0.51 → | | −0.26 | | | 0 |
| 结点C分配传递 | | | | 0.09 | | 0.17 | 0.09 | → | 0 |
| 结点B分配传递 | −0.02 ← | | −0.04 | −0.05 | | −0.03 | | | 0 |
| 结点C分配传递 | | | | | | 0.02 | 0.01 | → | 0 |
| 杆端最终弯矩 M | −42.29 | | 35.42 | −35.42 | | 50.8 | −50.8 | | 0 |

表中弯矩的单位是kN·m

(b)

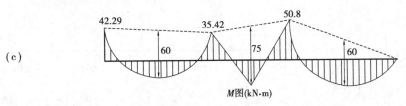

(c)

M图(kN·m)

图 16.6

$$\mu_{BA} = \frac{4i}{4i + \frac{16}{3}i} = 0.429, \mu_{BC} = \frac{\frac{16}{3}i}{4i + \frac{16}{3}i} = 0.571$$

刚结点 C 处:

$$S_{CB} = 4i_{BC} = \frac{16}{3}i, S_{CD} = 3i_{CD} = 3i$$

$$\mu_{CB} = \frac{\frac{16}{3}i}{\frac{16}{3}i + 3i} = 0.64, \mu_{CD} = \frac{3i}{\frac{16}{3}i + 3i} = 0.36$$

②计算固端弯矩。

$$M_{AB}^F = -\frac{ql^2}{12} = -\frac{7.5 \times 8^2}{12} = -40(\text{kN} \cdot \text{m})$$

$$M_{BA}^F = \frac{ql^2}{12} = 40(\text{kN} \cdot \text{m})$$

$$M_{BC}^F = -\frac{Fl}{8} = -\frac{50 \times 6}{8} = -37.5 \ (\text{kN} \cdot \text{m})$$

$$M_{CB}^F = \frac{Fl}{8} = 37.5(\text{kN} \cdot \text{m})$$

$$M_{CD}^F = -\frac{ql^2}{8} = -\frac{7.5 \times 8^2}{8} = -60(\text{kN} \cdot \text{m})$$

③轮流放松各结点，计算分配弯矩、传递弯矩。为了使计算收敛得更快，宜从不平衡力矩较大的结点开始，本例先放松结点 $C$。最后叠加得各杆端最终弯矩，计算过程如图 16.6（b）所示。

④根据计算结果画弯矩图，如图 16.6（c）所示。

【例 16.4】 试用力矩分配法计算如图 16.7（a）所示连续梁内力，并绘出弯矩图。

【解】 ①该梁最右侧的外伸部分 $EF$ 是静定的，其内力图可直接画出。因此，在后面的计算中可以不予考虑 $EF$ 部分，进而可将作用在最右端 $F$ 处的集中力平移至 $E$ 点处，得到一个集中力和力偶，这样一来结点 $E$ 即可化为铰支来处理，如图 16.7（b）所示。

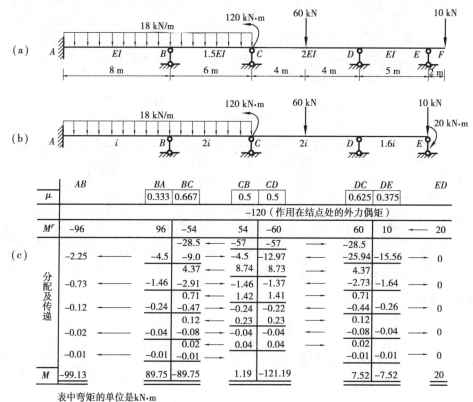

图 16.7

②计算分配系数。为计算方便，设 $i = \dfrac{EI}{8}$，则 $i_{BA} = \dfrac{EI}{8} = i$，$i_{BC} = \dfrac{1.5EI}{6} = \dfrac{EI}{4} = 2i$，$i_{CD} = \dfrac{2EI}{8} = 2i$，$i_{DE} = \dfrac{EI}{5} = 1.6i$，如图 16.7（b）所示。

刚结点 $B$ 处：

$$S_{BA} = 4i_{BA} = 4i, S_{BC} = 4i_{BC} = 8i$$

$$\mu_{BA} = \frac{4i}{4i + 8i} = 0.333, \mu_{BC} = \frac{8i}{4i + 8i} = 0.667$$

刚结点 $C$ 处：

$$S_{CB} = 4i_{BC} = 8i, S_{CD} = 4i_{CD} = 8i$$

$$\mu_{CB} = \frac{8i}{8i + 8i} = 0.5, \mu_{CD} = \frac{8i}{8i + 8i} = 0.5$$

刚结点 $D$ 处：

$$S_{DC} = 4i_{DC} = 8i, \quad S_{DE} = 3i_{DE} = 4.8i$$

$$\mu_{DC} = \frac{8i}{8i + 4.8i} = 0.625, \quad \mu_{CD} = \frac{4.8i}{8i + 4.8i} = 0.375$$

③计算固端弯矩。

$$M_{AB}^F = -\frac{ql^2}{12} = -\frac{18 \times 8^2}{12} = -96(\text{kN} \cdot \text{m})$$

$$M_{BA}^F = \frac{ql^2}{12} = \frac{18 \times 8^2}{12} = 96(\text{kN} \cdot \text{m})$$

$$M_{BC}^F = -\frac{ql^2}{12} = -\frac{18 \times 6^2}{12} = -54(\text{kN} \cdot \text{m})$$

$$M_{CB}^F = \frac{ql^2}{12} = \frac{18 \times 6^2}{12} = 54(\text{kN} \cdot \text{m})$$

$$M_{CD}^F = -\frac{Fl}{8} = -\frac{60 \times 8}{8} = -60(\text{kN} \cdot \text{m})$$

$$M_{DC}^F = \frac{Fl}{8} = \frac{60 \times 8}{8} = 60(\text{kN} \cdot \text{m})$$

$$M_{DE}^F = \frac{M}{2} = \frac{20}{2} = 10(\text{kN} \cdot \text{m})$$

$$M_{ED}^F = M = 20 \text{ kN} \cdot \text{m}$$

④轮流放松各结点，列表计算分配弯矩、传递弯矩，叠加得最终弯矩，计算过程如图 16.7(c) 所示。

本例先放松结点 $C$。由于原图在结点 $C$ 处作用有外力偶，为此必须要注意，在对结点 $C$ 处的不平衡力矩进行分配时，用来分配的不平衡力矩应该是刚结点所连杆件近端的固端弯矩求和后反号再加上外力偶矩，作用在结点处的外力偶矩顺时针转向为正，逆时针转向为负。因此，在本例中，第一次放松结点 $C$ 时，用来分配的不平衡力矩为

$$-(M_{CB}^F + M_{CD}^F) + M_外 = -(54 - 60) - 120 = -114(\text{kN} \cdot \text{m})$$

当结点 $C$ 放松分配后，在放松结点 $B$ 时，结点 $C$ 要固锁，因此可同时放松结点 $D$。由此可见，凡不相邻的各结点每次可同时放松，以便加快计算收敛的速度。

⑤根据计算结果画弯矩图，如图 16.7(d) 所示。

【例 16.5】　试用力矩分配法计算如图 16.8 所示的刚架内力，并绘出弯矩图。

【解】　①计算分配系数。为计算方便，设 $i = \frac{EI}{6}$，则 $i_{BA} = \frac{EI}{6} = i, i_{BC} = \frac{1.5EI}{6} = \frac{EI}{4} = i_{BE} =$

$$i_{CF} = 1.5i, i_{CD} = \frac{2EI}{4} = 3i_{\circ}$$

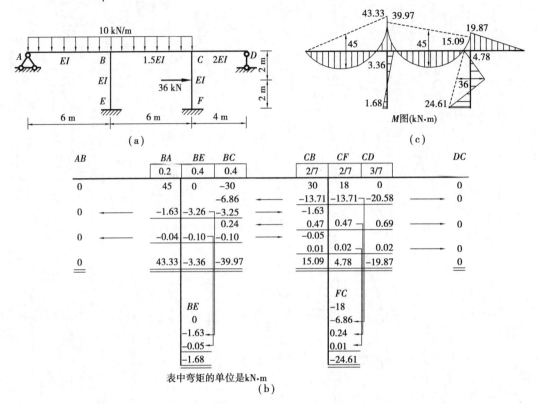

图 16.8

刚结点 $B$ 处:

$$S_{BA} = 3i_{BA} = 3i, S_{BC} = 4i_{BC} = 6i, S_{BE} = 4i_{BE} = 6i$$

$$\mu_{BA} = \frac{3i}{3i + 6i + 6i} = \frac{3}{15} = 0.2, \mu_{BC} = \frac{6i}{15i} = 0.4, \mu_{BE} = \frac{6i}{15i} = 0.4$$

刚结点 $C$ 处:

$$S_{CB} = 4i_{CB} = 6i, S_{CD} = 3i_{CD} = 9i, S_{CF} = 4i_{CF} = 6i$$

$$\mu_{CB} = \frac{6i}{6i + 9i + 6i} = \frac{6i}{21i} = \frac{2}{7}, \mu_{CD} = \frac{9i}{21i} = \frac{3}{7}, \mu_{CF} = \frac{6i}{21i} = \frac{2}{7}$$

②计算固端弯矩。

$$M_{AB}^{F} = 0$$

$$M_{BA}^{F} = \frac{ql^2}{8} = \frac{10 \times 6^2}{8} = 45 \, (kN \cdot m)$$

$$M_{BC}^{F} = -\frac{ql^2}{12} = -\frac{10 \times 6^2}{12} = -30 (kN \cdot m)$$

$$M_{CB}^{F} = \frac{ql^2}{12} = \frac{10 \times 6^2}{12} = 30 (kN \cdot m)$$

$$M_{BE}^{F} = M_{EB}^{F} = 0$$

$$M_{CD}^F = M_{DC}^F = 0$$

$$M_{CF}^F = \frac{Fl}{8} = \frac{36 \times 4}{8} = 18 \ (\text{kN} \cdot \text{m})$$

$$M_{FC}^F = -\frac{Fl}{8} = \frac{36 \times 4}{8} = -18 \ (\text{kN} \cdot \text{m})$$

③轮流放松各结点,列表计算分配弯矩、传递弯矩,叠加得最终弯矩,计算过程如图 16.8(b)所示。

④根据计算结果画弯矩图,如图 16.8(c)所示。

## 16.3 对称性的应用

在工程实际中,许多连续梁和刚架往往是对称的,在对称荷载作用下,其内力图也是对称的,利用对称性,在对称结构中可只取半边结构进行计算。下面通过例题说明力矩分配法在计算对称结构中的应用。

【例 16.6】 试用力矩分配法计算如图 16.9(a)所示的连续梁内力,并绘出弯矩图。

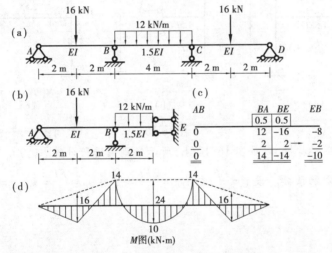

图 16.9

【解】 ①如图 16.9(a)所示的连续梁是对称结构承受正对称荷载作用,可取如图 16.9(b)所示的半边结构进行计算。

②计算分配系数。

$$S_{BA} = 3i_{BA} = 3 \times \frac{EI}{4} = \frac{3EI}{4}, S_{BE} = i_{BE} = \frac{1.5EI}{2} = \frac{3EI}{4}$$

$$\mu_{BA} = \mu_{BE} = 0.5$$

③计算固端弯矩。

$$M_{AB}^F = 0$$

$$M_{BA}^F = \frac{3Fl}{16} = \frac{3 \times 16 \times 4}{16} = 12 \ (\text{kN} \cdot \text{m})$$

$$M_{BE}^F = -\frac{ql^2}{3} = -\frac{12 \times 2^2}{3} = -16(\text{kN} \cdot \text{m})$$

$$M_{EB}^F = -\frac{ql^2}{6} = -\frac{12 \times 2^2}{6} = -8(\text{kN} \cdot \text{m})$$

④列表计算分配弯矩、传递弯矩,叠加得最终弯矩,计算过程如图 16.9(c)所示。

⑤根据计算结果并根据对称性,可画出整个连续梁的弯矩图,如图 16.9(d)所示。

通过以上的计算可以发现,原图有两个结点,如果直接计算需要循环轮流放松各个结点,经过若干次重复计算才能得到最终结果,而且计算结果是近似解。而利用对称性,只取半边结构进行计算,只有一个结点,只需要进行一次分配、一次传递即可得到计算结果,而且是精确解。

【例 16.7】 试用力矩分配法计算如图 16.10(a)所示的两层单跨刚架内力,并绘制弯矩图。

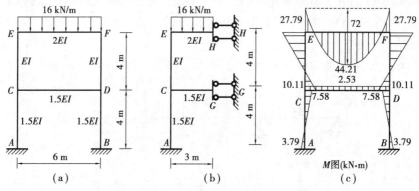

图 16.10

【解】 ①利用对称性,取如图 16.10(b)所示半刚架进行计算。

②计算力矩分配系数。设 $i = \frac{EI}{4}$,则 $i_{EH} = \frac{2EI}{3} = \frac{8}{3}i$,$i_{EC} = \frac{EI}{4} = i$,$i_{CG} = \frac{1.5EI}{3} = 2i$,$i_{CA} = \frac{1.5EI}{4} = 1.5i$。

对于结点 $E$:

$$S_{EH} = i_{EH} = \frac{8}{3}i, S_{EC} = 4i_{EC} = 4i$$

$$\mu_{EH} = \frac{\frac{8}{3}i}{\frac{8}{3}i + 4i} = \frac{\frac{8}{3}i}{\frac{20}{3}i} = 0.4, \mu_{EC} = \frac{4i}{\frac{20}{3}i} = 0.6$$

对于结点 $C$:

$$S_{CE} = 4i_{EC} = 4i, S_{CG} = i_{CG} = 2i, S_{CA} = 4i_{CA} = 6i$$

$$\mu_{CE} = \frac{4i}{4i + 2i + 6i} = \frac{4i}{12i} = \frac{1}{3}, \mu_{CG} = \frac{2i}{12i} = \frac{1}{6},$$

$$\mu_{CA} = \frac{6i}{12i} = \frac{1}{2}$$

③计算固端弯矩。

$$M_{EH}^F = -\frac{1}{3}ql^2 = -\frac{1}{3} \times 16 \times 3^2 = -48(\text{kN} \cdot \text{m})$$

$$M_{HE}^F = -\frac{1}{6}ql^2 = -\frac{1}{6} \times 16 \times 3^2 = -24(\text{kN} \cdot \text{m})$$

④轮流放松各结点,列表计算分配弯矩、传递弯矩,叠加得最终弯矩,计算过程如图 16.11 所示。

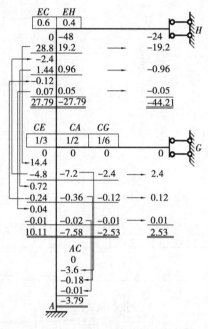

图 16.11

⑤根据计算结果并利用对称性画出整个刚架的弯矩图,如图 16.10(c)所示。

# 思考题

16.1　力矩分配法中杆端弯矩的正负号如何规定?节点弯矩的正负号如何规定?

16.2　力矩分配法的适用条件是什么?力矩分配法主要适用于什么结构?

16.3　什么是转动刚度?杆端转动刚度如何确定?

16.4　什么是分配系数?分配系数如何计算?为什么每一结点的分配系数之和等于1?

16.5　什么是传递系数?传递系数如何确定?

16.6　力矩分配的含义是什么?固端弯矩、近端弯矩、远端弯矩,分配弯矩、传递弯矩的含义又是什么?

16.7　什么是结点不平衡力矩?分配时应如何处理不平衡力矩?

16.8　多结点分配计算过程中,为什么不平衡力矩会趋于0?

16.9　力矩分配法和力法、位移法比较有什么优缺点?

# 习  题

16.1  用力矩分配法计算图示结构内力,并画出其弯矩图。

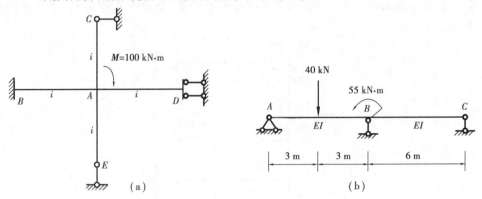

习题 16.1 图

16.2  试用力矩分配法计算如图所示连续梁内力,并绘出其弯矩,$EI$ = 常数。

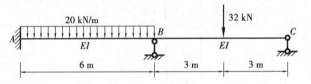

习题 16.2 图

16.3  试用力矩分配法计算如图所示刚架内力,并绘出其弯矩图。

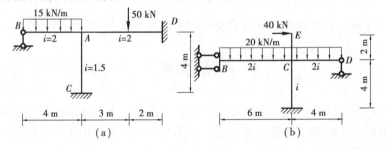

习题 16.3 图

16.4  试用力矩分配法计算如图所示连续梁内力,并绘出其弯矩图。

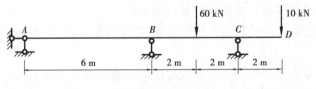

习题 16.4 图

16.5  试用力矩分配法计算如图所示对称刚架内力,并绘出其弯矩图。

16.6  试用力矩分配法计算如图所示刚架内力,并绘其弯矩图。

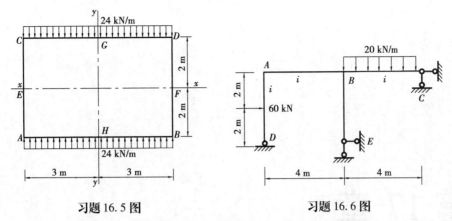

习题16.5图 习题16.6图

16.7 试用力矩分配法计算如图所示连续梁内力,并绘其弯矩图。

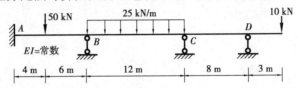

习题16.7图

16.8 试用力矩分配法计算如图所示刚架内力,并绘其弯矩图。

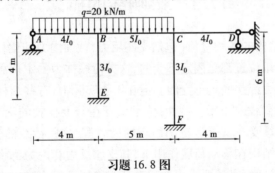

习题16.8图

# *第 17 章

# 影响线

## 17.1　影响线的概念

前面各章在计算结构的各种量值(包括支座反力、截面内力和位移等)时,作用在结构上的荷载大小、方向及作用位置都是固定不变的,这类荷载称为固定荷载。结构在固定荷载作用下,其支座反力和内力都是固定不变的。但在工程实际中,有些结构除了要承受固定荷载作用外,还要承受移动荷载的作用。例如,桥梁承受在其上行驶的汽车、火车和活动的人群的荷载,厂房的吊车梁承受在其上运行的吊车的荷载等,这些荷载的作用位置在不断变化,均为移动荷载。显然,结构在移动荷载作用下,其支座反力和内力都将随荷载位置的变动而变化。因此,在结构设计时,必须要求出在移动荷载作用下反力和内力的最大值,为此,就要研究荷载移动时反力和内力的变化规律。然而,在移动荷载作用下,不同量值的变化规律是不相同的。例如图 17.1 所示的简支梁,当汽车在梁上从左向右行驶时,支座 $A$ 的反力逐渐减小,而支座 $B$ 的反力却在逐渐增大;同样,在汽车的行驶过程中,同一截面上的弯矩与剪力的变化规律也是不相同的。因此,研究移动荷载对量值的影响时,一次只能讨论一个反力或某截面上的某个内力的变化规律。

工程实际中的移动荷载通常是由许多间距不变的竖向荷载所组成(如火车、汽车的荷载是通过轮距不变的车轮传递到梁上的),而且类型很多,不可能逐一加以研究。为简便起见,我们可先来研究一种最简单情况,即一个竖向单位集中荷载 $F = 1$ 在结构上移动时,对结构的某一指定量值(例如某一反力或某一截面上的某一内力等)所产生的影响,再根据叠加原理就可进一步研究结构在各种移动荷载作用下对该量值的影响。

如图 17.2 所示的简支梁,当竖向单位集中荷载 $F = 1$ 分别移动至 $A, 1, 2, 3, B$ 各等分点时,由静力平衡条件可求得支座 $A$ 处的反力 $F_{Ay}$ 分别为 $1, \dfrac{3}{4}, \dfrac{1}{2}, \dfrac{1}{4}, 0$。

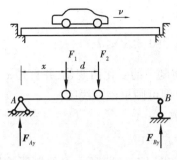

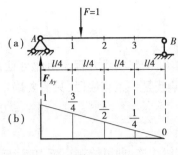

图 17.1

图 17.2

现以横坐标表示单位荷载 $F=1$ 的作用位置,以纵坐标表示 $F_{Ay}$ 的大小,并将各对应点处 $F_{Ay}$ 的大小在水平基线上用竖标绘出,再用曲线将各竖标的顶点连起来,这样就得到了如图 17.2(b)所示的图形,该图形反映了竖向单位集中荷载 $F=1$ 沿梁移动时支座反力 $F_{Ay}$ 的变化规律,将这一图形称为支座反力 $F_{Ay}$ 的影响线。即:当一个定向单位集中荷载(常常为竖直向下的)沿结构移动时,反映某一指定量值(某个支座反力或某截面的弯矩或剪力)变化规律的图形,称为该量值的影响线。

绘出某量值的影响线后,就可利用叠加原理确定出结构在具体的移动荷载作用下,该量值产生最大值的荷载位置(即最不利荷载位置),进而求出该量值的最大值,为结构设计提供依据。

下面先介绍影响线的绘制,然后讨论影响线的应用。

# 17.2 静力法绘制单跨静定梁的影响线

根据影响线的定义,我们将单位集中荷载 $F=1$ 作用于结构的任意位置,并选定一坐标系,以横坐标 $x$ 表示单位集中荷载的作用位置,由静力平衡条件求出结构的某量值与单位集中移动荷载的作用位置 $x$ 的函数关系,此关系式称为影响线方程。根据影响线方程绘出影响线图形,这种绘制影响线的方法称为静力法。

## 1)简支梁的影响线

### (1)反力影响线

设要绘制如图 17.3(a)所示简支梁反力 $F_{Ay}$ 的影响线。取支座 $A$ 为原点,梁轴线 $AB$ 为 $x$ 轴,向右为正,以坐标 $x$ 表示单位集中荷载 $F=1$ 的作用位置。当 $F=1$ 移动到梁上的任意位置($0 \leq x \leq l$)时,取全梁为研究对象,画其受力图,并设反力向上为正,由静力平衡条件

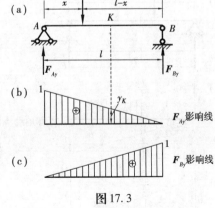

图 17.3

$$\sum M_B = 0$$

则有

$$F_{Ay}l - F(l-x) = 0$$

得

$$F_{Ay} = F\frac{l-x}{l} = \frac{l-x}{l} \quad (0 \leqslant x \leqslant l)$$

此式即为反力 $F_{Ay}$ 的影响线方程。由此可见，$F_{Ay}$ 将随 $x$ 的变化而变化，并且是 $x$ 的一次函数，因此 $F_{Ay}$ 的影响线是一条直线段，只需要确定两点即可画出该直线段：

当 $x = 0$ 时，$F_{Ay} = 1$

当 $x = l$ 时，$F_{Ay} = 0$

将这两点用直线相连，即可绘制出 $F_{Ay}$ 的影响线，如图 17.3(b) 所示。绘制影响线时，常规定正的竖标画在基线的上侧，负的竖标画在基线的下侧，并要标注正负号。

在此必须强调，$F_{Ay}$ 的影响线图中所有的竖标代表的是当 $F = 1$ 作用在相应位置处时，反力 $F_{Ay}$ 的大小。例如图 17.3(b) 中的 $y_K$ 代表的是当 $F = 1$ 作用在 $K$ 位置处时反力 $F_{Ay}$ 的大小。

同理，对于反力 $F_{By}$，由静力平衡条件 $\sum M_A = 0$，则有

$$F_{By}l - Fx = 0$$

即可列出 $F_{By}$ 的影响线方程

$$F_{By} = F\frac{x}{l} = \frac{x}{l} \quad (0 \leqslant x \leqslant l)$$

显然也是 $x$ 的一次函数，因此 $F_{By}$ 的影响线同样是一直线段，只需要确定两点：

当 $x = 0$ 时，$F_{By} = 0$

当 $x = l$ 时，$F_{By} = 1$

即可绘制出 $F_{By}$ 的影响线，如图 17.3(c) 所示。

由于 $F = 1$ 的量纲为 1，所以反力影响线竖标的量纲也为 1。今后在利用影响线研究实际荷载的影响时，应乘以实际荷载的相应单位。

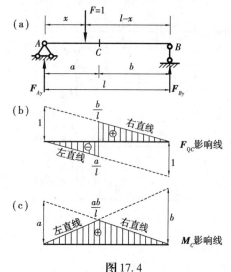

图 17.4

（2）剪力影响线

现绘制如图 17.4(a) 所示简支梁截面 $C$ 的剪力 $F_{QC}$ 影响线。仍取 $A$ 点为坐标原点，$x$ 表示单位集中荷载 $F = 1$ 的作用位置。当 $F = 1$ 作用于截面 $C$ 以左或以右时，剪力 $F_{QC}$ 具有不同的表达式，应分段考虑。

当荷载 $F = 1$ 在截面 $C$ 以左的梁段 $AC$ 上移动时，为计算方便，取截面 $C$ 右边部分为隔离体，并以绕隔离体顺时针转向的剪力为正，由静力平衡条件 $\sum F_y = 0$，可得 $F_{QC}$ 的影响线方程为

$$F_{QC} = -F_{By} = -\frac{x}{l} \quad (0 \leqslant x < a)$$

由此可知，$F_{QC}$ 影响线在截面 $C$ 以左部分为一直线。

当 $x = 0$ 时，$F_{QC} = 0$

当 $x \to a$ 时，$F_{QC} = -\frac{a}{l}$

于是可绘出当荷载 $F=1$ 在截面 $C$ 以左的梁段 $AC$ 上移动时 $F_{QC}$ 影响线,如图 17.4(b)所示。

当荷载 $F=1$ 在截面 $C$ 以右的梁段 $CB$ 上移动时,上面列出的 $F_{QC}$ 影响线方程显然不再适用。此时,可取 $C$ 左边部分为隔离体,由静力平衡条件 $\sum F_y = 0$,可得 $F_{QC}$ 的影响线方程为

$$F_{QC} = F_{Ay} = \frac{l-x}{l} \quad (a < x \le l)$$

可见,$F_{QC}$ 影响线在截面 $C$ 以右部分也是一直线。

$$当 x \to a 时, F_{QC} = 0$$

$$当 x = l 时, F_{QC} = \frac{b}{l}$$

于是可绘出当荷载 $F=1$ 在截面 $C$ 以右的梁段 $CB$ 上移动时 $F_{QC}$ 影响线,如图 17.4(b)所示。剪力影响线的竖标是量纲为 1 的量。

由以上分析可知,$F_{QC}$ 影响线由两段互相平行的直线所组成,通常将截面 $C$ 以左的直线称为左直线,截面 $C$ 以右的直线称为右直线。由上述剪力 $F_{QC}$ 影响线方程可知,将反力 $F_{By}$ 影响线反号并取其 $AC$ 段即可得 $F_{QC}$ 影响线的左直线,而直接利用反力 $F_{Ay}$ 影响线并取其 $CB$ 段即可得 $F_{QC}$ 影响线的右直线。$F_{QC}$ 影响线的竖标在 $C$ 点处有一突变,也就是当 $F=1$ 从 $C$ 点左侧移到其右侧时,截面 $C$ 上的剪力值将发生突变,突变的大小等于 1。而当 $F=1$ 正好作用在 $C$ 点时,$F_{QC}$ 的值是无法确定的。

(3)弯矩影响线

现绘制如图 17.4(a)所示简支梁截面 $C$ 的弯矩 $M_C$ 影响线。当荷载 $F=1$ 在截面 $C$ 以左的梁段 $AC$ 上移动时,为计算方便,取截面 $C$ 右边部分为隔离体,并以使梁下侧纤维受拉的弯矩为正,由静力平衡条件 $\sum M_C = 0$,可得 $M_C$ 的影响线方程为

$$M_C = F_{By}b = \frac{x}{l}b \quad (0 \le x \le a)$$

上式表明,将反力 $F_{By}$ 影响线乘以 $b$ 并取其 $AC$ 段即可得 $M_C$ 影响线的左直线,如图 17.4(c)所示。

同理,当荷载 $F=1$ 在截面 $C$ 以右的梁段 $CB$ 上移动时,可取 $C$ 左边部分为隔离体,由静力平衡条件 $\sum M_C = 0$,可得 $M_C$ 的影响线方程为

$$M_C = F_{Ay}a = \frac{l-x}{l}a \quad (a \le x \le l)$$

上式表明,将反力 $F_{Ay}$ 影响线乘以 $a$ 并取其 $CB$ 段即可得 $M_C$ 影响线的右直线,如图 17.4(c)所示。显然,弯矩影响线的竖标是量纲为长度的量。

由以上分析可知,$M_C$ 影响线由两段相交的直线所组成,形成一个三角形,两直线的交点即为三角形的顶点正好位于截面 $C$ 处,其竖标 $\frac{ab}{l}$。当 $F=1$ 恰好作用于 $C$ 点时,弯矩 $M_C$ 达到最大值 $\frac{ab}{l}$。

### 2)外伸梁的影响线

(1)反力影响线

如图 17.5(a)所示的外伸梁,取 $A$ 点为坐标原点,横坐标 $x$ 以向右为正。当荷载 $F=1$ 作用于梁上任一点 $x$ 时,由静力平衡条件可分别求得反力 $F_{Ay}$, $F_{By}$ 的影响线方程为

$$F_{Ay} = \frac{l-x}{l} \quad (-l_1 \leqslant x \leqslant l+l_2)$$

$$F_{By} = \frac{x}{l} \quad (-l_1 \leqslant x \leqslant l+l_2)$$

以上两个方程与相应的简支梁的反力影响线方程完全相同,只是 $x$ 的取值范围有所扩大,因此,只需将相应简支梁的反力影响线向两个外伸部分延长,即可绘出整个外伸梁的反力 $F_{Ay}$ 和 $F_{By}$ 的影响线,分别如图 17.5(b)、(c)所示。

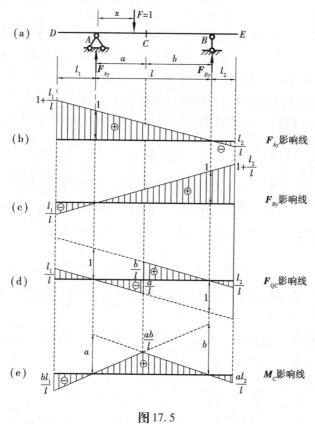

**图 17.5**

(2)跨内部分截面内力影响线

如图 17.5(a)所示,截面 $C$ 为两支座之间的截面。当 $F=1$ 在截面 $C$ 以左移动时,取截面 $C$ 以右部分为隔离体,由静力平衡条件可求得影响线方程为

$$F_{QC} = -F_{By} \quad (-l_1 \leqslant x < a)$$

$$M_C = F_{By}b \quad (-l_1 \leqslant x \leqslant a)$$

当 $F=1$ 在截面 $C$ 以右移动时,取截面 $C$ 以左部分为隔离体,由静力平衡条件可求得影响线方程为

$$F_{QC} = F_{Ay} \quad (a < x \leqslant l + l_2)$$
$$M_C = F_{Ay}a \quad (a \leqslant x \leqslant l + l_2)$$

由上可知，$F_{QC}$ 和 $M_C$ 的影响线方程也与简支梁的相同。因而与绘制反力影响线一样，只需将相应简支梁的 $F_{QC}$ 和 $M_C$ 的影响线向两外伸臂部分延长，即可得到外伸梁的 $F_{QC}$ 和 $M_C$ 的影响线，分别如图 17.5(d)、(e)所示。

（3）外伸端部分截面内力影响线

绘制外伸端部分任一指定截面 $K$〔图 17.6(a)〕的剪力和弯矩影响时，为计算方便，取 $K$ 点为坐标原点，并规定 $x$ 轴向左为正。当 $F=1$ 在截面 $K$ 以左移动时，取截面 $K$ 以左部分为隔离体，由静力平衡条件可列出剪力 $F_{QK}$ 和弯矩 $M_K$ 的影响线方程为

$$F_{QK} = -1 \quad (0 < x \leqslant c, DK \text{ 段})$$
$$M_K = -x \quad (0 \leqslant x \leqslant c, DK \text{ 段})$$

当 $F=1$ 在截面 $K$ 以右移动时，仍取截面 $K$ 以左部分为隔离体，由静力平衡条件显然可得出

$$F_{QK} = 0 \quad (c - l_1 - l - l_2 \leqslant x < 0, KE \text{ 段})$$
$$M_K = 0 \quad (c - l_1 - l - l_2 \leqslant x \leqslant 0, KE \text{ 段})$$

实际上，由当荷载只作用在基本部上附属部分不受力的特点，很容易得出当 $F=1$ 在梁的 $KE$ 段移动时，$F_{QK}=0$ 和 $M_K=0$ 这一结论。由上述得到的影响线方程可绘出 $F_{QK}$ 和 $M_K$ 的影响线，如图 17.6(b)、(c)所示。

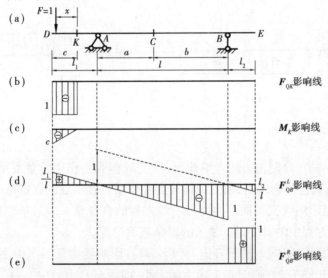

图 17.6

若要绘制外伸梁支座处截面的剪力影响线，则要针对支座左侧的截面和支座右侧的截面分别讨论。这是因为，外伸梁支座左右两侧的截面分别属于跨内部分和外伸端部分。例如支座 $B$ 左侧截面属于跨内部分截面，因此其剪力 $F_{QB}^l$ 的影响线可由 $F_{QC}$ 的影响线〔图 17.5(d)〕使截面 $C$ 趋近于截面 $B$ 左侧而得到，如图 17.6(d)所示；而支座 $B$ 右侧截面则属于外伸端部分截面，其剪力 $F_{QB}^R$ 的影响线则可由外伸端 $BE$ 部分趋近于支座 $B$ 右侧的截面剪力影响线得到，显然很容易画出，如图 17.6(e)所示。

以上分别介绍了简支梁和外伸梁两种单跨静定梁影响线的绘制。另一种单跨静定梁——悬臂梁截面内力的影响线绘制方法与外伸梁外伸端部分截面内力影响线的绘制方法完全相同。

通过以上的讨论可以发现，静定结构的反力和内力影响线方程都是 $x$ 的一次函数，因此静定结构的反力和内力影响线都是由直线段所组成。而超静定结构的反力和内力影响线则一般为曲线。

### 3）内力影响线与内力图的区别

内力影响线与内力图虽然都反映了内力的变化规律，而且在形状上也有些相似，但两者在概念上却有本质的区别。内力影响线反映的是结构上某个截面上的内力随单位移动荷载的变化规律，而内力图反映的是结构在实际固定荷载作用下各截面内力的分布情况。对此，初学者容易混淆。下面以图 17.7(a)、(b)所示的简支梁影响线与内力图为例，说明两者的区别。

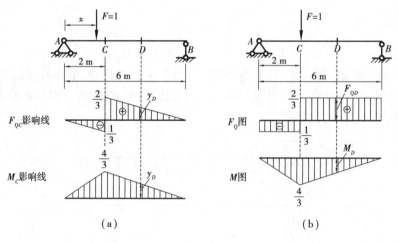

图 17.7

①荷载类型不同。绘制内力的影响线时，所受的荷载是作用位置在梁上不断变化的单位移动荷载 $F=1$；而绘内力图时，所受的荷载则是作用位置不变的固定荷载 $F$。

②自变量 $x$ 表示的含义不同。内力影响线方程的自变量 $x$ 表示单位移动荷载 $F=1$ 的作用位置，而内力方程中的自变量 $x$ 表示的则是截面位置。

③竖标表示的意义不同。截面 $C$ 内力（$F_{QC}$，$M_C$）影响线中任一点 $D$ 的竖标表示单位移动荷载 $F=1$ 作用于点 $D$ 时，截面 $C$ 上内力的大小，即截面 $C$ 内力（$F_{QC}$，$M_C$）影响线只表示 $C$ 截面上的内力（$F_{QC}$，$M_C$）在单位荷载移动时的变化规律，与其他截面上的内力无关。而内力图（$F_Q$ 图、$M$ 图）中任一点 $D$ 的竖标表示的是在点 $C$ 作用固定荷载 $F$ 时，在截面 $D$ 上引起的内力值（$F_{QD}$，$M_D$），即内力图表示在固定荷载作用下各个截面上的内力的大小。

④绘制规定不同。$M_C$ 的影响线中的正值画在基线的上方，负值画在基线的下方，并要标明正负号；而弯矩图则画在杆件受拉一侧，不标正负号。

## 17.3 影响线的应用

利用某量值的影响线,根据叠加原理可求出结构在实际荷载作用下该量值的大小。同样,当某移动荷组在结构上移动时,利用影响线可确定出当荷载组移动到什么位置时,该量值将产生最大值的荷载位置,即确定出最不利荷载位置,从而便可进一步求出该量值的最大值,为结构设计提供依据。下面分别加以讨论。

### 1) 利用影响线求量值

绘制影响线时,考虑的是单位移动荷载。根据叠加原理,可利用影响线求实际荷载作用下产生的总影响量。

(1) 结构受集中荷载作用时

如图 17.8(a) 所示,设有一组集中荷载 $F_1$,$F_2$,$F_3$ 作用于简支梁上,剪力 $F_{QC}$ 的影响线在各荷载作用点处的竖标分别为 $y_1$,$y_2$,$y_3$,如图 17.8(b) 所示。显然,由 $F_1$ 所产生的 $F_{QC}$ 等于 $F_1 y_1$,$F_2$ 产生的 $F_{QC}$ 等于 $F_2 y_2$,$F_3$ 产生的 $F_{QC}$ 等于 $F_3 y_3$。根据叠加原理,在这组荷载作用下的 $F_{QC}$ 的数值为

$$F_{QC} = F_1 y_1 + F_2 y_2 + F_3 y_3$$

同理,可得该简支梁在集中荷载组 $F_1$,$F_2$,$F_3$ 作用下,截面 $C$ 的弯矩〔图 17.8(c)〕为

$$M_C = F_1 y_1' + F_2 y_2' + F_3 y_2'$$

一般地,设有一组集中荷载 $F_1$,$F_2$,$\cdots$,$F_n$ 作用于结构上,而结构的某量值 $S$ 的影响线在各荷载作用点处的竖标分别为 $y_1$,$y_2$,$\cdots$,$y_n$,则有

$$S = F_1 y_1 + F_2 y_2 + \cdots + F_n y_n = \sum F_i y_i \tag{17.1}$$

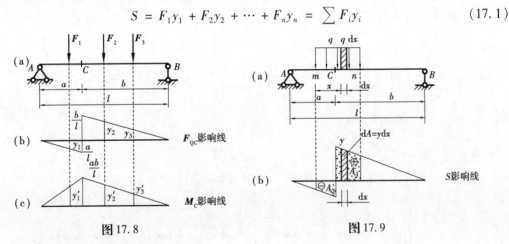

图 17.8          图 17.9

(2) 结构受均布荷载作用时

如果结构在 $mn$ 段承受均布荷载 $q$ 的作用,如图 17.9(a) 所示,则可将微段 $dx$ 上的荷载 $q dx$ 看作集中荷载,它所引起的 $S$ 值为 $y$,如图 17.9(b) 所示。根据叠加原理,在 $mn$ 段均布荷载作用下的 $S$ 值为

$$S = \int_m^n y q dx = q \int_m^n y dx = q \int_m^n dA = qA \tag{17.2}$$

式中,$A$ 为影响线在均布荷载作用范围内的面积,即图 17.9(b) 中阴影部分的面积,$A$ 的

正负号与对应的影响线正负相同。如图 17.9(b)所示,$A$ 分 $A_1$,$A_2$ 为两部分,其中 $A_1$ 对应的影响位于基线的上侧,因此为正值;而 $A_2$ 对应的影响位于基线的下侧,则为负值。故有

$$S = qA = q(A_1 - A_2)$$

当结构同时受到多个集中荷载和均布荷载作用时,则有

$$S = \sum F_i y_i + \sum q_i A_i \tag{17.3}$$

【例 17.1】 利用影响线求如图 17.10(a)所示外伸梁截面 $C$ 上剪力 $F_{QC}$ 和弯矩 $M_C$。

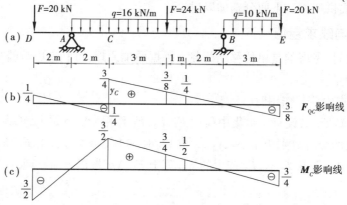

图 17.10

【解】 ①绘出 $F_{QC}$ 和 $M_C$ 影响线,并求出相关 $y$ 值,如图 17.10(b)、(c)所示。

②求 $F_{QC}$ 和 $M_C$,由式(17.3)有

$$
\begin{aligned}
F_{QC} &= \sum F_i y_i + \sum q_i A_i \\
&= \left[ 20 \times \frac{1}{4} + 24 \times \frac{3}{8} + 20 \times \left( -\frac{3}{8} \right) \right] + \\
&\quad \left[ 16 \times \left( \frac{\frac{3}{4} + \frac{1}{4}}{2} \times 4 - \frac{1}{2} \times \frac{1}{4} \times 2 \right) + 10 \times \left( -\frac{1}{2} \times \frac{3}{8} \times 3 \right) \right] \\
&= 28.875(\text{kN})
\end{aligned}
$$

$$
\begin{aligned}
M_C &= \sum F_i y_i + \sum q_i A_i \\
&= \left[ 20 \times \left( -\frac{3}{2} \right) + 24 \times \frac{3}{4} + 20 \times \left( -\frac{3}{4} \right) \right] + \\
&\quad \left[ 16 \times \left( \frac{1}{2} \times \frac{3}{2} \times 2 + \frac{\frac{3}{2} + \frac{1}{2}}{2} \times 4 \right) + 10 \times \left( -\frac{1}{2} \times \frac{3}{4} \times 3 \right) \right] \\
&= 49.75(\text{kN} \cdot \text{m})
\end{aligned}
$$

## 2)确定最不利荷载位置

承受移动荷载作用的结构,其上的量值通常都会随着荷载的移动而变化。将使某量值产生最大(或最小)值时的荷载位置称为该量值的最不利荷载位置。对受移动荷载作用的结构进行设计前,必须先要确定某一量值的最不利荷载位置,并计算出该荷载位置时量值的大

小即最大(或最小)值,然后在此基础上才能进行设计。下面按荷载的类型分别讨论如何利用影响线来确定最不利荷载位置。

(1)移动均布荷载作用时的最不利荷载位置

如果移动荷载是长度不定、可以任意分布的移动均布荷载时,根据式(17.2)可知,最不利荷载位置是在影响线〔图17.11(a)〕的正值部分布满荷载(求最大正值),如图17.11(b)所示;或在影响线负值部分布满荷载(求最大负即值最小值),如图17.11(c)所示。

【例17.2】 试计算如图17.11(a)所示外伸梁在长度可任意布置的移动均布荷载作用下,截面$C$的最大弯矩$M_{C\max}$和最小弯矩$M_{C\min}$。已知荷载集度大小为$q=25$ kN/m。

【解】 ①画出$M_C$影响线,如图17.11(b)所示。

②当均布荷载布满影响线的正值部分即$AB$段时,便是$M_C$取最大值的最不利荷载位置,如图17.11(c)所示。因此有

$$M_{C\max} = qA = 25 \times \left(\frac{1}{2} \times 8 \times 1.5\right) = 150(\text{kN} \cdot \text{m})$$

③当均布荷载布满影响线的负值部分即$DB$和$BE$段时,便是$M_C$取最小值的最不利荷载位置,如图17.11(d)所示,因此有

$$M_{C\max} = qA = 25 \times \left(-\frac{1}{2} \times 2 \times 1.5 - \frac{1}{2} \times 3 \times 0.75\right) = -9.375(\text{kN} \cdot \text{m})$$

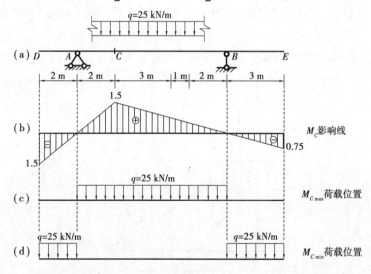

图17.11

如果移动荷载是长度固定的均布荷载,如图17.12(a)所示。在影响线为三角形的情况下,根据式(17.2),最不利荷载位置是使均布荷载对应的面积$A$为最大。可以证明,当均布荷载作用范围起点和终点对应的影响线竖标相等时,均布荷载作用范围所对应的面积为最大,如图17.12(b)所示,当$y_C = y_D$时,$A$为最大。因此,最不利荷载位置是使均布荷载两端点对应的影响线竖标相等的位置。

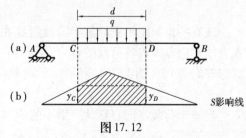

图17.12

（2）移动集中荷载作用时的最不利荷载位置

对于移动集中荷载，由 $S = \sum F_i y_i$ 可知，当 $\sum F_i y_i$ 最大时所对应的荷载位置即为 $S$ 的最不利荷载位置。下面分几种情形进行讨论。

①若只有一个移动集中荷载作用在结构上，显然当该荷载位于影响线的最大竖标处即为最不利荷载位置。

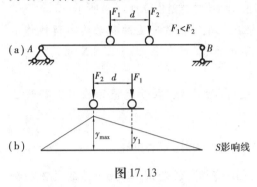

②若有两个移动集中荷载 $F_1$，$F_2$ 同时作用在结构上，两个荷载中数值较大的位于影响线最大竖标处，而且把另一个荷载放在影响线坡度较缓的一侧即为最不利荷载位置，如图 17.13 所示。

③如果有一组（三个及三个以上）移动集中荷载同时作用在结构上，最不利荷载位置将难于凭直观确定。但根据最不利荷载位置的定义可知，当荷载在最不利荷载位置时，所求量值 $S$ 为最大，因而荷载组由该位置不论向左还是向右稍许移动，都将使得量值 $S$ 减小。为此，可以通过分析荷载移动时 $S$ 的增量来确定此类情况下的最不利荷载位置。

我们以常用的影响线为三角形的情况来分析。如图 17.14（c）所示为某量值 $S$ 的影响线，该影响线左直线的倾角为 $\alpha$，右直线的倾角为 $\beta$。设坐标轴 $x$ 向右为正，$y$ 向上为正；倾角以逆时针方向为正，顺时针方向为负，故 $\alpha$ 为正，而 $\beta$ 则为负。

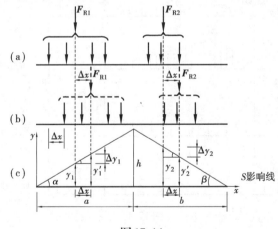

图 17.14

现有一组间距不变的集中荷载组处在如图 17.14（a）所示的位置，用 $F_{R1}$ 表示与影响线左直线对应范围内各荷载的合力，用 $F_{R2}$ 表示与影响线右直线对应范围内各荷载的合力。由式（17.2）可得在图 17.14（a）所示的荷载位置时所产生的量值为

$$S = F_{R1}y_1 + F_{R2}y_2$$

当整个荷载组向右移动一微小的距离 $\Delta x$ 时，如图 17.14（b）所示，此时的量值为

$$S' = F_{R1}y_1' + F_{R2}y_2' = F_{R1}(y_1 + \Delta y_1) + F_{R2}(y_2 + \Delta y_2)$$

则量值的增量为

$$\Delta S = S' - S = F_{R1}\Delta y_1 + F_{R2}\Delta y_2$$

由图 17.14(c)可知

$$\Delta y_1 = \Delta x \tan \alpha, \Delta y_2 = \Delta x \tan \beta$$

$$\tan \alpha = \frac{h}{a}, \quad \tan \beta = -\frac{h}{b}$$

于是有

$$\Delta S = F_{R1}\Delta x \tan \alpha + F_{R2}\Delta x \tan \beta$$

$$= \Delta x (F_{R1}\tan \alpha + F_{R2}\tan \beta)$$

$$= \Delta x \left( F_{R1} \frac{h}{a} - F_{R2} \frac{h}{b} \right)$$

$$= h\Delta x \left( \frac{F_{R1}}{a} - \frac{F_{R2}}{b} \right)$$

由前面的分析我们已经知道,要使 $S$ 成为极大值的条件是:荷载自该位置无论向左或向右移动微小距离,$S$ 都将减小,即 $\Delta S < 0$。由于荷载向左移时 $\Delta x < 0$,而右移时 $\Delta x > 0$,同时在如图 17.14(c)所示的 $S$ 影响线中的 $h > 0$,因此使 $S$ 成为极大值应满足的条件是

$$\left.\begin{array}{l} \text{荷载左移,} \dfrac{F_{R1}}{a} - \dfrac{F_{R2}}{b} > 0 \\[2mm] \text{荷载右移,} \dfrac{F_{R1}}{a} - \dfrac{F_{R2}}{b} < 0 \end{array}\right\} \tag{17.4}$$

上式表明,荷载向左、向右移动微小距离时,$\dfrac{R_{R1}}{a} - \dfrac{F_{R2}}{b}$ 必须变号,$S$ 才可能成为极大值。

在什么情况下 $\dfrac{F_{R1}}{a} - \dfrac{F_{R2}}{b}$ 才可能变号呢? 式(17.4)中 $a, b$ 是与量值 $S$ 影响线左右直线相对应的长度,是常数,它们并不会随荷载的位置而改变。因此要使荷载向左、向右移动微小距离时 $\dfrac{F_{R1}}{a} - \dfrac{F_{R2}}{b}$ 变号,就必然要左右两直线对应范围内荷载的合力 $F_{R1}, F_{R2}$ 的大小发生改变,显然这只有当某个集中荷载正好作用于影响线的顶点处时才有可能。当然,不是每个集中荷载位于影响线的顶点时都能使 $\dfrac{F_{R1}}{a} - \dfrac{F_{R2}}{b}$ 变号。我们将能使 $\dfrac{F_{R1}}{a} - \dfrac{F_{R2}}{b}$ 变号的集中荷载称为临界荷载,用 $F_K$ 表示,此时的荷载位置称为临界位置。

由以上分析可知,确定临界荷载的具体方法是:从荷载组中取一集中荷载,令其为 $F_K$,并将该荷载放置到影响线的顶点对应的位置处。同时,计算出 $F_k$ 左右两侧荷载的合力 $\sum F_{左}$,$\sum F_{右}$,如图 17.15 所示。

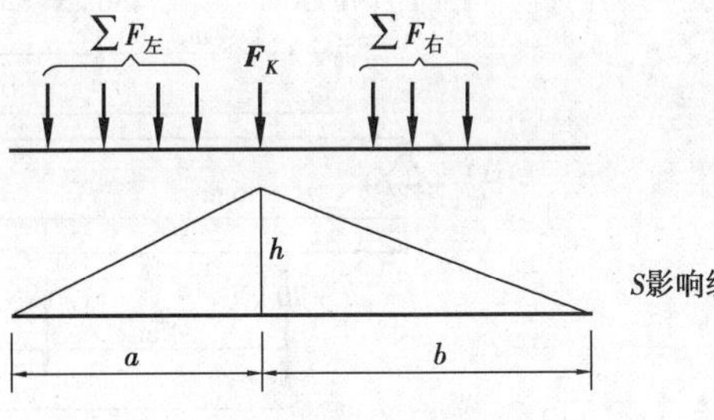

图 17.15

当荷载组向左移时,$F_{R1} = \sum F_{左} + F_K, F_{R2} = \sum F_{右}$;

当荷载组向右移时,$F_{R1} = \sum F_{左}, F_{R2} = F_K + \sum F_{右}$。

由式(17.4)可得,如果 $F_K$ 能满足

$$
\left.\begin{array}{l}
\dfrac{\sum F_{左} + F_K}{a} > \dfrac{\sum F_{右}}{b} \\[4mm]
\dfrac{\sum F_{左}}{a} < \dfrac{F_K + \sum F_{右}}{b}
\end{array}\right\}
\tag{17.5}
$$

则 $F_K$ 即为临界荷载,相应的荷载组所处的位置即为临界位置。因此,将式(17.5)称为影响线为三角形的临界位置判别式。显然,临界荷载的特点是:将临界荷载移到影响线的哪一侧,哪一侧的平均荷载就大一些。

一般情况下,临界位置可能不止一个。可以用以上方法找出所有的临界位置,并计算出每个临界位置所对应的量值,经比较绝对值最大者即为该量值的最大值,它所对应的荷载位置即为最不利荷载位置。

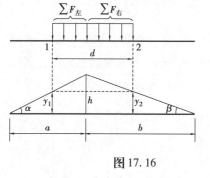

应当注意,在荷载向右或向左移动时,可能会有某一荷载被移到梁之外了,在利用临界荷载判别式(17.5)时,$\sum F_{左}$ 和 $\sum F_{右}$ 中应不包含已离开了梁的荷载。

当然,对于固定长度的移动均布荷载跨过三角形影响线顶点时的临界位置,我们也可以用类似的方法来确定。如图 17.16 所示,$S$ 成为

图 17.16

极值应满足条件 $\dfrac{\mathrm{d}S}{\mathrm{d}x} = 0$。由前面的分析可得

$$
\frac{\mathrm{d}S}{\mathrm{d}x} = h\left(\frac{\sum F_{左}}{a} - \frac{\sum F_{右}}{b}\right) = 0
$$

于是有

$$
\frac{\sum F_{左}}{a} = \frac{\sum F_{右}}{b}
\tag{17.6}
$$

即左、右两侧的平均荷载应相等。

【例 17.3】 如图 17.17(a)所示,简支梁受两汽车荷载作用,试求截面 $K$ 的最大弯矩 $M_{K\max}$。

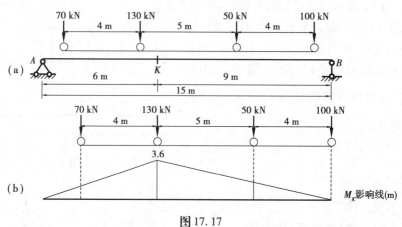

图 17.17

【解】 ①绘制 $M_K$ 影响线,如图 17.17(b)所示。

②确定临界荷载。根据梁上荷载的排列,判断可能的临界荷载是 130 kN。令 $F_K = 130$ kN,则 $\sum F_{左} = 70$ kN, $\sum F_{右} = 50 + 100 = 150$ kN。由判别式有

$$\frac{70 + 130}{6} = 33.33 > \frac{150}{9} = \frac{50}{3} = 16.67$$

$$\frac{70}{6} = 11.67 < \frac{130 + 50}{9} = 20$$

(注意:将 $F_K = 130$ kN 置于截面 $K$ 处,当荷载组向右移动微小距离时,最右边的 100 kN 荷载刚好被移除梁之外,此时 $\sum F_{右} = 50$ kN)

$F_K = 130$ kN 满足判别式,因此是临界荷载。

③确定最不利荷载位置。经分析,虽然 100 kN 也是临界荷载,但很明显,临界荷载为 100 kN 时截面 $K$ 的弯矩小于临界荷为 130 kN 时的弯矩。因此,当 130 kN 作用在截面 $K$ 处时的荷载位置是 $M_K$ 的最不利荷载位置。

④计算最大弯矩 $M_{K\max}$。根据影响线中与最不利荷载位置中各荷载对应的竖标可得

$$M_{K\max} = 70 \times \frac{2}{6} \times 3.6 + 130 \times 3.6 + 50 \times \frac{4}{9} \times 3.6 + 100 \times 0 = 632(\text{kN} \cdot \text{m})$$

我们必须注意,如果量值的影响线是直角三角形(包括影响线的竖标有突变的情况),判别式(17.5)、式(17.6)将不再适用。此时的最不利荷载位置,如果荷载比较简单,可直观判定。如图 17.18 所示的影响线,行列荷载中各集中荷载的大小相等,即 $F_1 = F_2 = F_3 = F_4$,显然当 $F_1$ 位于影响线的顶点时所产生的 $S$ 值最大,故为最不利荷载位置。

图 17.18        图 17.19

当荷载比较复杂时,可按前面估计最不利荷载位置的原则,布置几种荷载位置,并计算出每种荷载位置时的 $S$ 值,其中产生最大 $S$ 值的荷载位置即为最不利荷载位置。例如图 17.19所示影响线,如果荷载间的关系为 $F_1 = F_2 > F_3 = F_4$,则只需分别将 $F_1$, $F_2$ 放置在影响线突变点的正竖标(即突变点右侧)处,并求出两种荷载位置时的 $S$ 值,其中最大 $S$ 值对应的荷载位置便是使量值 $S$ 为最大值的最不利荷载位置。

# 17.4 简支梁的内力包络图和绝对最大弯矩

## 1)简支梁的内力包络图

在设计承受移动荷载的结构时,通常需要求出结构中所有截面的最大、最小内力,连接各截面的最大、最小内力的图形称为内力包络图。内力包络图反映了结构承受移动荷载作用时,所有截面内力的极值,是结构设计的重要依据,在吊车梁、楼盖的连续梁和桥梁的设计

中都要用到。下面以一实例来说明简支梁的弯矩包络图和剪力包络图的绘制方法。

如图 17.20(a)所示为一跨度为 12 m 的吊车梁,承受图中所示的吊车荷载作用。首先将梁沿其轴线分为若干等分,本例分为十等分。然后利用影响线逐一求出各等分截面上的最大弯矩和最小弯矩。其中最小弯矩是梁在恒载作用下各个截面的弯矩。对于吊车梁来讲,恒载所引起的弯矩比活载所引起的弯矩要小得多,设计中通常将它略去。因此,本例只考虑活载即移动荷载所引起的弯矩,那么各截面的最小弯矩均为零。最后根据计算结果,将各截面的最大弯矩以相同的比例画出,并用光滑曲线相连,即得到弯矩包络图,如图 17.20(b)所示。

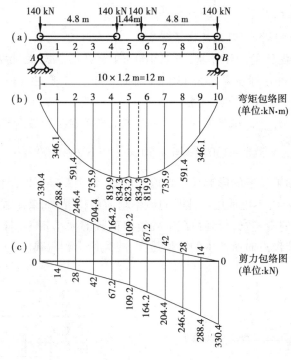

图 17.20

同理,可求出梁上所有截面的最大和最小剪力,画出剪力包络图,如图 17.20(c)所示。由于每个截面都会产生最大剪力和最小剪力,因此剪力包络图有两条曲线。

由上可以看出,内力包络图是针对某种移动荷载而言的,同一结构在不同的移动荷载作用下,其内力包络图也不相同。

### 2) 简支梁的绝对最大弯矩

由前面的讲述我们知道,简支梁的弯矩包络图反映了所有截面弯矩的最大值,其中的最大竖标值是所有截面最大弯矩中的最大值,称为绝对最大弯矩,用 $M_{max}$ 表示。绝对最大弯矩无疑是考虑移动荷载作用时结构分析、设计的重要依据。可以通过作出弯矩包络图来得到绝对最大弯矩,但这种方法计算量大,而且精度也不高,因此一般不采用此方法来计算绝对最大弯矩。下面介绍一种较为简便的方法。

由于简支梁在移动荷载作用下,其上任一截面都有最大弯矩,其值可以通过确定该截面弯矩的最不利荷载位置,并计算该荷载位置时的弯矩而得到。那么,要得到简支梁的绝对最大弯矩,就必须知道:(a)绝对最大弯矩发生在哪一个截面? (b)此截面发生最大弯矩时的荷载位置。

当梁在集中荷载组作用下,无论荷载处于什么位置,弯矩图的顶点总是在集中荷载作用的截面处,也即在任何荷载位置时,梁的最大弯矩一定发生在某个集中荷载作用的截面上。因而,可以断定:绝对最大弯矩必定发生在某一集中荷载作用处的截面上。剩下的问题便是确定绝对最大弯矩究竟发生在哪一荷载位置的哪一个集中荷载作用处。为此,可先任选一集中荷载,看荷载处于什么位置时,该荷载作用处的截面弯矩达到最大值。按相同的方法,依次计算出各荷载作用点处截面的最大弯矩,加以比较,即可确定出绝对最大弯矩。

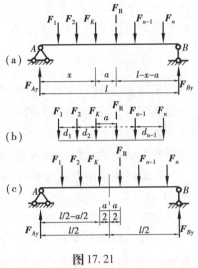

图 17.21

如图 17.21(a)所示的简支梁,受一组移动集中荷载作用。取梁上的某一集中荷载 $F_K$,设 $F_K$ 到左支座 $A$ 的距离为 $x$。

梁上所有荷载的合力为 $F_R = F_1 + F_2 + F_K + \cdots + F_{n-1} + F_n = \sum F_i$,$F_R$ 到 $F_K$ 的距离为 $a$。以 $F_K$ 的作用点为矩心,根据合力矩定理可得

$$F_R \cdot a = M_K(F_n) + M_K(F_{n-1}) + \cdots - M_K(F_2) - M_K(F_1)$$
$$= M_K^R - M_K^L$$

于是有

$$a = \frac{M_K^R - M_K^L}{F_R} \tag{17.7}$$

式中,$M_K^R$,$M_K^L$ 分别为 $F_K$ 以右梁上和以左梁上的荷载对 $F_K$ 作用点的力矩总和。由于集中荷载组中各荷载之间的距离是固定的,如图 17.21(b)所示,$d_1$,$d_2$,$\cdots$,$d_{n-1}$,$d_n$ 均为常数,并不会随整个荷载组的移动而变化。显然,$M_K^R$,$M_K^L$ 也是与 $x$ 无关的常数,因此,合力 $F_R$ 到 $F_K$ 的距离 $a$ 也是常数。当合力 $F_R$ 位于 $F_K$ 的右侧时,$a$ 为正;而当 $F_R$ 位于 $F_K$ 的左侧时,则 $a$ 为负。

以全梁为研究对象,可求得左支座 $A$ 的反力为

$$F_{Ay} = \frac{F_R}{l}(l - x - a)$$

$F_K$ 作用点处截面上的弯矩 $M_x$ 为

$$M_x = F_{Ay}x - M_K^L = \frac{F_R}{l}(l - x - a)x - M_K^L$$

当 $M_x$ 为极大值时,根据极值条件

$$\frac{\mathrm{d}M_x}{\mathrm{d}x} = \frac{F_R}{l}(l - 2x - a) = 0$$

由此可得,最大弯矩的截面位置为

$$x = \frac{l}{2} - \frac{a}{2} \tag{17.8}$$

该式表明,当 $F_K$ 与合力 $F_R$ 对称于梁的中点放置时,如图17.21(c)所示,$F_K$ 作用点处截面上的弯矩达到最大值,其值为

$$M_{max} = \frac{F_R}{4l}(l - a)^2 - M_K^L \tag{17.9}$$

采用上述方法,可以计算出每个荷载作用点截面的最大弯矩,然后进行比较就能得到绝对最大弯矩。但是,当梁上的集中荷载较多时,采取这种方式会比较麻烦。实际计算时,应先预估发生绝对最大弯矩的临界荷载。经验表明,使梁中点截面发生最大弯矩的临界荷载就是发生绝对最大弯矩的临界荷载。因此,计算简支梁绝对最大弯矩的步骤为:

①确定使梁中点截面 $C$ 发生最大弯矩的临界荷载 $F_K$,并求出梁中点截面 $C$ 的最大弯矩 $M_{C\,max}$。

②根据梁上布置的荷载个数求出其合力 $F_R$ 的大小和相对于 $F_K$ 的位置。

③移动荷载组使 $F_K$ 与合力 $F_R$ 对称于梁的中点放置,此时必须注意检查移动后梁上的荷载是否与前面计算合力时相符,如有变化(即有荷载被移到梁之外或有新的荷载移至梁上),则应重新计算合力,并再次将 $F_K$ 与重新计算的合力 $F_R$ 对称于梁的中点放置,直至荷载移动前后梁上的荷载没有变化。

④按式(17.9)计算 $F_K$ 作用点处截面上的弯矩,通常就是绝对最大弯矩 $M_{max}$。

还应注意,如果假设梁上放置不同的荷载个数均能实现上述荷载布置时,则应将不同情况下 $F_K$ 作用点处截面上的弯矩分别求出,然后取最大者为绝对最大弯矩。

【例17.4】 试求如图17.22(a)所示简支梁在两台吊车荷载作用下的绝对最大弯矩,并与跨中截面最大弯矩进行比较。已知 $F_1 = F_2 = F_3 = F_4 = 152$ kN。

【解】 ①求跨中截面 $C$ 的最大弯矩。绘出 $M_C$ 影响线,如图17.22(b)所示,显然 $F_2$(或 $F_3$)位于 $C$ 点时是 $M_C$ 的最不利荷载位置〔图17.22(a)〕,$M_C$ 的最大值为

$$M_{C\,max} = 152 \times (0.6 + 3.0 + 2.28) = 893.76(\text{kN} \cdot \text{m})$$

②求绝对最大弯矩。

a. 考虑4个荷载全作用在梁上的情况,令 $F_2 = F_K$,此时

$$F_R = 152 \times 4 = 608 \text{ kN}, a = \frac{1.44}{2} = 0.72(\text{m})$$

将 $F_2$ 与 $F_R$ 对称于梁的中点,荷载位置如图17.22(c)所示,此时4个荷载全在梁上,与求合力时相同,由式(17.9)可计算得此荷载位置时 $F_2$ 作用点截面的最大弯矩为

$$M_{1\,max} = \frac{F_R}{4l}(l - a)^2 - M_K^L = \frac{608}{4 \times 12} \times (12 - 0.72)^2 - 152 \times 4.8 = 882.09(\text{kN} \cdot \text{m})$$

b. 考虑3个荷载作用在梁上的情况,令 $F_3 = F_K$,此时

$$F_R = 152 \times 3 = 456 \text{ kN}$$

$$a = \frac{M_K^R - M_K^L}{F_R} = \frac{152 \times 4.8 - 152 \times 1.44}{456} = 1.12(\text{m})$$

将 $F_3$ 与 $F_R$ 对称于梁的中点,荷载位置如图17.22(d)所示,此时最左边的荷载 $F_1$ 被移到梁之外了,只有3个荷载在梁上,与求合力时相同,由式(17.9)可计算得此荷载位置时 $F_3$ 作用

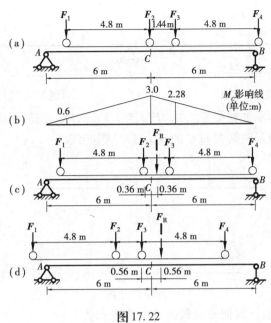

图 17.22

点截面的最大弯矩为

$$M_{2\,max} = \frac{456}{4 \times 12} \times (12 - 1.12)^2 - 152 \times 1.44 = 905.68 (\text{kN} \cdot \text{m})$$

经过比较可知,在如图 17.22(d) 所示的荷载位置时 $F_3$ 作用点的截面发生绝对最大弯矩,其值为

$$M_{max} = M_{2\,max} = 905.68 \text{ kN} \cdot \text{m}$$

③比较绝对最大弯矩与跨中截面的最大弯矩。

$$\frac{M_{max} - M_{C\,max}}{M_{max}} \times 100\% = \frac{905.68 - 893.76}{905.68} \times 100\% = 1.3\%$$

即绝对最大弯矩比跨中截面最大弯矩大 $1.3\%$。在工程实际中,有时也用跨中截面最大弯矩来近似代替绝对最大弯矩。

# 思考题

17.1 影响线中的竖标 $y$ 与单位荷载有什么关系?

17.2 为什么绘制影响线时要强调某一指定位置的指定量值?

17.3 什么是最不利荷载位置? 什么是临界荷载?

17.4 内力图、内力包络图、影响线三者有何区别?

17.5 简支梁的绝对最大弯矩与跨中截面的最大弯矩有何区别? 在什么情况下二者相等?

# 习 题

17.1 试作如图所示悬臂梁的反力 $(F_{By}, M_B)$ 及内力 $(F_{QC}, M_C)$ 的影响线。

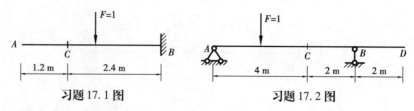

习题 17.1 图          习题 17.2 图

**17.2** 试作如图所示伸臂梁 $F_{Ay}$，$M_C$，$F_{QC}$，$M_B$，$F_{QB左}$，$F_{QB右}$ 的影响线。

**17.3** 试作如图所示刚架截面 $C$ 的 $F_{QC}$ 和 $M_C$ 影响线。

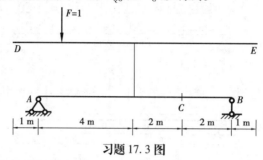

习题 17.3 图

**17.4** 利用影响线，计算伸臂梁截面 $C$ 的弯矩和剪力。

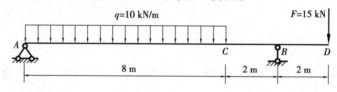

习题 17.4 图

**17.5** 如图所示简支梁,在两台吊车荷载作用下,已知 $F_1 = F_2 = F_3 = F_4 = 82$ kN,试求截面 $C$ 的最大弯矩,最大正剪力及最大负剪力。

**17.6** 如图所示简支梁在移动荷载作用,已知 $F_1 = 120$ kN，$F_2 = 60$ kN，$F_3 = 20$ kN。试求其绝对最大弯矩,并与跨中截面最大弯矩作比较。

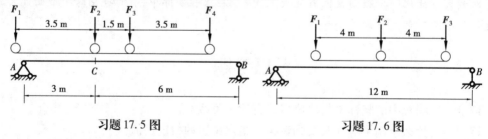

习题 17.5 图          习题 17.6 图

**17.7** 两台型号不同的吊车正通过如图所示简支梁,已知 $F_1 = F_2 = 435$ kN，$F_3 = F_4 = 295$ kN。试求吊车在通过时简支梁的绝对最大弯矩。

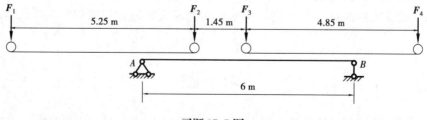

习题 17.7 图

# 附　录

## 附录 I　截面的几何性质

### I.1　截面的静矩和形心位置

计算杆件在外力作用下横截面上的应力和杆件变形时,将用到与杆件横截面的形状和尺寸有关的几何量。这些几何量包括截面的面积、静矩、惯性矩、极惯性矩、惯性积和惯性半径等。这些截面几何量的特征及相互关系,称为截面的几何性质。

#### 1)静矩

任一截面图形如图 I.1 所示,其面积为 $A$。若在图形平面内任选一坐标系 $yOz$,在截面中任意一点处取一微面积 $\mathrm{d}A$,该点坐标为 $y,z$,则整个截面上各微面积 $\mathrm{d}A$ 与 $y$ 坐标(或 $z$ 坐标)的乘积的总和称为截面对 $z$ 轴(或 $y$ 轴)的静矩或一次矩,用 $S_z$ 或 $S_y$ 表示。

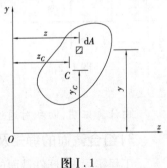

图 I.1

$$S_z = \int_A y\mathrm{d}A , S_y = \int_A z\mathrm{d}A \qquad （\text{I}.1）$$

静矩是截面对一定坐标轴而言的。所以静矩 $S_z$、$S_y$ 值与截面的面积及坐标轴的位置有关。不同截面对同一坐标轴的静矩不相同;同一截面对不同坐标轴的静矩也不同。其值可为正、负或零。常用单位为 $\mathrm{m}^3$ 或 $\mathrm{mm}^3$。

#### 2)形心

由静力学的知识可推得,均质薄板的重心坐标公式为

$$y_C = \frac{\sum \Delta A \cdot y}{A} , z_C = \frac{\sum \Delta A \cdot z}{A}$$

或

$$y_C = \frac{\int_A y\mathrm{d}A}{A} , z_C = \frac{\int_A z\mathrm{d}A}{A} \qquad （\text{I}.2）$$

而均质薄板重心与薄板对称平面图形形心的 $y,z$ 坐标是相同的,所以式(Ⅰ.2)也可用来计算平面图形(或截面图形)的形心坐标。由于上式中积分 $\int_A y\mathrm{d}A$ 和 $\int_A z\mathrm{d}A$ 就是截面 $A$ 对 $z$ 轴和 $y$ 轴的静矩 $S_z$ 或 $S_y$。因此,式(Ⅰ.2)又可写成如下形式:

$$y_C = \frac{S_z}{A}, z_C = \frac{S_y}{A} \tag{Ⅰ.3}$$

式(Ⅰ.3)表明,如果已知截面对 $z$ 轴和 $y$ 轴的静矩以及截面的面积 $A$,就可用式(Ⅰ.3)求得截面形心在 $yOz$ 坐标 $y_C,z_C$。若将式(Ⅰ.3)改写成为

$$S_z = Ay_C, S_y = Az_C \tag{Ⅰ.4}$$

则可用截面的面积乘以形心的坐标,计算截面对坐标轴的静矩。

由式(Ⅰ.3)和式(Ⅰ.4)可知:

①若截面对某轴的静矩等于零,则该轴必通过截面形心,即截面对形心轴的静矩恒等于零。

②截面如有一根对称轴,则截面形心必在对称轴上;若截面有两根对称轴,则两对称轴的交点就是截面形心。

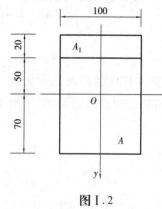

图Ⅰ.2

【例Ⅰ.1】 求如图Ⅰ.2所示矩形截面 $A_1$(100 mm × 20 mm)和 $A$(100 mm × 140 mm)对 $z$ 轴的静矩。

【解】 ①求 $A_1$ 对 $z$ 轴的静矩。

$$A_1 = 100 \times 20 = 2\ 000\ \text{mm}^2, y_{C1} = -50 - \frac{20}{2} = -60\ \text{mm}$$

代入式(Ⅰ.4),得

$$S_{1z} = A_1 \cdot y_{C1} = 2\ 000 \times (-60) = -12 \times 10^4\ \text{mm}^3$$

②求 $A$ 对 $z$ 轴的静矩。

$$A = 140 \times 100 = 14\ 000\ \text{mm}^2, y_C = 0$$

代入公式(Ⅰ.4),得

$$S_z = Ay_C = 14\ 000 \times 0 = 0$$

由计算证明,面积对通过其形心轴的静矩等于零。

### 3)组合截面的静矩及形心位置

工程实际中,杆件截面的图形大多由一些比较简单的几何图形或型钢截面图形组成,这样的截面称为组合截面。由静矩的定义〔式(Ⅰ.1)〕知,组合截面对某轴的静矩,等于组合截面各组成部分对该轴静矩的代数和。计算式为

$$S_y = \sum_{i=1}^{n} A_i z_{Ci}, S_z = \sum_{i=1}^{n} A_i y_{Ci} \tag{Ⅰ.5}$$

式中,$A_i,y_{Ci},z_{Ci}$ 分别表示某一组成部分的面积及它的形心在 $yOz$ 坐标系中的坐标;$n$ 为组成部分的个数。

将组合截面面积 $\sum\limits_{i=1}^{n} A_i$ 及式(Ⅰ.5)代入式(Ⅰ.3),就得到组合截面的形心坐标公式为

$$y_C = \frac{\sum\limits_{i=1}^{n} A_i y_{Ci}}{\sum\limits_{i=1}^{n} A_i}, z_C = \frac{\sum\limits_{i=1}^{n} A_i z_{Ci}}{\sum\limits_{i=1}^{n} A_i} \qquad (\text{I}.6)$$

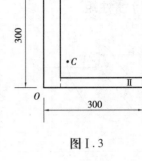

图 I.3

【例 I.2】　求如图 I.3 所示 L 形截面形心的位置。

【解】　①建立如图所示的参考坐标系。

②把截面分为两块形心容易确定的矩形 I 和 II，其面积和形心坐标分别为

$$A_1 = 300 \times 50 = 15 \times 10^3 \text{ mm}^2, y_{C1} = 150 \text{ mm}, z_{C1} = 25 \text{ mm}$$

$$A_2 = 250 \times 30 = 7.5 \times 10^3 \text{ mm}^2, y_{C2} = 15 \text{ mm}, z_{C2} = 175 \text{ mm}$$

③应用式（ I.5）可得该截面对 $y$ 轴和 $z$ 轴的静矩分别为

$$S_y = \sum_{i=1}^{n} A_i z_{Ci} = 15 \times 10^3 \times 25 + 7.5 \times 10^3 \times 175$$

$$= 1.688 \times 10^6 (\text{mm}^3)$$

$$S_z = \sum_{i=1}^{n} A_i y_{Ci} = 15 \times 10^3 \times 150 + 7.5 \times 10^3 \times 15$$

$$= 2.363 \times 10^6 (\text{mm}^3)$$

④截面的形心坐标为

$$y_C = \frac{S_z}{A} = \frac{2.363 \times 10^6}{15 \times 10^3 + 7.5 \times 10^3} = 105 (\text{mm})$$

$$z_C = \frac{S_y}{A} = \frac{1.688 \times 10^6}{15 \times 10^3 + 7.5 \times 10^3} = 75 (\text{mm})$$

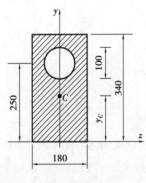

图 I.4

【例 I.3】　求如图 I.4 所示截面形心的位置。

【解】　将阴影面积看作是矩形面积 $A_1$ 挖去直径 $d = 100$ mm 圆形面积 $A_2$ 而得，这也是一种截面组合形式。

①选参考坐标。选截面对称轴为 $y$ 轴，$z$ 轴与底边重合。由于 $y$ 为对称轴，截面形心一定在 $y$ 轴上，故有 $z_C = 0$，只要求出 $y_C$ 即可确定截面的形心位置。

②计算截面对 $z$ 轴的静矩。

a. 截面面积：

$$A = A_1 - A_2 = 180 \times 340 - \frac{\pi}{4} \times 100^2 = 53.35 \times 10^3 (\text{mm}^2)$$

b. 截面对 $z$ 轴的静矩：

$$S_z = S_{1z} - S_{2z} = 180 \times 340 \times 170 - \frac{\pi}{4} \times 100^2 \times 250 = 8.44 \times 10^6 (\text{mm}^3)$$

c. 截面的形心坐标：

$$y_C = \frac{S_z}{A} = \frac{8.44 \times 10^6}{53.35 \times 10^3} = 158.2 (\text{mm}), z_C = 0$$

## Ⅰ.2　惯性矩、极惯性矩和惯性积

### 1)惯性矩

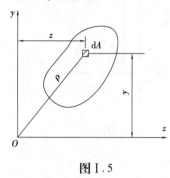

图Ⅰ.5

如图Ⅰ.5所示为任意形状的平面图形,其面积为 $A$,在图形平面内建立直角坐标系 $yOz$。在截面上任取一微面积 $dA$,设微面积 $dA$ 的坐标分别为 $z$ 和 $y$,则把乘积 $y^2 dA$ 和 $z^2 dA$ 分别称为微面积 $dA$ 对 $z$ 轴和 $y$ 轴的惯性矩。而把积分 $\int_A y^2 dA$ 和 $\int_Z z^2 dA$ 分别定义为截面对 $z$ 轴和 $y$ 轴的惯性矩,分别用 $I_z$ 与 $I_y$ 表示,即

$$I_z = \int_A y^2 dA, I_y = \int_A z^2 dA \qquad (Ⅰ.7)$$

由定义可知,惯性矩恒为正值,其常用单位是 $mm^4$ 或 $m^4$。

在结构设计中,惯性矩是衡量构件截面抗弯能力的一个几何量。惯性矩这个名称,是从动力学中的转动惯量这个名词借用来的,因为它也是衡量横截面绕轴转动"惯性"大小的一个量。

### 2)极惯性矩

在图Ⅰ.5中,若微面积 $dA$ 到坐标原点 $O$ 的距离为 $\rho$,则 $\rho^2 dA$ 称为微面积 $dA$ 对 $O$ 点的极惯性矩,积分 $\int_A \rho^2 dA$ 定义为截面对 $O$ 点的极惯性矩,用 $I_P$ 表示,即

$$I_P = \int_A \rho^2 dA \qquad (Ⅰ.8)$$

由定义可知,极惯性矩恒为正值,其常用单位是 $mm^4$ 或 $m^4$。

由图Ⅰ.5可知,$\rho^2 = z^2 + y^2$,代入上式,得

$$I_P = \int_A \rho^2 dA = \int_A (z^2 + y^2) dA = \int_A z^2 dA + \int_A y^2 dA$$

因此有

$$I_P = I_y + I_z \qquad (Ⅰ.9)$$

即任意截面对一点的极惯性矩等于截面对以该点为原点的任意两正交坐标轴的惯性矩之和。

### 3)惯性积

在图Ⅰ.5中,微面积 $dA$ 与其坐标 $y,z$ 的乘积 $yzdA$ 称为微面积 $dA$ 对 $z,y$ 两轴的惯性积,积分 $\int_A yzdA$ 定义为截面对 $z,y$ 两轴的惯性积,用 $I_{yz}$ 表示,即

$$I_{yz} = \int_A yzdA \qquad (Ⅰ.10)$$

由定义可知,惯性积可为正、负或零,其常用单位是 $mm^4$ 或 $m^4$。

由式(Ⅰ.10)可知,若截面具有一个对称轴,则截面对包括该对称轴在内的一对正交轴的惯性积恒等于零。这是因为在对称轴的两侧,处于对称位置的两个微面积 $dA$ 的惯性积

$yzdA$ 的数值大小相等而正负号相反,互为相反数,致使整个截面的惯性积必等于零。

### 4) 惯性半径

在工程的某些实际应用中,为方便起见,有时将惯性矩表示成某一长度平方与截面面积 $A$ 的乘积,即

$$I_z = Ai_z^2, I_y = Ai_y^2 \qquad (\text{I}.11)$$

式中,$i_z, i_y$ 称为截面对 $z, y$ 轴的惯性半径。其常用单位是 mm 或 m。当已知截面面积 $A$ 和惯性矩 $I_z$ 和 $I_y$ 时,惯性半径即可由下式求得:

$$i_z = \sqrt{\frac{I_z}{A}}, i_y = \sqrt{\frac{I_y}{A}} \qquad (\text{I}.12)$$

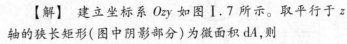

图 I.6

【例 I.4】 试求如图 I.6 所示矩形截面对其对称轴的惯性矩和惯性半径。

【解】 取平行于 $z$ 轴的狭长矩形作为微面积,即 $dA = bdy$,根据式(I.7),有

$$I_z = \int_A y^2 dA = \int_{-h/2}^{h/2} y^2 \cdot b dy = \frac{bh^3}{12}$$

$$i_z = \sqrt{\frac{I_z}{A}} = \sqrt{\frac{bh^3/12}{bh}} = \frac{\sqrt{3}}{6}h$$

计算 $I_y$ 时,取平行于 $y_c$ 轴的微面积 $dA = hdz$,即可得

$$I_y = \int_A z^2 dA = \int_{-b/2}^{b/2} z^2 \cdot h dz = \frac{hb^3}{12}$$

$$i_y = \sqrt{\frac{I_y}{A}} = \sqrt{\frac{hb^3/12}{bh}} = \frac{\sqrt{3}}{6}b$$

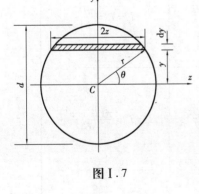

图 I.7

【例 I.5】 求如图 I.7 所示圆截面对于其形心轴的惯性矩和惯性半径。

【解】 建立坐标系 $Ozy$ 如图 I.7 所示。取平行于 $z$ 轴的狭长矩形(图中阴影部分)为微面积 $dA$,则

$$dA = 2zdy = 2r\cos\theta d(r\sin\theta) = 2r^2\cos^2\theta d\theta$$

由式(I.7),有

$$I_z = \int_A y^2 dA = \int_{-\pi/2}^{\pi/2} (r\sin\theta)^2 2r^2\cos^2\theta d\theta$$

$$= \int_{-\pi/2}^{\pi/2} \frac{r^4}{2}\sin^2 2\theta d\theta = \frac{r^4}{2}\int_{-\pi/2}^{\pi/2} \frac{1-\cos 4\theta}{2} d\theta$$

$$= \frac{r^4}{4}\left[\theta - \frac{\sin 4\theta}{4}\right]\Bigg|_{-\frac{\pi}{2}}^{\frac{\pi}{2}} = \frac{\pi r^4}{4} = \frac{\pi d^4}{64}$$

$$i_z = \sqrt{\frac{I_z}{A}} = \sqrt{\frac{\pi r^4/4}{\pi r^2}} = \frac{r}{2} = \frac{d}{4}$$

根据对称性,截面对 $z$ 和 $y$ 轴的惯性矩和惯性半径相等,即

$$I_y = I_z = \frac{\pi r^4}{4} = \frac{\pi d^4}{64}, i_y = i_z = \frac{r}{2} = \frac{d}{4}$$

由此可知,圆的惯性半径不等于圆的半径,只是圆半径的二分之一,它是另一种与截面几何形状、尺寸有关的几何量,是惯性的一种量度,所以叫惯性半径,也叫回转半径。

利用圆截面的极惯性矩 $I_P = \frac{\pi d^4}{32}$,由于圆截面对任一形心轴的惯性矩均相等,因此 $I_y = I_z$。由式(Ⅰ.9)可得

$$I_y = I_z = \frac{I_P}{2} = \frac{\pi d^4}{64}$$

由此可见,有时利用截面对某点的极惯性矩等于截面对通过该点的两个正交轴的惯性矩之和,来计算截面的极惯性矩或惯性矩比较方便。

对于图Ⅰ.6和Ⅰ.7所示的矩形截面和圆截面,由于 $z,y$ 两轴都是截面的对称轴,因此惯性积 $I_{yz}$ 均等于零。

表Ⅰ.1列出了常用简单截面的惯性矩。

表Ⅰ.1　几种常见截面的面积、形心位置和惯性矩

| 序号 | 图　形 | 面　积 | 形心位置 | 惯性矩 |
|---|---|---|---|---|
| 1 | | $A = bh$ | $e = \frac{h}{2}$ | $I_z = \frac{bh^3}{12}$ $I_y = \frac{hb^3}{12}$ |
| 2 | | $A = \frac{\pi D^2}{4}$ | $e = \frac{D}{2}$ | $I_z = I_y = \frac{\pi D^4}{64}$ |
| 3 | | $A = \frac{\pi(D^2 - d^2)}{4}$ | $e = \frac{D}{2}$ | $I_z = I_y = \frac{\pi(D^4 - d^4)}{64}$ |
| 4 | | $A = \frac{bh}{2}$ | $e = \frac{h}{3}$ | $I_z = \frac{bh^3}{36}$ |

续表

| 序号 | 图　形 | 面　积 | 形心位置 | 惯性矩 |
|---|---|---|---|---|
| 5 | 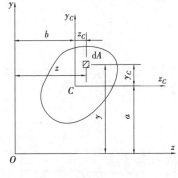 | $A = \dfrac{\pi R^2}{2}$ | $e = \dfrac{4R}{3\pi}$ | $I_y = \left(\dfrac{1}{8} - \dfrac{8}{9\pi^2}\right)\pi R^4$ |

#### 5) 惯性矩和惯性积的平行移轴公式

同一截面,对不同坐标轴的惯性矩是不同的,相互之间存在着一定的关系。现在来讨论,截面对相互平行的坐标轴的惯性矩之间的关系。

如图 I.8 所示任意截面图形,其面积为 $A$,截面对任意 $y,z$ 轴的惯性矩和惯性积分别为 $I_y, I_z$ 和 $I_{yz}$。截面的形心 $C$ 在 $Oyz$ 坐标系中的坐标为 $(a,b)$,通过形心 $C$ 有两条分别与 $y,z$ 轴平行的 $y_C, z_C$ 轴,称为形心轴。截面对 $y_C, z_C$ 轴的惯性矩和惯性积分别为 $I_{y_C}, I_{z_C}$ 和 $I_{y_C z_C}$。

由图 I.8 可知,截面上任一微面积 $dA$ 在 $Oyz$ 和 $Cy_C z_C$ 两坐标系中的坐标 $(y,z)$ 与 $(y_C, z_C)$ 间的关系为

$$z = z_C + b, \quad y = y_C + a$$

式中,$a,b$ 即为两平行坐标系间的距离。

图 I.8

由式( I.7)可得截面对 $z$ 轴的惯性矩为

$$I_z = \int_A y^2 dA = \int_A (y_C + a)^2 dA = \int_A y_C^2 dA + 2a\int_A y_C dA + a^2 \int_A dA$$

上式中,$\int_A y_C^2 dA$ 为截面对形心轴 $z_C$ 的惯性矩 $I_{z_C}$,即 $\int_A y_C^2 dA = I_{z_C}$;$\int_A y_C dA$ 为截面对形心轴 $z_C$ 的静矩 $S_{z_C}$,故恒等于零,即 $\int_A y_C dA = S_{z_C} = 0$;$\int_A dA = A$ 为截面面积,上式可写成

$$I_z = I_{z_C} + a^2 A \tag{I.12a}$$

同理可得

$$I_y = I_{y_C} + b^2 A \tag{I.12b}$$

$$I_{yz} = I_{y_C z_C} + abA \tag{I.12c}$$

式( I.12)称为惯性矩和惯性积的平行移轴公式。该式表明:截面对某轴的惯性矩,等于该截面对平行于该轴的形心轴的惯性矩,加上截面面积与两轴之间距离平方的乘积;截面对两正交坐标轴的惯性积,等于该截面对与这两坐标轴平行的正交形心坐标轴的惯性积,加上该截面的面积与截面形心坐标的乘积。利用此公式即可根据截面对形心轴的惯性矩或惯性积,来计算截面对与形心轴平行的坐标轴的惯性矩或惯性积,或进行逆运算。

由式( I.12)可知,截面对一系列平行轴的惯性矩中,对通过形心轴的惯性矩最小。而在应用该式计算惯性积时,要注意式中 $a,b$ 两坐标值有正负号。

平行移轴公式在惯性矩和惯性积的计算中有着广泛的应用。

### 6)组合截面的惯性矩和惯性积

根据惯性矩和惯性积的定义,由积分原理可知,组合截面图形对某轴的惯性矩(或惯性积),等于各组成部分对同一轴的惯性矩(或惯性积)之和。若组合截面由 $n$ 个部分组成,则组合截面对 $y,z$ 两轴的惯性矩和惯性积分别为

$$I_y = \sum_{i=1}^{n} I_{yi}, I_z = \sum_{i=1}^{n} I_{zi}, I_{yz} = \sum_{i=1}^{n} I_{yzi} \qquad (\text{I}.13)$$

式中,$I_{yi}$,$I_{zi}$和$I_{yzi}$分别为组合截面中各组成部分 $i$ 对 $y,z$ 两轴的惯性矩和惯性积。

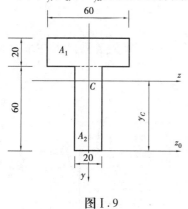

图 I.9

【例 I.6】 试计算如图 I.9 所示 T 形截面对水平形心轴 $z$ 和竖向形心轴 $y$ 的惯性矩。

解 ①确定截面形心位置。由于截面有一根对称轴 $y$,故形心必在此轴上,即

$$z_C = 0$$

为求 $y_C$,先设 $z_0$ 轴。将截面图形分成两个矩形,这两部分的面积和形心的 $y$ 坐标分别为

$$A_1 = 60 \times 20 = 12 \times 10^2 (\text{mm}^2), y_1 = \frac{20}{2} + 60 = 70(\text{mm})$$

$$A_2 = 60 \times 20 = 12 \times 10^2 (\text{mm}^2), y_2 = \frac{60}{2} = 30(\text{mm})$$

故

$$y_C = \frac{\sum A_i y_i}{A} = \frac{12 \times 10^2 \times 70 + 12 \times 10^2 \times 30}{12 \times 10^2 \times 2} = 50(\text{mm})$$

②计算 $I_z$ 与 $I_y$。由惯性矩的平行移轴公式(I.12a)和组合截面的惯性矩公式(I.13),可得该 T 形截面对水平形心轴 $z$ 的惯性矩为

$$I_z = I_{z1} + I_{z2} = \frac{60 \times 20^3}{12} + 60 \times 20 \times \left[\left(\frac{20}{2} + 60\right) - 50\right]^2 + \frac{20 \times 60^3}{12} + 60 \times 20 \times \left(50 - \frac{60}{2}\right)^2$$

$$= 1.36 \times 10^6 (\text{mm}^4)$$

由于该 T 形截面的竖向形心轴 $y$ 正好经过矩形截面 $A_1$,$A_2$ 的形心,利用矩形截面对对称轴的惯性矩公式 $I_y = \frac{hb^3}{12}$ 和组合截面的惯性矩公式(I.13),可得该 T 形截面对竖向形心轴 $y$ 的惯性矩为

$$I_y = I_{y1} + I_{y2} = \frac{20 \times 60^3}{12} + \frac{60 \times 20^3}{12} = 4 \times 10^5 (\text{mm}^4)$$

【例 I.7】 求如图 I.10 所示半圆形截面对平行于底边的 $z_1$ 轴的惯性矩 $I_{z_1}$。已知 $R = 40$ mm,$z_1$ 轴与底边相距 $a = 30$ mm。

【解】 ①半圆形截面对 $z$ 轴的惯性矩。根据惯性矩的定义可得半圆形截面对直径轴 $z$ 的惯性矩,等于圆截面对直径轴

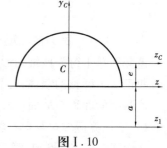

图 I.10

的惯性矩 $\dfrac{\pi d^4}{64}$ 的一半,于是有

$$I_z = \frac{\pi d^4}{128} = \frac{\pi \times 80^4}{128} = 100.48 \times 10^4\,(\text{mm}^4)$$

虽然 $z$ 轴和 $z_1$ 轴平行,但由于 $z$ 和 $z_1$ 均不是形心轴,因此不能直接用平行移轴公式来计算 $I_{z_1}$,而必须先计算半圆截面对与 $z_1$ 轴平行的形心轴 $z_C$ 的惯性矩 $I_{z_C}$,再利用平行移轴公式计算 $I_{z_1}$。

②半圆形截面对与 $z_1$ 轴平行的形心轴 $z_C$ 的惯性矩。由平行移轴公式(Ⅰ.12a),移项得

$$I_{z_C} = I_z - e^2 A = I_z - \left(\frac{4R}{3\pi}\right)^2 \cdot \frac{\pi R^2}{2} = 100.48 \times 10^4 - \left(\frac{4 \times 40}{3\pi}\right)^2 \times \frac{\pi \times 40^2}{2}$$

$$= 2.80 \times 10^5\,(\text{mm}^4)$$

③计算 $I_{z_1}$。由平行移轴公式(Ⅰ.12a)可得

$$I_{z_1} = I_{z_C} + (e + a)^2 A = I_{z_C} + \left(\frac{4R}{3\pi} + a\right)^2 \times \frac{\pi R^2}{2}$$

$$= 2.80 \times 10^5 + \left(\frac{4 \times 40}{3\pi} + 30\right)^2 \times \frac{\pi \times 40^2}{2}$$

$$= 5.826 \times 10^6\,(\text{mm}^4)$$

【例Ⅰ.8】 如图Ⅰ.11所示为由两个20b号槽钢组成的组合柱子的横截面。试求此截面对对称轴 $y_o$ 和 $z_o$ 的惯性矩。

【解】 ①型钢截面的几何性质。该组合截面由两个截面图形1和2所组成,每个20b号槽钢的有关几何数据可以从型钢表中查出。

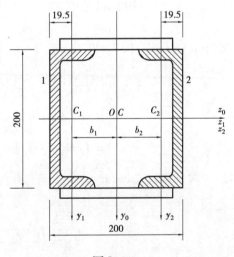

图Ⅰ.11

槽钢1和2的形心分别为 $C_1,C_2$,形心到截面的外边缘的距离为19.5 mm。

槽钢1和2的面积为

$$A_1 = A_2 = 32.83\ \text{cm}^2 = 3.283 \times 10^3\ \text{mm}^2$$

槽钢1和2分别对自身形心轴 $z_1,y_1,z_2$ 和 $y_2$ 的惯性矩为 $I_{z_1},I_{y_1},I_{z_2}$ 和 $I_{y_2}$,它们分别为

$$I_{z_1} = I_{z_2} = 1\ 913.7\ \text{cm}^4 = 19.137 \times 10^6\ \text{mm}^4$$

$$I_{y_1} = I_{y_2} = 143.6\ \text{cm}^4 = 1.436 \times 10^6\ \text{mm}^4$$

②求组合截面对 $z_0$ 轴的惯性矩 $I_{z_0}$。因为组合截面的 $z_0$ 轴与槽钢1和2的形心轴 $z_1,z_2$ 重合,由组合截面的惯性矩公式(Ⅰ.13)可得

$$I_{z_0} = I_{z_1} + I_{z_2} = 19.137 \times 10^6 + 19.137 \times 10^6 = 38.274 \times 10^6\,(\text{mm}^4)$$

③求组合截面对 $y_o$ 轴的惯性矩 $I_{y_0}$。因为槽钢1和2各自的形心轴 $y_1$ 和 $y_2$ 与 $y_0$ 轴平行,并且 $y_1$ 和 $y_2$ 轴与 $y_0$ 轴之间的距离为

$$b_1 = b_2 = \frac{200}{2} - 19.5 = 80.5\,(\text{mm})$$

由惯性矩的平行移轴公式(Ⅰ.12b)和组合截面的惯性矩公式(Ⅰ.13)并根据对称性

可得

$$I_{y_0} = (I_{y_1} + A_1 b_1^2) + (I_{y_2} + A_2 b_2^2) = (I_{y_1} + A_1 b_1^2) \times 2$$

$$= (1.436 \times 10^6 + 3.283 \times 10^3 \times 80.5^2) \times 2$$

$$= 45.421 \times 10^6 (\text{mm}^4)$$

## *I.3 主惯性轴和主惯性矩

### 1)惯性矩和惯性积的转轴公式

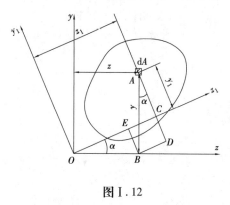

图 I.12

如图 I.12 所示一任意形状截面的面积为 $A$。已知截面对通过其上任意一点 $O$ 的两正交坐标轴 $z$，$y$ 轴的惯性矩和惯性积分别为 $I_z$，$I_y$ 和 $I_{yz}$。当坐标轴 $z$，$y$ 绕 $O$ 点逆时针转过 $\alpha$ 角后，得到一新的坐标系 $Oz_1y_1$，截面对 $z_1$，$y_1$ 轴的惯性矩和惯性积分别为 $I_{z_1}$，$I_{y_1}$ 和 $I_{z_1y_1}$。

截面上任意微面积 $dA$ 在两坐标系 $Ozy$ 和 $Oz_1y_1$ 中的坐标 $(z,y)$ 与 $(z_1,y_1)$ 间的关系为：

$$z_1 = \overline{OC} = \overline{OE} + \overline{EC} = \overline{OE} + \overline{BD} = z \cos \alpha + y \sin \alpha$$

$$y_1 = \overline{AC} = \overline{AD} - \overline{CD} = \overline{AD} - \overline{BE} = y \cos \alpha - z \sin \alpha$$

将上式代入式（I.7）得

$$I_{z_1} = \int_A y_1^2 dA = \int_A (y \cos \alpha - z \sin \alpha)^2 dA$$

$$= \cos^2\alpha \int_A y^2 dA - 2 \sin \alpha \cos \alpha \int_A zy dA + \sin^2\alpha \int_A z^2 dA$$

$$= I_z \cos^2\alpha - I_{yz}\sin 2\alpha + I_y \sin^2 \alpha$$

将三角公式 $\cos^2\alpha = \dfrac{1 + \cos 2\alpha}{2}$，$\sin^2\alpha = \dfrac{1 - \cos 2\alpha}{2}$，$2 \sin \alpha \cos \alpha = \sin 2\alpha$ 代入上式，整理后得

同理

$$\left.\begin{aligned} I_{z_1} &= \frac{I_z + I_y}{2} + \frac{I_z - I_y}{2}\cos 2\alpha - I_{yz}\sin 2\alpha \\[2mm] I_{y_1} &= \frac{I_z + I_y}{2} - \frac{I_z - I_y}{2}\cos 2\alpha + I_{yz}\sin 2\alpha \\[2mm] I_{y_1z_1} &= \frac{I_z - I_y}{2}\sin 2\alpha + I_{yz}\cos 2\alpha \end{aligned}\right\} \qquad (\text{I}.14)$$

式（I.14）称为惯性矩和惯性积的转轴公式。它表示当坐标轴绕原点旋转时，截面对具有不同转角的各坐标轴的惯性矩或惯性积之间的关系。

若将式（I.14）中的前两式相加，并利用式（I.9），则有

$$I_{z_1} + I_{y_1} = I_z + I_y = I_P \qquad (\text{I}.15)$$

上式表明，截面对通过一点的任意两正交轴的惯性矩之和为常数，且等于截面对该点的极惯性矩。

### 2) 主惯性轴和主惯性矩

由转轴式（Ⅰ.14）可知，当坐标轴绕 $O$ 点转动时，惯性积将随着角度 $\alpha$ 的改变而变化，且有正有负。因此，必有一特定角度 $\alpha_0$，以及相应的 $z_0$，$y_0$ 轴（图Ⅰ.13），使截面对于这一对坐标轴的惯性积等于零。截面对其惯性积等于零的一对坐标轴称为主惯性轴。截面对主惯性轴的惯性矩称为主惯性矩。

为了确定 $\alpha_0$，可令式（Ⅰ.13）中的第三式为零，即

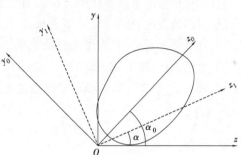

图Ⅰ.13

$$I_{y_1 z_1} = \frac{I_z - I_y}{2}\sin 2\alpha + I_{yz}\cos 2\alpha = 0$$

于是可得

$$\tan 2\alpha_0 = -\frac{2I_{yz}}{I_z - I_y} \qquad （Ⅰ.16）$$

由上式解出角度 $\alpha_0$ 的值，即可确定两主惯性轴中 $z_0$ 轴的位置。

将求得的 $\alpha_0$ 的值代入式（Ⅰ.14）的前两个式子，即可求得截面的主惯性矩。下面来直接导出主惯性矩的计算公式。根据三角函数的关系可得

$$\cos 2\alpha_0 = \frac{1}{\sec 2\alpha_0} = \frac{1}{\sqrt{1 + \tan^2 2\alpha_0}} = \frac{I_z - I_y}{\sqrt{(I_z - I_y)^2 + 4I_{yz}^2}}$$

$$\sin 2\alpha_0 = \cos 2\alpha_0 \tan 2\alpha_0 = \frac{-2I_{yz}}{\sqrt{(I_z - I_y)^2 + 4I_{yz}^2}}$$

将 $\cos 2\alpha_0$ 和 $\sin 2\alpha_0$ 的上述表达式代入式（Ⅰ.14）中前两式，经化简后可得主惯性矩的计算公式为

$$\genfrac{}{}{0pt}{}{I_{z_0}}{I_{y_0}} = \frac{I_z + I_y}{2} \pm \frac{1}{2}\sqrt{(I_z - I_y)^2 + 4I_{yz}^2} \qquad （Ⅰ.17）$$

由式（Ⅰ.14）中前两式可知，惯性矩 $I_{z_1}$ 和 $I_{y_1}$ 都是 $\alpha$ 角的正弦和余弦函数，而 $\alpha$ 角可在 0 到 $2\pi$ 的范围内变化，因此 $I_{z_1}$ 和 $I_{y_1}$ 必有极值。由式（Ⅰ.15）可知，截面对通过同一点的任意一对正交坐标轴的两惯性矩之和为一常数。因此，在 $I_{z_1}$ 和 $I_{y_1}$ 的两个极值中一个将是极大值，另一个则为极小值。显然使 $I_{z_1}$ 和 $I_{y_1}$ 为极值的坐标轴位置将满足

$$\frac{\mathrm{d}I_{z_1}}{\mathrm{d}\alpha} = 0 \quad 和\frac{\mathrm{d}I_{y_1}}{\mathrm{d}\alpha} = 0$$

由此解得的坐标轴位置的表达式与式（Ⅰ.16）完全相同。可见，截面对通过任一点的主惯性轴的惯性矩（即主惯性矩），是截面对通过该点的所有轴的惯性矩中的最大值和最小值。

当主惯性轴通过截面形心时，这根主轴就称为形心主惯性轴，简称形心主轴。截面对形心主轴的惯性矩称为形心主惯性矩。

当截面具有对称轴时，因为截面对包含对称轴在内的一对正交坐标轴的惯性积为零，所以对称轴及与之垂直的坐标轴一定是主轴。但主轴不一定是对称轴。因为对称轴必通过形心，所以对称轴和过形心并与它垂直的另一根轴一定是形心主轴。如果截面有两根对称轴，则这两根对称轴就是形心主轴。

形心主轴及形心主惯性矩在判断受弯构件是否为平面弯曲及弯曲应力和弯曲变形计算时都要用到它。

### 3) 组合截面的形心主惯性轴和形心主惯性矩

在计算组合截面的形心主惯性轴和形心主惯性矩时,首先应确定其形心的位置,然后视其有无对称轴而采用不同的方法。若组合截面有一个或一个以上的对称轴,则通过形心且包括对称轴在内的两正交轴就是形心主惯性轴,再按 I.2 节中的方法计算形心主惯性矩。若组合截面无对称轴,则可选择适当的形心轴(一般选择平行于各个简单截面之形心主惯性轴的坐标轴),按 I.2 节中的方法计算截面对该形心轴的惯性矩和惯性积,再利用式( I.16)及( I.17)确定形心主惯性轴的位置和计算形心主惯性矩。

# 思考题

I.1　如图所示 $z$ 轴为形心轴。阴影部分与非阴影部分对 $z$ 轴的面积矩,在数量上有什么关系?

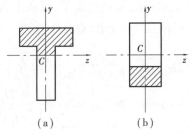

思考题 I.1 图

I.2　在所有平行轴中,平面图形对过形心的坐标轴的惯性矩最小,试说明理由。

I.3　惯性矩、惯性积、惯性半径是怎样定义的? 它们的单位是什么? 它们的值哪个可正、可负、可为零?

# 习　题

I.1　试计算如图所示各截面图形对 $z$ 轴的静矩。

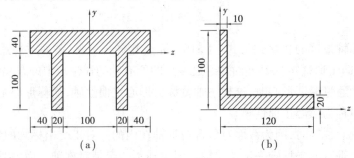

习题 I.1 图

I.2　试求如图所示组合图形的形心坐标 $y_C$ 及对形心轴 $z_C$ 的惯性矩。

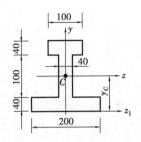

**习题 I.2 图**

I.3　计算如图所示截面图形对形心轴 $y,z$ 的惯性矩 $I_y$ 和 $I_z$。

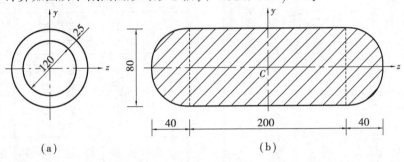

（a）　　　　　　　　　（b）

**习题 I.3 图**

I.4　如图所示为一 T 形截面。试求：

①形心位置并计算图形对形心轴 $z$ 的静矩。

②图形对水平形心轴 $z$ 轴的惯性矩。

I.5　求如图所示截面对形心轴的惯性矩。

I.6　如图所示截面由两根 20 号槽钢组成。若使截面对两形心轴的惯性矩相等，$a$ 为多少？

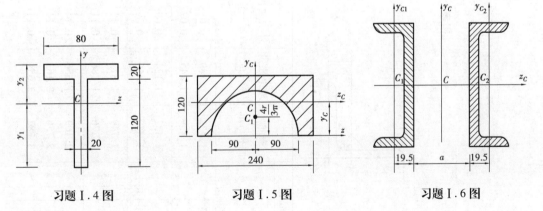

习题 I.4 图　　　　　习题 I.5 图　　　　　习题 I.6 图

# 附录 Ⅱ 型钢表

## 附表 1 热轧等边角钢（GB/T 706—2016）

符号意义：

b—边宽度；
d—边厚度；
r—内圆弧半径；
$r_1$—边端内圆弧半径；
I—惯性矩；
i—惯性半径；
W—弯曲截面系数；
$z_0$—重心距离。

| 角钢型号 | 尺寸/mm | | | 截面面积/cm² | 理论质量/(kg·m⁻¹) | 外表面积/(m²·m⁻¹) | 参考数值 | | | | | | | | | | | | |
|---|---|---|---|---|---|---|---|---|---|---|---|---|---|---|---|---|---|---|
| | | | | | | | x—x | | | $x_0$—$x_0$ | | | $y_0$—$y_0$ | | | $x_1$—$x_1$ | $z_0$ | | |
| | b | d | r | | | | $I_x$ /cm⁴ | $i_x$ /cm | $W_x$ /cm³ | $I_{x_0}$ /cm⁴ | $i_{x_0}$ /cm | $W_{x_0}$ /cm³ | $I_{y_0}$ /cm⁴ | $i_{y_0}$ /cm | $W_{y_0}$ /cm³ | $I_{x_1}$ /cm⁴ | /cm | | |
| 2 | 20 | 3 | 3.5 | 1.132 | 0.889 | 0.078 | 0.40 | 0.59 | 0.29 | 0.63 | 0.75 | 0.45 | 0.17 | 0.39 | 0.20 | 0.81 | 0.60 | | |
| | | 4 | | 1.459 | 1.145 | 0.077 | 0.50 | 0.58 | 0.36 | 0.78 | 0.73 | 0.55 | 0.22 | 0.38 | 0.24 | 1.09 | 0.64 | | |
| 2.5 | 25 | 3 | | 1.432 | 1.124 | 0.098 | 0.82 | 0.76 | 0.46 | 1.29 | 0.95 | 0.73 | 0.34 | 0.49 | 0.33 | 1.57 | 0.73 | | |
| | | 4 | | 1.859 | 1.459 | 0.097 | 1.03 | 0.74 | 0.59 | 1.62 | 0.93 | 0.92 | 0.43 | 0.48 | 0.40 | 2.11 | 0.76 | | |
| 3.0 | 30 | 3 | 4.5 | 1.749 | 1.373 | 0.117 | 1.46 | 0.91 | 0.68 | 2.31 | 1.15 | 1.09 | 0.61 | 0.59 | 0.51 | 2.71 | 0.85 | | |
| | | 4 | | 2.276 | 1.786 | 0.117 | 1.84 | 0.90 | 0.87 | 2.92 | 1.13 | 1.37 | 0.77 | 0.58 | 0.62 | 3.63 | 0.89 | | |
| 3.6 | 36 | 3 | 4.5 | 2.109 | 1.656 | 0.141 | 2.58 | 1.11 | 0.99 | 4.09 | 1.39 | 1.61 | 1.07 | 0.71 | 0.76 | 4.68 | 1.00 | | |
| | | 4 | | 2.756 | 2.163 | 0.141 | 3.29 | 1.09 | 1.28 | 5.22 | 1.38 | 2.05 | 1.37 | 0.70 | 0.93 | 6.25 | 1.04 | | |
| | | 5 | | 3.382 | 2.654 | 0.141 | 3.95 | 1.08 | 1.56 | 6.24 | 1.36 | 2.45 | 1.65 | 0.70 | 1.09 | 7.84 | 1.07 | | |

| | | | | | | | | | | | | | | | | | |
|---|---|---|---|---|---|---|---|---|---|---|---|---|---|---|---|---|---|
| 4.0 | 40 | 3 | | 2.359 | 1.852 | 0.157 | 3.59 | 1.23 | 1.23 | 5.69 | 1.55 | 2.01 | 1.49 | 0.79 | 0.96 | 6.41 | 1.09 |
| | | 4 | | 3.086 | 2.422 | 0.157 | 4.60 | 1.22 | 1.60 | 7.29 | 1.54 | 2.58 | 1.91 | 0.79 | 1.19 | 8.56 | 1.13 |
| | | 5 | | 3.791 | 2.976 | 0.156 | 5.53 | 1.21 | 1.96 | 8.76 | 1.52 | 3.01 | 2.30 | 0.78 | 1.39 | 10.74 | 1.17 |
| 4.5 | 45 | 3 | 5 | 2.659 | 2.088 | 0.177 | 5.17 | 1.40 | 1.58 | 8.20 | 1.76 | 2.58 | 2.14 | 0.90 | 1.24 | 9.12 | 1.22 |
| | | 4 | | 3.486 | 2.736 | 0.177 | 6.65 | 1.38 | 2.05 | 10.56 | 1.74 | 3.32 | 2.75 | 0.89 | 1.54 | 12.18 | 1.26 |
| | | 5 | | 4.292 | 3.369 | 0.176 | 8.04 | 1.37 | 2.51 | 12.74 | 1.72 | 4.00 | 3.33 | 0.88 | 1.81 | 15.25 | 1.30 |
| | | 6 | | 5.076 | 3.985 | 0.176 | 9.33 | 1.36 | 2.95 | 14.76 | 1.70 | 4.64 | 3.89 | 0.88 | 2.06 | 18.36 | 1.33 |
| 5 | 50 | 3 | 5.5 | 2.971 | 2.332 | 0.197 | 7.18 | 1.55 | 1.96 | 11.37 | 1.96 | 3.22 | 2.98 | 1.00 | 1.57 | 12.50 | 1.34 |
| | | 4 | | 3.897 | 3.059 | 0.197 | 9.26 | 1.54 | 2.56 | 14.70 | 1.94 | 4.16 | 3.82 | 0.99 | 1.96 | 16.69 | 1.38 |
| | | 5 | | 4.803 | 3.770 | 0.196 | 11.21 | 1.53 | 3.13 | 17.79 | 1.92 | 5.03 | 4.64 | 0.98 | 2.31 | 20.90 | 1.42 |
| | | 6 | | 5.688 | 4.465 | 0.196 | 13.05 | 1.52 | 3.68 | 20.68 | 1.91 | 5.85 | 5.42 | 0.98 | 2.63 | 25.14 | 1.46 |
| 5.6 | 56 | 3 | 6 | 3.343 | 2.624 | 0.221 | 10.19 | 1.75 | 2.48 | 16.14 | 2.20 | 4.08 | 4.24 | 1.13 | 2.02 | 17.56 | 1.48 |
| | | 4 | | 4.390 | 3.446 | 0.220 | 13.18 | 1.73 | 3.24 | 20.92 | 2.18 | 5.28 | 5.46 | 1.11 | 2.52 | 23.43 | 1.53 |
| | | 5 | 6 | 5.415 | 4.251 | 0.220 | 16.02 | 1.72 | 3.97 | 25.42 | 2.17 | 6.42 | 6.61 | 1.10 | 2.98 | 29.33 | 1.57 |
| | | 8 | 7 | 8.367 | 6.568 | 0.219 | 23.63 | 1.68 | 6.03 | 37.37 | 2.11 | 9.44 | 9.89 | 1.09 | 4.16 | 47.24 | 1.68 |
| 6.3 | 63 | 4 | | 4.978 | 3.907 | 0.248 | 19.03 | 1.96 | 4.13 | 30.17 | 2.46 | 6.78 | 7.89 | 1.26 | 3.29 | 33.35 | 1.70 |
| | | 5 | 7 | 6.143 | 4.822 | 0.248 | 23.17 | 1.94 | 5.08 | 36.77 | 2.45 | 8.25 | 9.57 | 1.25 | 3.90 | 41.73 | 1.74 |
| | | 6 | | 7.288 | 5.721 | 0.247 | 27.12 | 1.93 | 6.00 | 43.03 | 2.43 | 9.66 | 11.20 | 1.24 | 4.46 | 50.14 | 1.78 |
| | | 8 | | 9.515 | 7.469 | 0.247 | 34.46 | 1.90 | 7.75 | 54.56 | 2.40 | 12.25 | 14.33 | 1.23 | 5.47 | 67.11 | 1.85 |
| | | 10 | | 11.657 | 9.151 | 0.246 | 41.09 | 1.88 | 9.39 | 64.85 | 2.36 | 14.56 | 17.33 | 1.22 | 6.36 | 84.31 | 1.93 |
| 7 | 70 | 4 | | 5.570 | 4.372 | 0.275 | 26.39 | 2.18 | 5.14 | 41.80 | 2.74 | 8.44 | 10.99 | 1.40 | 4.17 | 45.74 | 1.86 |
| | | 5 | 8 | 6.875 | 5.397 | 0.275 | 32.21 | 2.16 | 6.32 | 51.08 | 2.73 | 10.32 | 13.34 | 1.39 | 4.95 | 57.21 | 1.91 |
| | | 6 | | 8.160 | 6.406 | 0.275 | 37.77 | 2.15 | 7.48 | 59.93 | 2.71 | 12.11 | 15.61 | 1.38 | 5.67 | 68.73 | 1.95 |
| | | 7 | | 9.424 | 7.398 | 0.275 | 43.09 | 2.14 | 8.59 | 68.35 | 2.69 | 13.81 | 17.82 | 1.38 | 6.34 | 80.29 | 1.99 |
| | | 8 | | 10.667 | 8.373 | 0.274 | 48.17 | 2.12 | 9.68 | 76.37 | 2.68 | 15.43 | 19.98 | 1.37 | 6.98 | 91.92 | 2.03 |

续表

| 角钢型号 | 尺寸/mm | | | 截面面积/cm² | 理论质量/(kg·m⁻¹) | 外表面积/(m²·m⁻¹) | 参考数值 | | | | | | | | | | | |
| | b | d | r | | | | x—x | | | x₀—x₀ | | | y₀—y₀ | | | x₁—x₁ | z₀ |
| | | | | | | | $I_x$/cm⁴ | $i_x$/cm | $W_x$/cm³ | $I_{x_0}$/cm⁴ | $i_{x_0}$/cm | $W_{x_0}$/cm³ | $I_{y_0}$/cm⁴ | $i_{y_0}$/cm | $W_{y_0}$/cm³ | $I_{x_1}$/cm⁴ | /cm |
| 7.5 | 75 | 5 | 9 | 7.367 | 5.818 | 0.295 | 39.97 | 2.33 | 7.32 | 63.30 | 2.92 | 11.94 | 16.63 | 1.50 | 5.77 | 70.56 | 2.04 |
| | | 6 | | 8.797 | 6.905 | 0.294 | 46.95 | 2.31 | 8.64 | 74.38 | 2.90 | 14.02 | 19.51 | 1.49 | 6.67 | 84.55 | 2.07 |
| | | 7 | | 10.160 | 7.976 | 0.294 | 53.57 | 2.30 | 9.93 | 84.96 | 2.89 | 16.02 | 22.18 | 1.48 | 7.44 | 98.71 | 2.11 |
| | | 8 | | 11.503 | 9.030 | 0.294 | 59.96 | 2.28 | 11.20 | 95.07 | 2.88 | 17.93 | 24.86 | 1.47 | 8.19 | 112.97 | 2.15 |
| | | 10 | | 14.126 | 11.089 | 0.293 | 71.98 | 2.26 | 13.64 | 113.92 | 2.84 | 21.48 | 30.05 | 1.46 | 9.56 | 141.71 | 2.22 |
| 8 | 80 | 5 | 9 | 7.912 | 6.211 | 0.315 | 48.79 | 2.48 | 8.347 | 77.33 | 3.13 | 13.67 | 20.25 | 1.60 | 6.66 | 85.36 | 2.15 |
| | | 6 | | 9.397 | 7.376 | 0.314 | 57.35 | 2.47 | 9.87 | 90.98 | 3.11 | 16.08 | 23.72 | 1.59 | 7.65 | 102.50 | 2.19 |
| | | 7 | | 10.860 | 8.525 | 0.314 | 65.58 | 2.46 | 11.37 | 104.07 | 3.10 | 18.40 | 27.09 | 1.58 | 8.58 | 119.70 | 2.23 |
| | | 8 | | 12.303 | 9.658 | 0.314 | 73.49 | 2.44 | 12.83 | 116.60 | 3.08 | 20.61 | 30.39 | 1.57 | 9.46 | 136.97 | 2.27 |
| | | 10 | | 15.126 | 11.874 | 0.313 | 88.43 | 2.42 | 15.64 | 140.09 | 3.04 | 24.76 | 36.77 | 1.56 | 11.08 | 171.74 | 2.35 |
| 9 | 90 | 6 | 10 | 10.637 | 8.350 | 0.354 | 82.77 | 2.79 | 12.61 | 131.26 | 3.51 | 20.63 | 34.28 | 1.80 | 9.95 | 145.87 | 2.44 |
| | | 7 | | 12.301 | 9.656 | 0.354 | 94.83 | 2.78 | 14.54 | 150.47 | 3.50 | 23.64 | 39.18 | 1.78 | 11.19 | 170.30 | 2.48 |
| | | 8 | | 13.944 | 10.946 | 0.353 | 106.47 | 2.76 | 16.42 | 168.97 | 3.48 | 26.55 | 43.97 | 1.78 | 12.35 | 194.80 | 2.52 |
| | | 10 | | 17.167 | 13.476 | 0.353 | 128.58 | 2.74 | 20.07 | 203.90 | 3.45 | 32.04 | 53.26 | 1.76 | 14.52 | 244.07 | 2.59 |
| | | 12 | | 20.306 | 15.940 | 0.352 | 149.22 | 2.71 | 23.57 | 236.21 | 3.41 | 37.12 | 62.22 | 1.75 | 16.49 | 293.76 | 2.67 |
| 10 | 100 | 6 | 12 | 11.932 | 9.366 | 0.393 | 114.95 | 3.01 | 15.68 | 181.98 | 3.90 | 25.74 | 47.92 | 2.00 | 12.69 | 200.07 | 2.67 |
| | | 7 | | 13.796 | 10.830 | 0.393 | 131.86 | 3.09 | 18.10 | 208.97 | 3.89 | 29.55 | 54.74 | 1.99 | 14.26 | 233.54 | 2.71 |
| | | 8 | | 15.638 | 12.276 | 0.393 | 148.24 | 3.08 | 20.47 | 235.07 | 3.88 | 33.24 | 61.41 | 1.98 | 15.75 | 267.09 | 2.76 |
| | | 10 | | 19.261 | 15.120 | 0.392 | 179.51 | 3.05 | 25.06 | 284.68 | 3.84 | 40.26 | 74.35 | 1.96 | 18.54 | 334.48 | 2.84 |
| | | 12 | | 22.800 | 17.898 | 0.391 | 208.90 | 3.03 | 29.48 | 330.95 | 3.81 | 46.80 | 86.84 | 1.95 | 21.08 | 402.34 | 2.91 |
| | | 14 | | 26.256 | 20.611 | 0.391 | 236.53 | 3.00 | 33.73 | 374.06 | 3.77 | 52.90 | 99.00 | 1.94 | 23.44 | 470.75 | 2.99 |
| | | 16 | | 29.627 | 23.257 | 0.390 | 262.53 | 2.98 | 37.82 | 414.16 | 3.74 | 58.57 | 110.89 | 1.94 | 25.63 | 539.80 | 3.06 |

| | | | | | | | | | | | | | | | | | |
|---|---|---|---|---|---|---|---|---|---|---|---|---|---|---|---|---|---|
| 11 | 110 | 12 | 7 | 15.196 | 11.928 | 0.433 | 177.16 | 3.41 | 22.05 | 280.94 | 4.30 | 36.12 | 73.38 | 2.20 | 17.51 | 310.64 | 2.96 |
| | | | 8 | 17.238 | 13.532 | 0.433 | 199.46 | 3.40 | 24.95 | 316.49 | 4.28 | 40.69 | 82.42 | 2.19 | 19.39 | 355.20 | 3.01 |
| | | | 10 | 21.261 | 16.690 | 0.432 | 242.19 | 3.38 | 30.60 | 384.39 | 4.25 | 49.42 | 99.98 | 2.17 | 22.91 | 444.65 | 3.09 |
| | | | 12 | 25.200 | 19.782 | 0.431 | 282.55 | 3.35 | 36.05 | 448.17 | 4.22 | 57.62 | 116.93 | 2.15 | 26.15 | 534.60 | 3.16 |
| | | | 14 | 29.056 | 22.809 | 0.431 | 320.71 | 3.32 | 41.31 | 508.01 | 4.18 | 65.31 | 133.40 | 2.14 | 29.14 | 625.16 | 3.24 |
| 12.5 | 125 | 14 | 8 | 19.750 | 15.504 | 0.492 | 297.03 | 3.88 | 32.52 | 470.89 | 4.88 | 53.28 | 123.16 | 2.50 | 25.86 | 521.01 | 3.37 |
| | | | 10 | 24.373 | 19.133 | 0.491 | 361.67 | 3.85 | 39.97 | 573.89 | 4.85 | 64.93 | 149.46 | 2.48 | 30.62 | 651.93 | 3.45 |
| | | | 12 | 28.912 | 22.696 | 0.491 | 423.16 | 3.83 | 41.17 | 671.44 | 4.82 | 75.96 | 174.88 | 2.46 | 35.03 | 783.42 | 3.53 |
| 12.25 | 125 | 14 | 14 | 33.367 | 26.193 | 0.490 | 481.65 | 3.80 | 54.16 | 763.73 | 4.78 | 86.41 | 199.57 | 2.45 | 39.13 | 915.61 | 3.61 |
| 14 | 140 | 14 | 10 | 27.373 | 21.488 | 0.551 | 514.65 | 4.34 | 50.58 | 817.27 | 5.46 | 82.56 | 212.04 | 2.78 | 39.20 | 915.11 | 3.82 |
| | | | 12 | 32.512 | 25.522 | 0.551 | 603.68 | 4.31 | 59.80 | 958.79 | 5.43 | 96.85 | 248.57 | 2.76 | 45.02 | 1 099.28 | 3.90 |
| | | | 14 | 37.567 | 29.490 | 0.550 | 688.81 | 4.28 | 68.75 | 1 093.56 | 5.40 | 110.47 | 284.06 | 2.75 | 50.45 | 1 284.22 | 3.98 |
| | | | 16 | 42.539 | 33.393 | 0.549 | 770.24 | 4.26 | 77.46 | 1 221.81 | 5.36 | 123.42 | 318.67 | 2.74 | 55.55 | 1 470.07 | 4.06 |
| 16 | 160 | 16 | 10 | 31.502 | 24.729 | 0.630 | 779.53 | 4.98 | 66.70 | 1 237.30 | 6.27 | 109.36 | 321.76 | 3.20 | 52.76 | 1 365.33 | 4.31 |
| | | | 12 | 37.441 | 29.391 | 0.630 | 916.58 | 4.95 | 78.98 | 1 455.68 | 6.24 | 128.67 | 377.49 | 3.18 | 60.74 | 1 639.57 | 4.39 |
| | | | 14 | 43.296 | 33.987 | 0.629 | 1 048.36 | 4.92 | 90.95 | 1 665.02 | 6.20 | 147.17 | 431.70 | 3.16 | 68.244 | 1 914.68 | 4.47 |
| | | | 16 | 49.067 | 38.518 | 0.629 | 1 175.08 | 4.89 | 102.63 | 1 865.57 | 6.17 | 164.89 | 484.59 | 3.14 | 75.31 | 2 190.82 | 4.55 |
| 18 | 180 | 16 | 12 | 42.241 | 33.159 | 0.710 | 1 321.35 | 5.59 | 100.82 | 2 100.10 | 7.05 | 165.00 | 542.61 | 3.58 | 78.41 | 2 332.80 | 4.89 |
| | | | 14 | 48.896 | 38.388 | 0.709 | 1 514.48 | 5.56 | 116.25 | 2 407.42 | 7.02 | 189.14 | 625.53 | 3.56 | 88.38 | 2 723.48 | 4.97 |
| | | | 16 | 55.467 | 43.542 | 0.709 | 1 700.99 | 5.54 | 131.13 | 2 703.37 | 6.98 | 212.40 | 698.60 | 3.55 | 97.83 | 3 115.29 | 5.05 |
| | | | 18 | 61.955 | 48.634 | 0.708 | 1 875.12 | 5.50 | 145.64 | 2 988.24 | 6.94 | 234.78 | 762.01 | 3.51 | 105.14 | 3 502.43 | 5.13 |
| 20 | 200 | 18 | 14 | 54.642 | 42.894 | 0.788 | 2 103.55 | 6.20 | 144.70 | 3 343.26 | 7.82 | 236.40 | 863.83 | 3.98 | 111.82 | 3 734.10 | 5.46 |
| | | | 16 | 62.013 | 48.680 | 0.788 | 2 366.15 | 6.18 | 163.65 | 3 760.89 | 7.79 | 265.93 | 971.41 | 3.96 | 123.96 | 4 270.39 | 5.54 |
| | | | 18 | 69.301 | 54.401 | 0.787 | 2 620.64 | 6.15 | 182.22 | 4 164.54 | 7.75 | 294.48 | 1 076.74 | 3.94 | 135.52 | 4 808.13 | 5.62 |
| | | | 20 | 76.505 | 60.056 | 0.787 | 2 867.30 | 6.12 | 200.42 | 4 554.55 | 7.72 | 322.06 | 1 180.04 | 3.93 | 146.55 | 5 347.51 | 5.69 |
| | | | 24 | 90.661 | 71.168 | 0.785 | 2 338.25 | 6.07 | 236.17 | 5 294.97 | 7.64 | 374.41 | 1 381.53 | 3.90 | 166.55 | 6 457.16 | 5.87 |

注：①括号内型号不推荐使用。

②截面图中的 $r_1 = d/3$ 及表中 $r$ 值的数据用于孔型设计，不作为交货条件。

## 附表2 热轧不等边角钢（GB/T 706—2016）

符号意义：

B—长边宽度；
d—边厚度；
$r_1$—边端内圆弧半径；
i—惯性半径；
$x_0$—形心坐标；

b—短边宽度；
r—内圆弧半径；
I—惯性矩；
W—弯曲截面系数；
$y_0$—形心坐标。

| 角钢号数 | 尺寸/mm B | b | d | r | 截面面积 /cm² | 理论质量 /(kg·m⁻¹) | 外表面积 /(m²·m⁻¹) | 参考数值 x—x $I_x$ /cm⁴ | $i_x$ /cm | $W_x$ /cm³ | y—y $I_y$ /cm⁴ | $i_y$ /cm | $W_y$ /cm³ | $x_1$—$x_1$ $I_{x_1}$ /cm⁴ | $y_0$ /cm | $y_1$—$y_1$ $I_{y_1}$ /cm⁴ | $x_0$ /cm | u—u $I_u$ /cm⁴ | $i_u$ /cm | $W_u$ /cm³ | tan α |
|---|---|---|---|---|---|---|---|---|---|---|---|---|---|---|---|---|---|---|---|---|---|
| 2.5/1.6 | 25 | 16 | 3 | 3.5 | 1.162 | 0.912 | 0.080 | 0.70 | 0.78 | 0.43 | 0.22 | 0.44 | 0.19 | 1.56 | 0.86 | 0.43 | 0.42 | 0.14 | 0.34 | 0.16 | 0.392 |
|  |  |  | 4 |  | 1.499 | 1.176 | 0.079 | 0.88 | 0.77 | 0.55 | 0.27 | 0.43 | 0.24 | 2.09 | 0.90 | 0.59 | 0.46 | 0.17 | 0.34 | 0.20 | 0.381 |
| 3.2/2 | 32 | 20 | 3 | 3.5 | 1.492 | 1.171 | 0.102 | 1.53 | 1.01 | 0.72 | 0.46 | 0.55 | 0.30 | 3.27 | 1.08 | 0.82 | 0.49 | 0.28 | 0.43 | 0.25 | 0.382 |
|  |  |  | 4 |  | 1.939 | 1.522 | 0.101 | 1.93 | 1.00 | 0.93 | 0.57 | 0.54 | 0.39 | 4.37 | 1.12 | 1.12 | 0.53 | 0.35 | 0.42 | 0.32 | 0.374 |
| 4/2.5 | 40 | 25 | 3 | 4 | 1.890 | 1.484 | 0.127 | 3.08 | 1.28 | 1.15 | 0.93 | 0.70 | 0.49 | 6.39 | 1.32 | 1.59 | 0.59 | 0.56 | 0.54 | 0.40 | 0.386 |
|  |  |  | 4 |  | 2.467 | 1.936 | 0.127 | 3.93 | 1.26 | 1.49 | 1.18 | 0.69 | 0.63 | 8.53 | 1.37 | 2.14 | 0.63 | 0.71 | 0.54 | 0.52 | 0.381 |
| 4.5/2.8 | 45 | 28 | 3 | 5 | 2.149 | 1.687 | 0.143 | 4.45 | 1.44 | 1.47 | 1.34 | 0.79 | 0.62 | 9.10 | 1.47 | 2.23 | 0.64 | 0.8 | 0.61 | 0.51 | 0.383 |
|  |  |  | 4 |  | 2.806 | 2.203 | 0.143 | 5.69 | 1.42 | 1.91 | 1.70 | 0.78 | 0.80 | 12.13 | 1.51 | 3.00 | 0.68 | 1.02 | 0.60 | 0.66 | 0.380 |
| 5/3.2 | 50 | 32 | 3 | 5.5 | 2.431 | 1.908 | 0.161 | 6.24 | 1.60 | 1.84 | 2.02 | 0.91 | 0.82 | 12.49 | 1.60 | 3.31 | 0.73 | 1.20 | 0.70 | 0.68 | 0.404 |
|  |  |  | 4 |  | 3.177 | 2.494 | 0.160 | 8.02 | 1.59 | 2.39 | 2.58 | 0.90 | 1.06 | 16.65 | 1.65 | 4.45 | 0.77 | 1.53 | 0.69 | 0.87 | 0.402 |
| 5.6/3.6 | 56 | 36 | 3 | 6 | 2.743 | 2.153 | 0.181 | 8.88 | 1.80 | 2.32 | 2.92 | 1.03 | 1.05 | 17.54 | 1.78 | 4.70 | 0.80 | 1.73 | 0.79 | 0.87 | 0.408 |
|  |  |  | 4 |  | 3.590 | 2.818 | 0.180 | 11.25 | 1.79 | 3.03 | 3.76 | 1.02 | 1.37 | 23.39 | 1.82 | 6.33 | 0.85 | 2.23 | 0.79 | 1.13 | 0.408 |
|  |  |  | 5 |  | 4.415 | 3.466 | 0.180 | 13.86 | 1.77 | 3.71 | 4.49 | 1.01 | 1.65 | 29.25 | 1.87 | 7.94 | 0.88 | 2.67 | 0.78 | 1.36 | 0.404 |

| 型号 | B | b | d | r | A | 理论重量 | 外表面积 | $I_x$ | $i_x$ | $W_x$ | $I_y$ | $i_y$ | $W_y$ | | | | | | | |
|---|---|---|---|---|---|---|---|---|---|---|---|---|---|---|---|---|---|---|---|---|
| 6.3/4 | 60 | 40 | 4 | 7 | 4.058 | 3.185 | 0.202 | 16.49 | 2.02 | 3.87 | 5.23 | 1.14 | 1.70 | 33.30 | 2.04 | 8.63 | 0.92 | 3.12 | 0.88 | 1.40 | 0.398 |
| | | | 5 | | 4.993 | 3.920 | 0.202 | 20.02 | 2.00 | 4.74 | 6.31 | 1.12 | 2.71 | 41.63 | 2.08 | 10.86 | 0.95 | 3.76 | 0.87 | 1.71 | 0.396 |
| | | | 6 | | 5.908 | 4.638 | 0.201 | 23.36 | 1.96 | 5.59 | 7.29 | 1.11 | 2.43 | 49.98 | 2.12 | 13.12 | 0.99 | 4.34 | 0.86 | 1.99 | 0.393 |
| | | | 7 | | 6.802 | 5.339 | 0.201 | 26.53 | 1.98 | 6.40 | 8.24 | 1.10 | 2.78 | 58.07 | 2.15 | 15.47 | 1.03 | 4.97 | 0.86 | 2.29 | 0.389 |
| 7/4.5 | 70 | 45 | 4 | 7.5 | 4.547 | 3.570 | 0.226 | 23.17 | 2.26 | 4.86 | 7.55 | 1.29 | 2.17 | 45.92 | 2.24 | 12.26 | 1.02 | 4.40 | 0.98 | 1.77 | 0.410 |
| | | | 5 | | 5.609 | 4.403 | 0.225 | 27.95 | 2.23 | 5.92 | 9.13 | 1.28 | 2.65 | 57.10 | 2.28 | 15.39 | 1.06 | 5.40 | 0.98 | 2.19 | 0.407 |
| | | | 6 | | 6.647 | 5.218 | 0.225 | 32.54 | 2.21 | 6.95 | 10.62 | 1.26 | 3.12 | 68.35 | 2.32 | 18.58 | 1.09 | 6.35 | 0.98 | 2.59 | 0.404 |
| | | | 7 | | 7.657 | 6.011 | 0.225 | 37.22 | 2.20 | 8.03 | 12.01 | 1.25 | 3.57 | 79.99 | 2.36 | 21.84 | 1.13 | 7.16 | 0.97 | 2.94 | 0.402 |
| (7.5/5) | 75 | 50 | 5 | 8 | 6.125 | 4.808 | 0.245 | 34.86 | 2.39 | 6.83 | 12.61 | 1.44 | 3.30 | 70.00 | 2.40 | 21.04 | 1.17 | 7.41 | 1.10 | 2.74 | 0.435 |
| | | | 6 | | 7.260 | 5.699 | 0.245 | 41.12 | 2.38 | 8.12 | 14.70 | 1.42 | 3.88 | 84.30 | 2.44 | 25.37 | 1.21 | 8.54 | 1.08 | 3.19 | 0.435 |
| | | | 8 | | 9.467 | 7.431 | 0.244 | 52.39 | 2.35 | 10.52 | 18.53 | 1.40 | 4.99 | 112.50 | 2.52 | 34.23 | 1.29 | 10.87 | 1.07 | 4.10 | 0.429 |
| | | | 10 | | 11.590 | 9.098 | 0.244 | 62.71 | 2.33 | 12.79 | 21.96 | 1.38 | 6.04 | 140.80 | 2.60 | 43.43 | 1.36 | 13.10 | 1.06 | 4.99 | 0.423 |
| 8/5 | 80 | 50 | 5 | 8 | 6.375 | 5.005 | 0.255 | 41.96 | 2.56 | 7.78 | 12.82 | 1.42 | 3.32 | 85.21 | 2.60 | 21.06 | 1.14 | 7.66 | 1.10 | 2.74 | 0.388 |
| | | | 6 | | 7.560 | 5.935 | 0.255 | 49.49 | 2.56 | 9.25 | 14.95 | 1.41 | 3.91 | 102.53 | 2.65 | 25.41 | 1.18 | 8.85 | 1.08 | 3.20 | 0.387 |
| | | | 7 | | 8.724 | 6.848 | 0.255 | 56.16 | 2.54 | 10.58 | 16.96 | 1.39 | 4.48 | 119.33 | 2.69 | 29.82 | 1.21 | 10.18 | 1.08 | 3.70 | 0.384 |
| | | | 8 | | 9.867 | 7.745 | 0.254 | 62.83 | 2.52 | 11.92 | 18.85 | 1.38 | 5.03 | 136.41 | 2.73 | 34.32 | 1.25 | 11.38 | 1.07 | 4.16 | 0.381 |
| 9/5.6 | 90 | 56 | 5 | 9 | 7.212 | 5.661 | 0.287 | 60.45 | 2.90 | 9.92 | 18.32 | 1.59 | 4.21 | 121.32 | 2.91 | 29.53 | 1.25 | 10.98 | 1.23 | 3.49 | 0.385 |
| | | | 6 | | 8.557 | 6.717 | 0.286 | 71.03 | 2.88 | 11.74 | 21.42 | 1.58 | 4.96 | 145.59 | 2.95 | 35.58 | 1.29 | 12.90 | 1.23 | 4.18 | 0.384 |
| | | | 7 | | 9.880 | 7.756 | 0.286 | 81.01 | 2.86 | 13.49 | 24.36 | 1.57 | 5.70 | 169.66 | 3.00 | 41.71 | 1.33 | 14.67 | 1.22 | 4.72 | 0.382 |
| | | | 8 | | 11.183 | 8.779 | 0.286 | 91.03 | 2.85 | 15.27 | 27.15 | 1.56 | 6.41 | 194.17 | 3.04 | 47.93 | 1.36 | 16.34 | 1.21 | 5.29 | 0.380 |
| 10/6.3 | 100 | 63 | 6 | 10 | 9.617 | 7.550 | 0.320 | 99.06 | 3.21 | 14.64 | 30.94 | 1.79 | 6.35 | 199.71 | 3.24 | 50.50 | 1.43 | 18.42 | 1.38 | 5.25 | 0.394 |
| | | | 7 | | 11.111 | 8.722 | 0.320 | 113.45 | 3.29 | 16.88 | 35.26 | 1.78 | 7.29 | 233.00 | 3.28 | 59.14 | 1.47 | 21.00 | 1.38 | 6.02 | 0.393 |
| | | | 8 | | 12.584 | 9.878 | 0.319 | 127.37 | 3.18 | 19.08 | 39.39 | 1.77 | 8.21 | 266.32 | 3.32 | 67.88 | 1.50 | 23.5 | 1.37 | 6.78 | 0.391 |
| | | | 10 | | 15.467 | 12.142 | 0.319 | 153.81 | 3.15 | 23.32 | 47.12 | 1.74 | 9.98 | 333.06 | 3.40 | 85.73 | 1.58 | 28.33 | 1.35 | 8.24 | 0.387 |

续表

| 角钢号数 | 尺寸/mm | | | | 截面面积/cm² | 理论质量/(kg·m⁻¹) | 外表面积/(m²·m⁻¹) | x—x | | | y—y | | | x₁—x₁ | | y₁—y₁ | | u—u | | | tan α |
|---|---|---|---|---|---|---|---|---|---|---|---|---|---|---|---|---|---|---|---|---|---|
| | B | b | d | r | | | | $I_x$/cm⁴ | $i_x$/cm | $W_x$/cm³ | $I_y$/cm⁴ | $i_y$/cm | $W_y$/cm³ | $I_{x_1}$/cm⁴ | $y_0$/cm | $I_{y_1}$/cm⁴ | $x_0$/cm | $I_u$/cm⁴ | $i_u$/cm | $W_u$/cm³ | |
| 10/8 | 100 | 80 | 6 | 10 | 10.637 | 8.350 | 0.354 | 107.04 | 3.17 | 15.19 | 61.24 | 2.40 | 10.16 | 199.83 | 2.95 | 102.68 | 1.97 | 31.65 | 1.72 | 8.37 | 0.627 |
| | | | 7 | | 12.301 | 9.656 | 0.354 | 122.73 | 3.16 | 17.52 | 70.08 | 2.39 | 11.71 | 233.20 | 3.00 | 119.98 | 2.01 | 36.17 | 1.72 | 9.60 | 0.626 |
| | | | 8 | | 13.944 | 10.946 | 0.353 | 137.92 | 3.14 | 19.81 | 78.58 | 2.37 | 13.21 | 266.61 | 3.04 | 137.37 | 2.05 | 40.58 | 1.71 | 10.80 | 0.625 |
| | | | 10 | | 17.167 | 13.476 | 0.353 | 166.87 | 3.12 | 24.24 | 94.65 | 2.35 | 16.12 | 333.63 | 3.12 | 172.48 | 2.13 | 49.10 | 1.69 | 13.12 | 0.622 |
| 11/7 | 110 | 70 | 6 | 10 | 10.637 | 8.350 | 0.354 | 133.37 | 3.54 | 17.85 | 42.92 | 2.01 | 7.90 | 265.78 | 3.53 | 69.08 | 1.57 | 25.36 | 1.54 | 6.53 | 0.403 |
| | | | 7 | | 12.301 | 9.656 | 0.354 | 153.00 | 3.53 | 20.60 | 49.01 | 2.00 | 9.09 | 310.07 | 3.57 | 80.82 | 1.61 | 28.95 | 1.53 | 7.50 | 0.402 |
| | | | 8 | | 13.944 | 10.946 | 0.353 | 172.04 | 3.51 | 23.30 | 54.87 | 1.98 | 10.25 | 354.39 | 3.62 | 92.70 | 1.65 | 32.45 | 1.53 | 8.45 | 0.401 |
| | | | 10 | | 17.167 | 13.476 | 0.353 | 208.39 | 3.48 | 28.54 | 65.88 | 1.96 | 12.48 | 443.13 | 3.70 | 116.83 | 1.72 | 39.20 | 1.51 | 10.29 | 0.397 |
| 12.5/8 | 125 | 80 | 7 | 11 | 14.096 | 11.066 | 0.403 | 227.98 | 4.02 | 26.86 | 74.42 | 2.30 | 12.01 | 454.99 | 4.01 | 120.32 | 1.80 | 43.81 | 1.76 | 9.92 | 0.408 |
| | | | 8 | | 15.989 | 12.551 | 0.403 | 256.77 | 4.01 | 30.41 | 83.49 | 2.28 | 13.56 | 519.99 | 4.06 | 137.85 | 1.84 | 49.15 | 1.75 | 11.18 | 0.407 |
| | | | 10 | | 19.712 | 15.474 | 0.402 | 312.04 | 3.98 | 37.33 | 100.67 | 2.26 | 16.56 | 650.09 | 4.14 | 173.40 | 1.92 | 59.45 | 1.74 | 13.64 | 0.404 |
| | | | 12 | | 23.351 | 18.330 | 0.402 | 364.41 | 3.95 | 44.01 | 116.67 | 2.24 | 19.43 | 780.39 | 4.22 | 209.67 | 2.00 | 69.35 | 1.72 | 16.01 | 0.400 |
| 14/9 | 140 | 90 | 8 | 12 | 18.038 | 14.160 | 0.453 | 365.64 | 4.50 | 38.48 | 120.69 | 2.59 | 17.34 | 730.53 | 4.50 | 195.79 | 2.04 | 70.83 | 1.98 | 14.31 | 0.411 |
| | | | 10 | | 22.261 | 17.475 | 0.452 | 445.50 | 4.47 | 47.31 | 146.03 | 2.56 | 21.22 | 913.20 | 4.58 | 245.92 | 2.12 | 85.82 | 1.96 | 17.48 | 0.409 |
| | | | 12 | | 26.400 | 20.724 | 0.451 | 521.59 | 4.44 | 55.87 | 169.79 | 2.54 | 24.95 | 1 096.09 | 4.66 | 296.89 | 2.19 | 100.21 | 1.95 | 20.54 | 0.406 |
| | | | 14 | | 30.456 | 23.908 | 0.451 | 594.10 | 4.42 | 64.18 | 192.10 | 2.51 | 28.54 | 1 279.26 | 4.74 | 348.82 | 2.27 | 114.13 | 1.94 | 23.52 | 0.403 |
| 16/10 | 160 | 100 | 10 | 13 | 25.315 | 19.872 | 0.512 | 668.69 | 5.14 | 62.13 | 205.03 | 2.85 | 26.56 | 1 362.89 | 5.24 | 336.59 | 2.28 | 121.74 | 2.19 | 21.92 | 0.390 |
| | | | 12 | | 30.054 | 23.592 | 0.511 | 784.91 | 5.11 | 73.49 | 239.06 | 2.82 | 31.28 | 1 635.56 | 5.32 | 405.94 | 2.36 | 142.33 | 2.17 | 25.79 | 0.388 |
| | | | 14 | | 34.709 | 27.247 | 0.510 | 896.30 | 5.08 | 84.56 | 271.20 | 2.80 | 35.83 | 1 908.50 | 5.40 | 476.42 | 2.43 | 162.23 | 2.16 | 29.56 | 0.385 |
| | | | 16 | | 39.281 | 30.835 | 0.510 | 1 003.04 | 5.05 | 95.33 | 301.60 | 2.77 | 40.24 | 2 181.79 | 5.48 | 548.22 | 2.51 | 182.57 | 2.16 | 33.44 | 0.382 |

参考数值

| | | | | | | | | | | | | | | | | | | | |
|---|---|---|---|---|---|---|---|---|---|---|---|---|---|---|---|---|---|---|---|
| 18/11 | 180 | 10 | 28.373 | 22.273 | 0.571 | 956.25 | 5.80 | 78.96 | 278.11 | 3.13 | 32.49 | 1 940.40 | 5.89 | 447.22 | 2.44 | 166.50 | 2.42 | 26.88 | 0.376 |
| | | 12 | 33.712 | 26.464 | 0.571 | 1 124.72 | 5.78 | 93.53 | 325.03 | 3.10 | 38.32 | 2 328.38 | 5.98 | 538.94 | 2.52 | 194.87 | 2.40 | 31.66 | 0.374 |
| | 110 | 14 | 38.967 | 30.589 | 0.570 | 1 286.91 | 5.75 | 107.76 | 369.55 | 3.08 | 43.97 | 2 716.60 | 6.06 | 631.95 | 2.59 | 222.30 | 2.39 | 36.32 | 0.372 |
| | | 16 | 44.139 | 34.649 | 0.569 | 1 443.06 | 5.72 | 121.64 | 411.85 | 3.06 | 49.44 | 3 105.15 | 6.14 | 726.46 | 2.67 | 248.94 | 2.38 | 40.87 | 0.369 |
| 20/12.5 | 200 | 12 | 37.912 | 29.761 | 0.641 | 1 570.90 | 6.44 | 116.73 | 483.16 | 3.57 | 49.99 | 3 193.85 | 6.54 | 787.74 | 2.83 | 285.79 | 2.74 | 41.23 | 0.392 |
| | | 14 | 43.867 | 34.436 | 0.640 | 1 800.97 | 6.41 | 134.65 | 550.83 | 3.54 | 57.44 | 3 726.17 | 6.02 | 922.47 | 2.91 | 326.58 | 2.73 | 47.34 | 0.390 |
| | 125 | 16 | 49.739 | 39.045 | 0.639 | 2 023.35 | 6.38 | 152.18 | 615.44 | 3.52 | 64.69 | 4 258.86 | 6.70 | 1 058.86 | 2.99 | 366.21 | 2.71 | 53.32 | 0.388 |
| | | 18 | 55.526 | 43.588 | 0.639 | 2 238.30 | 6.35 | 169.33 | 677.19 | 3.49 | 71.74 | 4 792.00 | 6.78 | 1 197.13 | 3.06 | 404.83 | 2.70 | 59.18 | 0.385 |

注：①括号内型号不推荐使用。

②截面图中的 $r_1 = d/3$ 及表中 $r$ 的数据用于孔型设计，不作为交货条件。

附表 3　热轧工字钢（GB/T 706—2016）

符号意义：
h—高度；
b—腿宽度；
d—腰厚度；
δ—平均腿厚度；
r—内圆弧半径；
r₁—腿端圆弧半径；
I—惯性矩；
W—弯曲截面系数；
i—惯性半径；
S—半截面的静距。

| 型号 | 尺寸/mm | | | | | | 截面面积 /cm² | 理论质量 /(kg·m⁻¹) | 参考数值 | | | | | | |
| --- | --- | --- | --- | --- | --- | --- | --- | --- | --- | --- | --- | --- | --- | --- | --- |
| | | | | | | | | | x—x | | | | y—y | | |
| | h | b | d | δ | r | r₁ | | | $I_x$ /cm⁴ | $W_x$ /cm³ | $i_x$ /cm | $I_x:S_x$ /cm | $I_y$ /cm⁴ | $W_y$ /cm³ | $i_y$ /cm |
| 10 | 100 | 68 | 4.5 | 7.6 | 6.5 | 3.3 | 14.3 | 11.2 | 245 | 49 | 4.14 | 8.59 | 33 | 9.72 | 1.52 |
| 12.6 | 126 | 74 | 5 | 8.4 | 7 | 3.5 | 18.1 | 14.2 | 488.43 | 77.529 | 5.195 | 10.85 | 46.906 | 12.677 | 1.609 |
| 14 | 140 | 80 | 5.5 | 9.1 | 7.5 | 3.8 | 21.5 | 16.9 | 712 | 102 | 5.76 | 12 | 64.4 | 16.1 | 1.73 |
| 16 | 160 | 88 | 6 | 9.9 | 8 | 4 | 26.1 | 20.5 | 1 130 | 141 | 6.58 | 13.8 | 93.1 | 21.2 | 1.89 |
| 18 | 180 | 94 | 6.5 | 10.7 | 8.5 | 4.3 | 30.6 | 24.1 | 1 660 | 185 | 7.36 | 15.4 | 122 | 26 | 2 |
| 20a | 200 | 100 | 7 | 11.4 | 9 | 4.5 | 35.5 | 27.9 | 2 370 | 237 | 8.15 | 17.2 | 158 | 31.5 | 2.12 |
| 20b | 200 | 102 | 9 | 11.4 | 9 | 4.5 | 39.5 | 31.1 | 2 500 | 250 | 7.96 | 16.9 | 169 | 33.1 | 2.06 |
| 22a | 220 | 110 | 7.5 | 12.3 | 9.5 | 4.8 | 42 | 33 | 3 400 | 309 | 8.99 | 18.9 | 225 | 40.9 | 2.31 |
| 22b | 220 | 112 | 9.5 | 12.3 | 9.5 | 4.8 | 46.4 | 36.4 | 3 570 | 325 | 8.78 | 18.7 | 239 | 42.7 | 2.27 |
| 25a | 250 | 116 | 8 | 13 | 10 | 5 | 48.5 | 38.1 | 5 023.54 | 401.88 | 10.18 | 21.58 | 280.046 | 48.283 | 2.403 |
| 25b | 250 | 118 | 10 | 13 | 10 | 5 | 53.5 | 42 | 5 283.96 | 422.72 | 9.938 | 21.27 | 309.297 | 52.423 | 2.404 |
| 28a | 280 | 122 | 8.5 | 13.7 | 10.5 | 5.3 | 55.45 | 43.4 | 7 114.14 | 508.15 | 11.32 | 24.62 | 345.051 | 56.565 | 2.495 |
| 28b | 280 | 124 | 10.5 | 13.7 | 10.5 | 5.3 | 61.05 | 47.9 | 7 480 | 534.29 | 11.08 | 24.24 | 379.496 | 61.209 | 2.493 |

斜度1:6

$\dfrac{b-d}{4}$

| 32a | 320 | 130 | 9.5 | 15 | 11.5 | 5.8 | 67.05 | 52.7 | 11 075.5 | 692.2 | 12.84 | 27.46 | 459.93 | 70.758 | 2.619 |
|---|---|---|---|---|---|---|---|---|---|---|---|---|---|---|---|
| 32b | 320 | 132 | 11.5 | 15 | 11.5 | 5.8 | 73.45 | 57.7 | 11 621.4 | 726.33 | 12.58 | 27.09 | 501.53 | 75.989 | 2.614 |
| 32c | 320 | 134 | 13.5 | 15 | 11.5 | 5.8 | 79.95 | 62.8 | 12 167.5 | 760.47 | 12.34 | 26.77 | 543.81 | 81.166 | 2.608 |
| 36a | 360 | 136 | 10 | 15.8 | 12 | 6 | 76.3 | 59.9 | 15 760 | 875 | 14.4 | 30.7 | 552 | 81.2 | 2.69 |
| 36b | 360 | 138 | 12 | 15.8 | 12 | 6 | 83.5 | 65.6 | 16 530 | 919 | 14.1 | 30.3 | 582 | 84.3 | 2.64 |
| 36c | 360 | 140 | 14 | 15.8 | 12 | 6 | 90.7 | 71.2 | 17 310 | 962 | 13.8 | 29.9 | 612 | 87.4 | 2.6 |
| 40a | 400 | 142 | 10.5 | 16.5 | 12.5 | 6.3 | 86.1 | 67.6 | 21 720 | 1 090 | 15.9 | 34.1 | 660 | 93.2 | 2.77 |
| 40b | 400 | 144 | 12.5 | 16.5 | 12.5 | 6.3 | 94.1 | 73.8 | 22 780 | 1 140 | 15.6 | 33.6 | 692 | 96.2 | 2.71 |
| 40c | 400 | 146 | 14.5 | 16.5 | 12.5 | 6.3 | 102 | 80.1 | 23 850 | 1 190 | 15.2 | 33.2 | 727 | 99.6 | 2.65 |
| 45a | 450 | 150 | 11.5 | 18 | 13.5 | 6.8 | 102 | 80.4 | 32 240 | 1 430 | 17.7 | 38.6 | 855 | 114 | 2.89 |
| 45b | 450 | 152 | 13.5 | 18 | 13.5 | 6.8 | 111 | 87.4 | 33 760 | 1 500 | 17.4 | 38 | 894 | 118 | 2.84 |
| 45c | 450 | 154 | 15.5 | 18 | 13.5 | 6.8 | 120 | 94.5 | 35 280 | 1 570 | 17.1 | 37.6 | 938 | 122 | 2.79 |
| 50a | 500 | 158 | 12 | 20 | 14 | 7 | 119 | 93.6 | 46 470 | 1 860 | 19.7 | 42.8 | 1 120 | 142 | 3.07 |
| 50b | 500 | 160 | 14 | 20 | 14 | 7 | 129 | 101 | 48 560 | 1 940 | 19.4 | 42.4 | 1 170 | 146 | 3.01 |
| 50c | 500 | 162 | 16 | 20 | 14 | 7 | 139 | 109 | 50 640 | 2 080 | 19 | 41.8 | 1 220 | 151 | 2.96 |
| 56a | 560 | 166 | 12.5 | 21 | 14.5 | 7.3 | 135.25 | 106.2 | 65 585.6 | 2 342.31 | 22.02 | 47.73 | 1 370.16 | 165.08 | 3.182 |
| 56b | 560 | 168 | 14.5 | 21 | 14.5 | 7.3 | 146.45 | 115 | 68 512.5 | 2 446.69 | 21.63 | 47.17 | 1 486.75 | 174.25 | 3.162 |
| 56c | 560 | 170 | 16.5 | 21 | 14.5 | 7.3 | 157.85 | 123.9 | 71 439.4 | 2 551.41 | 21.27 | 46.66 | 1 558.39 | 183.34 | 3.158 |
| 63a | 630 | 176 | 13 | 22 | 15 | 7.5 | 154.9 | 121.6 | 93 916.2 | 2 981.47 | 24.62 | 54.17 | 1 700.55 | 193.24 | 3.314 |
| 63b | 630 | 178 | 15 | 22 | 15 | 7.5 | 167.5 | 131.5 | 98 083.6 | 3 163.38 | 24.2 | 53.51 | 1 812.07 | 203.6 | 3.289 |
| 63c | 630 | 180 | 17 | 22 | 15 | 7.5 | 180.1 | 141 | 102 251.1 | 3 298.42 | 23.82 | 52.92 | 1 924.91 | 213.88 | 3.268 |

注：截面图和表中标注的圆弧半径 $r$、$r_1$ 的数据用于孔型设计，不作为交货条件。

附表 4 热轧槽钢(GB/T 706—2016)

符号意义:
h—高度;
b—腿宽度;
d—腰厚度;
δ—平均腿厚度;
r—内圆弧半径;
$r_1$—腿端圆弧半径;
I—惯性矩;
W—弯曲截面系数;
i—惯性半径;
$z_0$—$y$—$y$ 轴与 $y_1$—$y_1$ 轴间距。

| 型号 | 尺寸/mm | | | | | | 截面面积 /cm² | 理论质量 /(kg·m⁻¹) | 参考数值 | | | | | | | |
|---|---|---|---|---|---|---|---|---|---|---|---|---|---|---|---|---|
| | $h$ | $b$ | $d$ | $\delta$ | $r$ | $r_1$ | | | $x$—$x$ | | | $y$—$y$ | | | $y_1$—$y_1$ | $z_0$ /cm |
| | | | | | | | | | $W_x$ /cm³ | $I_x$ /cm⁴ | $i_x$ /cm | $W_y$ /cm³ | $I_y$ /cm⁴ | $i_y$ /cm | $I_{y1}$ /cm⁴ | |
| 5 | 50 | 37 | 4.5 | 7 | 7 | 3.5 | 6.93 | 5.44 | 10.4 | 26 | 1.94 | 3.55 | 8.3 | 1.1 | 20.9 | 1.35 |
| 6.3 | 63 | 40 | 4.8 | 7.5 | 7.5 | 3.75 | 8.444 | 6.63 | 16.123 | 50.786 | 2.453 | 4.50 | 11.872 | 1.185 | 28.38 | 1.36 |
| 8 | 80 | 43 | 5 | 8.8 | 8 | 4 | 10.24 | 8.04 | 25.3 | 101.3 | 3.15 | 5.79 | 16.6 | 1.27 | 37.4 | 1.43 |
| 10 | 100 | 48 | 5.3 | 8.5 | 8.5 | 4.25 | 12.74 | 10 | 39.7 | 198.3 | 3.95 | 7.8 | 25.6 | 1.41 | 54.9 | 1.52 |
| 12.6 | 126 | 53 | 5.5 | 9.9 | 9 | 4.5 | 15.69 | 12.37 | 62.137 | 391.466 | 4.953 | 10.242 | 37.99 | 1.567 | 77.09 | 1.59 |
| 14a | 140 | 58 | 6 | 9.5 | 9.5 | 4.75 | 18.51 | 14.53 | 80.5 | 563.7 | 5.52 | 13.01 | 53.2 | 1.7 | 107.1 | 1.71 |
| 14b | 140 | 60 | 8 | 9.5 | 9.5 | 4.75 | 21.31 | 16.73 | 87.1 | 609.4 | 5.35 | 14.12 | 61.1 | 1.69 | 120.6 | 1.67 |
| 16a | 160 | 63 | 6.5 | 10 | 10 | 5 | 21.95 | 17.23 | 108.3 | 866.2 | 6.28 | 16.3 | 73.3 | 1.83 | 144.1 | 1.8 |
| 16b | 160 | 65 | 8.5 | 10 | 10 | 5 | 25.15 | 19.74 | 116.8 | 934.5 | 6.1 | 17.55 | 83.4 | 1.82 | 160.8 | 1.75 |
| 18a | 180 | 68 | 7 | 10.5 | 10.5 | 5.25 | 25.69 | 20.17 | 141.4 | 1 272.7 | 7.04 | 20.03 | 98.6 | 1.96 | 189.7 | 1.88 |
| 18b | 180 | 70 | 9 | 10.5 | 10.5 | 5.25 | 29.29 | 22.99 | 152.2 | 1 369.9 | 6.84 | 21.52 | 111 | 1.95 | 210.1 | 1.84 |

| | | | | | | | | | | | | | | | |
|---|---|---|---|---|---|---|---|---|---|---|---|---|---|---|---|
| 20a | 200 | 73 | 7 | 11 | 11 | 5.5 | 28.83 | 22.63 | 178 | 1 780.4 | 7.86 | 24.2 | 128 | 2.11 | 244 | 2.01 |
| 20b | 200 | 75 | 9 | 11 | 11 | 5.5 | 32.83 | 25.77 | 191.4 | 1 913.7 | 7.64 | 25.88 | 143.6 | 2.09 | 268.4 | 1.95 |
| 22a | 220 | 77 | 7 | 11.5 | 11.5 | 5.75 | 31.84 | 24.99 | 217.6 | 2 393.9 | 8.67 | 28.17 | 157.8 | 2.23 | 298.2 | 2.1 |
| 22b | 220 | 79 | 9 | 11.5 | 11.5 | 5.75 | 36.24 | 28.45 | 233.8 | 2 571.4 | 8.42 | 30.05 | 176.4 | 2.21 | 326.3 | 2.03 |
| 25a | 250 | 78 | 7 | 12 | 12 | 6 | 34.91 | 27.47 | 269.597 | 3 369.62 | 9.823 | 30.607 | 175.529 | 2.243 | 322.256 | 2.065 |
| 25b | 250 | 80 | 9 | 12 | 12 | 6 | 39.91 | 31.39 | 282.402 | 3 530.04 | 9.405 | 32.657 | 196.421 | 2.218 | 353.187 | 1.982 |
| 25c | 250 | 82 | 11 | 12 | 12 | 6 | 44.91 | 35.32 | 295.236 | 3 690.45 | 9.065 | 35.926 | 218.415 | 2.206 | 384.133 | 1.921 |
| 28a | 280 | 82 | 7.5 | 12.5 | 12.5 | 6.25 | 40.02 | 31.42 | 340.328 | 4 764.59 | 10.91 | 35.718 | 217.989 | 2.333 | 387.566 | 2.097 |
| 28b | 280 | 84 | 9.5 | 12.5 | 12.5 | 6.25 | 45.62 | 35.81 | 366.46 | 5 130.45 | 10.6 | 37.929 | 242.144 | 2.304 | 427.589 | 2.016 |
| 28c | 280 | 86 | 11.5 | 12.5 | 12.5 | 6.25 | 51.22 | 40.21 | 392.594 | 5 496.32 | 10.35 | 40.301 | 267.602 | 2.286 | 426.597 | 1.951 |
| 32a | 320 | 88 | 8 | 14 | 14 | 7 | 48.7 | 38.22 | 474.879 | 7 598.06 | 12.49 | 46.473 | 304.787 | 2.502 | 552.31 | 2.242 |
| 32b | 320 | 90 | 10 | 14 | 14 | 7 | 55.1 | 43.25 | 509.012 | 8 144.2 | 12.15 | 49.157 | 336.332 | 2.471 | 592.933 | 2.158 |
| 32c | 320 | 92 | 12 | 14 | 14 | 7 | 61.5 | 48.28 | 543.145 | 8 690.33 | 11.88 | 52.642 | 374.175 | 2.467 | 643.299 | 2.092 |
| 36a | 360 | 96 | 9 | 16 | 16 | 8 | 60.89 | 47.8 | 659.7 | 11 874.2 | 13.97 | 63.54 | 455 | 2.73 | 818.4 | 2.44 |
| 36b | 360 | 98 | 11 | 16 | 16 | 8 | 68.09 | 53.45 | 702.9 | 12 651.8 | 13.63 | 66.85 | 496.7 | 2.7 | 880.4 | 2.37 |
| 36c | 360 | 100 | 13 | 16 | 16 | 8 | 75.29 | 50.1 | 746.1 | 13 429.4 | 13.36 | 70.02 | 536.4 | 2.67 | 947.9 | 2.34 |
| 40a | 400 | 100 | 10.5 | 18 | 18 | 9 | 75.05 | 58.91 | 878.9 | 17 577.9 | 15.30 | 78.83 | 592 | 2.81 | 1 067.7 | 2.49 |
| 40b | 400 | 102 | 12.5 | 18 | 18 | 9 | 83.05 | 65.19 | 932.2 | 18 644.5 | 14.98 | 82.52 | 640 | 2.78 | 1 135.6 | 2.44 |
| 40c | 400 | 104 | 14.5 | 18 | 18 | 9 | 91.05 | 71.47 | 985.6 | 19 711.2 | 14.71 | 86.19 | 687.8 | 2.75 | 1 220.7 | 2.42 |

注：截面图和表中标注的圆弧半径 $r$、$r_1$ 的数据用于孔型设计，不作为交货条件。

# 参考文献

［1］赵志平.建筑力学［M］.重庆:重庆大学出版社,2004.

［2］吴明军.土木工程力学［M］.北京:北京大学出版社,2010.

［3］周国瑾,施美丽,张景良.建筑力学［M］.5 版.上海:同济大学出版社,2016.

［4］胡兴福.建筑力学与结构［M］.4 版.武汉:武汉理工大学出版社,2018.

［5］刘鸿文.材料力学 I［M］.5 版.北京:高等教育出版社,2011.

［6］孙训方,方孝淑,关来泰.材料力学［M］.5 版.北京:高等教育出版社,2009.

［7］袁海庆.材料力学［M］.3 版.武汉:武汉理工大学出版社,2014.

［8］王长连.土木工程力学［M］.2 版.北京:机械工业出版社,2009.

［9］蔡广新.工程力学［M］.北京:化学工业出版社,2008.

［10］罗迎社.材料力学［M］.武汉:武汉理工大学出版社,2007.

［11］沈养中.建筑力学［M］.2 版.北京:高等教育出版社,2015.

部分习题参考答案